国家出版基金项目
NATIONAL PUBLICATION FOUNDATION

稠油油藏开发理论与新技术丛书 | 卷五

复杂稠油油藏注气开发方法

GAS INJECTION METHODS FOR ENHANCED HEAVY OIL RECOVERY IN COMPLEX RESERVOIRS

孙晓飞　张艳玉　李星民　吴永彬　郑　伟　著

中国石油大学出版社
CHINA UNIVERSITY OF PETROLEUM PRESS

山东·青岛

图书在版编目（CIP）数据

复杂稠油油藏注气开发方法 / 孙晓飞等著. --青岛：
中国石油大学出版社，2021.12
（稠油油藏开发理论与新技术丛书；卷五）
ISBN 978-7-5636-7350-6

Ⅰ．①复… Ⅱ．①孙… Ⅲ．①气压驱动－稠油开采
Ⅳ．①TE357.7

中国版本图书馆 CIP 数据核字（2021）第 248932 号

书　　　名：复杂稠油油藏注气开发方法
　　　　　　FUZA CHOUYOU YOUCANG ZHUQI KAIFA FANGFA
著　　　者：孙晓飞　张艳玉　李星民　吴永彬　郑　伟

责任编辑：高　颖（电话　0532－86983568）
封面设计：悟本设计

出 版 者：中国石油大学出版社
　　　　　　（地址：山东省青岛市黄岛区长江西路 66 号　邮编：266580）
网　　　址：http://cbs.upc.edu.cn
电子邮箱：shiyoujiaoyu@126.com
排 版 者：青岛天舒常青文化传媒有限公司
印 刷 者：山东临沂新华印刷物流集团有限责任公司
发 行 者：中国石油大学出版社（电话　0532－86983437）
开　　　本：787 mm×1 092 mm　1/16
印　　　张：19.75
字　　　数：483 千字
版 印 次：2021 年 12 月第 1 版　2021 年 12 月第 1 次印刷
书　　　号：ISBN 978-7-5636-7350-6
定　　　价：135.00 元

前　言

目前，世界发现的原油资源量为 $1.4 \times 10^{12} \sim 2.0 \times 10^{12}$ t，其中超过 2/3 为稠油。许多国家已将稠油资源开发列入国家重点发展战略。2021 年，我国原油对外依存度升高至 73%，远高于国际石油安全警戒线，能源供给面临巨大挑战。稠油已成为我国重要的战略资源接替领域，高效开发稠油资源对于满足国民经济建设需求具有重要的现实意义和深远的战略影响。

稠油具有黏度高、轻质馏分少、胶质沥青质含量高等特点，如何对其进行开发利用是世界性难题。近几年我国薄层、深层和水敏性等复杂稠油油藏占比逐渐增加，而通常使用的热采技术存在热利用率低、地面设备大和环境污染严重等问题，难以适用，因此如何高效开发复杂稠油油藏成为目前业界亟待解决的关键难题。注气开发技术是一种有效的稠油冷采技术，尤其针对不适合热采的复杂稠油油藏，具有广阔的应用前景，越来越受到国内外专家学者和石油公司的关注。

本书内容包含国家自然科学基金、国家科技重大专项、石油公司课题等研究所取得的自主知识产权成果，是对作者十多年相关研究成果的系统梳理与总结凝练，同时参考了油田注气开发的大量实例，全面吸收相关技术领域知识精华，覆盖了水敏性、深层、薄层和泡沫油型等复杂稠油油藏注气开发领域，完善了复杂稠油油藏开发理论及技术体系，有利于提高我国在该技术领域的国际竞争力。本书旨在为现场的油气田开发工程人员、生产管理人员和科研技术人员，以及有关高校的本科生及研究生提供一本先进实用的参考书。

本书由孙晓飞、张艳玉、李星民、吴永彬和郑伟撰写，韦昌坤等参与了资料调研、图表制作以及前期的部分准备工作。

在本书撰写过程中，中国石油大学（华东）的相关领导和同事给予了大力支持和帮助，中国石油勘探开发研究院等单位的相关领导和技术人员亦给予了大力支持和帮助,董明哲教授对本书部分内容进行了指导和审阅并提出了宝贵意见,在此一并表示衷心的感谢。本书为"稠油油藏开发理论与新技术丛书"的卷五,得到了国家出版基金的立项支持。

由于作者经验有限,书中难免存在不足之处,恳请读者提出宝贵意见。

目 录

第 1 章
绪　论

1.1　稠油资源分布及开发现状

目前,世界原油资源量为 $1.4×10^{12}～2.0×10^{12}$ t,其中超过 2/3 为稠油。稠油资源比较丰富的国家包括加拿大、委内瑞拉、俄罗斯、美国、伊拉克和中国等。世界稠油和沥青年产量超过 $3.0×10^8$ t,其中加拿大是目前稠油产量最高的国家,年产油约 $1.2×10^8$ t,其次分别为委内瑞拉、墨西哥、美国、中国和印度尼西亚等。下面将重点介绍加拿大、委内瑞拉和我国稠油资源的分布及开发现状。

1.1.1　加拿大稠油资源的分布及开发现状

阿尔伯塔盆地是加拿大稠油主要分布区,有阿萨巴斯卡、冷湖以及和平河等 8 个大油田。在总储量中,非常规油气特别是油砂约占 97.4%。加拿大生产稠油已有一个多世纪的历史,从 20 世纪 60 年代开始生产非常规油气资源(例如油砂),之后产量逐渐增加(图 1-1-1)。

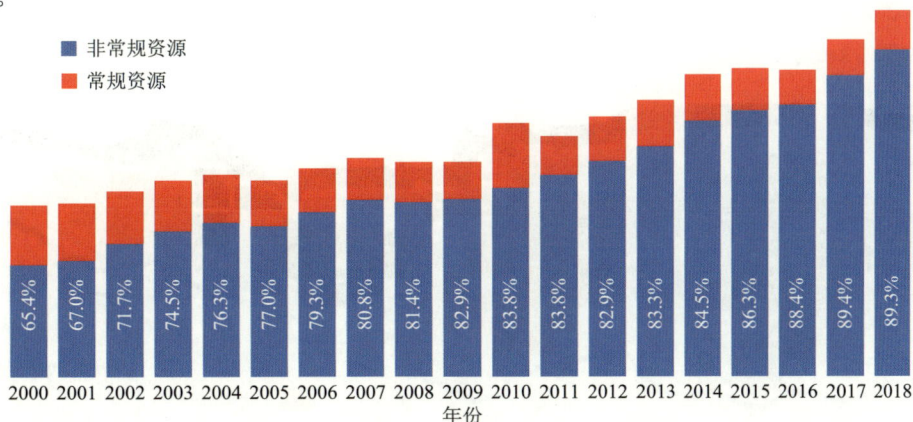

图 1-1-1　常规和非常规资源产量分布

截至 2019 年 1 月,加拿大原油总产量的 93.5% 来自阿尔伯塔省、萨斯喀彻温省和不列颠哥伦比亚省,其中阿尔伯塔省油砂占 80% 以上。加拿大西部以外的盆地由于技术、地质、政治等各种原因,产量几乎为零。国际能源署 2018 年关于全球 EOR 项目的调查显示,加拿大是应用提高采收率技术较多的国家之一,其中注蒸汽热采技术(蒸汽吞吐、蒸汽驱和蒸汽辅助重力泄油技术)占所有提高采收率技术的 2/3,而其他有效且经济的冷采方法也在逐渐增加,占比接近 1/3(图 1-1-2)。

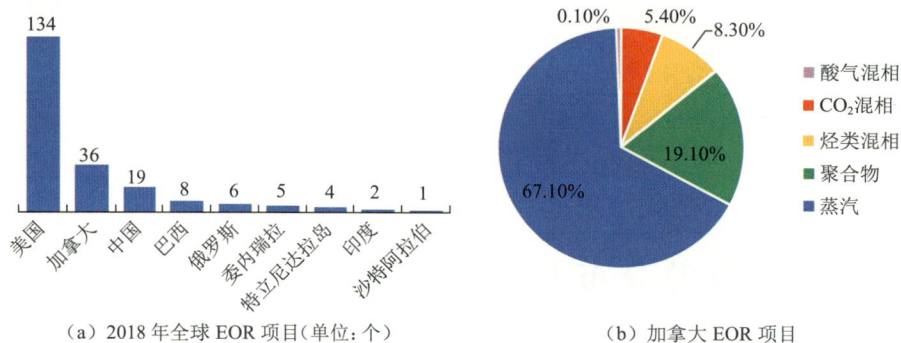

（a）2018 年全球 EOR 项目（单位：个）　　（b）加拿大 EOR 项目

图 1-1-2　各国提高采收率项目数量

1.1.2　委内瑞拉稠油资源的分布及开发现状

委内瑞拉是稠油开发潜力最大的国家。委内瑞拉有 4 个已知重油聚集区,地质储量为 $490 \times 10^8 \sim 930 \times 10^8$ t,主要分布在南部的奥里诺科重油带、玻利瓦尔油区及东北部圣巴巴拉和皮里塔油田。

1）奥里诺科重油带

奥里诺科重油带是目前世界上储量最大的稠油富集带,重油地质储量约 $2\,000 \times 10^8$ t,可采储量约 500×10^8 t,超过整个中东地区石油储量的一半。

奥里诺科重油带分 4 部分,自西向东分别为 BOYACA,JUNIN,AYACUCHO,CARABOBO。2005 年又对四大区进行进一步的区块划分,共细分了 27 个新区块(图 1-1-3),总面积为 18 220 km^2。

图 1-1-3　奥里诺科重油带区块划分和命名

目前,JUNIN、AYACUCHO、CARABOBO、BOYACA 4 个油区除 BOYACA 油区外都有区块投入了开发。总体来看,重油带已大规模开发的油藏主要采用"水平井＋电泵＋稀释剂"的生产方式进行开采,每口水平井都装有电潜泵或螺杆泵抽油,同时在井底或井口掺入 32 °API 的轻质油或石脑油作为稀释剂降黏,混合油输送到中心处理站或改质厂进行分离,之后轻油送回采油井场循环利用。虽然冷采采收率低(小于 12%),但采用水平井天然能量冷采的开发效果很好。一般来讲,生产阶段平均单井日产油量为 118～199 t/d,产量最高的井日产油量可达 368 t/d,水平井平均年递减率为 15%～18%。采用平台式布井,每个平台有 12～24 口水平井。水平井段长度为 800～1 200 m,井距为 600 m。在储集层复杂的区域采用多分支井生产,有少量的直井和斜直井。通常,直井初期日产油量约为 29 t/d,年递减率为 28%。

另外,在重油带也做过各种热采试验。如在重油带 AYACUCHO 油区的 MFB-53 油藏进行了水平井蒸汽吞吐试验,注汽速度 250 t/d,注汽时间 25 d,注汽干度 80%,共注蒸汽 5 000 t,井口记录的最大注汽压力为 8.97 MPa,温度为 304 ℃,焖井时间最长为 40 d。1997 年 1 月底该井开始生产,平均日产油量达到 139 t/d,与冷采相比增加了 118 t/d,试验当年日产油量全年保持在 132 t/d 左右。该井使用电泵进行热采举升,利用稀释剂冷却,从而使热采生产过程中的泵效较冷采提高了 50%。

2)玻利瓦尔油区

玻利瓦尔油区发现于 1917 年,是南美洲最大的油田之一,沿着委内瑞拉马拉开波湖东北海岸钻有 6 000～7 000 口井。该油区日产油量在 $41×10^4$～$48×10^4$ m^3/d 之间,部分油田已开采殆尽。该区域油藏前期采用冷采方式开发,1959 年后转蒸汽吞吐开发,采收率估计为 23%。

玻利瓦尔油区主要有 Bachaquero 油田、Laguna 油田、Lagunillas 油田和 Tia Juana 油田等,稠油储量为 13 375.6×10^6 bbl(1 bbl＝158.97 L)。Tia Juana 油田发现于 1928 年,直到 1959 年平均冷采日产油量约为 75×10^3 bbl/d,约 900 口井累产油 418×10^6 bbl。从 1957 年到 1962 年,Tia Juana 油田完成了蒸汽吞吐和火烧等热采试验。1964 年,蒸汽吞吐项目大规模启动,日产油量增加到 110×10^3 bbl/d。从 1969 年开始,蒸汽吞吐技术在整个 Tia Juana 油田推广应用,日产油量达到 230×10^3 bbl/d 的峰值。随后日产油量在 1986 年下降到 60×10^3 bbl/d。1987—1991 年,由于市场油价的影响,部分井关井停产,产油量保持低值。

Bachaquero-01 Lake 是近海稠油油藏之一,位于委内瑞拉西部马拉开波湖盆地,实际采收率为 16.2%,已开采 46.5% 的石油可采储量,并处于低压水平。因此,试图通过注入 CO_2 进一步提高采收率。通过室内实验和数值模拟研究发现,在 4 个月反七点井网 CO_2 生产周期中,热采日产油量为 450 bbl/d,冷采日产油量为 102 bbl/d。CO_2 可以在地面回收并重新注入目标地层,可缩短投资回收时间。

3)委内瑞拉东北部圣巴巴拉和皮里塔油田

据委内瑞拉石油公司估计,仅圣巴巴拉和皮里塔油田 Naricual 地层就有 6 000×10^6 bbl 的原始储量可供开发。油藏构造上部为凝析气,下部为稠油,稠油下方存在沥青层

(8 °API、沥青质含量 20%～60%、油藏条件下黏度通常超过 10 000 cP 的烃层，1 cP＝1 mPa·s)，使得上部油层和下部水层隔离，沥青层难生产，甚至不可能生产，需要优选有效的提高采收率技术，开发管理难度极高。

委内瑞拉大西洋炼油公司在 1958 年初探发现 Pirital-6 井。Mene Grande 层第一口井是 BG123 井，于 1958 年 5 月完工，到 1964 年，已有 22 口井。该地区一次采油几乎完全来自重力泄油。随着油藏的开发，弹性能降低，产量逐渐下降，并且由于沥青层的存在，底水驱动能量不足。

1.1.3 中国稠油资源的分布及开发现状

中国稠油资源量超过 200×10^8 t，目前投入商业开发的石油地质储量约为 14×10^8 t，分布于 12 个沉积盆地的 70 多个油田，主要包括辽河油田、克拉玛依油田、胜利油田、渤海油田、塔河油田、南阳油田、吐哈油田、塔里木油田、吉林油田、大庆油田、华北油田和大港油田。目前中国稠油总产量超过 $2\,500 \times 10^4$ t。

中国特稠油和超稠油比例较大，主要采用注蒸汽热采技术开发，其中，蒸汽吞吐在热采开发中仍然占主导地位，其次为蒸汽辅助重力泄油、蒸汽驱和火烧油层技术。此外，对于原油黏度较低的复杂稠油油藏，降压冷采、水驱、化学驱和注气等技术也得到了广泛应用。

中国的蒸汽吞吐商业化应用始于 20 世纪 80 年代中后期的辽河油田，80 年代末蒸汽吞吐的年产油量超过 500×10^4 t/a，90 年代中期年产油量超过 $1\,000 \times 10^4$ t/a，目前年产油量仍然维持在 $1\,000 \times 10^4$ t/a 以上。开展蒸汽吞吐的油藏类型包括巨厚块状油藏、多层和薄互层油藏、气顶油藏、边底水油藏、顶水油藏等。目前，经过几十年的开发，中国大部分蒸汽吞吐的油藏已经进入开发后期，多数稠油油藏经历 8～9 轮次蒸汽吞吐，油藏压力低至 1.5～3.0 MPa 之间，近井周围含油饱和度接近残余油饱和度，导致蒸汽吞吐开发效果变差，生产成本增加。寻找有效的接替技术是提高油藏最终采收率的关键。

从 1988 年起，辽河、克拉玛依、胜利和南阳油田开辟了 9 个蒸汽驱先导试验区。这些油田具有不同类型的油藏、深度和黏度。大部分先导试验区没有取得商业推广所需要的技术和经济指标，目前实现规模操作的 2 个蒸汽驱区块为新疆克拉玛依油田九区和辽河油田齐 40 块。新疆克拉玛依油田九区蒸汽驱油藏目的层埋深为 185～242 m，地层条件下原油黏度为 3 100～5 500 mPa·s，油层厚度为 15.5 m。

SAGD(蒸汽辅助重力泄油)作为蒸汽吞吐后的接替技术在辽河油田杜 84 块馆陶组和兴隆台组油层的超稠油开采中获得了巨大的成功。目前，杜 84 块 SAGD 项目年产油量超过 100×10^4 t/a，百吨高产井为 17 口，为辽河油田千万吨稳产做出了重要贡献。新疆油田公司于 2009 年和 2010 年分别在新疆风城地区重 32 和 37 区块开辟了 SAGD 先导试验区。2012 年开始实施商业化推广，截至 2018 年 7 月，累计投产 172 对井组，累积注汽量为 $2\,391.2 \times 10^4$ t，产液量为 $2\,061.1 \times 10^4$ t，产油量为 373.1×10^8 t，油汽比为 0.16 t/t，采注比为 0.86，采出程度约为 13%。目前，日产油水平为 2 560 t/d，并呈上升趋势。SAGD 技术在风城油田的成功应用为新疆油田的超稠油开发、增产和稳产奠定了坚实的基础。

中国的火烧油层技术在现场的试验可追溯到 20 世纪 60 年代,但早期的现场试验均没有获得商业推广。经过多年的室内研究和现场工艺技术完善,直到 2009 年,在新疆的红浅 1 井区再次开始了火烧油层的先导试验。截至 2016 年年底,累积采油量 11.7×10^4 t,年产油量为 17 300 t/a,火驱采出程度为 27.5%,加上蒸汽吞吐阶段的采收率,目前试验区的采出程度约为 56.0%,取得了较好的试验效果。辽河油田的杜 66 块杜家台油层的薄互层也开展了火烧油层试验。该油层的埋深为 800~1 200 m,50 ℃温度下原油黏度为 300~2 000 mPa·s,目的层位包括 20~40 个小层,单层平均厚度为 1.5 m。该油藏于 2005 年开展火烧油层现场试验。试验取得成功后,逐渐扩大现场试验和推广规模,目前火驱井组超过 100 个。该区采用火烧油层和蒸汽吞吐方式联合开采,区块日产油量从蒸汽吞吐阶段的 280 m³/d 提高至 870 m³/d。

冷采(常规降压开采、注水、注气和注化学剂驱等)稠油产量在中国总的稠油产量中占比较高,超过 40%。冷采方式主要针对的是油藏温度下原油黏度较低(50~200 mPa·s)的普通稠油。渤海油田的稠油储量占总储量的 70% 以上,埋藏深(1 200~2 500 m),但大部分稠油为黏度较低(50~200 mPa·s)的普通稠油,适合冷采开发,目前的稠油产量占总产量(2 900×10⁴ t)的 20% 以上。中国石油化工集团公司西北油田分公司(简称中国石化西北局)塔河油田稠油油藏为溶洞/裂缝型碳酸盐岩,埋深为 5 000~7 000 m,地层温度(120~160 ℃)下原油黏度为 200~400 mPa·s,主要采用注水/注气开采,年产油量超过 300×10⁴ t/a,是目前世界上商业化开采埋深最大的稠油油藏。

水驱是大港油田羊三木油藏和新疆油田 6 区块等低黏度(<200 mPa·s)稠油油藏的开发方法之一,一次采收率通常很低,热采采收率通常很高,但操作成本也很高。因此,水驱是提高采收率(20% 以下)、降低成本的合理方法之一。然而,对于稠油油藏,因油水黏度比高,导致驱油效率低,波及系数低,含水率高,因此无水采收率较低,大部分油在高含水状态下生产。氮气泡沫辅助热水驱油技术是在热水中加入氮气、表面活性剂,提高驱替效率,提高开发效果的一种开发方式,也是目前锦州油田锦 90 区块开采石油的主要方式。1996 年 9 月在锦 90 区块开始了 19-141 井网的先导试验,该井网为反九点井网,有 1 口注水井和 8 口生产井。在此之前,该井段经历了一次采油、蒸汽吞吐、常规水驱等过程。先导试验结束时,提高采收率 5.5%。从 1999 年开始,采用氮气泡沫热水驱对 8 个反九点井网进行扩展试验,到 2004 年,增油 20×10⁴ t 以上,阶段采收率为 6.7%。

1.2　复杂稠油油藏开发难点及技术对策

近年来随着常规稠油资源的开发,水敏性、薄/深层和泡沫油型等复杂稠油油藏储量占比越来越大,结合上述复杂稠油油藏的地质开发特点,形成了各自的开发技术对策。

1.2.1　水敏性稠油油藏

敏感性稠油油藏是指水敏或速敏指数大于 0.7 的稠油油藏。强水敏导致注蒸汽过程中压力升高,井底干度无法保证;生产过程中黏土膨胀、颗粒运移等导致井底出现堵塞,井底压力下降快;开发后期供液不足,这些是该类油藏难以实现有效动用的根本原因。目前针对水敏性稠油油藏,陆续出现了注防膨水、蒸汽吞吐伴注防膨剂、火烧驱油、CO_2吞吐等提高采收率技术。

1) 注防膨水开发技术

对于强水敏性储层,注水效果较差,仅依靠地层弹性能量开采会导致地层能量不足,油井产能低,而在注入水中加入黏土防膨剂,可有效避免黏土矿物遇水发生膨胀、分散和运移,从而改善水敏性稠油油藏开发效果。胜利王庄油田郑 408-X10 井率先进行现场注水试验,注水水源利用郑 4 井潜山地层水,注水前先向地层中挤入 2 t 质量分数为 2% 的 OCP-02 防膨剂处理地层,处理半径 2.0 m,同时每天在注入水中依据注水量及加药浓度连续加入 0.01%(质量分数)的防膨剂。试验结果表明,郑 408-X10 井初期井口注入压力 3.0 MPa,注水 15 d 后注入压力上升到 5.0 MPa,日注水 48 m³,后又相继转注了郑 408-5、郑 408 两口井,注水状况平稳,取得了较好的效果。

2) 蒸汽吞吐伴注防膨剂技术

八面河油田面 120 块 Es_4^1 砂层组是国内外少见的高温、强水敏、低渗透稠油油藏,油井常规冷采和蒸汽吞吐热采效果均不理想。为改善此类特种油藏的开发效果,利用高温防膨油层保护技术实施注蒸汽吞吐热采 38 口井共 49 井次,其中进行两轮蒸汽吞吐的井有 11 口,累计注蒸汽 66 702 t,油井在有效期内产油 129 065 t,增产油量 86 396 t。现场试验结果表明:采用高温防膨剂对井进行处理,油汽比由处理前的 0.17 提高到 1.93,注汽压力由处理前的 18.5 MPa 降至 16.5 MPa,改善了热采效果。

此外,胜利金家油田采用注蒸汽伴注防膨剂技术开发水敏性储层也取得较好效果。2010 年采用注蒸汽伴注高效防膨剂方式投产,累注蒸汽 1 732.45 t,累伴高效防膨剂 19.8 t。从注蒸汽伴注防膨剂效果来看,峰值日产液 26.8 t,日产油 14.2 t,平均日产液 12.6 t,日产油 6.4 t,而且动液面一直稳定在 400 m 左右。该阶段累计生产 120 d,累计产油 755.6 t,产水 757.0 t,阶段油汽比 0.44,预计油汽比达 1.0 左右,取得了良好的开发效果。

3) 火烧驱油技术

火烧驱油是通过注气井把空气注入油层并点燃,原油重质部分燃烧后形成燃烧带产生大量的热能和烟道气,驱动燃烧带前缘改质原油从生产井采出的开发方式。火烧驱油技术既可用于一、二次采油,又可用于三次采油,是开采残余油的重要方法。从机理上看,火烧驱油技术一方面不需要向油层注水,因此不会产生水敏;另一方面可有效地补充地层能量,提高开发效果,是敏感性油藏提高采收率的有效技术。

胜利王庄油田具有强水敏特征,注入产出困难,历时 11 年采出程度仅为 4.51%。为改善开发效果,开展火烧驱油先导试验研究。郑 408-试 1 井组于 2003 年 9 月正式通电点火。点火温度维持在 380~415 ℃,注气压力始终保持在 24.8~24.9 MPa 的条件下,一线井中出现 CO_2,O_2 利用率在 98% 以上,说明成功点燃了高压、敏感性稠油油藏。截止到 2005 年 7 月 15 日,注气压力 23.3 MPa,注气量 740 m³/h,实现累积注气 1 065×10⁴ m³,井网累积产油 12 550 t。2005 年,现场试验近井地带处于低注速火烧驱油阶段,远井地带处于烟道气驱阶段,火烧驱油效果有待进一步观察。

4)CO$_2$ 吞吐技术

注 CO$_2$ 可以避免水敏性油藏注水开发导致的储层伤害。溶解了 CO$_2$ 的水溶液显弱酸性,可以减轻水敏地层黏土膨胀作用,从而减轻由于黏土运移造成的渗透率降低现象。CO$_2$ 吞吐注入过程中,CO$_2$ 与地层剩余油接触溶解,使原油的体积大幅度膨胀,可显著增加地层的弹性能量,并且原油溶解一定量 CO$_2$ 后原油的黏度将大大降低,从而增加单井产能。此外,CO$_2$ 吞吐回采初期由于稠油黏度较高,CO$_2$ 在原油中析出后以小气泡形式分散在原油中,形成"泡沫油"渗流状态。气泡附着在孔隙壁上,润滑了原油流动的通道,减少了原油流动的阻力,提高了稠油的流动能力。气泡能够显著增加流体的压缩性,提高原油的弹性能量。气泡分散在原油中流动,可以避免气体的大量产出,使地层压力下降缓慢。

1.2.2　深层稠油油藏

国内把埋深小于 500 m 的稠油油藏定义为浅层稠油油藏,埋深 600～900 m 的稠油油藏定义为中深层稠油油藏,埋深大于 900 m 的稠油油藏定义为深层稠油油藏。近几年,在我国塔里木盆地、吐哈盆地等也相继发现了深层稠油资源。深层稠油开发问题一直是困扰着石油开采工作的难题。深层稠油油藏的主要特点是埋藏深、黏度大、流动性差,目前主要有热采和冷采两大类开发技术。

1)热采开发技术

(1)蒸汽驱开发技术。

单家寺油田单六东是胜利油田第一个采用亚临界锅炉进行注蒸汽热采技术开发的超稠油油田,主力开发层系埋深 1 080～1 150 m,有效厚度约 25 m,分 3 个小层,单层厚度 8 m 左右,孔隙度 33%,渗透率 3～4 μm^2,含油饱和度 56%。50 ℃时地面脱气原油黏度为 50 000～100 000 mPa·s,是典型的超稠油油藏。与国内外超稠油油藏相比,该油藏的突出特点是油层埋藏深度大。2002 年,单 56 井区吞吐过程中已发生了 11 井次明显的井间热干扰现象,表明井间地下热连通已形成。2002 年 11 月 4 日开始在 56-7X11 井组开展汽驱试验,先后注汽 3 次,有 7 口采油井受效。到 2006 年 4 月,试验区累积采油量 14.9×10^4 t,综合含水 81.7%,累积注汽量 31.9×10^4 t,累积油汽比 0.47 t/t,采油速度 2.8%,采出程度 18.8%,比未汽驱井区高 7.8%。

(2)HDCS(油溶性复合降黏剂和二氧化碳辅助蒸汽吞吐)开发技术。

胜利油田埋藏超过 1 600 m 的深层稠油储量有 7 666×10^4 t,由于其埋藏深,油层压力高、油层温度高,导致注汽压力高,井筒热损失大,井底蒸汽干度低,原有技术无法实现有效开发。HDCS 强化采油技术即将油溶性复合降黏剂、二氧化碳和蒸汽以顺序段塞的形式注入地层,利用油溶性复合降黏剂、二氧化碳和蒸汽的物理化学特性,通过 3 种物质在油藏中进行复合降黏、热量和动量的传递。该技术可有效地提高蒸汽利用率,降低注汽压力,提高油汽比,增加产量和生产周期,已在多个油田成功应用。例如,埕南埕 91 块属超稠油油藏,采用 HDCS 开发后,部署水平井 39 口,实现了动用储量 257×10^4 t、年产油量 8.4×10^4 t/a 的"跨越式"发展。又如,胜利油田王庄郑 411 区块属超稠油油藏,2006 年采取 HDCS 技术攻关,2008 年底完成初步的产能建设,截至 2013 年,该区块一砂组投产油井 35 口,累积产油量为 46.3×10^4 t,采出程度为 19.2%,累积油气比为 0.85,取得了很好的效果。

(3) DCS(油溶性复合降黏剂和二氧化碳辅助蒸汽吞吐)技术。

蒸汽吞吐主要是在人工注入一定量蒸汽加热油层降黏后,依靠天然能量开采。而 DCS 技术是一种利用油溶性复合降黏剂、二氧化碳和蒸汽三者的复合降黏和混合传质作用实现稠油油藏经济开采的新技术。油溶性复合降黏剂和二氧化碳都有较好的降黏作用,二者的协同作用可以使降黏作用进一步增强,有效降低近井地带原油黏度,进而降低注汽压力。二氧化碳与蒸汽间的协同作用是 DCS 技术的关键部分,主要体现在 3 个方面:协同降黏、热量传递和动量传递。该作用有效地降低了注汽压力,扩大了蒸汽的波及体积,提高了蒸汽的有效率。2010 年 5 月,在桩西油田桩 139-X14、桩 139-X20、桩 139-平 1 等 4 口井进行 DCS 技术先导试验。平均单井用降黏剂 3 t、二氧化碳 55 t,施工费用与 HDCS 工艺平均单井费用相比降低了 50.7%。实施该技术后平均注蒸汽压力比前轮次注汽压力降低 2~3 MPa,干度提高近 40 个百分点。措施有效率 100%,累计增产原油 8 210.5 t,平均单井增油 2 052.63 t,日增油 31 t/d。4 口井开井后生产均正常,目前生产持续有效。

(4) 火烧油层。

MX 井于 2015 年 2 月 2 日开始采用连续管点火器进行注气点火,点火完成后连续管点火器带压提出井筒,注气井持续注入空气,注气压力上升到 20 MPa 后压力上升速度变慢,但仍然持续上升,地层吸气能力比预想的要低。当注气量达到 40×10^3 m³后,与 MX 井距离较近的 PX 井产液量开始上升。这表明 MX 井火烧吞吐燃烧产生的烟道气已经对 PX 井的产量有所贡献。当注气量达到 60×10^3 m³后,PX 井开始有少量的烟道气产出,并表现为逐渐增大的趋势,此时在同样的注气压力下注气速度可以提升到 12 000 m³/d。当注气量达到 70×10^3 m³后,PX 井开始大量产气,此时 MX 井与 PX 井之间已经形成了事实上的火驱。为了同时试验 MX 井与 PX 井之间火驱的效果,PX 井没有采取关井停产措施,并且 MX 井仍然持续注入空气。由于 PX 井地面生产流程的限制,现场无法控制 PX 井的产气速度,导致 PX 井产气速度过大,在 MX 井注气速度增大的情况下其注气压力仍然一直下降。当注气量达到 100×10^4 m³后,MX 井注气速度和注气压力趋于稳定。由于现场工程和安全问题,当 MX 井累计注入空气 192×10^4 m³后转注 5×10^4 m³氮气并焖井。在 MX 井注气期间,PX 井累计增油 208 t。

2)冷采开发技术

(1) 注水开发技术。

深层稠油油藏常规热采技术开发热能损失大,导致热能利用率低,大大增加了开发成本。调研国内外深层稠油油藏的开发经验可知,常规注水方式在深层稠油油藏开发中取得了较好的效果。准噶尔盆地昌吉油田吉 7 井区是 2011 年探明的一个大型稠油油藏,其埋藏深,原油黏度范围大,具有较强的代表性。

2011 年吉 7 井区吉 008 试验区作为注水开发试验区,采用了 150 m 井距反七点井网实施同步注水开发,部署采油井 12 口,注水井 7 口。截至 2015 年 5 月,试验区 12 口油井合计日产液 63.6 t,其中日产油 38.3 t,综合含水率 36.7%,采油速度 2.0%,采出程度 8.7%。7 口注水井平均月注采比 0.9,累积注采比 1.1,累积亏空 -0.13×10^4 m³,存水率 0.71,水驱指数 0.69。

(2) CO_2 吞吐技术。

CO_2 吞吐是有效解决深层稠油油藏开发问题的技术之一,其提高稠油采收率机理包括提高原油的流动性,改变地层压力,形成溶解气驱,降低界面张力,发挥 CO_2 萃取作用等。冷 42 块 S_3^2 油层选择 3 口油井进行 CO_2 吞吐试验。冷 37-37-590 井第一个 CO_2 吞吐生产周期生产时间为 143 d,增产油 820 t,换油率为 6.47 m³/t。与上轮蒸汽吞吐采油同期比较,多采油 46.9 t,多回采水 583.9 m³,提高回采水率 24%,增产效果十分明显。

冷 37-35-588 井 CO_2 吞吐生产 54 d 的生产资料显示,累计产液 1 180.6 m³,累计产油 700.4 t;平均日产液 21.86 m³,平均日产油 12.97 t;最高日产液 28.9 m³,最高日产油 15.9 t;与上轮蒸汽吞吐采油同期比较,多采液 141.6 m³,多采油 313 t。与蒸汽吞吐采油相比,CO_2 吞吐采油无排水期,且初期产量高于蒸汽吞吐产量,生产比较稳定。最初冷 37-51-582 井 CO_2 吞吐生产措施无效,主要原因是注 CO_2 造成注入带地层温度下降,使石蜡析出堵塞了地层,注入 2 000 t 高干度蒸汽焖井,短时间后开井,油层在较高的压力条件下自喷解除了油层中的堵塞。

(3) 天然气吞吐技术。

天然气吞吐是利用高压将天然气注入地层中,注入气在储层中充分溶解并充分压缩,在吞吐回采阶段溶解气驱和被压缩气体的体积膨胀驱动能将原油驱至井底并开采出来。天然气的主要作用表现在可以降低原油黏度,提高原油在地层中的流度和采收率;天然气溶于原油中,降低原油的界面张力,可以有效减小驱替阻力;天然气注入油藏中能提高原油体积膨胀率和油层压力。吐哈油田先后进行了 5 口井 8 井次的天然气吞吐试验,其中玉西 1 井进行了 3 周期天然气吞吐,玉 101 井进行了 2 周期天然气吞吐,其他 3 口井各进行了 1 次天然气吞吐。累计注天然气 167.2 × 10⁴ m³,累计增油 5 615 m³,平均单井周期增油 702 m³,周期内平均日产油达 7 m³,天然气吞吐的换油率达 34 × 10⁻⁴ m³/m³,即增产 1 m³ 原油需要消耗 298 m³ 天然气。

(4) 减氧空气吞吐技术。

深层稠油油藏的减氧空气吞吐主要机理是抑制高渗通道的水流优势,实现降水增油的目的。其作用主要有:一是注入的减氧空气 70% 以上进入高渗水流通道,气相渗流的加入降低了水相渗透率,减缓了水流速度;二是高渗层整体渗流阻力增大至 1.6 倍,实现了低渗层的有效动用。减氧空气以分散相进入高渗水流通道,在生产过程中,压力降低,气泡膨胀并合并,通过孔喉时产生贾敏效应,因此在高渗水流通道中增加了渗流阻力,扩大了波及体积,起到了抑水增油效果。鲁克沁三叠系深层稠油油藏开展了减氧空气吞吐矿场试验。已实施减氧空气吞吐 400 余井次,取得了良好效果,有效率达 82%。单井减氧空气吞吐后,原油产量大幅提升,并且具有较长的稳产期,平均单井初期日增油量 4.5 t/d,综合含水率下降 42%,有效期 168 d,有效期内平均单井增油量 480 t。

（5）氮气泡沫驱技术。

鲁克沁油田玉东 203 井组于 2015 年 4 月开始注气，采用"气液交替"注入的方式，开注两个月后开始见效，液量维持平稳下降，含水下降显著且稳定，产量提高显著。截至 2018 年 7 月 25 日，累计注泡沫液 40 403 m^3，累计注氮气 584.73×10^4 m^3，周围受效井共计 6 口，累增油达 3.1×10^4 t，平均有效期 916 d。

玉东 2-121 井为玉东 203 区典型见效井，前期表现为"高含水、高液量、低油量"。受氮气泡沫驱影响，含水降幅大且波动大（90%→30%），油量提升大且较为波动（2.14 t→12.89 t），液量呈平稳下降趋势（24.6 m^3→13.67 m^3）。受邻井玉东 3-3 注水影响，含水呈波动模式。该井位于主应力/裂缝方向，见效时间较砂体展布快，见效期 54 d，有效期长达 1 164 d，累增油 8 208.17 t。

玉东 3-121 井也为玉东 203 区典型见效井，前期表现为"高含水、高液量、低油量"，开注后并未有明显效果。采取吞吐作业后，引效后呈现明显见效特征，即"降液、降水、提油"。因此，对长期不见效井可及时采取引效措施：封堵水、补改层与吞吐。这对于长期不见效井有指导借鉴意义。

（6）压裂辅助增溶注气降黏技术。

压裂辅助增溶注气降黏技术在深层稠油开发中得到了广泛应用。该技术利用 CO_2 增溶降黏剂增加 CO_2 在原油中的溶解量，且有效分散沥青质，提升稠油流动能力。为解决油藏埋深、地层渗透率低的问题，对直井进行压裂改造，进一步增大 CO_2 扩散范围，实现扩大泄油半径、提高采出程度的目的。2017 年，胜二区胜 2-P104 井开展了增溶降黏吞吐现场试验。胜二区油藏埋深为 1 624.2～1 865.9 m，油层厚度为 4.0 m，原油黏度为 19 096 mPa·s。该井于 2011 年 5 月注蒸汽吞吐开发，平均注汽压力为 19.4 MPa，累积注汽量为 1 326 m^3，干度为 48.7%。投产后平均日产油量只有 1.3 t/d，2017 年采用"CO_2＋增溶降黏剂"方式降黏冷采，日产油量增加至 5.2 t/d，增油效果明显。

1.2.3　薄层稠油油藏

据报道，世界上常规原油剩余储量约为 1×10^{12} bbl，而薄层稠油油藏储量超过 4×10^{11} bbl。因此，薄层稠油逐渐成为满足全球能源需要的重要接替资源。薄层稠油油藏广泛分布于委内瑞拉、加拿大和中国等国家。例如，加拿大 Saskatchewan 省小于 5 m 的薄层稠油油藏占比为 55%，而中国辽河油田小于 8 m 的薄层稠油油藏占比为 50%。对于薄层稠油油藏，冷采开发采收率在 3%～8% 之间。由于较高的油水黏度比，水驱开发采收率较低，在 10%～20% 之间。常规稠油热采开发技术存在严重的蒸汽超覆、蒸汽窜流和地层热损失，难以实现经济高效开发。目前，该类油藏开发技术主要包括水平压裂辅助蒸汽驱、HDNS 等热采技术和冷采技术。

（1）水平压裂辅助蒸汽驱技术。

水平压裂辅助蒸汽驱技术的提高采收率机理是在油层下部压出一条水平裂缝，开辟一条具有高导流能力的热通道，使沿热通道向前推进的蒸汽在重力差异作用下逐步向上超覆，与其上部的原油发生强烈的传热传质作用，加热后的原油在重力差异作用下向下流动。当流动到下部热通道之后,蒸汽推着凝结的热水和可流动的油沿热通道流向采油井,并且随着时间的推移,可流动带越来越宽。水平裂缝提高了平面扫油面积,蒸汽逐步超覆提高了纵向波及系数,这样就最大限度地提高了油层的波及体积,进而提高了采收率。河南油田泌浅 10 区试验井组累积注汽量 2.575 8×10⁴ t,累积产油量 0.388 9×10⁴ t,井组最高日产油量 59.7 t/d,平均日产油量 18 t/d,采油速度达到了 17.4%,累积油汽比为 0.21,最终采收率达到了 37.7%。比吞吐开采技术最终采收率提高了 19.1%,取得了比较理想的效果。

（2）HDNS（水平井、降黏剂、氮气和蒸汽强化热采）技术。

针对薄层稠油油藏,HDNS 技术利用水平井开采可降低油层热损失 20%～30%,提高吸汽产液能力 1.7 倍以上,油藏动用范围显著扩大。利用蒸汽、油溶性降黏剂可降低地层温度下的原油黏度,降低沥青质聚集体的数量。注氮气隔热保温解决了油层厚度薄、地层能量低的问题。注氮气开采机理:环空注氮气,起到隔热作用,提高注汽效果;氮气压缩系数是二氧化碳的 3 倍,利用氮气膨胀性高的特点,补充地层能量;地层内氮气向上超覆,起地层保温作用。HDNS 技术主要应用于胜利油田金 17 块,共应用 42 井次,注氮气量410.1×10⁴ m³,动用储量 29.8×10⁴ t。之后,第二周期采用 HDNS 生产,初期峰值产量明显高于第一周期没有伴注氮气的产量。

（3）水溶性降黏体系驱技术。

2010 年 4 月 24 日至 2010 年 6 月 30 日,胜利陈家庄油田开展了水溶性降黏体系驱油试验,在 C9-29 注水井伴注药剂。试验保持原注水量 150 m³/d,每天注入药剂 90 kg。累计注入水溶性降黏体系 1.07×10⁴ m³,处理半径 50 m,累计注入水溶性降黏体系 6 300 kg。注水井注入药剂后,注水压力由注入前的 6.5 MPa 逐渐上升到 8.5 MPa,而 C9-29 注水井周围其他注水井注水压力保持不变。分析认为,注入水溶性降黏体系后,稠油的渗流特性得到改善,波及系数和驱油效率得到提高,导致注水压力升高。此外,实施水溶性降黏体系驱油后,对应 6 口油井中的 3 口井(9-31 井、9-27 井、11-27 井)含水率下降,3 口井取得明显增油效果(7-3 井、9-27 井、9-31 井)。统计到 2010 年 6 月 20 日,平均日增油 10 t/d,累计增油 363 t。如对应油井 C9-27 井,出现液升水降趋势,日产液量由 34.9 t/d 上升到 35.6 t/d,日产油量由 3.3 t/d 上升到 7.5 t/d,含水率下降 12.5%。

（4）氮气/二氧化碳＋降黏剂开发技术。

孤岛 GDNB76X11 井射孔井段为 1 285～1 292.7 m,属馆陶组,有效厚度 5.6 m,原油黏度 4 769 mPa·s。该井为开发近 30 年的老井,措施前实施常规冷采,平均日产液 1.7 t,日产油 1.2 t,含水率 28%,总体表现为供液不足。为了降低原油黏度,改善原油流动能力以及增加地层能量,提高油井产能,向油层注入 2# 降黏剂 250 t(质量分数为 0.8%),伴注氮气 80 000 m³。自 2008 年 4 月措施后,该井产量大幅度提高,日产油量最高达 8.1 t/d,自措施后开井至 2009 年 2 月,累计生产 310 d,累计产液 1 697.1 t,累计产油 864 t。

（5）聚合物驱技术。

聚合物驱技术利用聚合物溶液提高水油黏度比,从而延缓水窜,提高稠油采收率。该技术已成功应用于加拿大 Pelican Lake、Mooney Bluesk 和 Peace River 油田等多个稠油油藏,取得了巨大的成功。

　　Pelican Lake 油田 2005 年开始聚合物试验。试验区由 5 口水平段长度为 1 400 m 的水平井组成：3 口生产井(14-34 井、15-34 井和 16-34 井)和 2 口注入井(2/15-34 井和 2/16-34 井)，井距为 175 m。试验区原油的黏度范围在 1 200～1 800 mPa·s 之间。2005 年 5 月开始注入聚合物，聚合物黏度为 20 mPa·s(含量为 600 μg/g)。2005 年 8 月底，聚合物黏度降低至 13 mPa·s，随后又增加到 25 mPa·s。初始注入量为 930 bbl/(d·井)，但随着压力的增大，注入量逐渐减小。2006 年 2 月，中心生产井开始出现响应，其他 2 口生产井的响应时间分别为 2006 年 4 月和 9 月。注入聚合物后增产效果良好，第一口井的日产油量从 18 bbl/d 增加到 232 bbl/d，中心井的日产油量从 9 bbl/d 增加到 364 bbl/d，最后一口井的日产油量从 16 bbl/d 增加到 139 bbl/d。在聚合物试验成功之后，聚合物驱被推广应用于油田的大部分区块，有数百口井注入了聚合物。据运营商估计，聚合物驱采收率将提高到 20%～30%。

　　(6) 水平井天然气-水循环加压方法。

　　水平井天然气-水循环加压是一种有效的薄层稠油油藏提高采收率新方法，可应用于冷采后期或水驱后的薄层稠油油藏。该方法首先注入适量的天然气(主要组分为 CH_4)，然后通过注入水使气体重新溶解于稠油，直到压力近似达到原始地层压力，最后焖井降压生产。上述过程循环进行多个轮次，直至到达经济界限。该方法的关键是利用注入水驱替原油，并使天然气溶解而形成溶解气驱。该方法具体实施时，需在现有垂直井之间加密水平生产井。与垂直井相比，采用水平井可大幅提高波及效率，降低运行成本，可动用油藏未开发区域，获得更高的波及效率。此外，该方法使用水和产出气，投入成本低。实验表明，加拿大 Plover Lake 和 Cactus Lake North 稠油水驱后进行天然气-水循环加压开发，采收率分别提高 8.2% 和 7.7%。

　　(7) 混合气交替水驱方法。

　　过去 30 多年的油田开发实践表明，利用非混相气驱技术提高稠油采收率具有良好效果。注入气可溶入原油，起到降低原油黏度、膨胀原油体积的作用。但是，由于注入气和原油之间存在极大流度比，单独二氧化碳或其他气体连续注入容易导致气窜，开发效果有待进一步改善。Peng Luo 等提出了混合气交替水驱方法。室内实验研究表明，当注入纯二氧化碳时，4.0 MPa 下 4 个 WAG(水气交替驱)循环采收率为 22.5%，在 5.0 MPa 下采收率为 23.4%。当向二氧化碳气流中加入 19%(摩尔分数)的丙烷时，在 4.0 MPa 和 5.0 MPa 下 4 个 WAG 采收率分别为 34.2% 和 45.4%。因此，混合气体可以显著提高采收率。稠油黏度降低和原油膨胀是非混相驱重要的提高采收率机理。在相同的饱和压力和温度下，丙烷在稠油中的溶解度和扩散系数明显高于二氧化碳。因此，与单独二氧化碳相比，混合气体更有利于稠油黏度降低、体积膨胀。

1.2.4　泡沫油型稠油油藏

　　中国新疆油田、吐哈油田以及海外合作开发的委内瑞拉 Orinoco 重油带等地区稠油资源十分丰富，部分稠油油藏冷采(或出砂冷采)过程中表现出异于常规溶解气驱的生产特征,主要表现在以下 3 个方面:① 油藏产出油呈现连续的泡沫状态,原油中含有大量稳定气泡。② 油藏生产气油比上升速度缓慢。③ 油藏采收率与采油速度较高(较常规溶解气驱油藏采收率高出 5％～25％,采油速度高出 10～30 倍,有的甚至高达 100 倍)。出现上述现象的原因在于地层压力低于泡点压力时,稠油黏滞力大于重力,从原油中逸出的溶解气不直接形成连续的气相,而是以小气泡的形式分散在油相中形成泡沫油。但随着油藏的开发,地层压力进一步降低,泡沫油中的小气泡逐渐聚集形成连续的气相,泡沫油现象逐渐消失,使得生产气油比快速上升,油井产量递减加快。因此,如何筛选有效的地层能量补充方式,形成二次泡沫油,有效改善泡沫油油藏冷采后期开发效果,成为目前该类型油藏亟待解决的关键问题。针对上述问题,国内外专家学者提出了注气吞吐等方法,为泡沫油型稠油油藏高效开发提供了有效手段。

(1) 注气吞吐方法。

注气吞吐是一种有效的冷采后期泡沫油型稠油油藏接替技术,具有广阔的应用前景。注入气体通常为轻烃(如甲烷和丙烷等)、二氧化碳和天然气等。注气吞吐技术包括注入、焖井和生产阶段。注入阶段时间较短,气体以非常高的速度注入,导致油藏压力增加。焖井阶段非常关键,注入气溶解于稠油,为后续生产阶段溶解气驱提供能量。在生产阶段,油藏压力降低,溶解气析出形成泡沫油。注气吞吐机理主要包括稠油黏度降低、表面张力降低、原油体积膨胀和泡沫油形成。

(2) 注轻烃溶剂-CO_2 吞吐方法。

综合考虑储层条件、经济因素和开采机理,CO_2 中添加轻烃溶剂可以更好地降低稠油黏度,提高稠油采收率。Shayegi 等开展注气吞吐实验表明,注 CH_4-CO_2 混合物的产油量高于纯 CO_2。Lvory 等研究表明,混合气体(28％C_3H_8＋72％CO_2)吞吐 6 个周期后稠油采收率可达 50.4％。Luo 等通过相行为和岩芯驱油实验研究表明,C_3H_8-CO_2 混合物降低原油黏度的能力优于纯 CO_2。Li 等研究发现,在 C_3H_8 和 n-C_4H_{10} 存在条件下,稠油体积膨胀效应增强,CO_2-稠油体系的降黏效果显著。Qazvini Firouz 和 Torabi 对比研究了纯 CO_2、纯 CH_4 和 28％C_3H_8-72％CO_2、19％C_3H_8-81％CO_2、19％C_4H_{10}-81％CO_2、10％C_4H_{10}-90％CO_2 等多种气体混合物的吞吐效果,得到了相似的结论,指出泡沫油形成是其提高采收率的主要机理。

(3) 注空气-甲烷混合气体吞吐方法。

出砂冷采后期,稠油油藏注气吞吐过程通常使用甲烷、CO_2 和丙烷等气体,但是上述气体价格昂贵,成本较高。高温条件下注空气产生氧化反应提高稠油采收率技术已被广泛研究。空气-甲烷混合气体吞吐方法是在冷采条件下注入空气代替部分甲烷气体,形成稳定泡沫油现象,从而提高注气吞吐采收率,降低开发成本。可视化观察实验研究表明,空气可以增加稠油黏度,延缓气泡快速生长,可作为泡沫油改善剂延缓泡沫油中气泡聚并(图 1-2-1 和图 1-2-2)。岩芯实验表明,注入空气有助于增压,形成更稳定的泡沫油,可为甲烷注入提供有利条件,减少甲烷的使用量。因此,注空气-甲烷混合气体吞吐方法是一种经济有效的冷采后期泡沫油型稠油油藏开发方法。

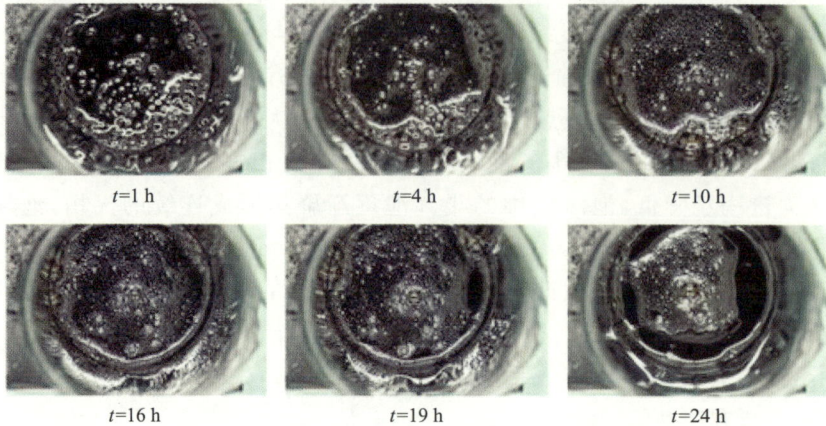

$t=1 \ h$ $t=4 \ h$ $t=10 \ h$

$t=16 \ h$ $t=19 \ h$ $t=24 \ h$

图 1-2-1　50% 甲烷-50% 空气混合气体形成的泡沫油现象（宏观观察）

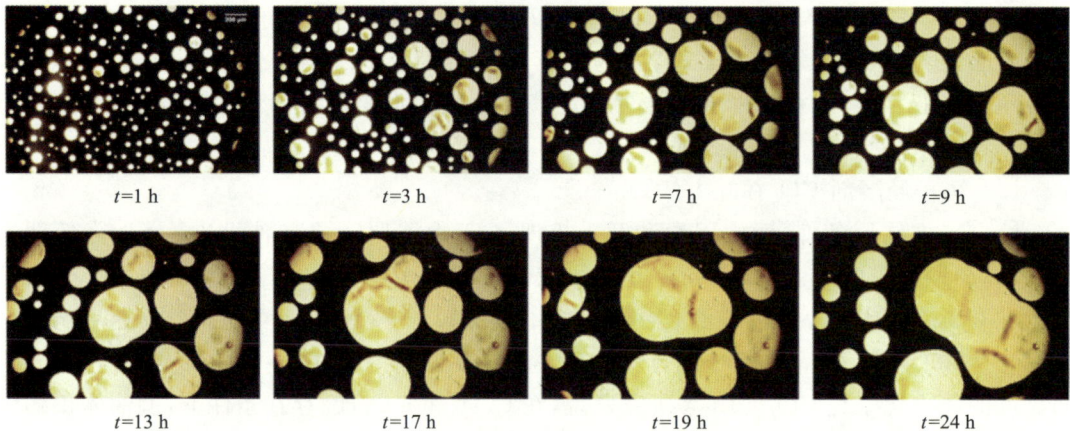

$t=1 \ h$ $t=3 \ h$ $t=7 \ h$ $t=9 \ h$

$t=13 \ h$ $t=17 \ h$ $t=19 \ h$ $t=24 \ h$

图 1-2-2　50% 甲烷-50% 空气混合气体形成的泡沫油现象（微观观察）

（4）气驱辅助吞吐方法。

冷采后期泡沫油型稠油油藏注气吞吐提高采收率机理主要为溶解气驱和泡沫油机理。生产阶段气体的析出可导致稠油黏度重新上升且流度降低，在该阶段产生并流动到生产端的泡沫油在次轮吞吐注气阶段又被推到油藏深部。这种泡沫油的"来回运动"严重阻碍了注气吞吐方法的产油量。Jia Xinfeng 等提出了一种气驱辅助吞吐方法（GA-CSI）。与常规吞吐相比，该吞吐方法结束后在邻井立刻进行气驱，可以辅助采出由于气体析出失去流动性的泡沫油。

气驱辅助吞吐方法的每个周期也包括两个阶段：气体注入阶段和生产阶段。生产阶段又分为降压和气驱两个过程。降压过程中注入气析出形成泡沫油流，这类似于常规注气吞吐的生产阶段；气驱过程中关井注气恢复油藏压力，之后开井生产，保持注入端和生产端之间有一定的压差。该阶段中注入的气体旨在驱替出在降压阶段产生的失去移动性的泡沫油流。实验结果表明，与常规注气吞吐相比，气驱辅助吞吐采收率可提高 19.3%。因此，气驱辅助吞吐方法可抑制泡沫油的"来回运动"，开发效果优于传统注气吞吐方法。

1.3 复杂稠油油藏注气开发技术展望

综上可知,世界范围内稠油资源丰富,是各国重要的战略性能源,许多国家已将稠油资源开发列入国家重点发展战略。

我国稠油资源丰富,占石油资源总量的 20% 以上,广泛分布于辽河、胜利、克拉玛依及河南等 10 几个油田,开采潜力巨大。2014 年,我国国务院办公厅印发的《能源发展战略行动计划(2014—2020)》指出:积极发展先进采油技术,努力增储挖潜,提高原油采收率,保持产量基本稳定。因此,积极探索有效的稠油开发技术,提高稠油采收率,对于保障我国石油产量稳定和经济、社会的可持续发展具有重大战略意义。

稠油资源开发利用存在世界性难题。首先,稠油具有黏度高,流动阻力大,甚至不能流动的问题,因此开发比较困难,技术难度较大,可以说稠油资源的有效开发主要在于其开发技术的发展。其次,我国稠油具有黏度高、相对密度低、轻质馏分少、胶质沥青质含量高和石蜡含量高等特点,更加大了其开发难度。此外,与世界其他地区相比,我国水敏性、薄/深层和泡沫油型复杂稠油油藏储量大,而常规热采技术(蒸汽吞吐、蒸汽驱、SAGD 等)存在热利用率低、开发成本大和环境污染严重等问题,难以实现经济有效开发。因此,对于复杂稠油油藏,必须大力发展提高采收率的新方法。

近几年,注气作为一种有效的提高采收率技术,在国内外复杂稠油油藏开发中取得了较好的应用效果,且在应用技术中所占比重呈逐年增长的态势,成为目前最具潜力的提高采收率技术之一。随着我国制氮气技术的成熟、碳中和理念的发展,气源缺乏问题逐渐得到解决,注气提高采收率技术价格低廉、无污染等独特优势逐渐显现,并越来越受到重视。因此,进一步加大复杂稠油油藏注气提高采收率基础研究、技术开发、推广和商业化应用,对于保障国家石油安全,实现国家经济可持续发展,推进绿色发展具有重要意义。

第2章
水敏性稠油油藏注氮气开发方法

注水开发技术具有成本低、工艺简单、原理较清楚等优点，在国内外多个稠油油藏成功应用，成为一项重要的稠油油藏开发技术。但对于水敏性稠油油藏，地层黏土中存在大量伊利石和蒙脱石等水敏性矿物，注水开发存在地层结构破坏甚至孔隙喉道阻塞的风险。由于氮气具有来源广泛、价格低廉、无污染等优点，注氮气提高采收率技术在加拿大和俄罗斯等石油生产大国成功实现商业应用。本章以新疆油田某水敏性稠油油藏为例，通过室内实验和油藏数值模拟相结合的方法，研究地层流体高压物性特征，阐明稠油油藏注氮气开采机理，揭示氮气吞吐、氮气吞吐转氮气驱和氮气驱参数的影响规律，形成水敏性稠油油藏注氮气参数优化方案，并与衰竭式开发和注水开发方案相比，评价水敏性稠油油藏注氮气开发效果，为后续该油藏注氮气开发奠定理论基础，也为同类油藏的开发提供借鉴。

2.1 地层流体高压物性及注氮气膨胀实验研究

2.1.1 实验材料

通过地面取样方式获得实验用地面原油（密度 0.951 7 g/cm³，相对分子质量 153.1），并在联合站分离器中取得实验用产出气。地面原油及产出气组分含量数据分别见表 2-1-1 和表 2-1-2。根据溶解气油比等资料，利用地层流体配样仪配置地层原油，其相对密度、相对分子质量和体积系数分别为 0.989 m³/m³，266.8 m³/m³ 和 1.102 4 m³/m³。地层原油组成见表 2-1-3。实验用注入气为氮气。

表 2-1-1 地面原油组分数据

组 分	摩尔分数/%	组 分	摩尔分数/%
C_2	1.71	$n\text{-}C_4$	7.59
C_3	6.04	$i\text{-}C_5$	6.80
$i\text{-}C_4$	3.37	$n\text{-}C_5$	3.31

组　分	摩尔分数/%	组　分	摩尔分数/%
C_6	13.77	C_{10}	1.41
C_7	13.52	C_{11}^+	39.37
C_8	1.31	总　计	100
C_9	1.80		

表 2-1-2　产出气组分数据

组　分	CO_2	C_1	C_2	C_3	$i\text{-}C_4$	$n\text{-}C_4$	$i\text{-}C_5$	$n\text{-}C_5$	C_6
摩尔分数/%	2.78	83.44	3.26	6.45	1.38	1.92	0.56	0.16	0.05

表 2-1-3　地层原油组成

组　分	摩尔分数/%	组　分	摩尔分数/%
CO_2	0.55	$n\text{-}C_5$	2.69
C_1	16.43	C_6	11.07
C_2	2.02	C_7	10.86
C_3	6.12	C_8	1.05
$i\text{-}C_4$	2.98	C_9	1.44
$n\text{-}C_4$	6.47	C_{10}	1.13
$i\text{-}C_5$	5.57	C_{11}^+	31.62

2.1.2　实验步骤

1）等组分膨胀实验

等组分膨胀实验过程如图 2-1-1 所示。将地层原油导入地层流体分析仪中,在保持温度不变的情况下,通过退汞的方式降低压力,测量样品体积在每个压力下的变化,从而得出不同压力与体积的关系,进而确定饱和压力、高于饱和压力下的单相流体的等温压缩系数和液相分数。

2）差异分离实验

差异分离实验是将地层原油导入地层流体分析仪中,假定原始条件下原始地层压力等于饱和压力,储层流体为单相液态。退泵降低一定的压力,当压力下降到小于饱和压力时,有气体析出,保持此压力排出析出的气体,再进行降压,并保持此压力排出析出气体,如此反复进行,一直到压力降到零为止。通过差异分离实验可确定溶解气量、原油体积系数、分离气体特征(分离气体的组成、压缩系数和相对密度)以及剩余油相密度随压力的变化规律。

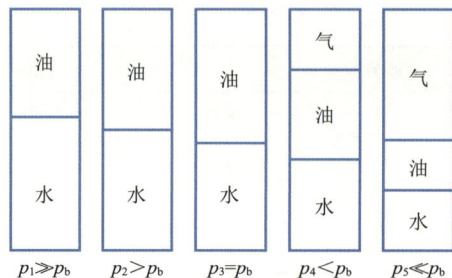

图 2-1-1 等组分膨胀实验步骤示意图

p_b—饱和压力；$p_1 \sim p_5$—压力逐渐降低

3）注气膨胀实验

通过室内实验研究稠油-氮气体系相态对分析注氮气提高采收率过程至关重要。当注入氮气后，油气体系间会产生相互的传质和传热，使得流体的物理和化学性质均发生变化。因此，对稠油-氮气体系进行相态研究是研究注氮气开采机理的重要依据。

注气膨胀实验流程如图 2-1-2 所示。当地层原油配样恢复到地层条件后，在泡点压力下对流体进行若干次注气。每次加入气体后，饱和压力和油气性质均发生变化。对油气体系的参数进行测试后，继续加入一定量的气体。通过注气膨胀实验可得出注气后体积膨胀系数、泡点压力、气液相偏差系数、原油密度、原油黏度、原油相对分子质量及界面张力等的变化，其中泡点压力反映了一次混相压力的大小，膨胀系数反映了原油注气后的膨胀能力。

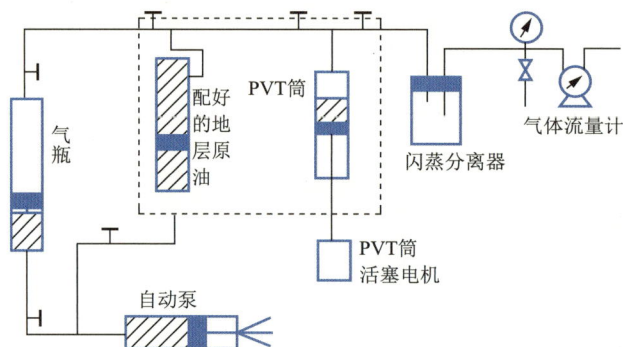

图 2-1-2 注气膨胀实验流程

2.1.3 实验结果与分析

1）等组分膨胀实验

原油等组分膨胀实验结果如图 2-1-3～图 2-1-5 所示。由图 2-1-3～图 2-1-5 可知，在地层温度 49.8 ℃、地层压力 31.21 MPa 下进行的等组分膨胀实验表明，配制的地层原油泡点压力为 11.58 MPa，气油比为 36.66 m³/m³，体积膨胀能量较大。

2）差异分离实验

差异分离实验可以很好地描述发生在油藏中的分离过程，并且能够模拟高于临界气体饱和度条件下的烃类系统的流体特性。当分离气的饱和度达到临界气体的饱和度时，分离气开始流动，从原油中分离出来。这是因为气通常比油有着更高的流度，这种特性导致了差异分离实验的不同结果。差异分离实验结果如图 2-1-6～图 2-1-9 所示。

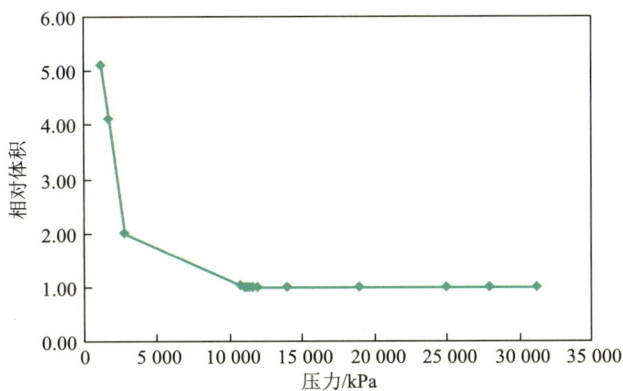

图 2-1-3　等组分膨胀实验相对体积实验结果图

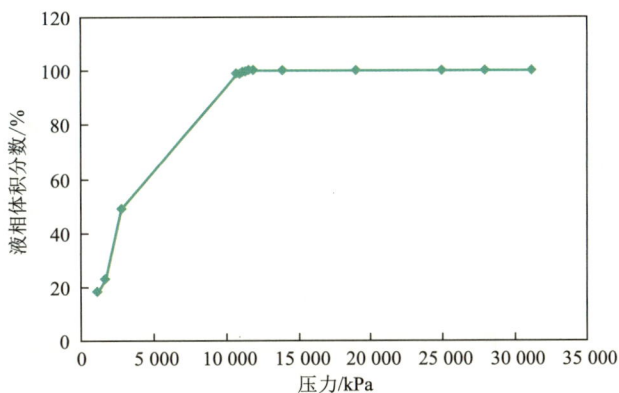

图 2-1-4　等组分膨胀实验液相体积分数实验结果图

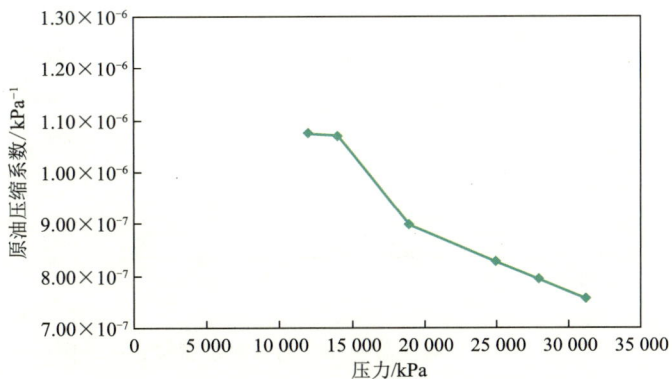

图 2-1-5　等组分膨胀实验原油压缩系数实验结果图

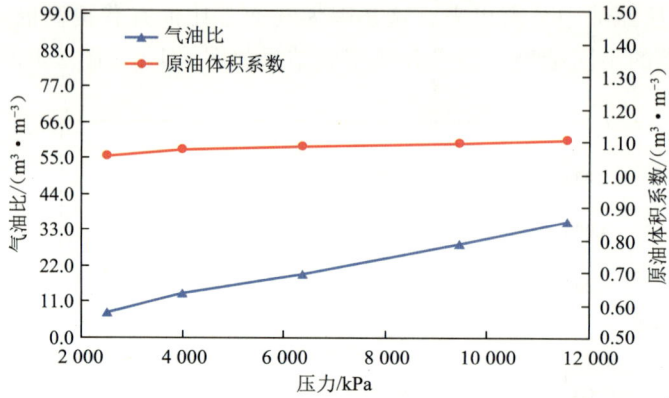

图 2-1-6 差异分离实验气油比和原油体积系数实验结果图

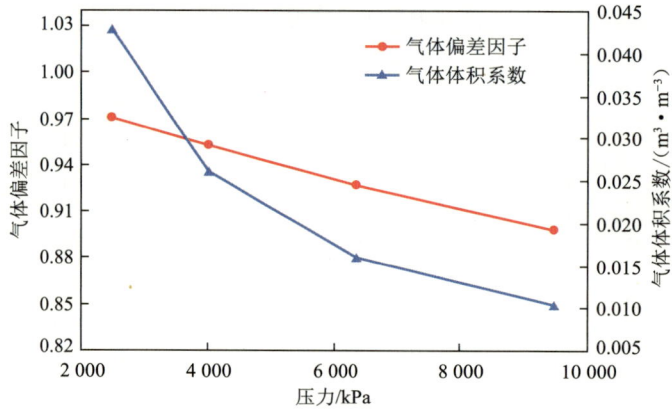

图 2-1-7 差异分离实验气体偏差因子和体积系数实验结果图

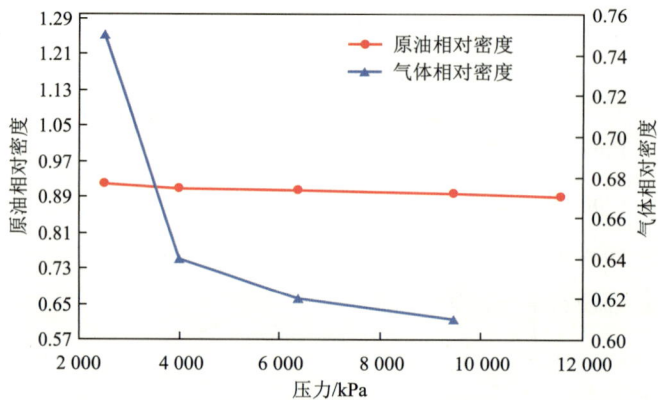

图 2-1-8 差异分离实验油和气的相对密度拟合结果图

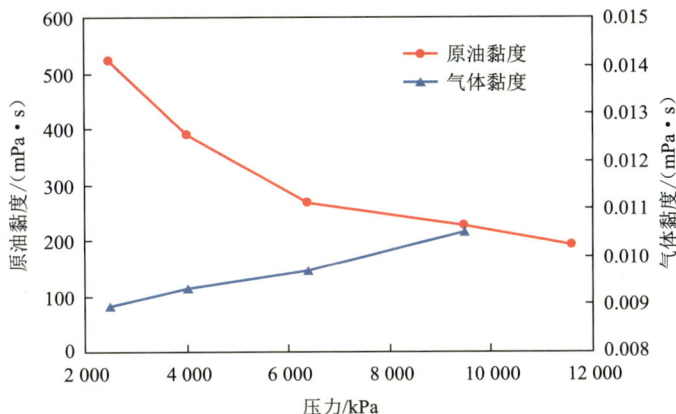

图 2-1-9　差异分离实验油和气的黏度拟合结果图

3）注气膨胀实验

膨胀实验是评价注气开发效果的主要依据之一，其泡点压力反映了一次混相压力的大小，膨胀系数反映了原油注气后的膨胀能力。由图 2-1-10 可知，氮气注入原油后，随注入氮气摩尔分数的增加，氮气-原油体系的饱和压力上升很快，当注入氮气的摩尔分数为 6.211% 时，原油的饱和压力就已超过地层压力 31.2 MPa；而氮气-原油体系的膨胀系数上升缓慢，当注入氮气的摩尔分数为 6.211% 时，膨胀系数只有 1.029 8，说明氮气-原油体系膨胀能力一般。

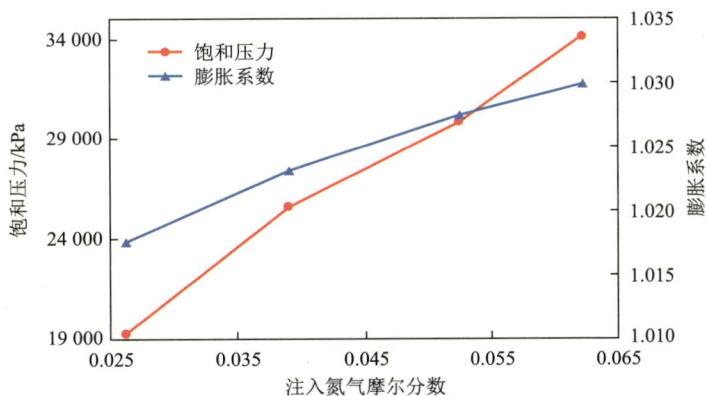

图 2-1-10　注氮气膨胀实验结果图(49.8 ℃)

2.2　水敏性稠油油藏注氮气数值模拟研究

2.2.1　油藏地质概况

目标稠油油藏为断裂控制下的岩性油藏，含油面积 2.12 km²，地质储量 192.57×10⁴ t，油藏压力和温度分别为 31.21 MPa 和 49.8 ℃。油藏构造形态整体为一南倾的单斜,地层倾角 6°～12°。油藏自下而上分为 Jq_1,Jq_2 和 Jq_3,其中 Jq_1 为主要目的层,Jq_2 和 Jq_3 砂岩发育较差。Jq_1 地层厚度 90～130 m,其自上而下分为 Jq_1^1,Jq_1^2,Jq_1^3 三个砂组,其中 Jq_1^1 和 Jq_1^3 砂组为主力砂组。由表 2-2-1 可知,Jq_1^3 储层物性最好,Jq_1^1 储层物性其次,Jq_1^2 储层物性最差。根据沉积旋回、岩性组合、电性特征及砂体连通性,Jq_1^3 砂组可细分为 Jq_1^{3-1},Jq_1^{3-2} 和 Jq_1^{3-3} 三个单砂层。油层分布特征见表 2-2-2。

表 2-2-1 储层物性特征

层　位	孔隙度范围/%	平均孔隙度/%	渗透率范围/(10^{-3} μm^2)	平均渗透率/(10^{-3} μm^2)
Jq_1^1	8.21～28.11	18.07	1.160～1 929.640	31.810
Jq_1^2	3.50～27.31	19.85	0.340～508.680	10.442
Jq_1^3	18.36～28.68	23.01	25.210～971.300	209.451

表 2-2-2 油层分布特征

油层序号	层　位	厚度范围/m	平均厚度/m	分布区域
1	Jq_1^{3-3}	3.1～10.8	7.05	TT001,T001,T003 和 T006 井
2	Jq_1^{3-2}	6.2～9.7	7.95	TT3 和 T001 井
3	Jq_1^{3-2}	—	2.40	TT5A 井
4	Jq_1^2	2.0～6.3	4.45	T001,T003,T002 和 T006 井
5	Jq_1^1	—	2.70	TT5A 井

2.2.2　油藏开发概况及分析

1) 开发概况

目标油藏自 1991 年 11 月 T19 井开始投产以来,2006 年 12 月已有 9 口井投产。截止到 2008 年 8 月,共有 12 口井先后投产,10 口井正常生产,累计产油 $1.782\ 5 \times 10^4$ t,累计产水 $1.144\ 5 \times 10^4$ t,累计产气 5.34×10^7 m³。2005 年之前,年产油量变化不大。2007 年,年产油量最高为 9 097 t/a,之后产油量开始下降。目标油藏的开采曲线如图 2-2-1 所示。

2) 开发分析

目标油藏产油井开发动态数据总结于表 2-2-3 中,对其分析如下。

(1) 单井开发分析。

根据目标油藏生产情况,特别对 2008 年 8 月的生产井进行分类(表 2-2-3)。按 2008 年 8 月日产油量对生产井进行分类:Ⅰ类,大于 3 t/d;Ⅱ类,介于 2～3 t/d 之间;Ⅲ类,介于 1～2 t/d 之间;Ⅳ类,小于 1 t/d。其中,Ⅰ类井 2 口,为 T001 和 T006 井;Ⅱ类井 3 口,为 T002,TT102 和 TT45 井;Ⅲ类井 3 口,为 TT001,TT3 和 TT5A 井;Ⅳ类井 2 口,为 T003 和 TT36 井。由表 2-2-3 和图 2-2-2 可知,目标油藏单井日产油量在 0.3～5.4 t/d 之间,单井产油能力低,开发效果较差。

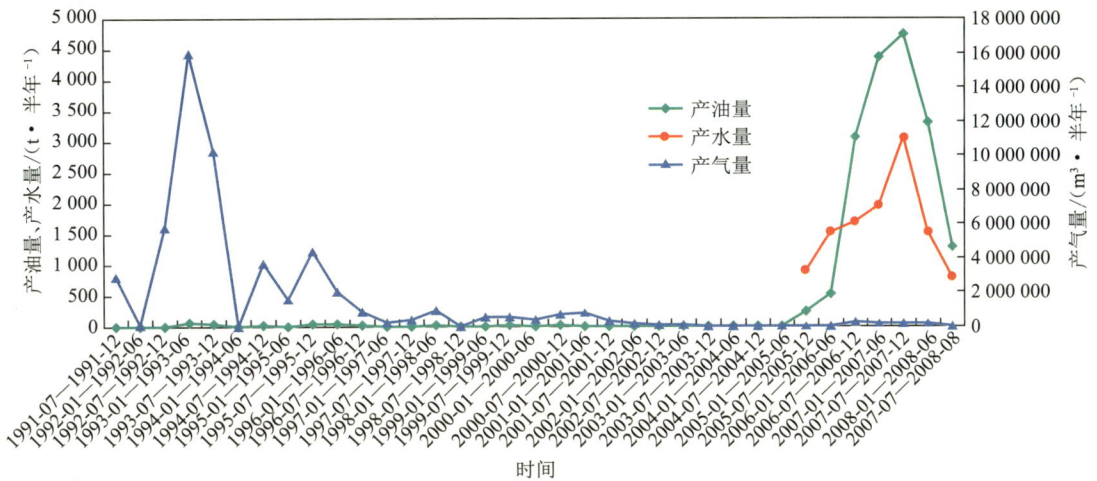

图 2-2-1　目标油藏开采曲线

表 2-2-3　目标油藏单井分类表

分　类	Ⅳ 类	Ⅲ 类	Ⅱ 类	Ⅰ 类
日产油量分类标准 $Q_o/(t \cdot d^{-1})$	$Q_o < 1$	$1 < Q_o < 2$	$2 < Q_o < 3$	$Q_o > 3$
井数/口	2	3	3	2
井数分数/%	20	30	30	20
合计日产油量/$(t \cdot d^{-1})$	1.1	4.2	7.2	8.7
合计日产油量分数/%	5	20	34	41

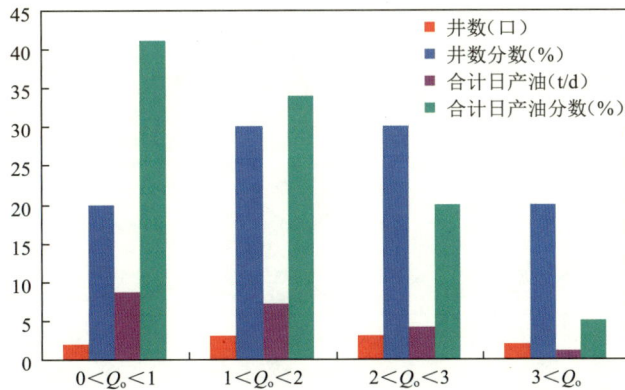

图 2-2-2　目标油藏单井分类图

下面取生产时间较长的生产井 TT001 井进行分析。TT001 井的产油、产水及含水率变化情况见表 2-2-4 和图 2-2-3。

表 2-2-4 TT001 井生产数据表

时 间	月产油 /(m³·月⁻¹)	月产水 /(m³·月⁻¹)	含水率	时 间	月产油 /(m³·月⁻¹)	月产水 /(m³·月⁻¹)	含水率
2005-11	80	222	0.735 099	2007-04	60	165	0.733 333
2005-12	130	484	0.788 274	2007-05	31	173	0.848 039
2006-01	127	363	0.740 816	2007-06	24	204	0.894 737
2006-02	81	235	0.743 671	2007-07	25	229	0.901 575
2006-03	56	279	0.832 836	2007-08	37	199	0.843 220
2006-04	102	216	0.679 245	2007-09	45	189	0.807 692
2006-05	47	220	0.823 970	2007-10	40	214	0.842 520
2006-06	43	179	0.806 306	2007-11	54	189	0.777 778
2006-07	37	220	0.856 031	2007-12	47	173	0.786 364
2006-08	31	236	0.883 895	2008-01	34	180	0.841 121
2006-09	30	192	0.864 865	2008-02	26	180	0.873 786
2006-10	71	171	0.706 612	2008-03	34	180	0.841 121
2006-11	45	165	0.785 714	2008-04	33	192	0.853 333
2006-12	40	180	0.818 182	2008-05	40	189	0.825 328
2007-01	40	189	0.825 328	2008-06	45	183	0.802 632
2007-02	42	171	0.802 817	2008-07	40	186	0.823 009
2007-03	34	202	0.855 932	2008-08	34	199	0.854 077

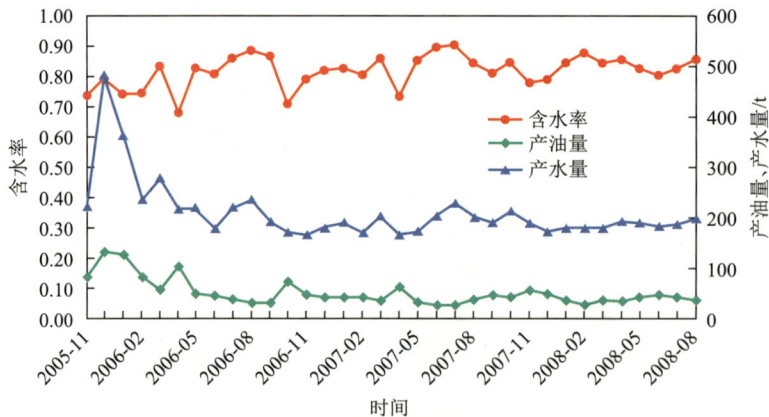

图 2-2-3 TT001 井生产变化曲线

由表 2-2-4 和图 2-2-3 可知，TT001 井于 2005 年 11 月压裂投产后一直衰竭式开采，由于缺乏能量补充，产油量不断减少，且递减较快；含水率随时间不断增加，截至 2008 年 8 月含水率为 85.4%。

（2）油藏采出程度。

截止到 2008 年 8 月，共有 8 口井先后在 Jq_1 地层生产，累积产油量为 14 326 t，而 Jq_1 地层地质储量为 192.57×10^4 t。目前，目标油藏原油采出程度为 0.74%，采出程度不高，开采潜力较大。

2.2.3　稠油油藏注氮气数值模拟模型的建立

根据上述目标油藏的地质特征，依次建立地质模型、流体模型和生产动态模型，最终建立目标油藏注氮气数值模拟模型，用于后续的注氮气参数优化研究。

1）地质模型的建立

根据目标油藏顶部构造图、油层厚度图和单井测井解释结果，建成完整的油藏三维地质模型（图 2-2-4）。其中构造模型采用直角坐标，划分网格 50 个×23 个×5 个，平面上网格大小为 50 m×50 m，纵向上模拟层从上到下分别对应 Jq_1^1，Jq_1^2，Jq_1^{3-1}，Jq_1^{3-2} 和 Jq_1^{3-3} 共 5 个小层。

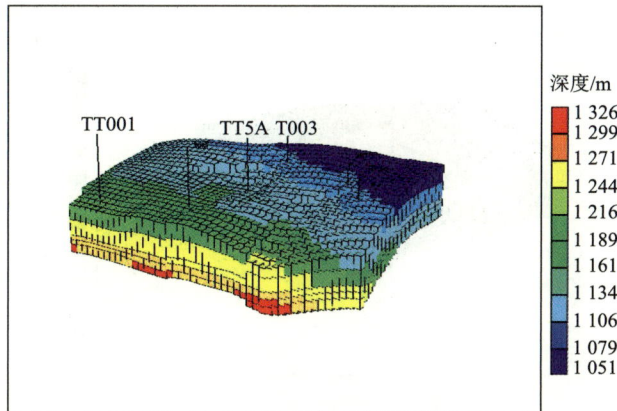

（a）三维构造模型

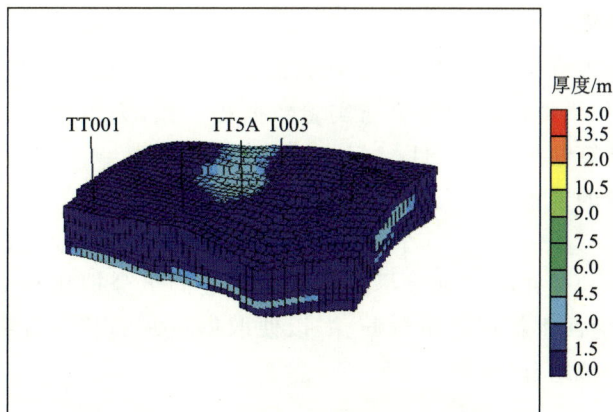

（b）三维有效厚度模型

图 2-2-4　目标区块三维地质模型

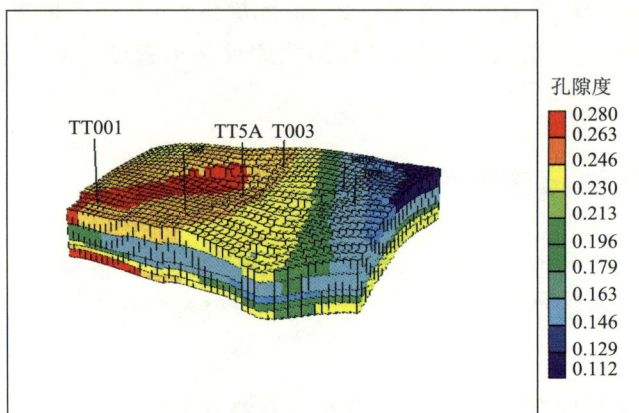

（c）三维孔隙度模型

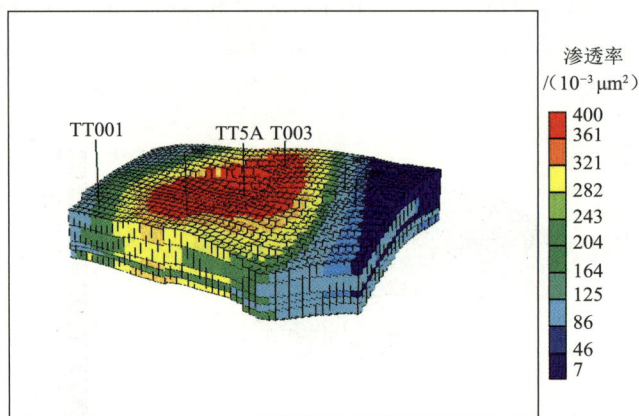

（d）三维渗透率模型

图 2-2-4(续)　目标区块三维地质模型

2）流体模型的建立

状态方程参数的拟合是进行组分模拟计算的重要步骤。该过程通过回归计算对状态方程参数进行调整，使模拟计算的结果与实验数据相一致，为组分模型提供可靠的参数，从而保证组分模拟计算结果的可靠性。

首先对井流物中的重组分进行劈分，选择适合于黑油流体的 2-Stage Exponential 方法，最终将 C_{11}^+ 劈分为 $C_{11} \sim C_{30}^+$ 共 20 个组分。为了尽量减少组分模拟的计算量，将性质相似的拟组分进行归并。归并的原则是尽量将性质相近的组分拟化在一起。在对 PVT 参数进行拟合时，多次返回重新进行组分归并，以便取得更好的状态方程拟合结果，最终将所有组分归并为 6 个拟组分，见表 2-2-5。

表 2-2-5　归并后井流物组成

拟组分	N_2,C_1	CO_2,C_2	C_3~n-C_4	i-C_5~C_6	C_7~C_{15}	C_{15}~C_{30}^+
摩尔分数/%	16.563	2.036	15.696	19.487	33.707	12.511

　　考虑后续油藏数值模拟研究包括历史拟合、注氮气参数优化和方案预测等多项内容，在回归计算中仅对注气膨胀实验进行拟合是不够的，难以保证地下流体的气油比及油、气黏度等各项参数的可靠性。因此，同时选择其他实验结果进行回归计算，以保证这些参数的合理性。

　　选择注氮气膨胀实验、等组分膨胀实验和差异分离实验数据作为回归计算目标。将状态方程参数、组分相互作用系数、体积平移因子、黏度临界体积等作为回归变量，经过数十次调整及反复计算，得出比较令人满意的回归计算结果，保证流体模型中流体参数的准确性。拟合结果如图 2-2-5～图 2-2-11 所示。

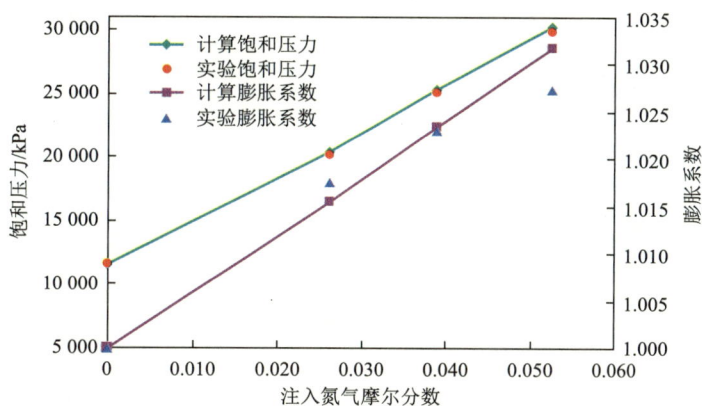

图 2-2-5　注氮气膨胀实验饱和压力和膨胀系数拟合结果图

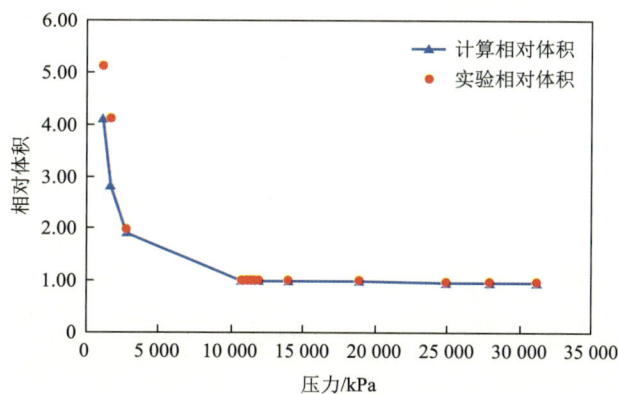

图 2-2-6　等组分膨胀实验相对体积拟合结果图

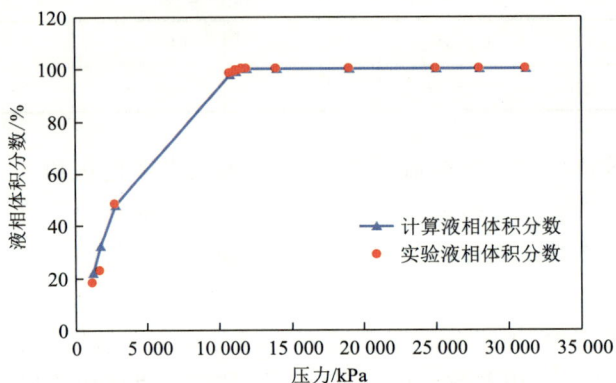

图 2-2-7　等组分膨胀实验液相体积分数拟合结果图

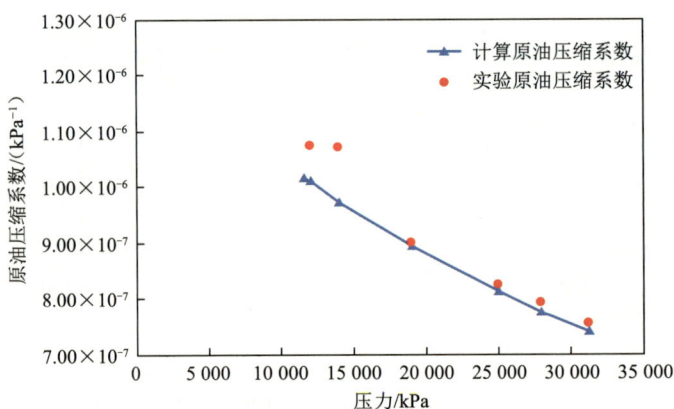

图 2-2-8　等组分膨胀实验原油压缩系数拟合结果图

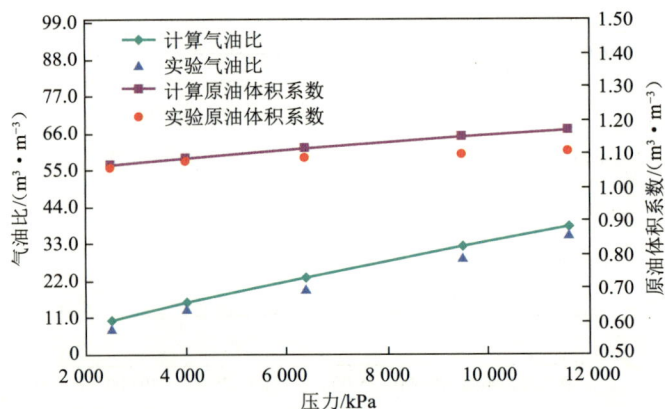

图 2-2-9　差异分离实验气油比和原油体积系数拟合结果图

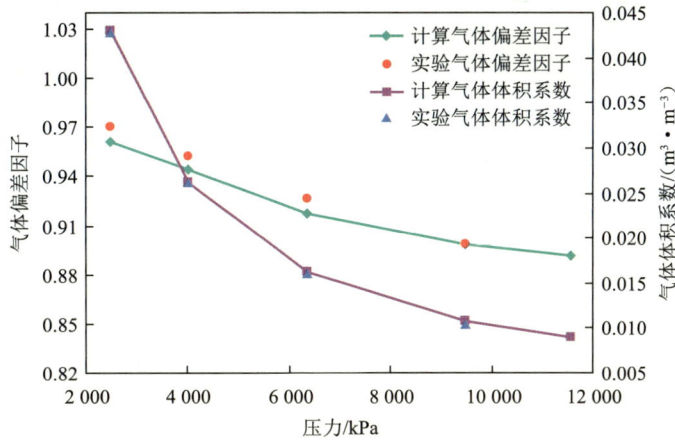

图 2-2-10　差异分离实验气体偏差因子和体积系数拟合结果图

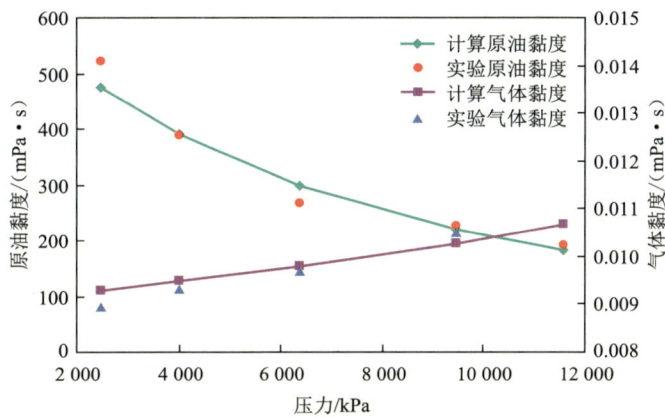

图 2-2-11　差异分离实验原油和气体黏度拟合结果图

流体模型所用流体参数及相渗曲线见表 2-2-6 和图 2-2-12。

表 2-2-6　初始化后油藏各项参数数据表

参　数	单　位	数　值
油藏平均压力	kPa	$3.164\ 68 \times 10^4$
油藏孔隙体积	m^3	$3.902\ 24 \times 10^6$
烃类孔隙体积	m^3	$2.436\ 49 \times 10^6$
油相总物质的量	mol	$1.894\ 13 \times 10^{10}$
水相总物质的量	mol	$8.254\ 87 \times 10^{10}$

参 数		单 位	数 值
各组分物质的量	N_2,C_1	mol	$3.137\ 29 \times 10^9$
	CO_2,C_2	mol	$3.857\ 17 \times 10^8$
	$C_3 \sim n\text{-}C_4$	mol	$2.973\ 07 \times 10^9$
	$i\text{-}C_5 \sim C_6$	mol	$3.691\ 04 \times 10^9$
	$C_7 \sim C_{15}$	mol	$6.384\ 49 \times 10^9$
	$C_{15} \sim C_{30}^+$	mol	$2.369\ 69 \times 10^9$
原油储量		m^3	$2.070\ 47 \times 10^6$
气储量		m^3	$1.122\ 75 \times 10^8$
气顶气储量		m^3	0
溶解气储量		m^3	$1.122\ 75 \times 10^8$
水储量		m^3	$1.485\ 88 \times 10^6$

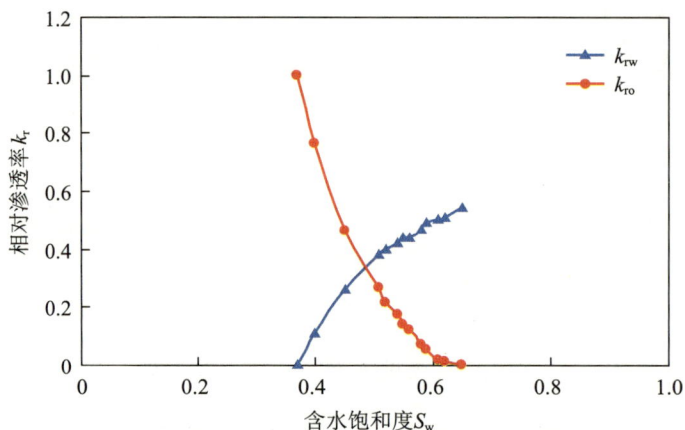

图 2-2-12 油水相对渗透率图

　　一般来讲,油藏数值模拟可采用两种方法对初始油、气、水饱和度进行设置:一种是利用油水、油气界面深度,对各相密度和毛管力进行平衡计算,获得初始饱和度场和压力场;另一种是直接输入油、气、水初始饱和度场进行设置。后一种方法虽然简单,但往往会因为设置违反物理原则而使模拟迭代计算不易收敛。因此,本模型采用平衡区方式建立油藏初始油、水饱和度、压力分布。初始化后油藏的各项数据见表 2-2-6。

3）生产动态模型的建立

根据目标油藏注水井和生产井的生产历史、井轨迹和射孔参数，建立生产动态模型，从而建立完整的注氮气油藏数值模拟模型，用于后续的生产历史拟合、注氮气参数影响规律和优化研究。

2.2.4　油藏储量及生产历史拟合

1）油藏储量拟合

容积法计算地质储量的公式为：

$$N = 100Ah\phi(1 - S_{wi})\rho_o/B_{oi} \tag{2-2-1}$$

式中　N——原油地质储量，10^4 t；

A——油田的含油面积，km^2；

h——平均有效厚度，m；

ϕ——平均有效孔隙度，小数；

S_{wi}——油层平均原始含水饱和度，小数；

ρ_o——平均地面原油密度，t/m^3；

B_{oi}——原始原油体积系数，m^3/m^3。

由上式可知，影响地质储量的主要因素有含油面积、有效厚度、孔隙度、含油饱和度等参数。通过调整部分参数，模拟计算的地质储量为 207.05×10^4 m^3，与实际地质储量 206.17×10^4 m^3 相比，相对误差为 0.43%。计算出的地质储量与实际地质储量吻合较好，符合行业标准，说明所建地质模型较为可靠，可以作为历史拟合和后期动态预测的基础。

2）油藏生产历史拟合

油藏生产历史拟合的目的是通过调整各项油藏参数，使油藏数值模拟模型与实际油藏相一致，并通过这一拟合过程加深对油藏的认识，在这个基础上进行注氮气参数影响规律及优化研究。目标油藏生产历史拟合时间是从 2005 年 11 月投产到 2008 年 8 月。拟合总井数 8 口，均正常生产。历史拟合过程中首先进行总体调整，以确定某些未知参数，如总体压力变化情况等。通过这些调整使模拟结果与大多数油井的生产动态数据接近，然后在此基础上进行单井拟合，在对单井进行调整的同时拟合油藏的总体指标。经过反复的参数调整，使得约 80% 的油井含水指标与实际一致，如图 2-2-13～图 2-2-25 所示。油藏整体拟合指标包括累积产油量、累积产水量和含水率等。由拟合结果可知，计算结果与实际拟合较好，拟合结果保证了目标油藏平均含油气饱和度的可靠性，为剩余油分布、注氮气参数影响规律及优化研究奠定了可靠的模型基础。

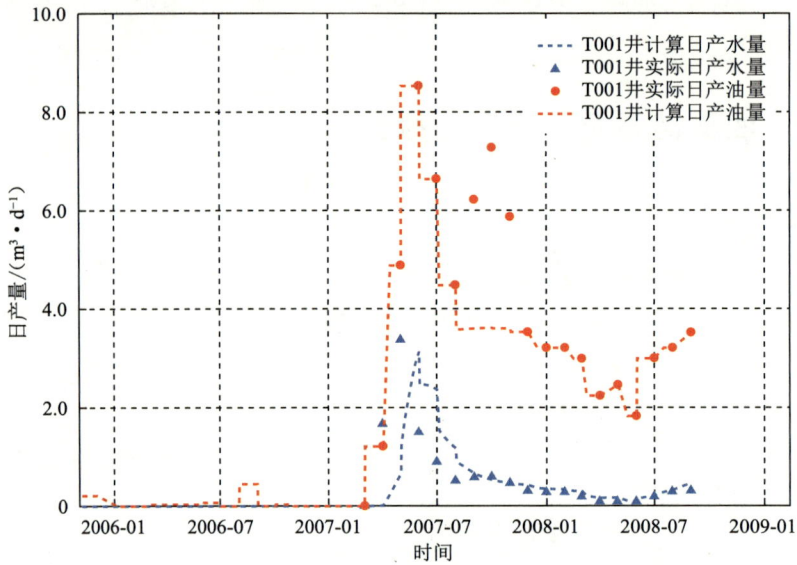

图 2-2-13　T001 井日产量拟合曲线

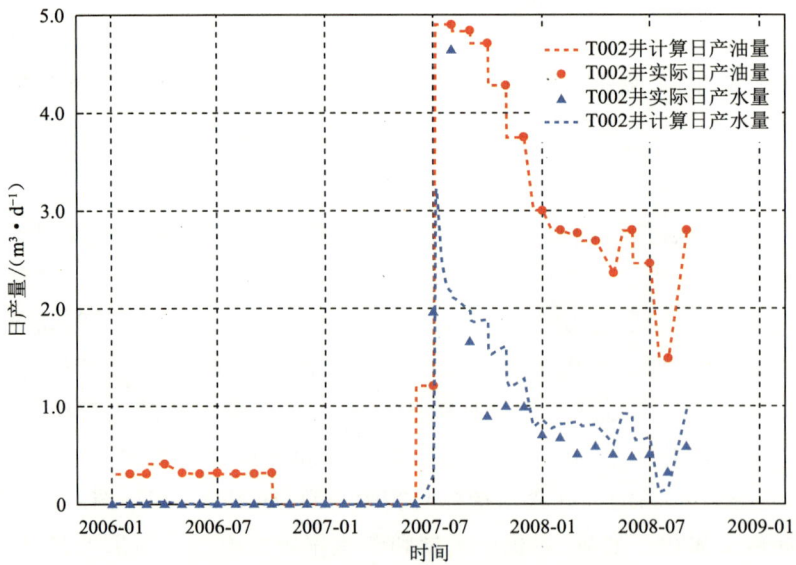

图 2-2-14　T002 井日产量拟合曲线

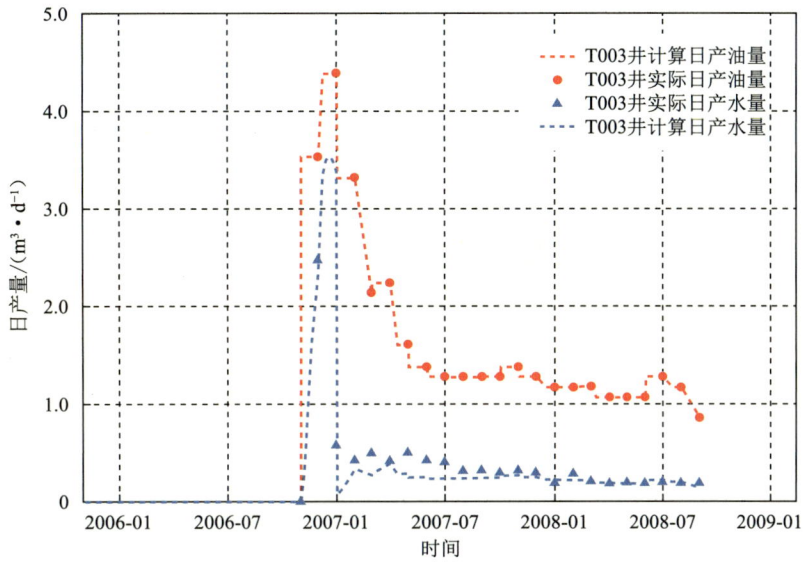

图 2-2-15　T003 井日产量拟合曲线

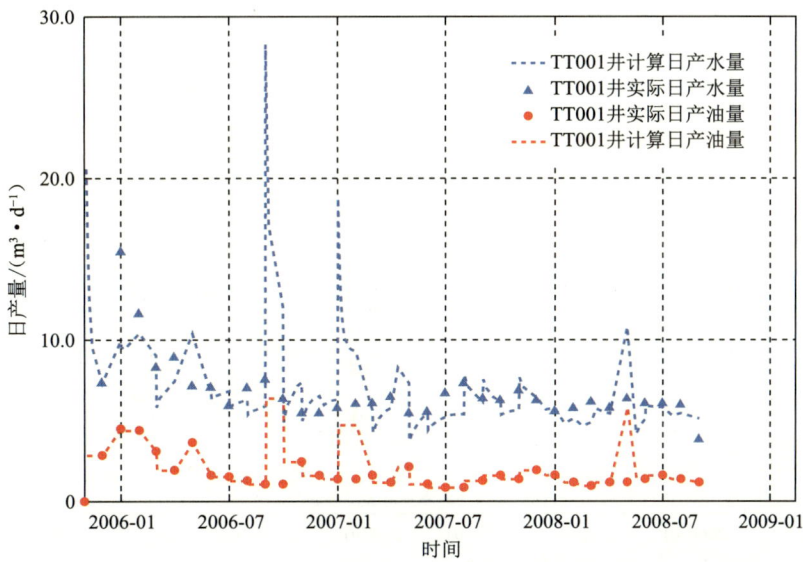

图 2-2-16　TT001 井日产量拟合曲线

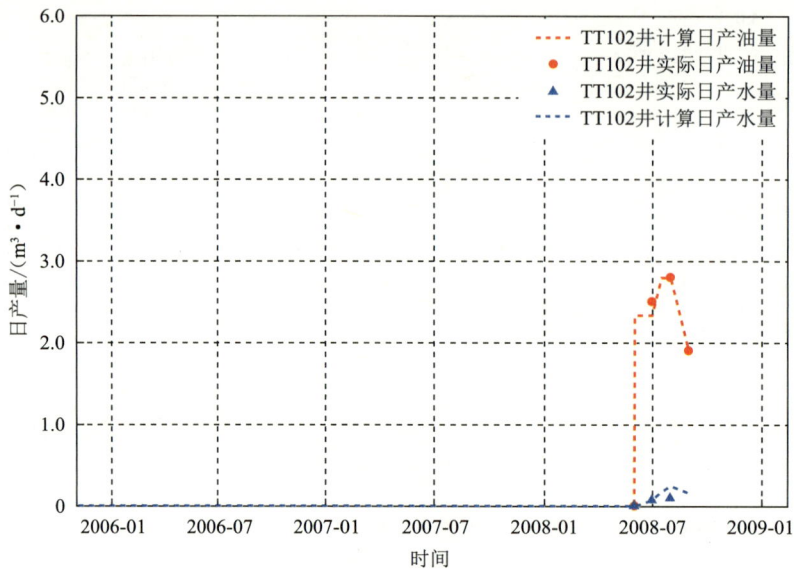

图 2-2-17　TT102 井日产量拟合曲线

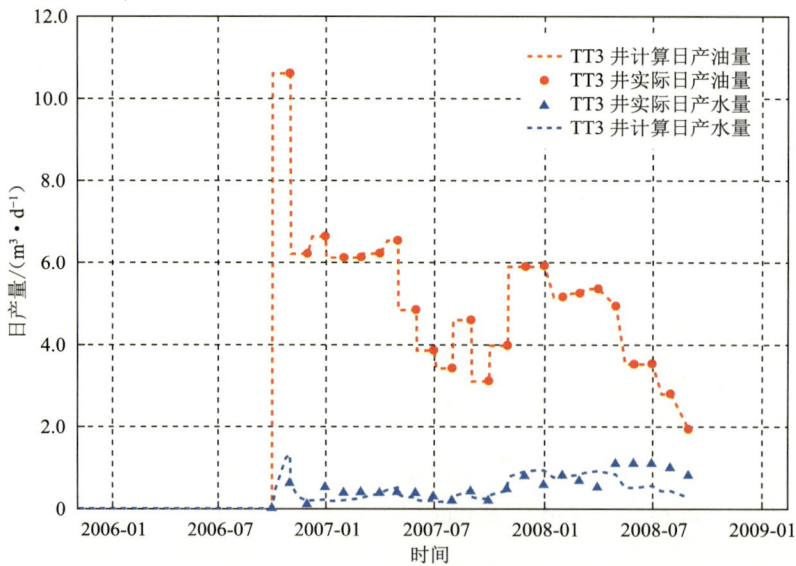

图 2-2-18　TT3 井日产量拟合曲线

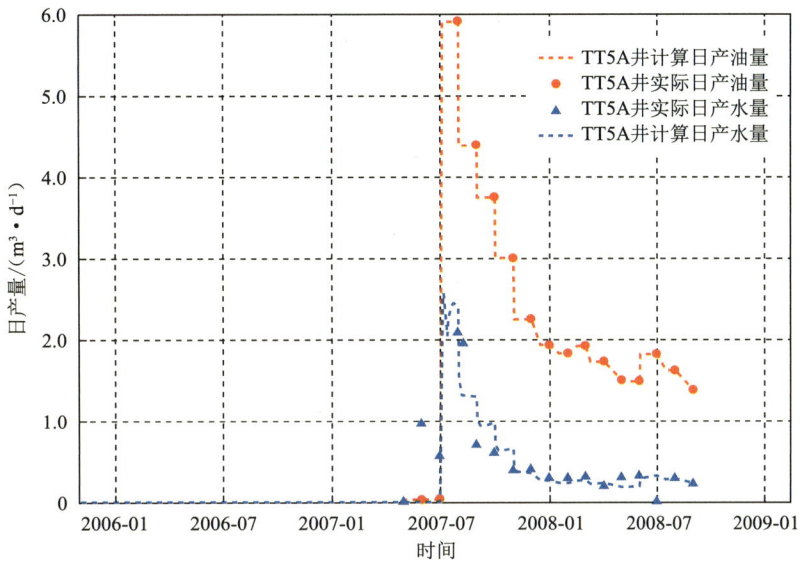

图 2-2-19　TT5A 井日产量拟合曲线

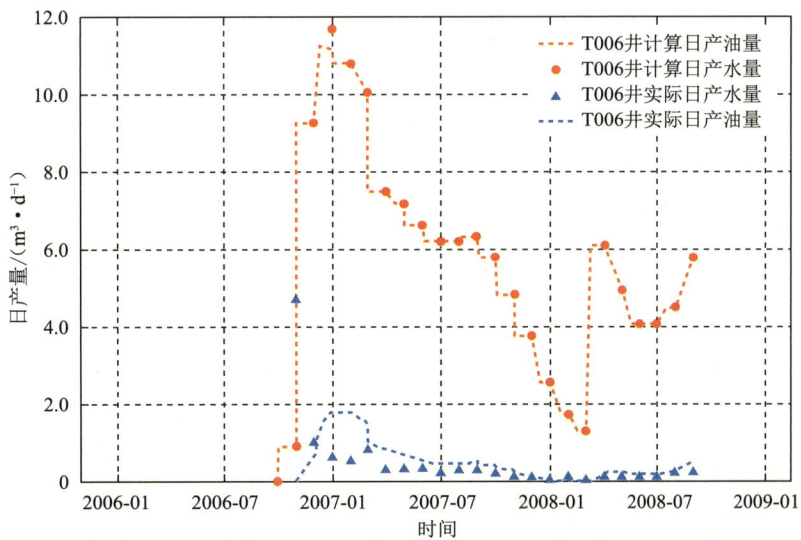

图 2-2-20　T006 井日产量拟合曲线

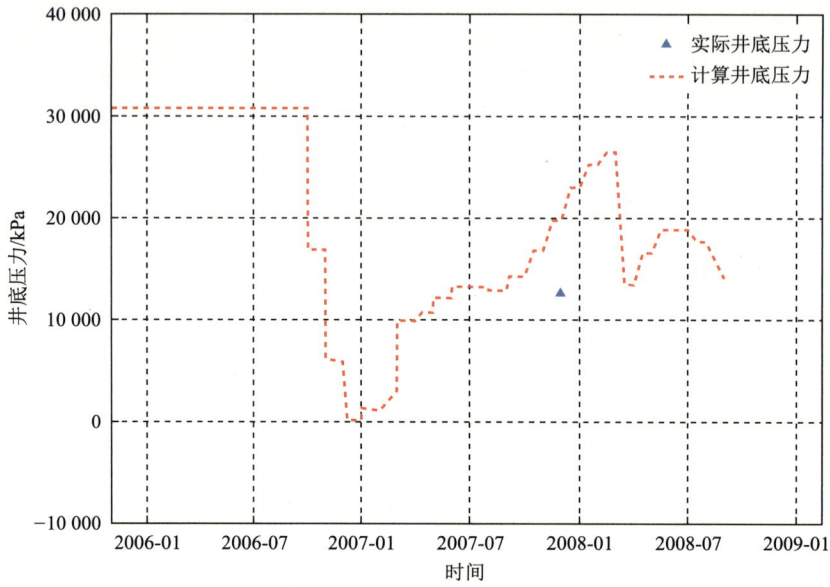

图 2-2-21　T006 井井底压力拟合结果图

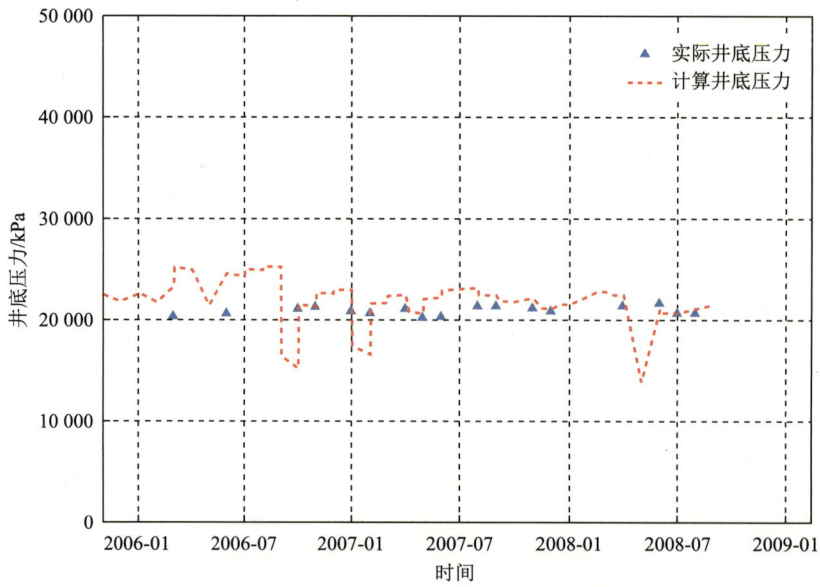

图 2-2-22　T001 井井底压力拟合结果图

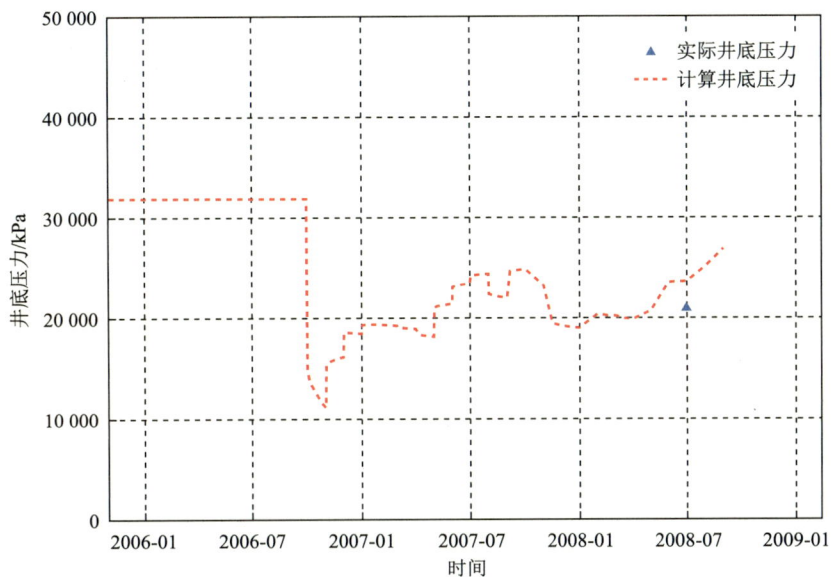

图 2-2-23　TT3 井井底压力拟合结果图

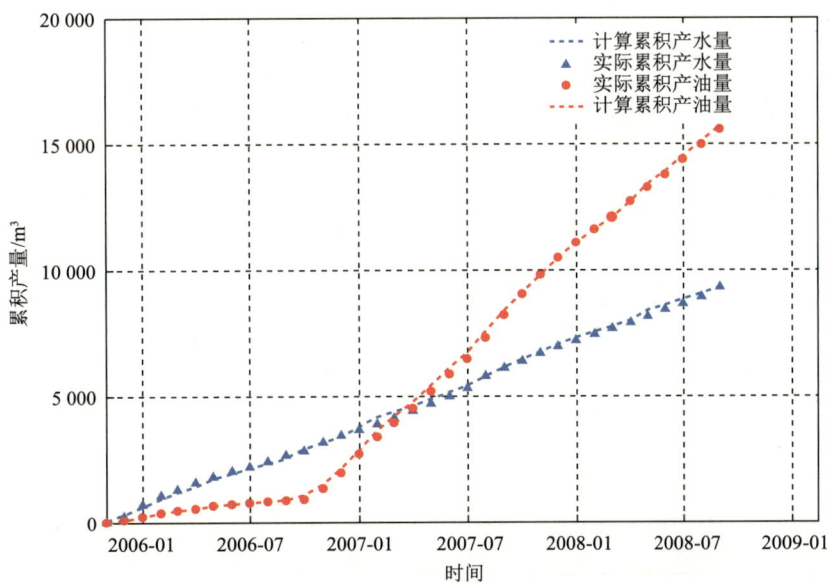

图 2-2-24　目标油藏累积产油量和累积产水量拟结果图

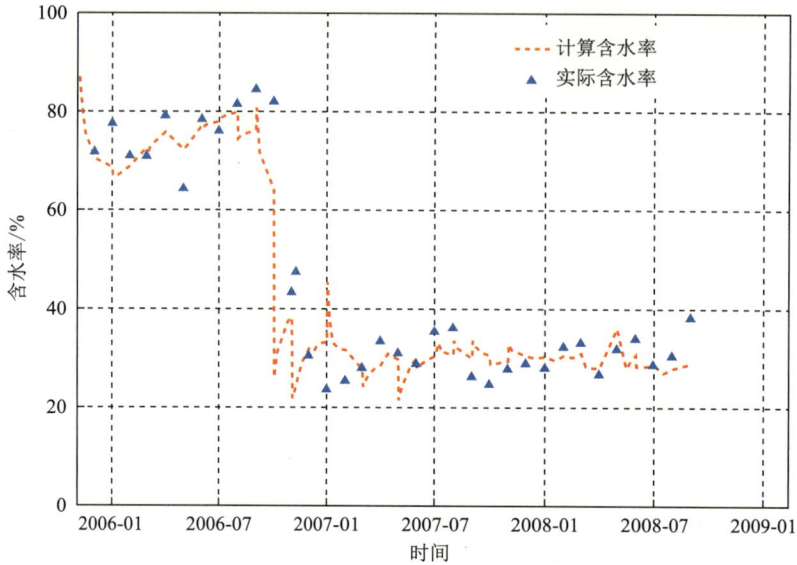

图 2-2-25 目标油藏含水率拟合结果图

2.2.5 油藏剩余油分布研究

由 5 个模拟层可动油体积随时间的变化(表 2-2-7)可知,4 号和 5 号两个模拟层的可动油体积所占比例较大,平均有 99%左右的储量没有采出。此外,由图 2-2-26~图 2-2-37 所示的 5 个模拟层 2008 年 8 月剩余油饱和度和含油丰度分布图可知,4 号和 5 号两个模拟层的剩余油储量比较大,表明 Jq_1^{3-2} 和 Jq_1^{3-3} 是今后挖潜的对象。

表 2-2-7 5 个模拟层可动油变化状况表

模拟层	可动油所占比例/%		产出油所占比例/%	剩余油所占比例/%
	2005 年 11 月	2008 年 8 月		
1	2.390 4	2.392 4	0.00	100
2	12.628 6	12.635 0	0.97	99.03
3	2.804 2	2.793 0	0.92	99.08
4	39.251 9	39.168 6	1.06	98.94
5	42.925 0	43.011 1	0.42	99.58

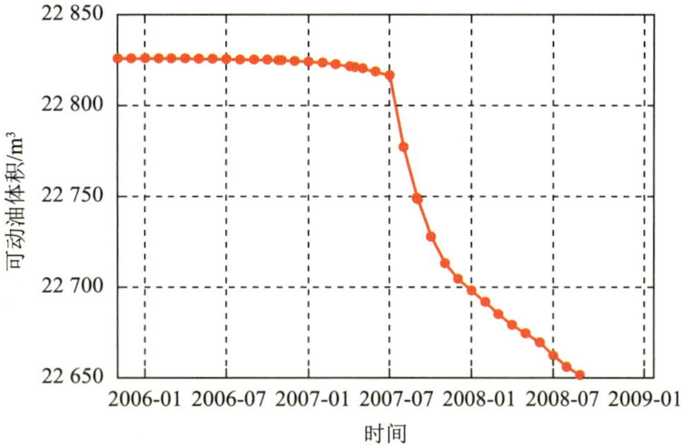

（a）1号模拟层可动油体积

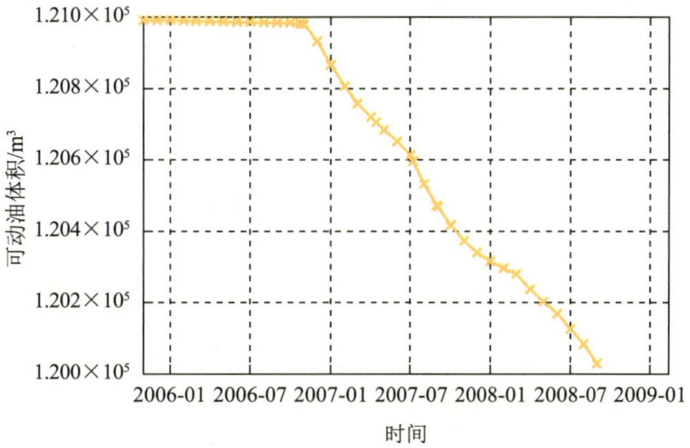

（b）2号模拟层可动油体积

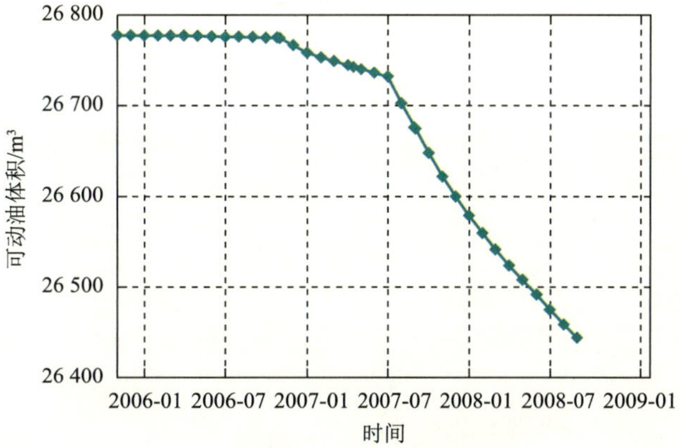

（c）3号模拟层可动油体积

图 2-2-26　可动油体积随时间的变化图

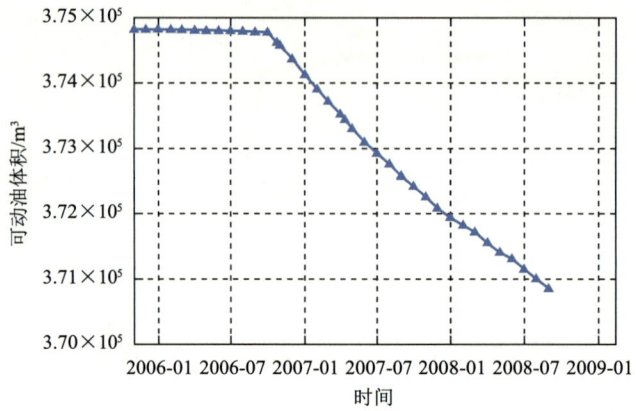

（d）4号模拟层可动油体积

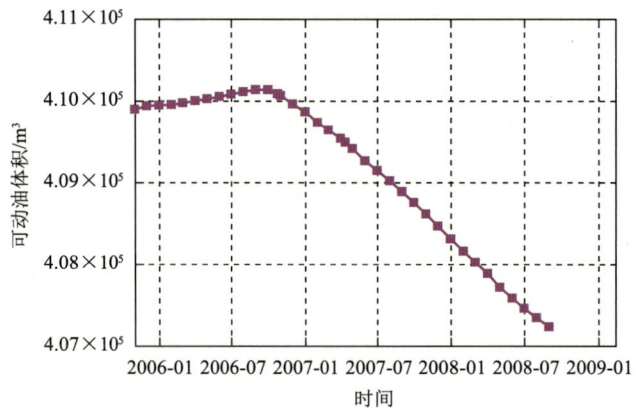

（e）5号模拟层可动油体积

图 2-2-26(续)　可动油体积随时间的变化图

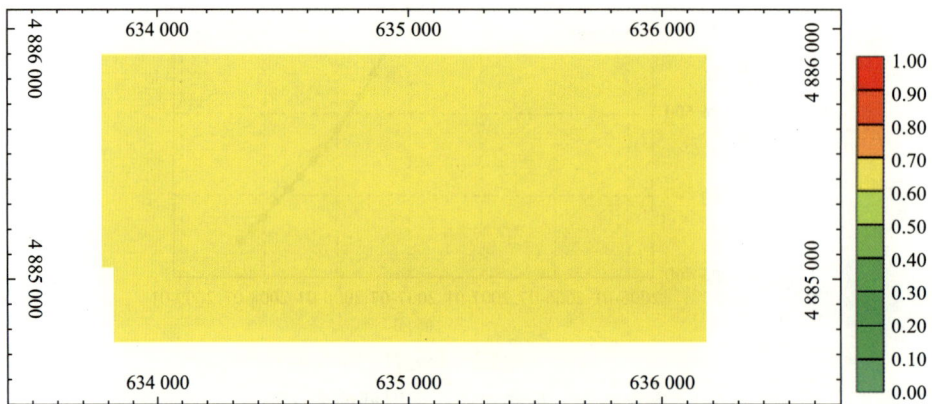

图 2-2-27　目标油藏 1 号模拟层含油饱和度分布图(2008 年 8 月)

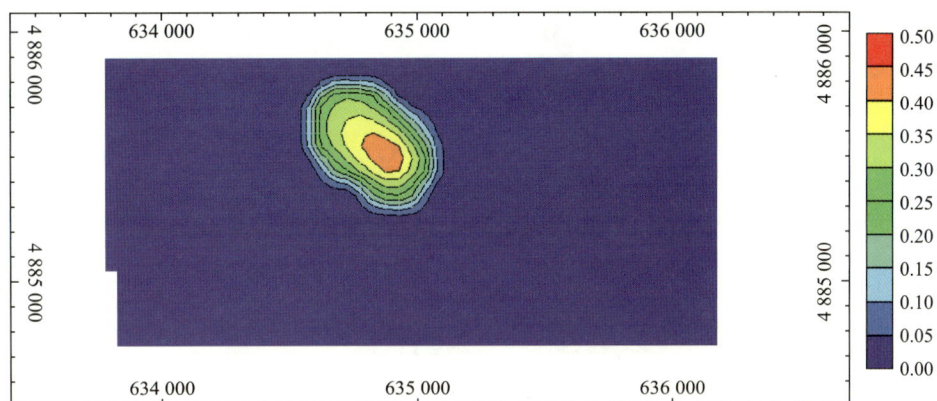

图 2-2-28　目标油藏 1 号模拟层含油丰度分布图(2008 年 8 月)

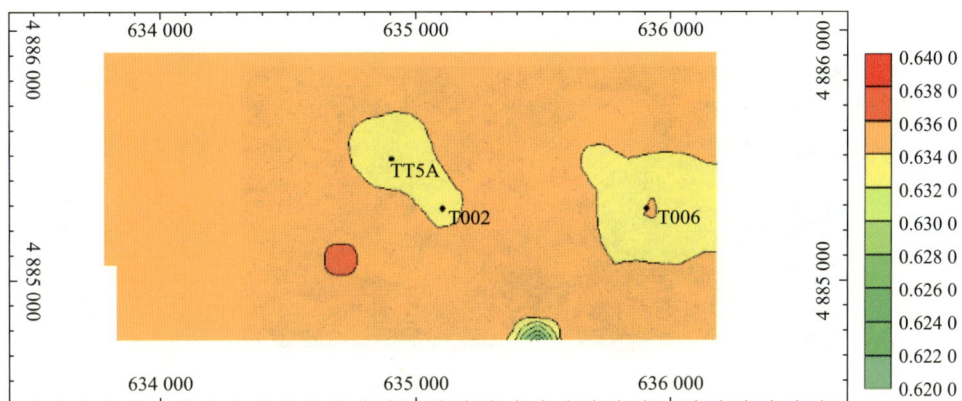

图 2-2-29　目标油藏 2 号模拟层含油饱和度分布图(2008 年 8 月)

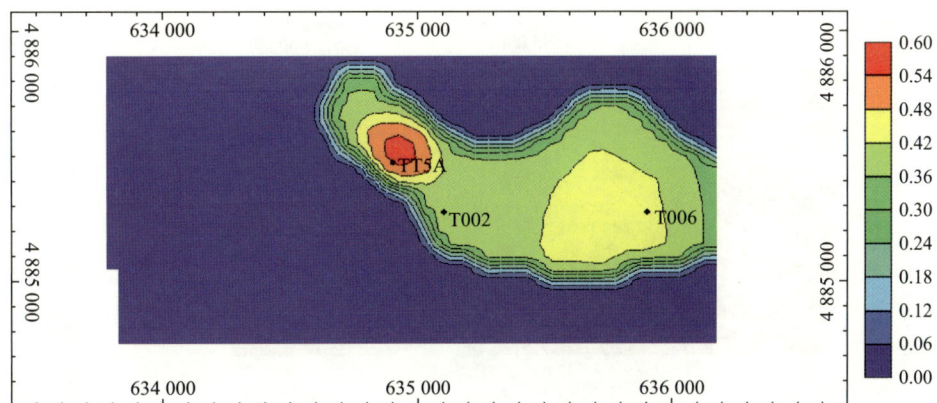

图 2-2-30　目标油藏 2 号模拟层含油丰度分布图(2008 年 8 月)

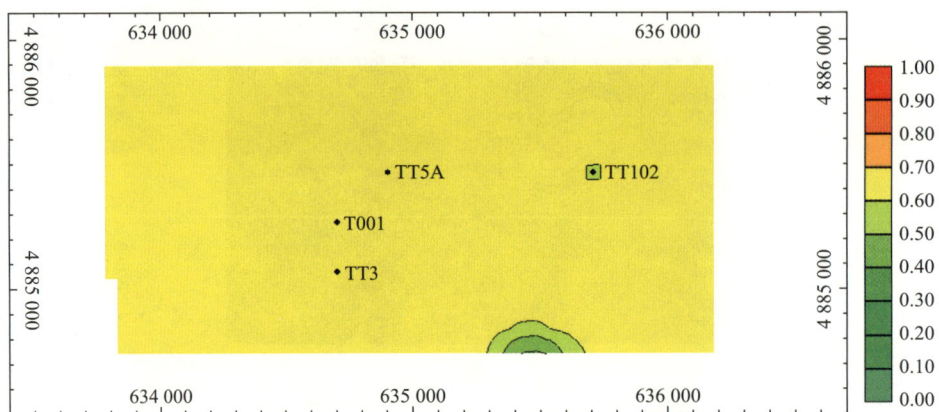

图 2-2-31　目标油藏 3 号模拟层含油饱和度分布图（2008 年 8 月）

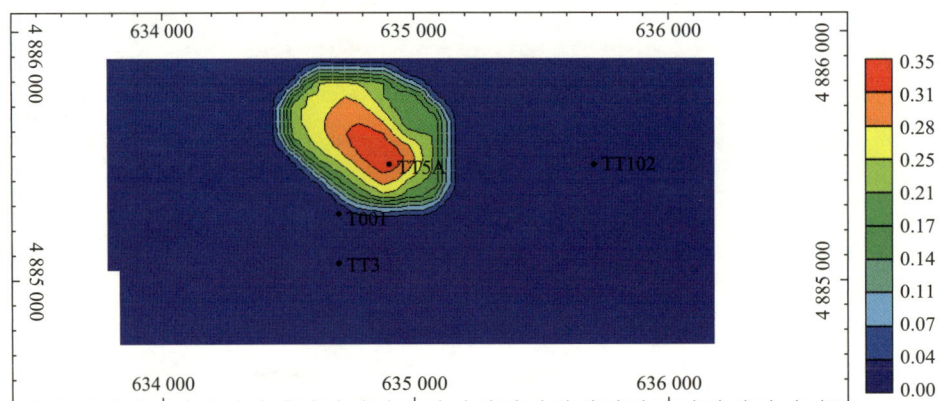

图 2-2-32　目标油藏 3 号模拟层含油丰度分布图（2008 年 8 月）

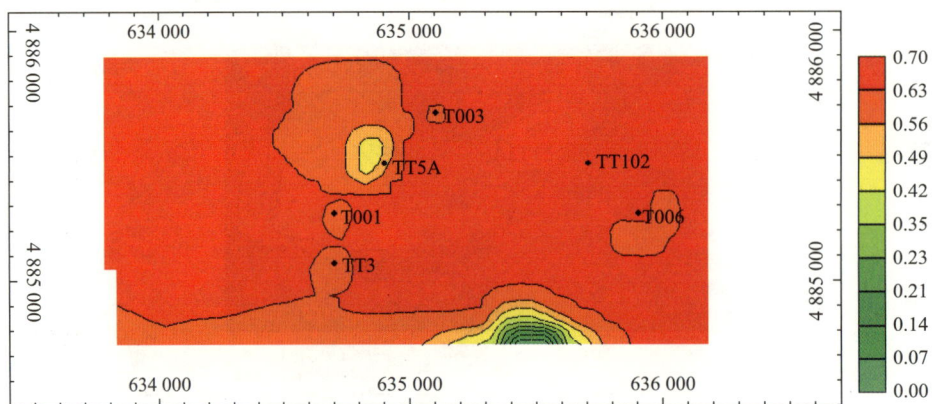

图 2-2-33　目标油藏 4 号模拟层含油饱和度分布图（2008 年 8 月）

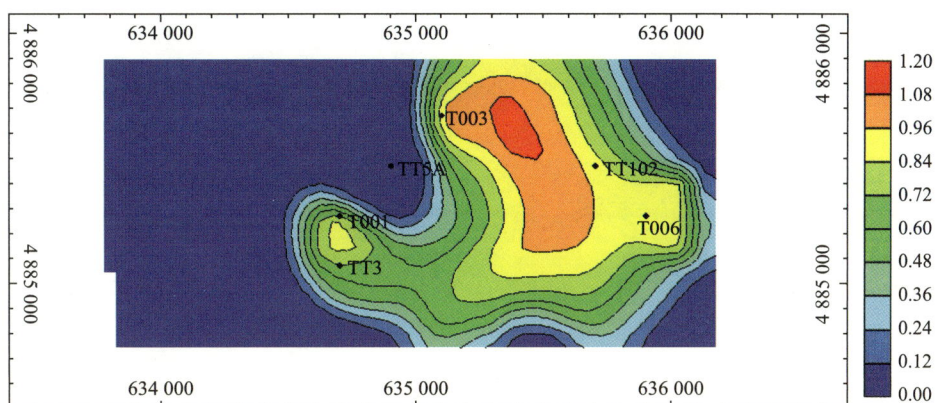

图 2-2-34　目标油藏 4 号模拟层含油丰度分布图（2008 年 8 月）

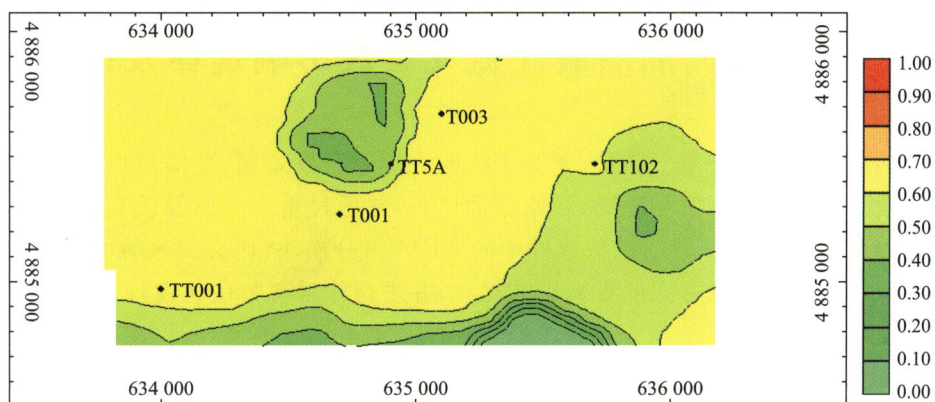

图 2-2-35　目标油藏 5 号模拟层含油饱和度分布图（2008 年 8 月）

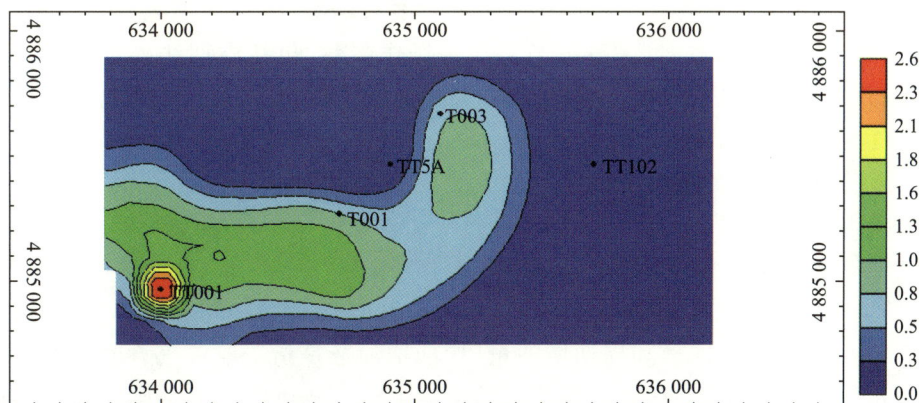

图 2-2-36　目标油藏 5 号模拟层含油丰度分布图（2008 年 8 月）

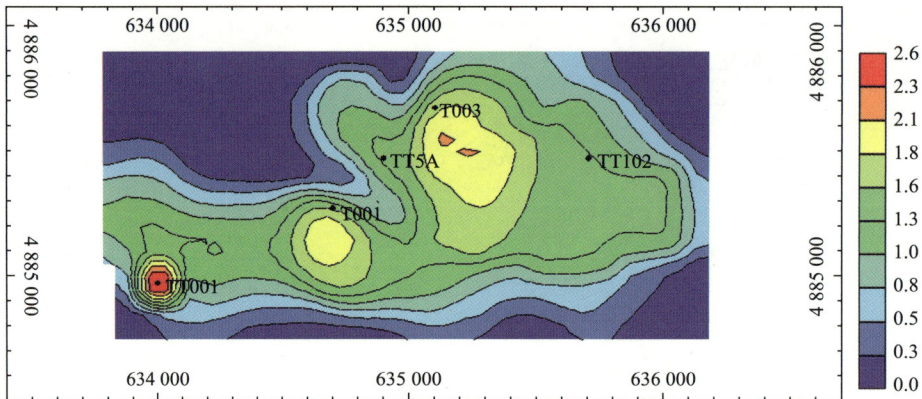

图 2-2-37　目标油藏 5 个模拟层叠合含油丰度分布图(2008 年 8 月)

2.3　水敏性稠油油藏注氮气参数影响规律及优化研究

目标油藏存在地层能量下降快、单井生产能力低等开发难题,急需可以改善开发效果的有效方法。注氮气可以溶解降黏,膨胀原油体积,并通过重力排驱及改变驱动方向驱出残余油。因此,利用 CMG 数值模拟软件中的 GEM 组分模块,研究氮气吞吐、氮气吞吐转氮气驱和氮气驱 3 种开发方式的参数影响规律,并进行注采参数优化设计。

2.3.1　氮气吞吐参数影响规律及优化研究

1) 氮气吞吐影响因素研究

水敏性稠油油藏氮气吞吐开发的影响因素主要有两类:一类是油藏特征参数,包括油藏深度、油藏渗透率和油藏温度等;一类是注采操作参数,包括周期注入量、产液速度、注入速度、焖井时间和吞吐周期等。选择 TT3 井作为氮气吞吐井,研究油藏特征参数和注采参数对氮气吞吐开发的影响规律。

(1) 油藏特征参数影响规律研究。

① 油藏深度的影响。

在其他地质参数不变的情况下,TT3 井以注气量为 75 000 m^3、产液速度为 2.73 m^3/d 生产时,模拟得到油藏深度分别为 1 593.15 m,1 793.15 m,1 993.15 m,2 193.15 m 和 2 393.15 m 时的周期产油量和周期增油量(周期增油量是指采取注气吞吐开发一个周期的产油量扣除该井不进行注气吞吐继续以原来的生产方式生产时的基础产油量),通过对比分析研究油藏深度对氮气吞吐开发的影响规律。计算结果如图 2-3-1 所示。

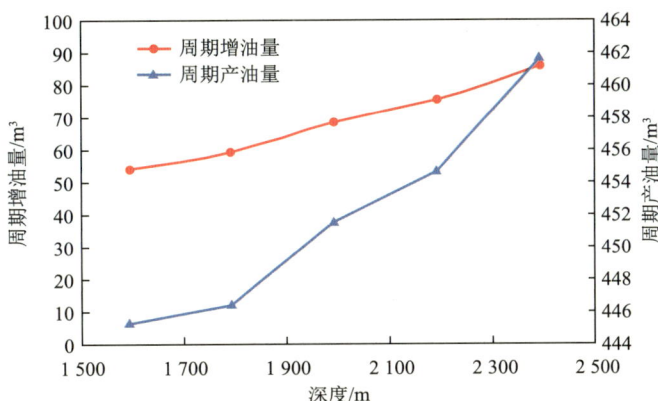

图 2-3-1　油藏深度对氮气吞吐的影响图

从图 2-3-1 可以看出,随着油藏深度的增加,周期产油量与周期增油量逐渐增加,开发效果变好;深度由 1 593.15 m 增加到 2 393.15 m(增加了 800 m),周期产油量与周期增油量分别增加了 16.358 m³ 和 31.903 m³。这是因为油藏深度越大,油藏压力越高,氮气溶解度越大,降黏作用越明显,氮气吞吐开发效果越好。但考虑到随着深度的增加,相应的工程强度、油田开发风险和项目成本也随之增加,因此适合氮气吞吐的油藏深度有一定的范围。

② 油藏渗透率的影响。

油藏渗透率是指在一定压差条件下,表征流体通过油藏岩石能力的物理量,它是表征油藏岩石性质的参数。在其他地质参数不变的情况下,TT3 井以周期注气量为 75 000 m³、产液速度为 2.73 m³/d 生产时,模拟得到油藏渗透率分别为 50×10^{-3} μm^2, 100×10^{-3} μm^2, 150×10^{-3} μm^2, 200×10^{-3} μm^2, 250×10^{-3} μm^2, 400×10^{-3} μm^2, 500×10^{-3} μm^2 时的周期产油量与周期增油量,通过对比分析研究其影响规律。计算结果如图 2-3-2 所示。

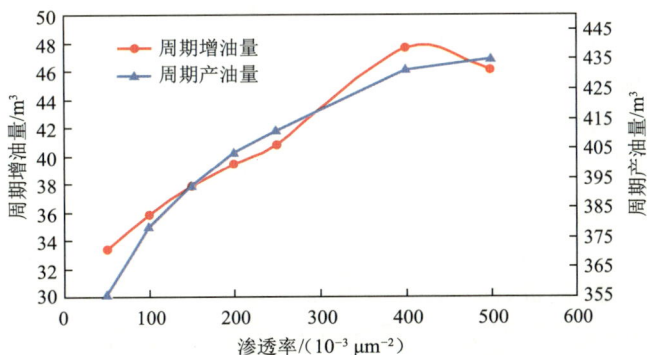

图 2-3-2　油藏渗透率对氮气吞吐的影响图

从图 2-3-2 可以看出,氮气吞吐周期产油量随着渗透率的增加而增大,而周期增油量随着渗透率的增加先增大后减小。当渗透率为 400×10^{-3} μm^2 时,周期增油量的值最大。

这是因为渗透率过低时,油层孔隙不发育,孔喉半径小,在注氮气开发条件下流体很难流动且波及系数较小,从而导致氮气吞吐开发的周期产油量与周期增油量低;而渗透率过高时,衰竭式开发也有较好的开发效果,周期增油量降低。

③ 有效孔隙度的影响。

岩石有效孔隙度是指在一定压差的作用下,被油、气、水饱和且连通的孔隙体积与岩石外表体积的比值。为了研究有效孔隙度对氮气吞吐的影响,在其他地质参数不变的情况下,TT3 井以周期注气量为 75 000 m³、产液速度为 2.73 m³/d 生产时,模拟得到油藏孔隙度分别为 0.10,0.15,0.20,0.25,0.30,0.35,0.40 时的周期产油量与周期增油量,通过对比分析研究其影响规律。计算结果如图 2-3-3 所示。

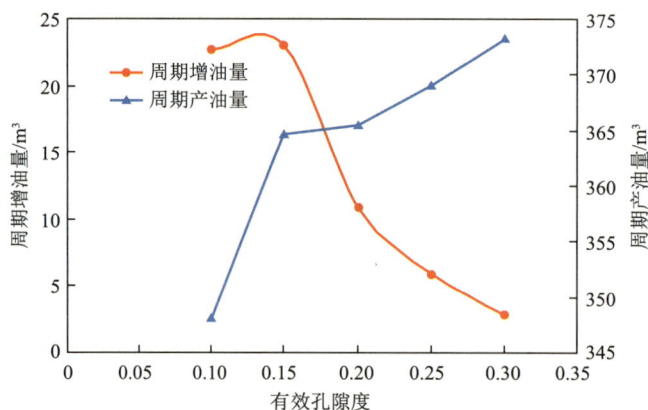

图 2-3-3 油藏有效孔隙度对氮气吞吐的影响

从图 2-3-3 可以看出,氮气吞吐的周期产油量随着有效孔隙度的增大不断增大,而周期增油量随着有效孔隙度的增大先增大后减小。当有效孔隙度为 0.15 时,开发效果最佳。这是因为油藏岩石的有效孔隙度从油藏流体流动所需空间的角度反映了油藏岩石允许油藏流体渗流的连通孔隙的多少。因此,油藏岩石的有效孔隙度不仅反映了储集层岩石的储集性能,而且反映了储集层岩石的可渗透性。在其他影响因素相同的条件下,随油藏岩石有效孔隙度的增加,油藏岩石的渗透性增加,注入的氮气更容易进入地层,也会大大提高油藏流体的流动性能,因此周期产油量与周期增油量增加。当有效孔隙度过大时,衰竭式开发也有较好的开发效果,体现不出氮气吞吐的优势,因此周期增油量反而降低。由此可见,适合氮气吞吐的有效孔隙度存在一个最佳的范围。

④ 原油饱和度的影响。

原油饱和度是进行氮气吞吐可行性评价的一个重要因素。可接受的原油饱和度界限取决于注入氮气的成本、油价、油藏流体特性和油藏特性等。为了研究原油饱和度对氮气吞吐的影响,在其他地质参数不变的情况下,TT3 井以周期注气量为 75 000 m³、产液速度为 2.73 m³/d 生产时,模拟得到原油饱和度分别为 0.40,0.45,0.50,0.55,0.60 时的周期产油量与周期增油量,通过对比分析研究其影响规律。计算结果如图 2-3-4 所示。

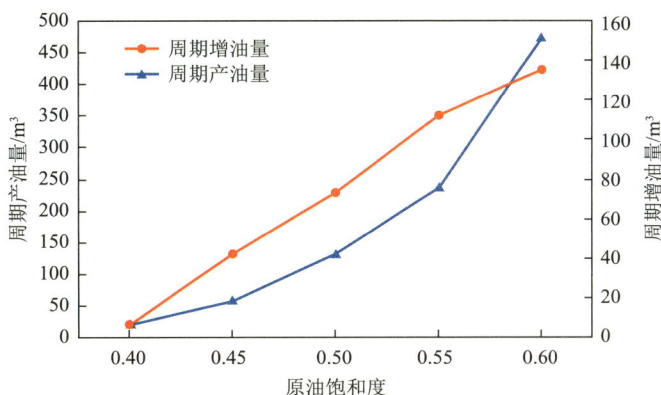

图 2-3-4　原油饱和度对氮气吞吐的影响图

从图 2-3-4 可以看出,氮气吞吐的周期产油量与周期增油量随着原油饱和度的增大而增大。当原油饱和度从 0.40 增加到 0.60 时,周期产油量增加 451.360 7 m³。这是由于原油饱和度很低时,难以形成连续油带,原油不易被驱替出来。因此,从理论上讲,原油饱和度越高对氮气吞吐开发越有利。

(2) 注采参数影响规律研究。

注采参数主要包括周期注气量、注气速度、产液速度、最大注气压力、焖井时间和吞吐周期等。TT3 井为氮气注入井,模拟过程的主要操作参数见表 2-3-1。在后面的模拟中,若没有特别说明,均采用表 2-3-1 中的数据。

表 2-3-1　主要注采参数

周期注气量 /(10³ m³)	产液速度 /(m³·d⁻¹)	最大注气压力 /MPa	注气速度 /(m³·d⁻¹)	焖井时间 /d	生产周期 /d
75	5	40	5 000	5	180

① 周期注气量的影响。

为了研究周期注气量对氮气吞吐开发效果的影响,模拟注气吞吐井的周期注气量分别为 10 000 m³,20 000 m³,40 000 m³,75 000 m³,100 000 m³,120 000 m³ 时的开发情况。一个吞吐周期的模拟计算结果如图 2-3-5 和图 2-3-6 所示。

由图 2-3-5 和图 2-3-6 可以看出,周期产油量、周期增油量与平均日产油量随着周期注气量的增加而增加,这是因为周期注气量越大,溶解到原油中的氮气越多,降黏效果越好。由于氮气的溶解能力有限,注入多余的氮气很难起到降黏的效果,反而增加了注气时间而影响生产,因此,周期注气量过大时,周期产油量等开发指标增加的幅度变小。对于换油率,其值随着周期注气量的增加一直呈下降的趋势,说明氮气的利用率在逐渐降低。因此,最佳的注气量需要通过经济评价方法来具体确定,并不是越大越好。

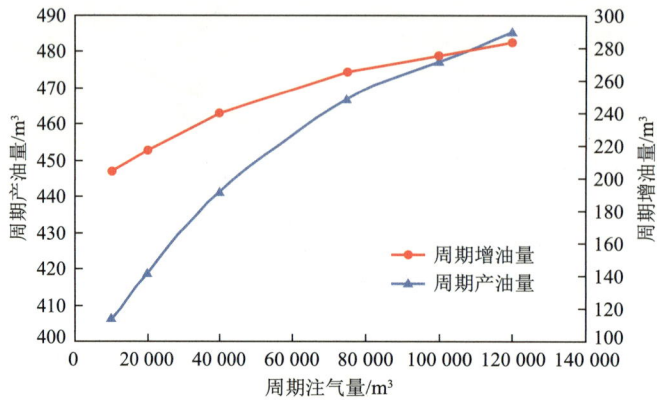

图 2-3-5　周期产油量和周期增油量与周期注气量关系图

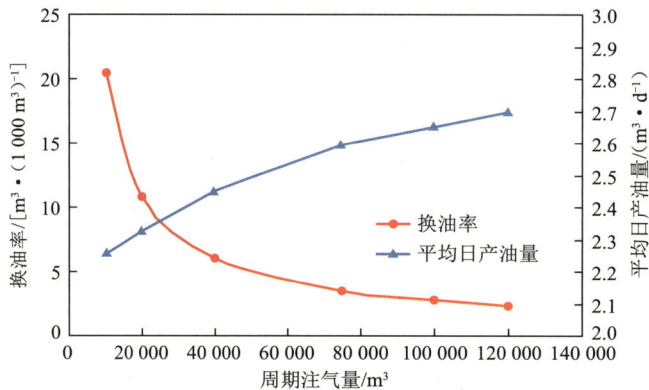

图 2-3-6　换油率和平均日产油量与周期注气量关系图

② 产液速度的影响。

为了研究产液速度对氮气吞吐开发效果的影响,模拟注氮气吞吐井生产时的产液速度分别为 2.73 m³/d,3.5 m³/d,4 m³/d,4.5 m³/d,5 m³/d 时的开发情况。一个吞吐周期的模拟计算结果如图 2-3-7 和图 2-3-8 所示。

由图 2-3-7 和图 2-3-8 可以看出,随着产液速度的增加,平均日产油量与周期产油量逐渐增加。周期增油量与换油率随着产液速度的增加先增大后减小,当产液速度为 4.5 m³/d 时,周期增油量与换油率出现峰值,之后再增加产液速度,衰竭式开发的效果也变好,难以体现氮气吞吐开发的优势,使得周期增油量和换油率降低。

③ 最大注气压力的影响。

在氮气吞吐过程中,地层条件一定,要提高周期注气量,往往需要提高注气压力,而注气压力又受地层地面条件和油层深度、破裂压力及吸气能力的影响。为模拟不同注气压力对氮气吞吐的影响,模拟注气井的最大注气压力分别为 35 MPa,36 MPa,37 MPa,38 MPa,39 MPa,40 MPa 时的开发情况。一个吞吐周期的模拟计算结果如图 2-3-9 和图 2-3-10 所示。

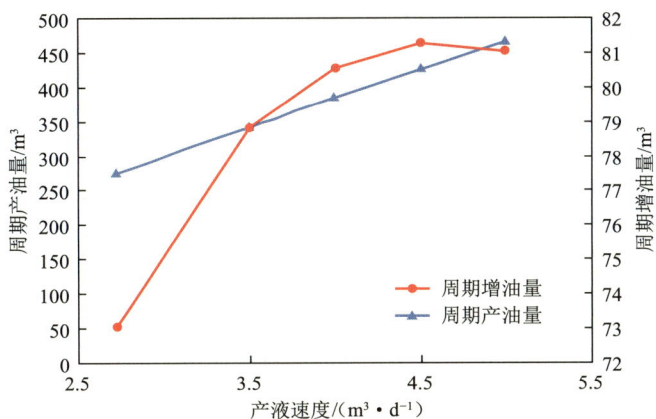

图 2-3-7　周期产油量和周期增油量与产液速度关系图

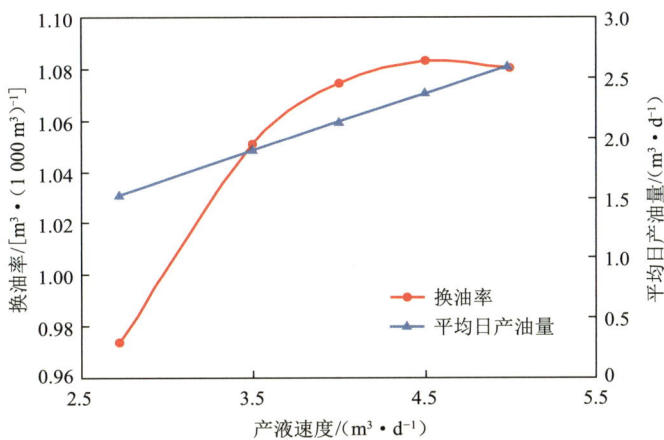

图 2-3-8　换油率和平均日产油量与产液速度关系图

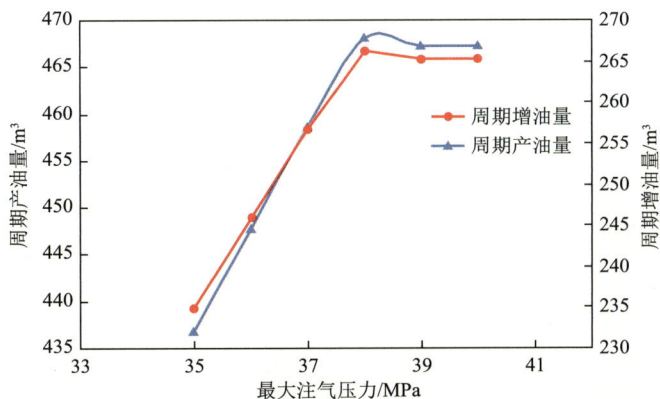

图 2-3-9　周期产油量和周期增油量与最大注气压力关系图

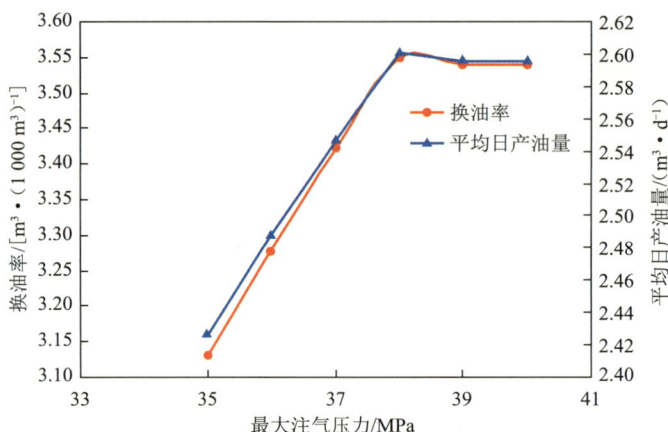

图 2-3-10　换油率和平均日产油量与最大注气压力关系图

由图 2-3-9 和图 2-3-10 可以看出，当最大注气压力小于 38 MPa 时，随最大注气压力的增加，周期产油量、换油率等开发指标不断增加，吞吐效果变好。这是由于最大注气压力越高，注气量越多，溶解于原油中的氮气越多，降黏效果越好。当最大注气压力达到约 38 MPa 时，实际注气量基本达到目标注气量（图 2-3-11），再增加最大注气压力，周期产油量、周期增油量等开发指标变化不明显。

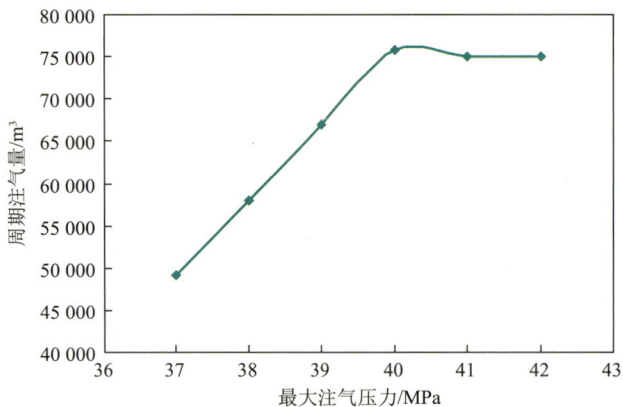

图 2-3-11　周期注气量与最大注气压力关系图

④ 注气速度的影响。

为了研究注气速度对氮气吞吐开发效果的影响，模拟注气井的注气速度分别为 2 500 m³/d，4 000 m³/d，5 000 m³/d，6 000 m³/d 和 7 500 m³/d 时的开发情况。一个吞吐周期的模拟计算结果如图 2-3-12 和图 2-3-13 所示。

由图 2-3-12 和图 2-3-13 可以看出，周期产油量、周期增油量等指标随着注气速度的增大而增加，这是因为氮气注气速度越快，越容易产生较高的注气压力，从而使氮气更易溶于地层原油中，且单位体积原油中氮气的溶入量越大，原油黏度降低的效果越明显。因此，在设备允许的情况下，适当提高氮气的注气速度，对提高吞吐效果较为有利。

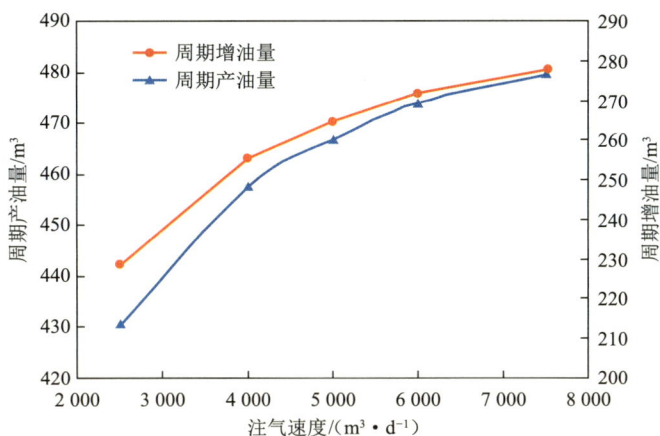

图 2-3-12　周期产油量和周期增油量与注气速度关系图

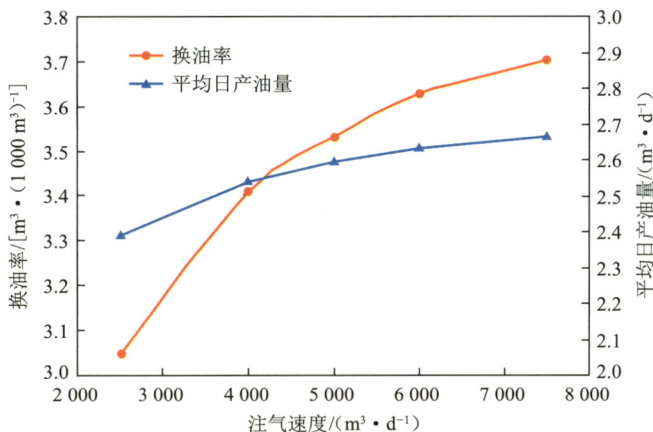

图 2-3-13　换油率和平均日产油量与注气速度关系图

⑤ 焖井时间的影响。

为了研究焖井时间对氮气吞吐开发效果的影响,模拟焖井时间分别为 3 d,4 d,5 d,6 d,7 d,8 d 时的开发情况。一个吞吐周期的模拟计算结果如图 2-3-14 和图 2-3-15 所示。

由图 2-3-14 和图 2-3-15 可以看出,随着焖井时间的增加,周期产油量、周期增油量、平均日产油量、换油率先增大后减小,当焖井时间为 5 d 时出现峰值,即对于氮气吞吐开发存在最佳的焖井时间。

⑥ 吞吐周期的影响。

对 TT3 井进行 7 个周期的氮气吞吐开发,每个周期的注气量为 75 000 m^3,注气速度为 5 000 m^3/d,产液速度为 5 m^3/d。7 个周期的生产情况如图 2-3-16 和图 2-3-17 所示。研究结果表明,随着吞吐周期数的增加,周期产油量、周期增油量、换油率、平均日产油量等指标呈下降趋势。这是由于随着周期数的增加,吞吐井周围的原油逐渐被采出,油藏压力逐渐降低,供油能力减弱。因此,应选择合适的时机转换开发方式,补充地层能量。

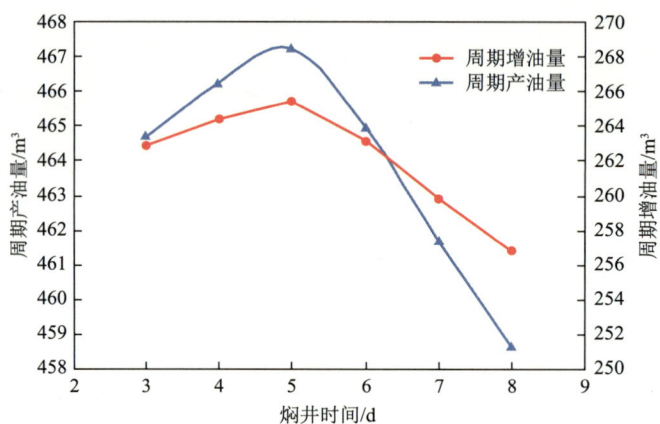

图 2-3-14　周期产油量和周期增油量与焖井时间关系图

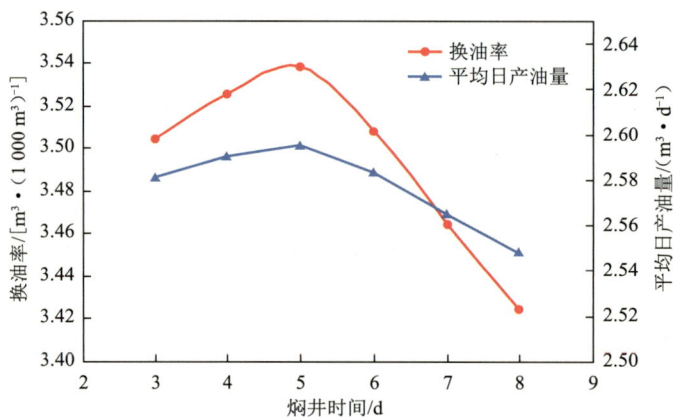

图 2-3-15　换油率和平均日产油量与焖井时间关系图

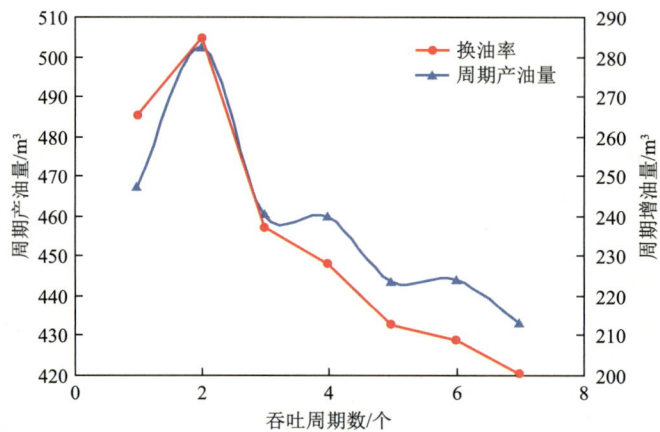

图 2-3-16　周期产油量和周期增油量与吞吐周期关系图

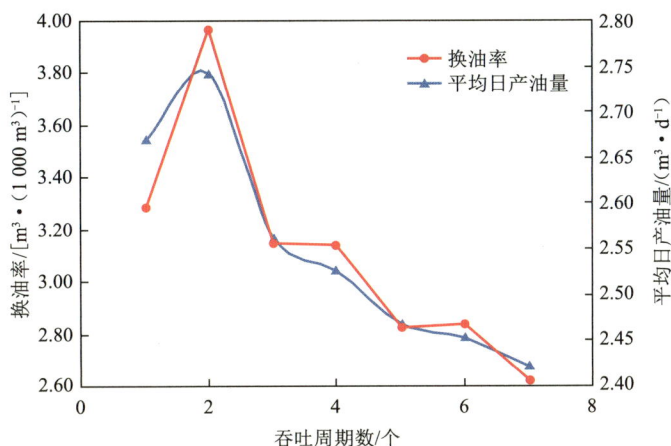

图 2-3-17　换油率和平均日产油量与吞吐周期关系图

2) 氮气吞吐注采参数优化研究

正交试验设计(orthogonal experimental design)是研究多因素、多水平的一种设计方法,它是根据正交性从全面试验中挑选出部分有代表性的点进行试验。这些有代表性的点具备了"均匀分散,齐整可比"的特点。该方法是一种高效率、快速、经济的试验设计方法,在很多领域的研究中得到了广泛应用。该方法具有如下特点:① 要求所需的试验次数少;② 数据点的分布很均匀;③ 可用相应的极差分析方法、方差分析方法、回归分析方法等对试验结果进行分析,得出许多有价值的结论。因此,正交试验设计日益受到科学工作者的重视,在实践中获得了广泛的应用。

在氮气吞吐影响因素研究的基础上,对氮气吞吐过程中的周期注气量、注气速度、最大注气压力、产液速度和焖井时间 5 个主要参数进行优化。采用正交试验设计,选取周期注气量、注气速度、最大注气压力、产液速度和焖井时间 5 个因素的 5 个水平(表 2-3-2),得到 25 个方案,以周期产油量为优选指标,见表 2-3-3。

表 2-3-2　氮气吞吐 5 因素 5 水平表

因　素	周期注气量 /(10^4 m³)	注气速度 /(10^3 m³·d⁻¹)	最大注气压力 /MPa	产液速度 /(m³·d⁻¹)	焖井时间 /d
水平 1	1	2.5	38	2.73	3
水平 2	2	4	39	3.5	4
水平 3	4	5	40	4	5
水平 4	7.5	6	41	4.5	6
水平 5	10	7.5	42	5	7

表 2-3-3　氮气吞吐 25 个方案及对应的周期产油量表

因　素	周期注气量 /(10^4 m³)	注气速度 /(10^3 m³·d⁻¹)	最大注气压力 /MPa	产液速度 /(m³·d⁻¹)	焖井时间 /d	实验结果 /m³
实验 1	1	2.5	38	2.73	3	218.148
实验 2	1	4	39	3.5	4	282.195
实验 3	1	5	40	4	5	322.734
实验 4	1	6	41	4.5	6	362.660
实验 5	1	7.5	42	5	7	402.904
实验 6	2	2.5	39	4	6	326.144
实验 7	2	4	40	4.5	7	371.054
实验 8	2	5	41	5	3	423.820
实验 9	2	6	42	2.73	4	232.842
实验 10	2	7.5	38	3.5	5	296.665
实验 11	4	2.5	40	5	4	424.117
实验 12	4	4	41	2.73	5	248.976
实验 13	4	5	42	3.5	6	314.766
实验 14	4	6	38	4	7	357.112
实验 15	4	7.5	39	4.5	3	411.219
实验 16	7.5	2.5	41	3.5	7	311.070
实验 17	7.5	4	42	4	3	381.161
实验 18	7.5	5	38	4.5	4	428.091
实验 19	7.5	6	39	5	5	473.928
实验 20	7.5	7.5	40	2.73	6	279.818
实验 21	10	2.5	42	4.5	5	389.372
实验 22	10	4	38	5	6	462.825
实验 23	10	5	39	2.73	7	278.777
实验 24	10	6	40	3.5	3	362.672
实验 25	10	7.5	41	4	4	412.050

　　参数极差的大小反映了参数水平对周期产油量的影响幅度。对结果影响较大的因素,其不同因素的水平所对应的极差较大;反之,对结果影响较小的因素,其不同因素的水平所对应的极差较小。由表 2-3-4 可得各因素的最优值,组成的优化方案见表 2-3-5。

表 2-3-4　氮气吞吐正交设计直观分析表

因　素	周期注气量	注气速度	最大注气压力	产液速度	焖井时间
水平 1	317.728	333.770	352.568	251.712	359.404

因　素	周期注气量	注气速度	最大注气压力	产液速度	焖井时间
水平 2	330.105	349.242	354.453	313.474	355.859
水平 3	351.238	353.638	352.079	359.840	346.335
水平 4	374.814	357.843	351.715	392.479	349.243
水平 5	381.139	360.531	344.209	437.519	344.183
最优水平	水平 5	水平 5	水平 2	水平 5	水平 1
极　差	63.411	26.761	10.244	185.807	15.221

表 2-3-5　氮气吞吐最优方案表

参　数	周期注气量 /(10^4 m³)	注气速度 /(10^3 m³·d⁻¹)	最大注气压力 /MPa	产液速度 /(m³·d⁻¹)	焖井时间 /d
最优方案	10	7.5	39	5	3

由表 2-3-5 可知,最优方案不在以上计算的 25 个方案之中。通过油藏数值模拟计算,最优方案的周期产油量为 502.753 m³。

2.3.2　氮气吞吐转氮气驱参数影响规律及优化研究

氮气吞吐为单井作业,具有投资成本少、经济风险性小等优点,但是随着氮气吞吐周期的增加,单井的产量逐渐减少,氮气吞吐开发效果变差。氮气驱作为氮气吞吐开发后的一种有效接替开发方式,能够较好地改善氮气吞吐后期的开发效果,进一步提高区块的采收率。因此,通过油藏数值模拟方法研究了氮气吞吐后转氮气驱的影响因素,并在此基础上对氮气吞吐转氮气驱参数进行优化设计,得出适合于本区块地质特征和开发情况的最优氮气吞吐转氮气驱方案。

1）氮气吞吐转氮气驱影响因素研究

氮气吞吐转氮气驱开发的主要影响因素为转驱时机、注气井注气速度和生产井产液速度。下面分别研究以上 3 种因素对氮气吞吐转氮气驱开发效果的影响。

（1）转驱时机的影响。

2008 年 9 月 1 日开始,以图 2-3-18 所示的反七点法面积注采井网形式为基础,分别模拟 TT3 井氮气吞吐 1～9 个周期后以 7 500 m³/d 的注气速度转氮气驱开发,生产井以 12 m³/d 的产液速度生产,控制井底流压为 9.4 MPa,生产井气油比超过 4 000 m³/m³ 时关井,模拟计算到 2017 年 9 月 1 日。计算结果如图 2-3-19 所示。

由图 2-3-19 可知,井组累积产油量随着氮气吞吐周期数的增加先增大后减小,有一个最优转驱时机,即氮气吞吐 5 个周期后转为氮气驱开发。这是因为氮气吞吐初期有较高的产油量,转驱时间过早无法较好地利用氮气吞吐的增产特点,而转驱时间过晚则由于氮

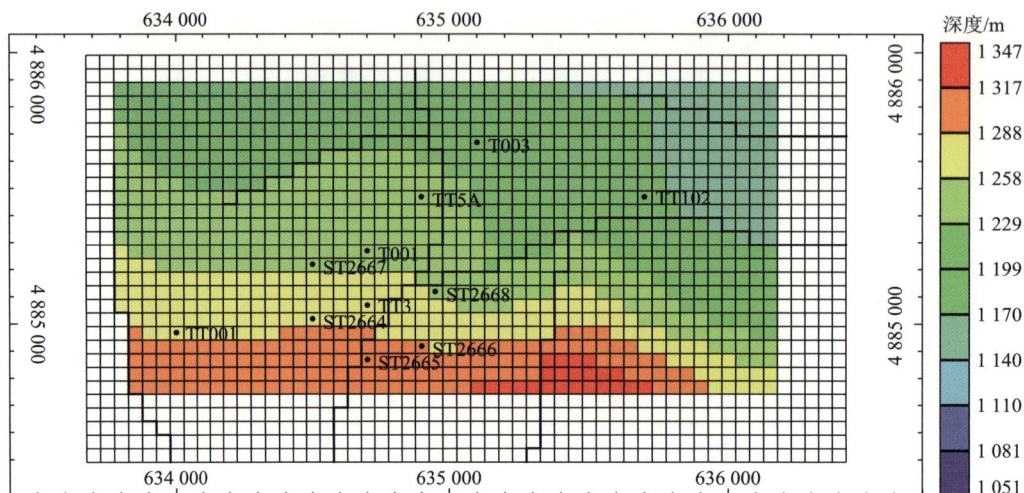

图 2-3-18　新钻井井位图

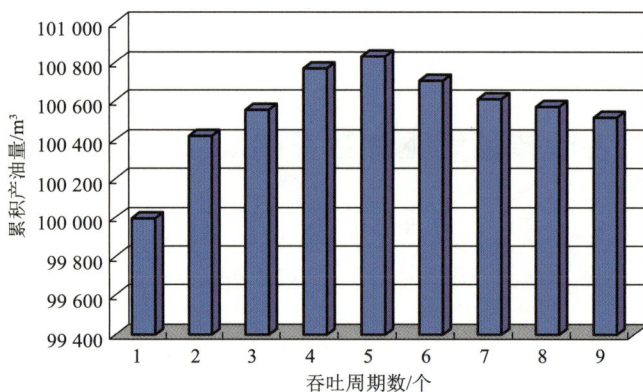

图 2-3-19　累积产油量与注氮气吞吐周期数关系图

气吞吐的开发效果恶化，注、采井近井地带含水饱和度高，导致转氮气驱后气驱见效慢，低产期过长。因此，最佳的转驱时机为氮气吞吐 5 个周期后。

（2）注气速度的影响。

借助氮气吞吐转氮气驱转驱时机研究结果，TT3 井氮气吞吐 5 个周期后转注氮气开发，注气速度分别为 4 000 m³/d，6 000 m³/d，7 500 m³/d，10 000 m³/d，12 500 m³/d，生产井以产液速度 6 m³/d 生产，控制井底流压为 9.4 MPa，生产井气油比达到 4 000 m³/m³ 时关井，模拟计算到 2017 年 9 月 1 日。计算结果如图 2-3-20 所示。

由图 2-3-20 可知，随着注气速度的增加，井组累积产油量先增加后减小。这是因为随着注气速度的增加，更多的氮气注入地层，更快地补充地层压力，提高产量，但注气速度过快会导致气窜加剧，生产井见气速度过快，从而影响生产井产量，导致开发效果变差。

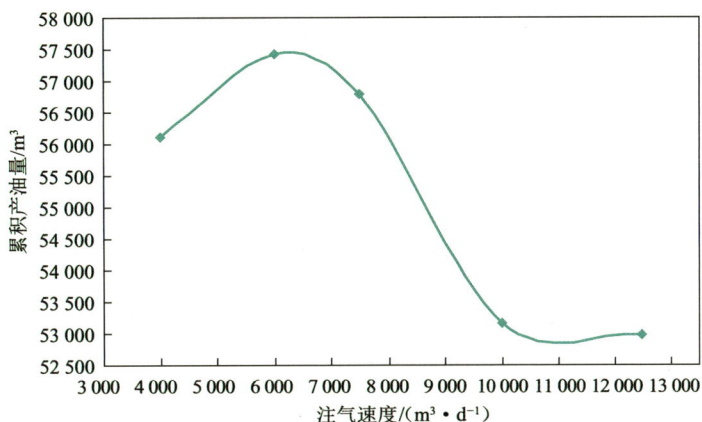

图 2-3-20　累积产油量与注气速度关系图

（3）产液速度的影响。

TT3 井氮气吞吐 5 个周期后转注氮气开发，注气速度为 4 000 m³/d，生产井分别以产液速度 6 m³/d，8 m³/d，10 m³/d，12 m³/d，14 m³/d，16 m³/d 生产，控制井底流压为 9.4 MPa，生产井气油比达到 4 000 m³/m³ 时关井，模拟计算到 2017 年 9 月 1 日。计算结果如图 2-3-21 所示。

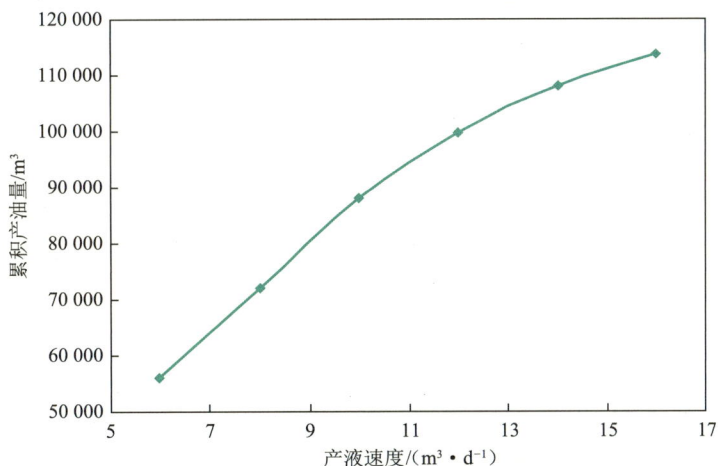

图 2-3-21　累积产油量与产液速度关系图

由图 2-3-21 可知，随着产液速度的增加，井组累积产油量不断增加。当产液速度为 10 m³/d 时，累积产油量随产液速度增加而增加的幅度开始降低，增油效果变差。由此可见，适当增加产液速度可以提高注氮气驱的开发效果，但产液速度过大增油效果反而不明显。

2）氮气吞吐转氮气驱参数优化研究

TT3 井氮气吞吐 5 个周期后转注氮气开发，注气速度分别为 4 000 m³/d，6 000 m³/d，

7 500 m³/d,10 000 m³/d,12 500 m³/d,最大注入压力为 36 MPa,生产井分别以产液速度 6 m³/d,8 m³/d,10 m³/d,12 m³/d,14 m³/d,16 m³/d 生产,当气油比达到 4 000 m³/m³ 时 关井。将注入井的注气速度和生产井的产液速度两两组合成 30 个方案,模拟计算到 2017 年 9 月 1 日。计算结果如图 2-3-22 和表 2-3-6 所示。

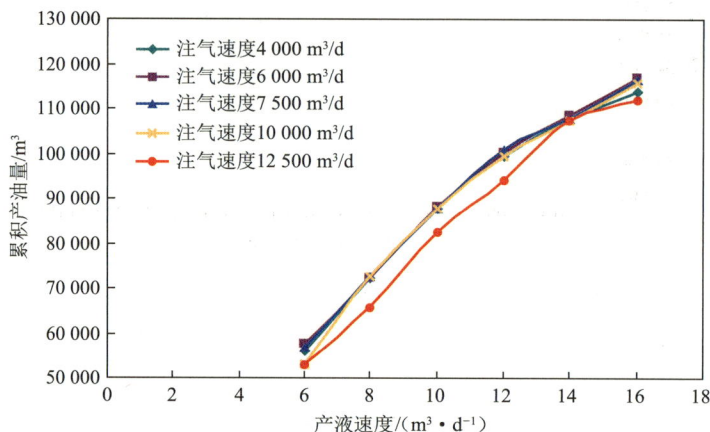

图 2-3-22　不同注气速度下累积产油量与产液速度关系图

表 2-3-6　不同注气速度下累积产油量计算数据表　　　　　单位:m³

注气速度 /(m³·d⁻¹)	产液速度/(m³·d⁻¹)					
	6	8	10	12	14	16
4 000	56 103.5	72 086.0	87 853.8	99 574.2	107 846	113 779
6 000	57 419.1	72 206.7	88 008.4	100 065.0	108 327	116 815
7 500	56 778.9	72 572.9	87 614.4	100 828.7	107 633	116 384
10 000	53 147.7	72 587.6	87 686.6	99 539.7	107 320	115 718
12 500	52 970.7	65 678.1	82 378.4	94 324.0	107 291	111 905

由图 2-3-22 可知,无论在何种注气速度下,随着产液速度的增加,累积产油量均不断 增加,但是当产液速度为 12 m³/d 以上时,随着产液速度的增加,井组累积产油量增加的 幅度不断降低,开发效果变差。由此可见,氮气吞吐转氮气驱开发方案中生产井的最优产 液速度为 12 m³/d。由图 2-3-23 可知,当产液速度为 12 m³/d 时,累积产油量随着注气速 度的增加先增大后减小,当注气速度为 7 500 m³/d 时,累积产油量最大,所以优选的注气 速度为 7 500 m³/d。

由以上研究可知,适合本区块的最佳氮气吞吐转氮气驱生产方案为:TT3 井氮气吞吐 5 个周期后以 7 500 m³/d 的注气速度进行氮气驱开发,生产井以 12 m³/d 的产液速度 生产。

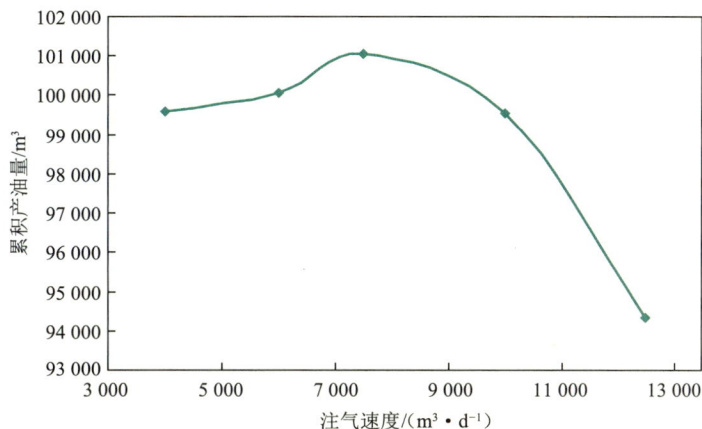

图 2-3-23　累积产油量与注气速度关系图

2.3.3　氮气驱参数影响规律及优化研究

1）氮气驱影响因素研究

在氮气驱开发方案中,主要影响因素为注气井注气速度和生产井产液速度。下面分别研究以上两个因素对氮气驱开发效果的影响规律。

（1）注气速度的影响。

对 TT3 井氮气驱开发,注气速度分别为 4 000 m³/d,6 000 m³/d,7 500 m³/d,10 000 m³/d,12 500 m³/d,生产井以产液速度 6 m³/d 生产,当气油比达到 4 000 m³/m³ 时关井,模拟计算到 2017 年 9 月 1 日。计算结果如图 2-3-24 所示。

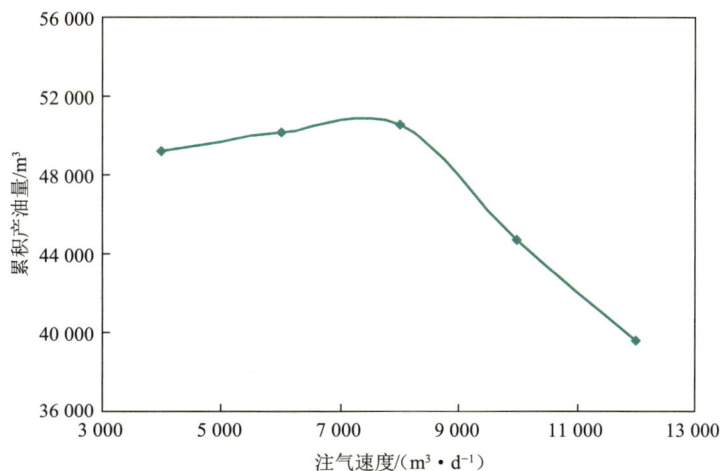

图 2-3-24　累积产油量与注气速度关系图

由图 2-3-24 可知,随着注气速度的增加,井组累积产油量先增加后减小。这是因为随着注气速度的增加,氮气可以较快地进入地层补充能量,保持地层压力,提高产量,但注气速度过快会导致气窜加剧,影响生产产量,导致开发效果变差。

(2)产液速度的影响。

对 TT3 井进行注氮气开发,注气速度为 4 000 m³/d,生产井分别以产液速度 6 m³/d, 8 m³/d,10 m³/d,12 m³/d,14 m³/d 生产,当气油比达到 4 000 m³/m³ 时关井,模拟计算到 2017 年 9 月 1 日。计算结果如图 2-3-25 所示。

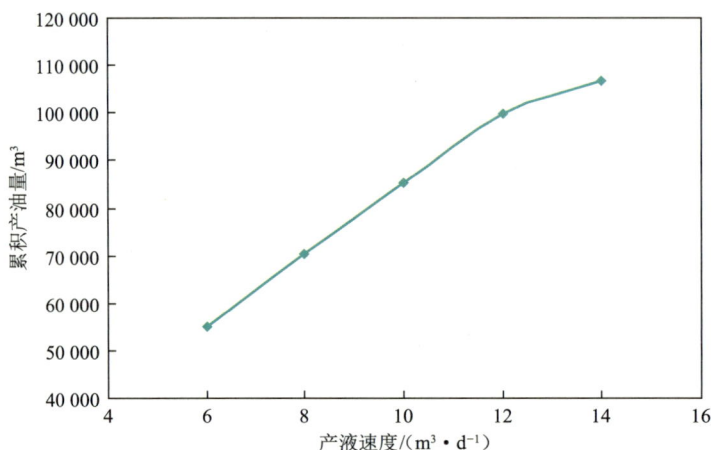

图 2-3-25　累积产油量与产液速度关系图

由图 2-3-25 可知,随着产液速度的增加,累积产油量不断增加。当产液速度为 12 m³/d 时,井组累积产油量随产液速度增加而增加的幅度不断降低,提高产液速度的增产效果变差。由此可见,适当增加产液速度可以提高氮气驱的开发效果,但产液速度过大,增油效果反而不明显。

2)氮气驱参数优化研究

对 TT3 井进行氮气驱开发,注气速度分别为 4 000 m³/d,6 000 m³/d,7 500 m³/d, 10 000 m³/d,12 500 m³/d,生产井分别以产液量 6 m³/d,8 m³/d,10 m³/d,12 m³/d, 14 m³/d,16 m³/d 生产,当气油比达到 4 000 m³/m³ 时关井。将注入井的注气速度和生产井的产液速度两两组合成 30 个方案,模拟计算到 2017 年 9 月 1 日。计算结果如图 2-3-26 和表 2-3-7 所示。

由表 2-3-7 和图 2-3-26 可知,无论在何种注气速度下,随着产液速度的增加,累积产油量均不断增加,但是当产液速度为 12 m³/d 以上时,井组累积产油量随产液速度增加而增加的幅度不断降低,开发效果变差。由此可见,氮气驱开发方案中生产井的最优产液速度为 12 m³/d。由图 2-3-27 可知,当产液速度为 12 m³/d 时,累积产油量随着注气速度的增加先增大后减小,当注气速度为 4 000 m³/d 时,累积产油量最大,所以优选的注气速度为 4 000 m³/d。

通过以上参数优化方案设计研究得到适合本区块的最佳氮气驱生产方案:TT3 井注气速度为 4 000 m³/d,生产井产液速度为 12 m³/d。

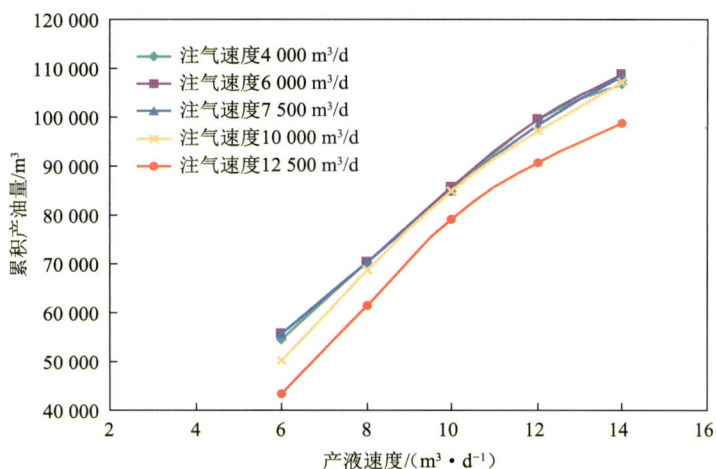

图 2-3-26　不同注气速度下累积产油量与产液速度关系图

表 2-3-7　不同注气速度下累积产油量计算数据表　　　　单位:m³

注气速度 /(m³ · d⁻¹)	产液速度/(m³ · d⁻¹)					
	6	8	10	12	14	16
4 000	54 780.5	70 219.2	85 177.7	99 803.2	106 778	54 780.5
6 000	55 705.6	70 319.6	85 626.1	99 488.2	108 936	55 705.6
7 500	55 612.3	70 462.2	85 083.3	98 453.5	108 400	55 612.3
10 000	50 338.0	68 745.7	84 823.2	97 205.9	107 278	50 338.0
12 500	43 536.3	61 469.5	79 298.9	90 812.8	98 924.7	43 536.3

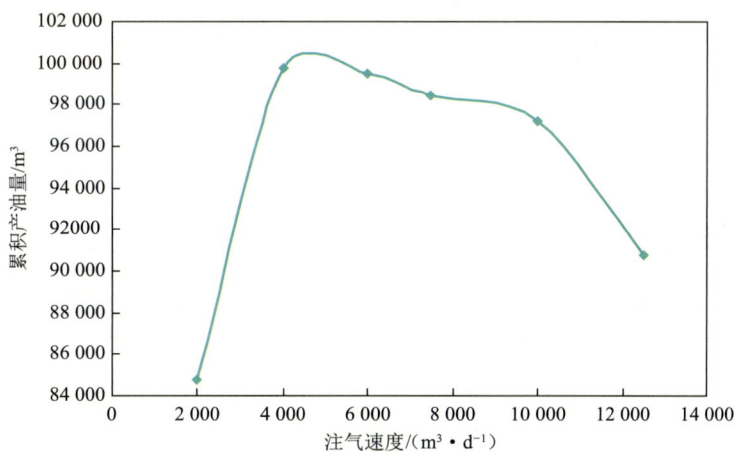

图 2-3-27　累积产油量与注气速度关系图

2.4　水敏性稠油油藏注氮气开发效果评价研究

基于剩余油研究的结果,针对水敏性强的地质特点和单井生产能力差、地层能量不足的开发现状,结合上述注氮气参数优化研究结果,本节设计 5 类共 6 套方案,通过对累积产油量、采出程度等指标的预测,评价注氮气开发水敏性稠油油藏的开发效果。以下为各设计方案的说明:

第一类为基础方案。

方案 1:TT3 井、T001 井按 2008 年 8 月的生产条件衰竭式开发。

第二类为氮气吞吐方案。

方案 2:2008 年 9 月 1 日,根据表 2-3-5 中的方案(周期注气量为 100 000 m^3,产液速度为 5 m^3/d,注气速度为 7 500 m^3/d,最大注气压力为 39 MPa,焖井时间为 3 d),TT3 井进行氮气吞吐开发。T001 井按 2008 年 8 月的生产条件衰竭式开发。

第三类为氮气吞吐转氮气驱方案。

方案 3:2008 年 9 月 1 日在 Jq_1^{3-3} 层新钻 5 口生产井,以 12 m^3/d 的产液速度生产,气油比为 4 000 m^3/m^3 时关井。同时,根据表 2-3-5 中的方案(周期注气量为 100 000 m^3,产液速度为 5 m^3/d,注气速度为 7 500 m^3/d,最大注气压力为 39 MPa,焖井时间为 3 d),TT3 井进行氮气吞吐开发 5 个周期后,以 7 500 m^3/d 的注气速度进行氮气驱开发。

第四类为氮气驱方案。

方案 4:2008 年 9 月 1 日在 Jq_1^{3-3} 层新钻 5 口生产井,以 12 m^3/d 的产液速度生产,气油比为 4 000 m^3/m^3 时关井。同时,以氮气驱注采参数优化方案为依据,TT3 井以 4 000 m^3/d 的注气速度进行氮气驱开发。

第五类为注水方案,又分不添加防膨稳定剂注水与添加防膨稳定剂注水两个方案。

方案 5:2008 年 9 月 1 日在 Jq_1^{3-3} 层新钻 5 口生产井,以 12 m^3/d 的产液速度生产,同时 TT3 井转为注水井,注采比为 1:1。

方案 6:2008 年 9 月 1 日在 Jq_1^{3-3} 层新钻 5 口生产井,以 12 m^3/d 的产液速度生产,同时 TT3 井转为注水井,注入水中添加 4# 防膨稳定剂溶液预处理,注采比为 1:1。

各方案模拟计算数据及结果见表 2-4-1 和图 2-4-1。

表 2-4-1　方案模拟计算数据表

	序　号	累积产油量/m^3	累积产水量/m^3	采出程度/%
基础方案	方案 1	11 571.34	7 887.926	2.31
氮气吞吐方案	方案 2	20 491.43	13 356.75	4.09
氮气吞吐转氮气驱方案	方案 3	101 066.2	113 804	20.17
氮气驱方案	方案 4	99 803.2	112 558	19.92
注水方案	方案 5	47 659.1	188 628	9.51
	方案 6	68 857.9	159 829	13.74

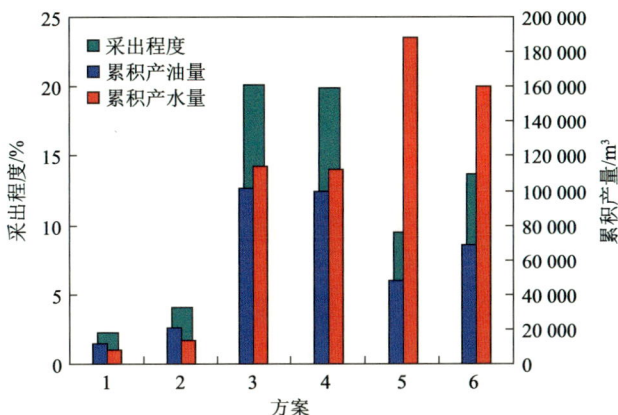

图 2-4-1　方案模拟计算结果对比图

由 6 个方案的模拟计算结果(表 2-4-2)可以作出以下分析:

(1) 通过对比第一、二类方案可知,氮气吞吐开发方案优于衰竭式开发方案。氮气吞吐参数优化方案比基础方案增油 8 920.09 m³,采出程度增加 1.78%,含水率大幅度降低,可见氮气吞吐可以较好地改善单井开发效果。但氮气吞吐开发为单井作业,研究区域内仍然存在井网密度较小、控制程度过低的问题,因此氮气吞吐开发方案的采出程度较低。

表 2-4-2　开发方案开发指标对比表

序　号	增产油量/m³	采出程度增量/%
方案 1	—	—
方案 2	8 920.09	1.78
方案 3	89 494.86	17.86
方案 4	88 231.86	17.61
方案 5	36 087.76	7.20
方案 6	57 286.56	11.43

(2) 通过对比第一、三和四和五类方案可知,第三类氮气吞吐转氮气驱方案的开发效果最好,其次是氮气驱方案、注水方案和基础方案。虽然添加 4# 防膨稳定剂注水可以改善注水开发效果,但与注氮气相比提高采出程度的幅度不大。分析其原因,主要有以下 3 个方面:第一,目标油藏内部断层复杂,平面非均质性较强,对水的驱替起到遮挡作用,使水不能沿着设计的路线向前推进,影响了水的驱替效果。第二,地面原油密度为 0.934 g/cm³,地面 50 ℃ 原油黏度为 3 194.88 mPa·s,油水黏度比较大。水在驱替过程中,会沿着一个方向指进,所以井底很快见水,含水率升高,导致累积产油量和采出程度降低。第三,储层水敏指数为 0.61,储层表现出中等偏强的水敏感程度,当注入达 30 倍孔隙体积时,渗透率损失率为 54.71%,注水增加了原油流动的阻力,使得注水开发的效果变差。即使是注入 4# 防膨稳定剂溶液,地层渗透率损失率仍为 38.98%,不能改善油藏开发效果。因此,推荐通过氮气吞吐转氮气驱方式补充地层能量,进一步改善目标油藏开发效果。

2.5　本章小结

（1）地质参数对氮气吞吐的开发效果影响较大，其中油藏深度越大，原油饱和度越高，越有利于实施氮气吞吐开发；而油藏渗透率、孔隙度在氮气吞吐开发时不宜过大或过小，存在最优的适用范围。

（2）周期注气量、产液速度、注气压力、注气速度对氮气吞吐的开发效果影响较大。随着周期注气量的增加，周期产油量与周期增油量不断增加；提高产液速度可以增加周期产油量，但周期增油量却随产液速度的增加先增加后减小；注气压力与实际注气量密切相关，当达到实际注气量时，注气压力对吞吐效果的影响不大；加快注气速度可以有效地增加周期产油量和周期增油量，因此在注气压力允许的情况下应加快注气速度；焖井时间对氮气吞吐开发的影响较小，对于氮气吞吐过程存在最优的焖井时间。

（3）通过正交设计方法对氮气吞吐过程中的周期注气量、注气速度、注气压力、产液速度和焖井时间进行了优化，确定了符合目标油藏最优的氮气吞吐参数优化方案：周期注气量为 100 000 m³，产液速度为 5 m³/d，注气速度为 7 500 m³/d，最大注气压力为 39 MPa。焖井时间为 3 d。

（4）氮气吞吐转氮气驱开发的主要影响因素为转驱时机、注气井注气速度和生产井产液速度。井组累积产油量随着氮气吞吐周期的增加先增加后减小，存在最佳的转驱时机；增加注气速度有利于提高氮气吞吐转氮气驱的开发效果，但注气速度过大会导致气窜加剧，影响产量；累积产油量随着产液速度的增加不断增加，但增加的幅度不断降低。

（5）通过参数优化方案设计得到了适合本区块的最佳注氮气吞吐转氮气驱生产方案：TT3 井氮气吞吐 5 个周期后以注气速度 7 500 m³/d 注入氮气，生产井产液速度为 12 m³/d。

（6）氮气驱主要影响因素为注气井的注气速度和生产井的产液速度。随着注气速度的增加，井组累积产油量先增加后减小，存在一个最优的注气速度；而随着产液速度的增加，累积产油量不断增加，但增加的幅度逐渐较小。

（7）通过参数优化方案设计得到了适合目标油藏的最佳氮气驱生产方案：TT3 井注气速度为 4 000 m³/d，生产井产液速度为 12 m³/d。

（8）氮气吞吐转氮气驱方案开发效果最好，其次是氮气驱方案、注水方案和基础方案。因此，推荐利用氮气吞吐转氮气驱方式进一步改善目标油藏开发效果。

第 3 章
深层稠油油藏天然气吞吐开发方法

我国稠油油藏埋藏深度普遍较深,蒸汽吞吐等常规热采技术热损失严重,同时受较高的油层原始压力影响,加热半径和波及体积普遍较小,开发效果不好,亟需探求新的有效开发方式。天然气吞吐是解决这一难题行之有效的开采方式。最初,注天然气是作为保持油层压力的措施提出来的。之所以使用天然气,是由于在许多地区气源相对丰富(如开采中的溶解气及气田中的采出气),尤其是西部天然气比较丰富的油田。天然气注入地层后与油层岩石本身不会发生任何作用,同时不会污染油层,且注入的天然气可以回收利用,因此天然气吞吐具有一定的应用前景。本章首先介绍深层稠油油藏天然气吞吐采油机理,然后开展深层稠油油藏地层流体高压物性实验研究,最后通过油藏数值模拟方法进行天然气吞吐参数影响规律及优化研究。

3.1 深层稠油油藏天然气吞吐采油机理

天然气是以石蜡族低分子饱和烃为主的烃类气体和少量非烃类气体组成的混合气体。其中,甲烷占绝大部分,乙烷、丙烷、丁烷和戊烷的含量不大,同时还含有少量非烃类气体,如硫化氢、二氧化碳、一氧化碳、氮气、氧气、氢气和水蒸气等。天然气中有时也含有微量的稀有气体,如氦和氩等。

天然气中常见组分的主要物理化学性质见表 3-1-1。在标准状态下,甲烷和乙烷是气体,丙烷、正丁烷(n-C_4H_{10})和异丁烷(i-C_4H_{10})也是气体(经压缩冷凝后它们都极易液化),戊烷和戊烷以上则为轻质油。

天然气没有分子式,也没有恒定的相对分子质量。在工程上,为了计算的需要,人们一般将标准状态下 1 L/mol 的天然气质量定义为天然气的视相对分子质量和平均相对分子质量。显然,天然气的视相对分子质量取决于天然气的组成。一般干气的视相对分子质量为 16.82~17.98。干燥空气也是由氧气、氮气等气体组成的混合气,其视相对分子质量为 28.97。在标准状态下,天然气密度和干燥空气密度的比值称为相对密度。对于一般的干气,其相对密度为 0.58~0.62。

表 3-1-1 天然气中常见组分主要物理化学性质

组 成	分子式	相对分子质量	临界温度/K	临界压力/MPa	沸点(0.101 MPa)/℃	偏心因子
甲 烷	CH_4	16.043	190.5	4.604	−161.52	0.126 0
乙 烷	C_2H_6	30.070	305.4	4.880	−88.58	0.097 8
丙 烷	C_3H_8	44.097	369.8	4.249	−42.07	0.154 1
正丁烷	$n\text{-}C_4H_{10}$	58.124	425.1	3.797	−0.49	0.201 5
异丁烷	$i\text{-}C_4H_{10}$	58.124	408.1	3.649	−11.81	0.184 0
正戊烷	$n\text{-}C_5H_{12}$	72.151	469.6	3.369	36.06	0.252 4
异戊烷	$i\text{-}C_5H_{12}$	72.151	460.3	3.391	27.84	0.228 6
己 烷	C_6H_{14}	86.178	507.4	3.012	68.74	0.299 8
庚 烷	C_7H_{16}	100.205	540.2	2.736	98.42	0.349 4
氦 气	He	4.030	5.200	0.277	−268.93	0.000 0
氮 气	N_2	28.013	126.1	3.399	−195.80	0.037 2
氧 气	O_2	31.999	154.7	5.081	−182.96	0.020 0
氢 气	H_2	2.016	33.20	0.297	−252.87	−0.219 0
二氧化碳	CO_2	44.010	304.1	7.384	−78.51	0.266 7
一氧化碳	CO	28.010	132.9	3.499	−191.49	0.044 2
硫化氢	H_2S	34.076	373.6	9.005	−60.31	0.092 0
水蒸气	H_2O	18.015	647.3	22.118	100.00	0.343 4

深层稠油油藏天然气吞吐开采的主要机理有以下几个方面。

（1）降低原油黏度。

天然气吞吐降黏过程依赖于天然气在原油中的溶解度，当原油中溶解一定量的天然气后，原油的黏度大大降低。图 3-1-1 和图 3-1-2 为玉西区块玉 1 井地面原油在不同溶解气油比下的降黏实验结果。

由图 3-1-1 可以看出，当压力为 18 MPa 时，天然气在原油中的溶解气油比为 108.9 m^3/m^3，由图 3-1-2 可以看出对应的原油黏度为 3.2 mPa·s，饱和天然气原油与不含天然气原油相比，黏度下降幅度可达 98% 以上，由此可见注入天然气以后可以大大降低原油的黏度，从而提高采收率。

天然气溶解于原油后，通过动态混溶和静态混溶两种方式使原油的黏度大大降低。

① 动态混溶降黏。

将地面稠油样品混入一定比例的天然气，配制得到地层温度和压力下的动态混溶流体。对动态混溶流体依次进行不同压力下的单次脱气实验以及黏度分析，实验结果见表 3-1-2。

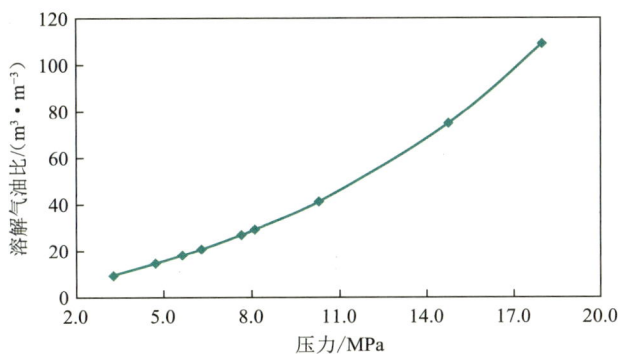

图 3-1-1　溶解气油比与压力关系曲线

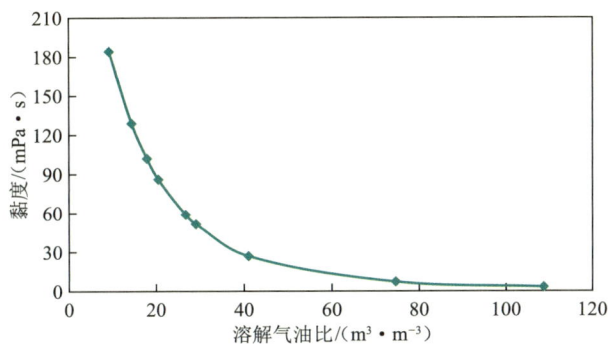

图 3-1-2　黏度与溶解气油比关系曲线

表 3-1-2　地层温度、饱和压力下动态混溶稠油黏度实验数据表

混溶压力 /MPa	溶解气油比 /(m³·m⁻³)	黏度 /(mPa·s)	混溶压力 /MPa	溶解气油比 /(m³·m⁻³)	黏度 /(mPa·s)
23.00	72	126.64	23.00	88	55.38
15.00	52	244.46	18.00	80	43.08
4.00	10	3 550.00	12.00	72	55.38
0.30	3	4 304.00	8.00	54	87.46
—	—	—	4.00	35	206.66
—	—	—	0.10	0	5 924.00

由表 3-1-2 可以看出,地面稠油与天然气以最大混溶气量搅拌达到动态混溶平衡后,随着饱和压力的逐渐下降,天然气的溶解比例逐渐下降,动态混溶饱和稠油的黏度逐渐上升。动态混溶配制地层稠油在溶解饱和压力达到地层压力的理想情况下,被混溶的稠油相对于未混溶的稠油(原始地层气油比)降黏幅度达 88% 以上(图 3-1-3),由此可见注气动态混溶降黏效果十分显著。

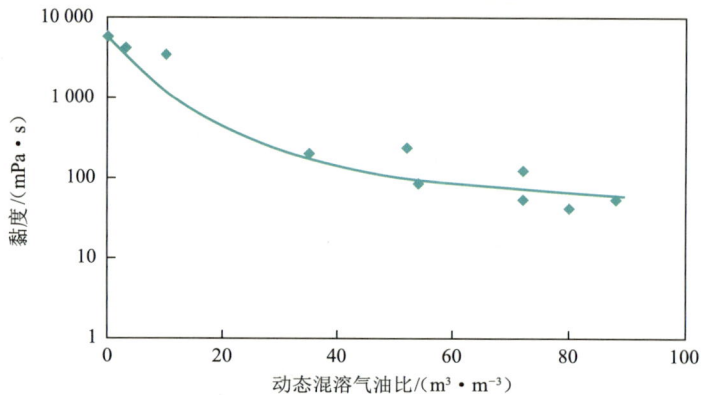

图 3-1-3　地层温度、饱和压力下黏度与动态混溶气油比关系曲线

② 静态混溶降黏。

将联合站干气与地面稠油在地层温度下经过 96～135 h 的无外力搅拌静态混溶。实验考察了稠油和天然气的体积随时间的相对变化情况，并将油气接触面处的稠油按与油气接触面间的不同距离（深度）进行了地层条件下的脱气实验与黏度分析。

地面稠油在地层温度、压力条件下的静态混溶速率实验结果如图 3-1-4 所示，其中溶解气量、溶解速率等数据为半量化数据，仅表示其相对关系，实际溶解气量取决于脱气实验气油比。

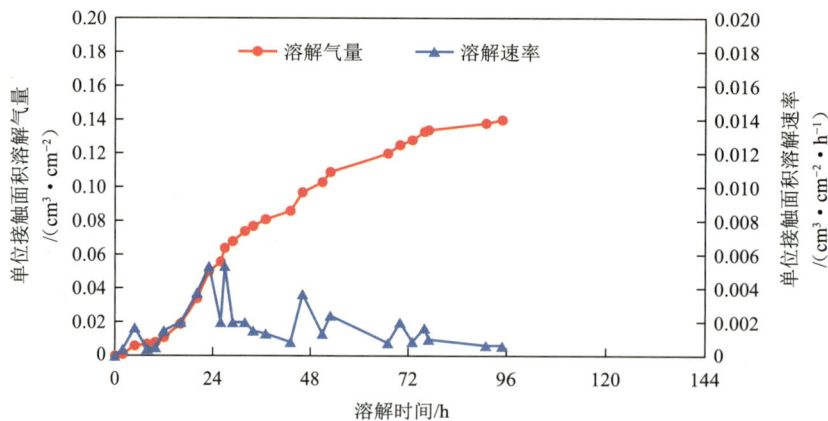

图 3-1-4　地层温度、压力下天然气静态混溶溶解气量和溶解速率与时间关系曲线

由图 3-1-4 可知，地面稠油在地层条件下的静态混溶过程中，随着混溶时间的增加，单位接触面积溶解气量呈增大的趋势。在溶解初始至 72 h 的时间范围内，地面稠油对联合站干气的溶解速率相对较高，天然气溶解迅速，累积溶解气量上升较快；大于 96 h 后，天然气溶解速率有趋于平缓的趋势，说明油气过渡带趋于形成，尽管累积溶气量仍在上升，但溶解速率相对下降，油气互溶基本上趋于平衡。

分析实验结果可知,静态混溶时间越长,地面稠油溶解的联合站干气量越大,意味着将形成更大的低黏度混溶区带,能更有效地降低地层稠油黏度,增强地层稠油的流动性能。

（2）原油体积膨胀。

随着天然气在原油中溶解度的增加,原油体积膨胀系数增大,残余油体积膨胀,使得部分残余油从其滞留的空间"溢出"而形成可采出油。另外,地层孔隙压力升高,提高了原油的弹性能量,从而增强了原油的流动性能。

图 3-1-5 为天然气体积系数和溶解气油比的关系曲线,可以看出,随着溶解气油比的增加,体积系数逐渐增大。表 3-1-3 为注天然气膨胀实验结果。由图 3-1-5 可知,随着注入气加入原油,原油的体积增加,当注入气在原油中的摩尔分数达到 37.1% 时,原油体积增加到初始的 1.058 倍,说明原油膨胀性较好。此外,天然气注入原油后,天然气-原油体系的饱和压力上升很快,在天然气含量为 29.7%（摩尔分数）左右时原油的饱和压力就已超过地层压力 34 MPa,之后随天然气含量的增加,饱和压力上升迅速。

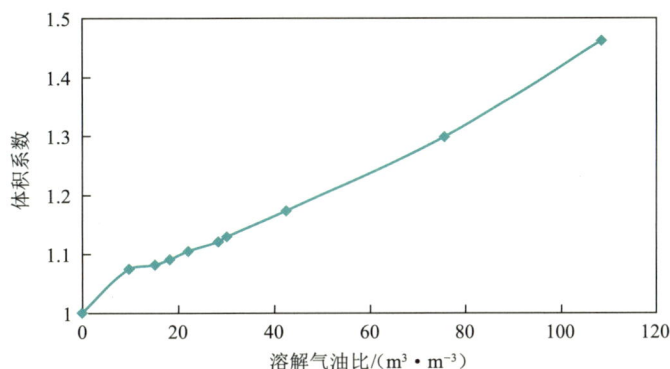

图 3-1-5　体积系数与溶解气油比关系曲线

表 3-1-3　膨胀实验结果

加气次数	注入气含量（摩尔分数）/%	饱和压力/MPa	饱和压力下的体积膨胀系数
0	0	10.112	1.000
1	0.061 0	13.226	1.008
2	0.104 0	15.607	1.012
3	0.129 0	17.215	1.016
4	0.162 0	19.552	1.021
5	0.189 0	21.687	1.025
6	0.203 0	22.912	1.027
7	0.232 0	25.766	1.033
8	0.255 3	28.603	1.037
9	0.264 0	30.712	1.038

续表 3-1-3

加气次数	注入气含量（摩尔分数）/%	饱和压力/MPa	饱和压力下的体积膨胀系数
10	0.297 0	35.300	1.043
11	0.331 0	40.256	1.049
12	0.360 0	46.210	1.054
13	0.371 0	58.144	1.058

（3）降低界面张力。

天然气在原油中溶解时,碳原子数较少的分子与碳原子数较多的分子混溶,使得原油的密度降低,分子间作用力产生的界面张力下降,如图 3-1-6 和图 3-1-7 所示。

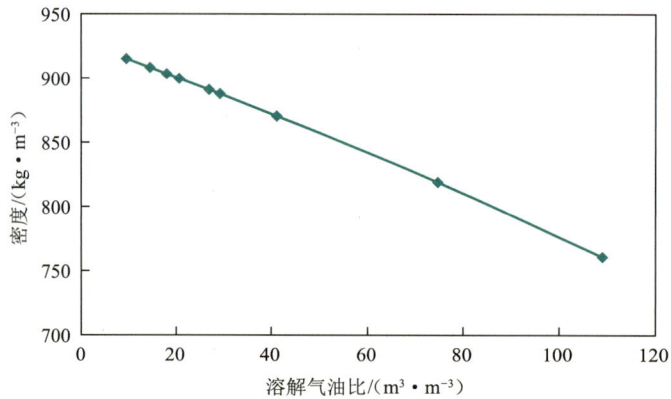

图 3-1-6 密度与溶解气油比关系曲线

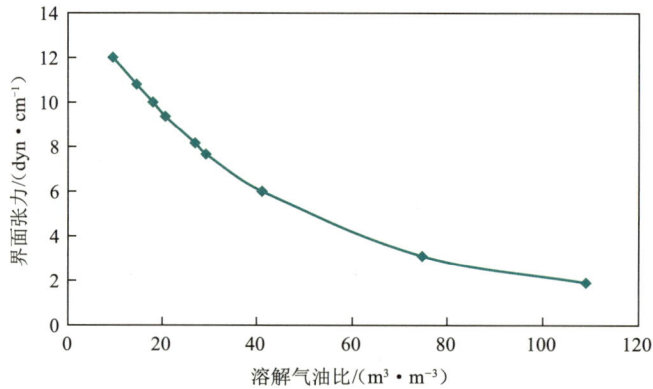

图 3-1-7 界面张力与溶解气油比关系曲线

（1 dyn/cm＝1 mN/m）

由图 3-1-6 和图 3-1-7 可以看出,实验测得的原油密度和界面张力随着天然气在原油中溶解气油比的增大而降低。

（4）压力下降造成溶解气驱。

随着生产过程中油藏压力的下降，溶解到稠油中的气体逐渐脱出，形成溶解气驱，其机理与正常开采下的溶解气驱一样。即当油藏压力下降至低于饱和压力时，随着油层压力的进一步降低，原处于溶解状态的气体分离出来，气泡的膨胀能将原油驱向井底。

（5）抽提原油中的轻质组分。

天然气可以在不同相之间发生传质作用，通过这种作用，可以萃取原油中的轻质组分。这种作用随地层温度、压力的不同而有所区别。

表 3-1-4 是动态混溶稠油地层温度下的单次脱气实验数据。从表中可以看出，单次脱气样与原始气样相比，单次脱气分离的天然气中甲烷含量较低，中间烃 $C_2 \sim C_6$ 的含量较高，密度（原始气样及 18 MPa，12 MPa，8 MPa，4 MPa 下的密度分别为 1.030 5 g/L，1.204 1 g/L，1.258 6 g/L，1.321 9 g/L，1.434 0 g/L）增大，说明天然气对稠油产生了相应的溶解和抽提作用，使得单次脱气分离的天然气具有上述组分组成特征。

表 3-1-4　地层温度下的单次脱气实验数据

组　分	原始气样	18 MPa	12 MPa	8 MPa	4 MPa
N_2	6.37	5.56	4.23	3.2	4.15
CO_2	0.03	0.28	0.41	0.45	0.61
C_1	56.71	42.43	37.79	32.42	22.59
C_2	21.33	22.73	24.84	26.94	28.2
C_3	12.19	24.78	28.01	31.61	37.74
$i\text{-}C_4$	2.05	2.72	3.06	3.48	4.31
$n\text{-}C_4$	1.1	1.24	1.4	1.6	1.99
$i\text{-}C_5$	0.11	0.09	0.1	0.11	0.14
$n\text{-}C_5$	0.06	0.06	0.06	0.07	0.09
C_6	0.02	0.07	0.06	0.07	0.1
C_7	0.01	0.03	0.02	0.03	0.04
C_8	0.01	0.02	0.02	0.02	0.02
C_9	—	—	—	—	—
C_{10}	—	—	—	—	—
C_{11}^{+}	—	—	—	—	—

（6）提高近井地带油藏的压力，增大生产压差。

天然气的注入以及原油体积的膨胀能够提高近井地带油藏的压力，增大生产压差，提高原油的采收率。

3.2 深层稠油地层流体高压物性实验研究

利用鲁克沁西区深层稠油油藏脱气原油及分离器产出气,按照原始溶解气油比等数据,在地层条件下配置地层流体,其组成见表 3-2-1。利用可视化 PVT 仪、高温高压配样仪和高压容器等实验装置进行等组分膨胀实验(表 3-2-2、表 3-2-3、图 3-2-1 和图 3-2-2)、等容衰竭实验(表 3-2-4)和差异分离实验(表 3-2-5 和表 3-2-6),为后续深层稠油油藏天然气吞吐数值模拟研究奠定基础。

表 3-2-1 地层流体组成

组　分	含量(摩尔分数)/%	组　分	含量(摩尔分数)/%
N_2	1.80	$n\text{-}C_5$	0.476
CO_2	0.084 8	C_6	0.687
C_1	16.0	C_7	1.95
C_2	6.03	C_8	2.54
C_3	3.50	C_9	2.77
$i\text{-}C_4$	0.680	C_{10}	2.90
$n\text{-}C_4$	0.419	C_{11}^+	59.7
$i\text{-}C_5$	0.536		

表 3-2-2 相对体积与压力的关系(98 ℃)

压力/MPa	相对体积	液相分数/%	压力/MPa	相对体积	液相分数/%
32.000	0.989 70	100	9.120	1.014 0	98.278 0
30.000	0.990 50	100	8.550	1.023 4	97.388 0
28.000	0.991 30	100	7.600	1.043 0	95.024 8
24.000	0.993 00	100	6.900	1.061 7	93.778 1
18.000	0.995 80	100	6.044	1.092 0	90.153 2
12.000	0.999 00	100	5.760	1.104 4	89.016 9
10.800	0.999 70	100	5.170	1.135 3	85.324 7
10.197	1.000 00	100	4.200	1.208 3	80.624 9
10.073	1.000 14	99.830 2	3.920	1.237 1	78.591 9

表 3-2-3   原油压缩系数与压力的关系(98 ℃)

压力/MPa	原油压缩系数/kPa^{-1}	压力/MPa	原油压缩系数/kPa^{-1}
32	$0.390\ 4\times10^6$	18.000	$0.495\ 4\times10^6$
30	$0.403\ 1\times10^6$	12.000	$0.555\ 1\times10^6$
28	$0.416\ 5\times10^6$	10.800	$0.568\ 4\times10^6$
24	$0.445\ 5\times10^6$	10.197	$0.575\ 3\times10^6$

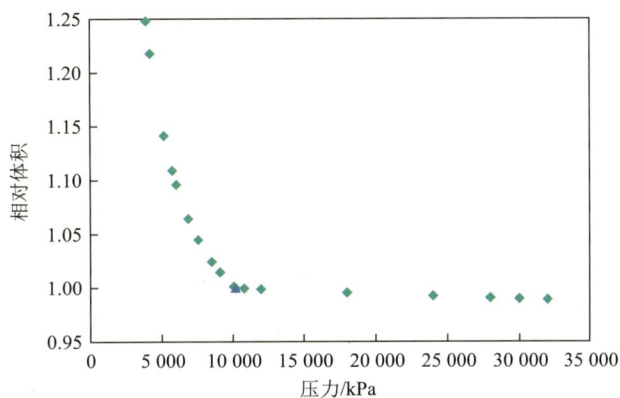

图 3-2-1   相对体积与压力关系

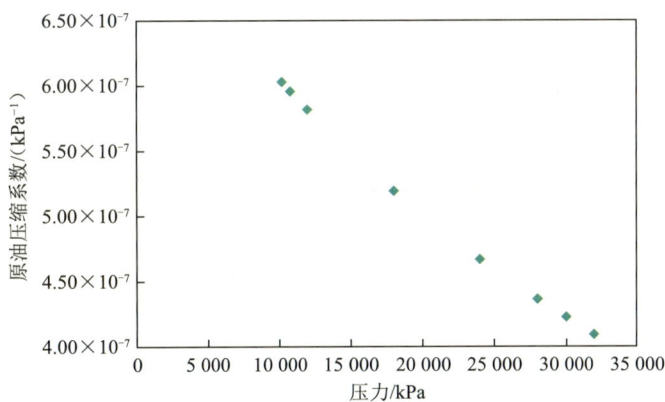

图 3-2-2   原油压缩系数与压力关系

表 3-2-4   等容衰竭实验结果(98 ℃)

参　数	等容衰竭分级压力/MPa						
	10.08	9.00	7.50	5.00	3.00	1.00	0.50
平衡气体偏差因子	0.890 1	0.896 3	0.905 4	0.924 3	0.942 8	0.968 0	0.976 0
累积脱出量/%	0.00	2.21	5.20	10.81	16.02	22.95	25.32

表 3-2-5 差异分离实验原油性质

压力/MPa	原油黏度/(mPa·s)	溶解气油比/(m³·m⁻³)	饱和油相对密度	原油体积系数/(m³·m⁻³)
10.189	65.694 0	16.50	0.933 23	1.084 20
9.800	68.830 0	16.01	0.933 75	1.083 10
8.500	81.124 3	14.20	0.935 50	1.079 27
6.000	116.483 0	10.61	0.939 21	1.071 47
5.000	137.080 3	9.14	0.940 84	1.068 06
3.000	202.029 2	6.00	0.944 32	1.060 83
1.000	371.056 0	2.01	0.949 19	1.050 26

表 3-2-6 差异分离实验分离气性质

压力/MPa	分离气黏度/(mPa·s)	气体体积系数/(m³·m⁻³)	气体压缩系数
10.189	0.017 0	0.011 38	0.890 1
9.800	0.016 8	0.011 86	0.892 0
8.500	0.016 3	0.013 78	0.899 1
6.000	0.015 4	0.019 89	0.916 1
5.000	0.015 1	0.024 07	0.924 0
3.000	0.014 4	0.040 91	0.942 3
1.000	0.013 2	0.125 95	0.966 9

3.3 深层稠油油藏天然气吞吐参数优化研究

3.3.1 鲁克沁油田西区地质及开发概况

1）地质概况

鲁克沁油田西区吐玉克油田位于吐哈盆地吐鲁番坳陷台南凹陷北部鲁克沁构造带，含油层段为三叠系克拉玛依组克二段（T_2k^2），油藏埋深 3 300～3 700 m。油藏类型主要为受大型鼻状背景控制的断块油藏，油藏纵向上发育两套油水系统，每个断块有独立的油水界面，总体表现为东浅西深，顶面构造如图 3-3-1 所示。

T_2k^2 自上而下分为克拉玛依组克二段 I 油组（T_2k^21）和克二段 II 油组（T_2k^22），简称 I 油组和 II 油组，油层主要分布于 II 油组。II 油组划分为 3 个砂岩组，共 7 个小层。II 油组砂体主要为辫状河道沉积的灰色细砂岩，砂体分布稳定，厚度 90～120 m；油水分布主要受断层和构造形态控制，不同的断块油水界面不同。油层有效厚度为 21.0～44.1 m，平均有效厚度为 34.6 m。玉西 1 区块 II 油组取芯井段的平均孔隙度为 17.0%，平均渗透

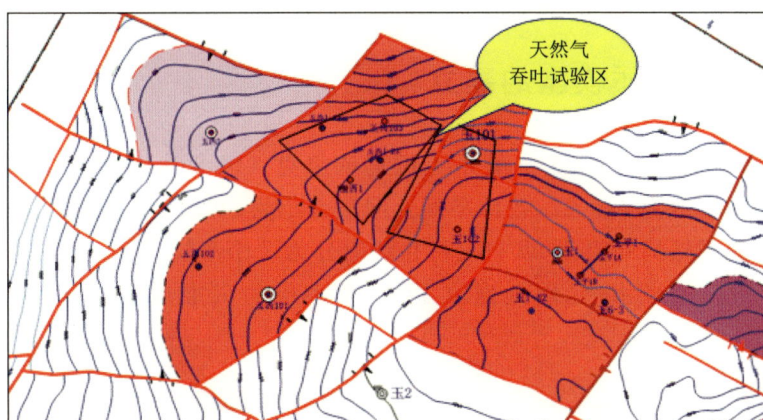

图 3-3-1　鲁克沁油田西区 T_2k^2 油层顶面构造图

率为 $34.8 \times 10^{-3} \ \mu m^2$,属中孔、低渗储层;油藏中部温度为 97～103 ℃,地温梯度为 2.6～2.8 ℃/(100 m),属异常低温系统;油藏中部地层压力为 31～36 MPa,压力系数为 0.9～1.0,属正常压力系统。

试验区块地面脱气原油具有高密度、高黏度、高凝固点、高非烃含量和中等含蜡量的"四高一中"特点,属典型的芳香型稠油。鲁克沁油田西区地面原油密度为 0.965 6～0.972 1 g/cm³,含蜡量为 3.96%～5.91%,凝固点为 22～36 ℃,地层条件下原油黏度为 154～159 mPa·s,原始气油比为 12～15 m³/m³。

鲁克沁油田西区储量数据见表 3-3-1。

表 3-3-1　鲁克沁油田西区储量数据表

区　块	含油面积 /km²	有效厚度 /m	孔隙度	含油 饱和度	地面原油密度 /(t·m⁻³)	原油体积系数 /(m³·m⁻³)	地质储量 /(10⁴ t)
玉西 2	1.30	26.1	0.150	0.580	0.973	1.074	267.0
玉 1	4.10	40.3	0.160	0.670	0.968	1.074	1596
玉西 1	2.10	44.1	0.150	0.620	0.964	1.074	773.0
玉 101	0.61	21.0	0.136	0.633	0.964	1.074	99.00
玉 102	0.45	21.8	0.224	0.541	0.964	1.074	107.0
玉西 101	2.38	25.5	0.167	0.646	0.970	1.074	591.0

2）开发概况

鲁克沁油田西区天然气吞吐试验区块有 5 口油井,其中玉西 1 井、玉 101 井、玉 102 井是 3 口主要吞吐生产井,于 2003 年 6 月开始投产,截止到 2005 年 11 月累积产油量为 3 766 t,累积产水量为 1 588 t。注气前各井仅依靠弹性能量生产,日产油量为 2～3 t/d,含水率为 30%～50%,单井产能较低,采出程度仅为 0.042%,开采效果较差。经 3 轮注气吞吐后效果明显,直井单井产能有了明显提高,玉西 1 井日产油量达到 9 t/d。

3.3.2 三维地质模型的建立

鲁克沁油田西区的目的层为三叠系克拉玛依组克二段 II 油组,建立的地质模型采用直角坐标,划分网格数为 41×32×11,平面上网格大小为 50 m×50 m,井周围网格加密为 8.33×8.33,边界网格局部粗化,纵向上将 II 油组分为 7 个小层,各小层之间都有隔层,其中第 7 小层为致密层或水层,因此建立了 11 个小层的三维构造地质模型,如图 3-3-2 所示。

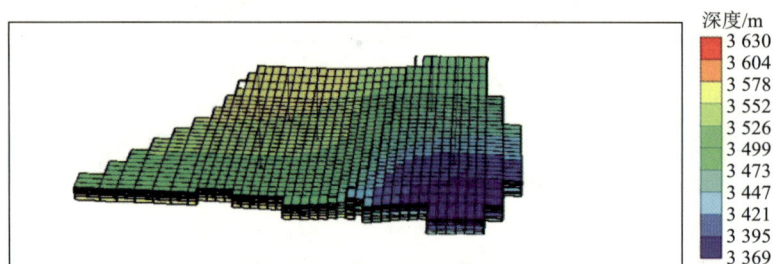

图 3-3-2 鲁克沁油田西区三维构造图

3.3.3 地层流体相态拟合

油气烃类体系是由多组分物质构成的混合物。在运用流体热力学理论和相平衡原理研究多组分混合物体系的相平衡问题时,特别是在研究天然气吞吐过程中气液间溶解-抽提相平衡问题时,必须了解油气体系中各组分的组成分布及其相应的热力学性质,并通过拟合相态实验数据对其中的 C_n^+ 重馏分的热力学参数进行合理的调整,使流体相态实验数据、状态方程模型、流体热力学参数场之间满足热力学相容性,从而使状态方程相态模拟的结果符合油气藏流体实际相态的变化过程,为油气藏模拟提供合理的流体 PVT 参数场。通常运用油气藏流体相态模拟软件处理上述问题,实现流体相态实验数据、状态方程模型、流体热力学参数场之间的热力学相容性,主要进行两项工作:一是预测 C_n^+ 重馏分的热力学参数场,在相态模拟中称之为重馏分的特征化;二是以地层流体相态实验数据为基础进行相态拟合计算,优选状态方程,确定油气体系重馏分的热力学参数场,在相态模拟中称之为相态实验拟合。

1) 组分劈分与归并

首先对活化重组的井流物中的重组分进行劈分,选择适合于多种流体的伽马分布方法,最终将 C_{11}^+ 劈分为 $C_{11} \sim C_{35}^+$ 共 25 个组分。为减少组分模拟的计算量,在满足计算精度的基础上又将所有组分归并为 6 个拟组分,见表 3-3-2。

表 3-3-2　劈分归并后井流物组成

拟组分	摩尔分数	拟组分	摩尔分数
N_2，C_1	0.18	$C_7 \sim C_{16}$	0.28
$CO_2 \sim n\text{-}C_4$	0.11	$C_{17} \sim C_{30}$	0.12
$i\text{-}C_5 \sim n\text{-}C_6$	0.02	$C_{31} \sim C_{35}^+$	0.29

2）地层流体相态拟合

将注气膨胀实验、定容衰竭实验、差异分离实验、等组分膨胀实验等的数据作为回归计算目标，将状态方程参数、组分的相互作用系数、体积平移因子、黏度、临界体积等参数作为回归变量，经过数十次参数调整及反复计算，得出比较满意的回归计算结果。

（1）差异分离实验拟合结果如图 3-3-3～图 3-3-6 所示。

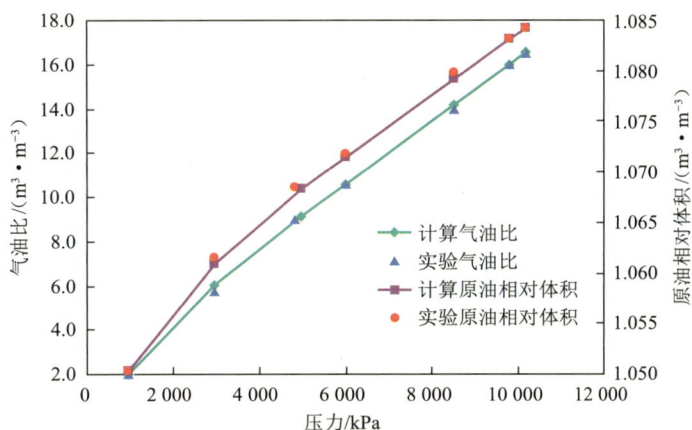

图 3-3-3　气油比和原油相对体积拟合结果图

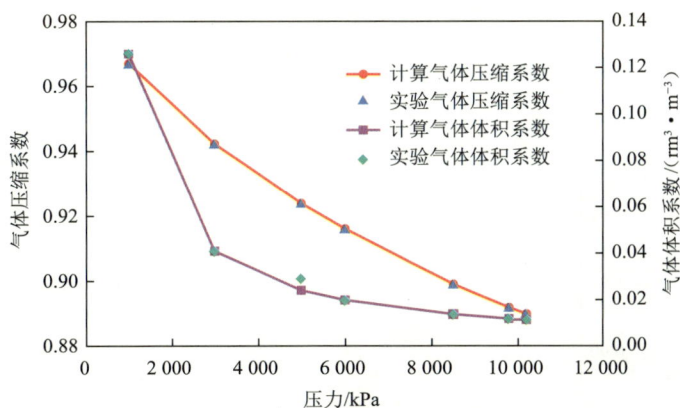

图 3-3-4　气体压缩系数和气体体积系数拟合结果图

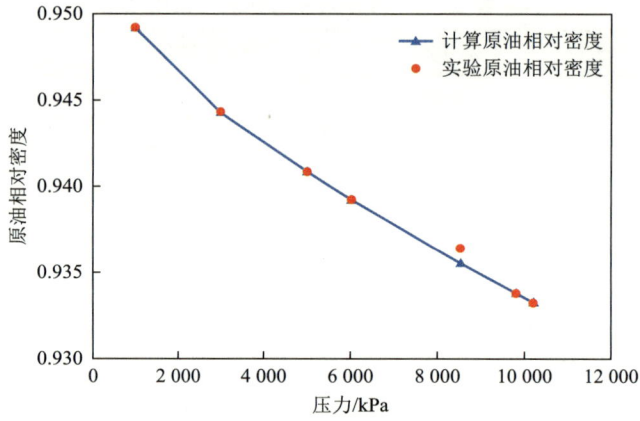

图 3-3-5 原油相对密度拟合结果图

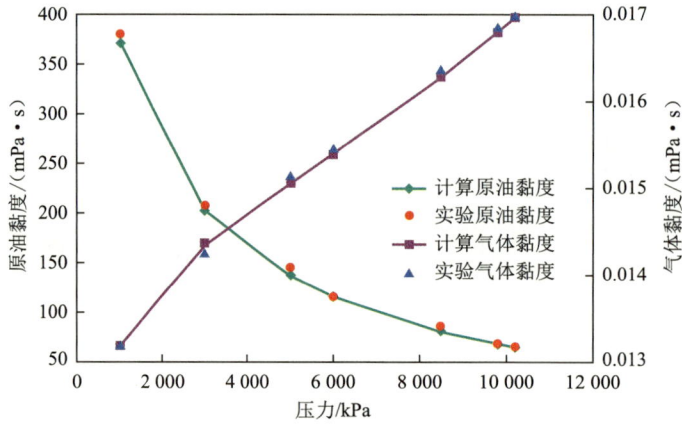

图 3-3-6 原油和气体黏度拟合结果图

（2）定容衰竭实验拟合结果如图 3-3-7 和图 3-3-8 所示。

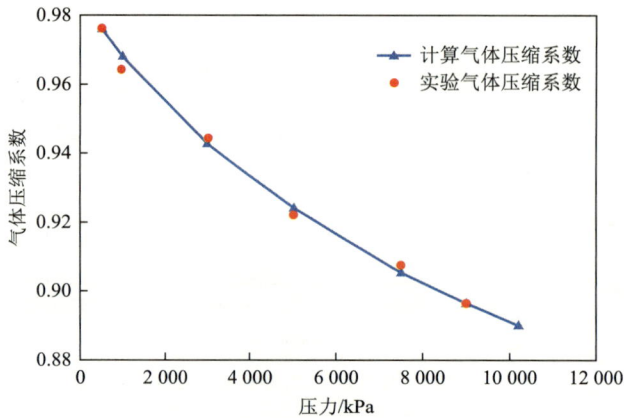

图 3-3-7 气体压缩系数拟合结果图

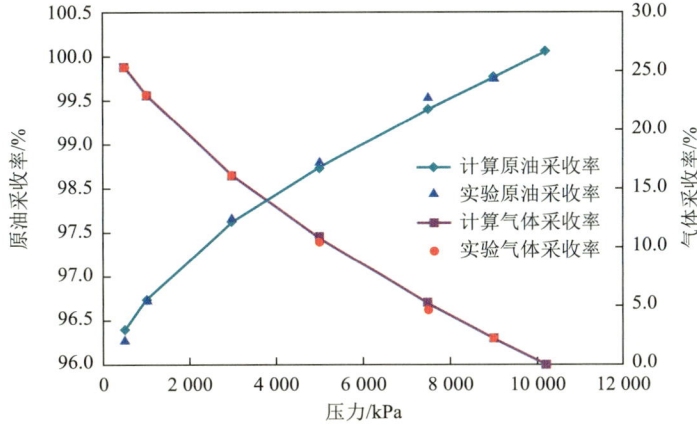

图 3-3-8　原油采收率与气体采收率拟合结果图

（3）等组分膨胀实验拟合结果如图 3-3-9～图 3-3-11 所示。

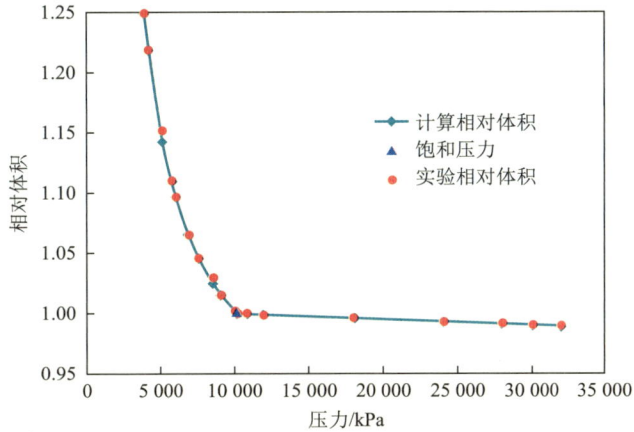

图 3-3-9　相对体积拟合结果图

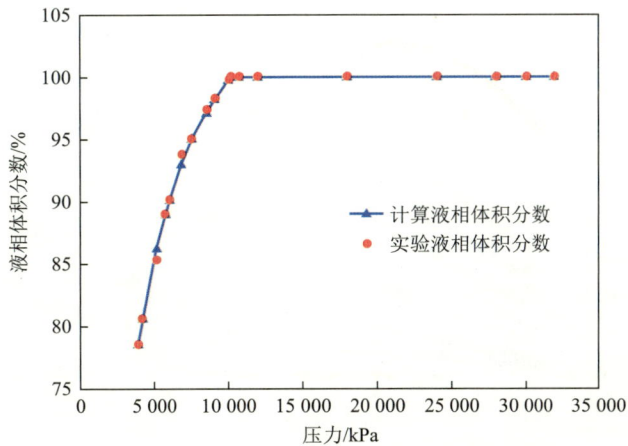

图 3-3-10　液相体积分数拟合结果图

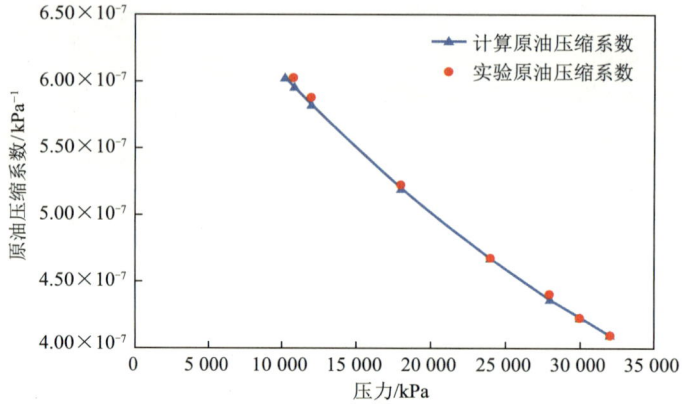

图 3-3-11　原油压缩系数拟合结果图

（4）注气膨胀实验拟合结果如图 3-3-12 所示。

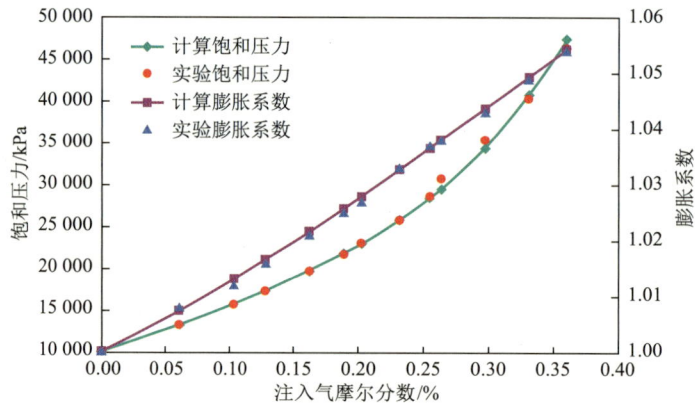

图 3-3-12　饱和压力和膨胀系数拟合结果图

拟合后组分的 p-T 相图如图 3-3-13 所示。

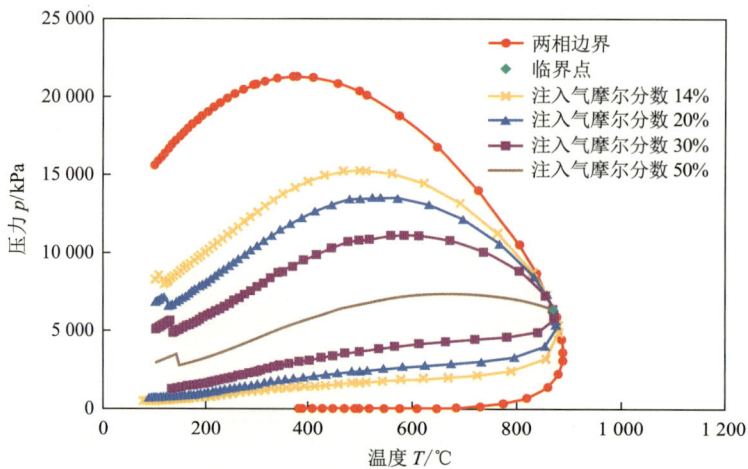

图 3-3-13　地层流体的 p-T 相图

地层原油的 PVT 数据整体上拟合较好,保证了流体参数的准确性。这些流体参数可以运用到后续的油藏数值模拟计算中。

3.3.4　油藏生产历史拟合

1) 区块储量拟合

研究区块主要目的层为三叠系克拉玛依组(T_2k),现今油层主要分布于克拉玛依组克二段 II 油组。玉西 1 区块为四周被断层围限的断块型圈闭,圈闭面积 2.1 km^2;玉 101 区块四周以断层为界,测井解释和试油证实没有明显水层,认为油藏全充满,由断层圈定含油面积 0.61 km^2;玉 102 区块高部位和南北两翼以断层为界,含油面积 0.85 km^2,扣除玉1 区块已探明重叠的面积 0.40 km^2,净增含油面积 0.45 km^2。

实际计算的各区块的地质储量与模拟计算的储量拟合情况见表 3-3-3。可以看出,模拟计算结果与实际计算结果误差在 5% 以内,拟合结果较好。

表 3-3-3　实际储量与模拟计算地质储量比较

区　块	地质储量/(10^4 t)	拟合储量/(10^4 t)	误　差
玉西 1	773	736.476 7	4.72%
玉 101	99	98.954 6	0.05%
玉 102	107	110.214 1	3.00%
总区块	979	945.645 4	3.41%

2) 生产历史拟合

油藏生产历史拟合的目的是通过调整各项油藏参数,使油藏模拟结果与实际油藏相一致,并通过这一拟合过程加深对油藏的认识,在此基础上对油藏的各种开发方式进行预测,对不同开发方式下的各种开发指标进行对比分析和优化,为开发决策提供可靠的依据。

鲁克沁油田西区先导试验区块生产历史拟合从 2003 年 6 月投产到 2007 年 6 月。由于玉 101 区块和玉 102 区块分别只有 1 口井,玉西 1 区块有 3 口井,其中主要生产井为玉西 1 井,其他 2 口井生产期很短,因此只需进行单井历史拟合。拟合内容主要包括单井的产油量和产水量拟合。

在历史拟合时首先进行总体调整,以确定某些未知参数,通过这些调整使模拟结果与大多数井的动态反映接近,然后在此基础上进行单井拟合,经过反复的参数调整,使计算结果与实际拟合较好,这样就保证了目前油藏平均含油气饱和度的可靠性,为剩余油分布和注气方案指标预测提供了比较可靠的依据,最终基本上达到拟合目标,如图 3-3-14~图 3-3-18 所示。

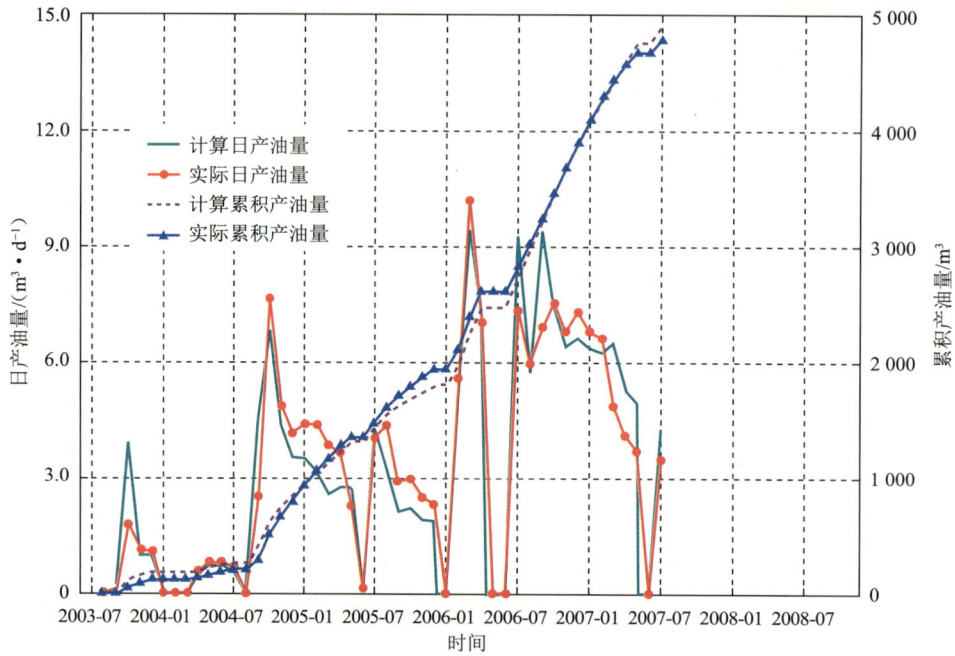

图 3-3-14 玉西 1 井产油量拟合结果

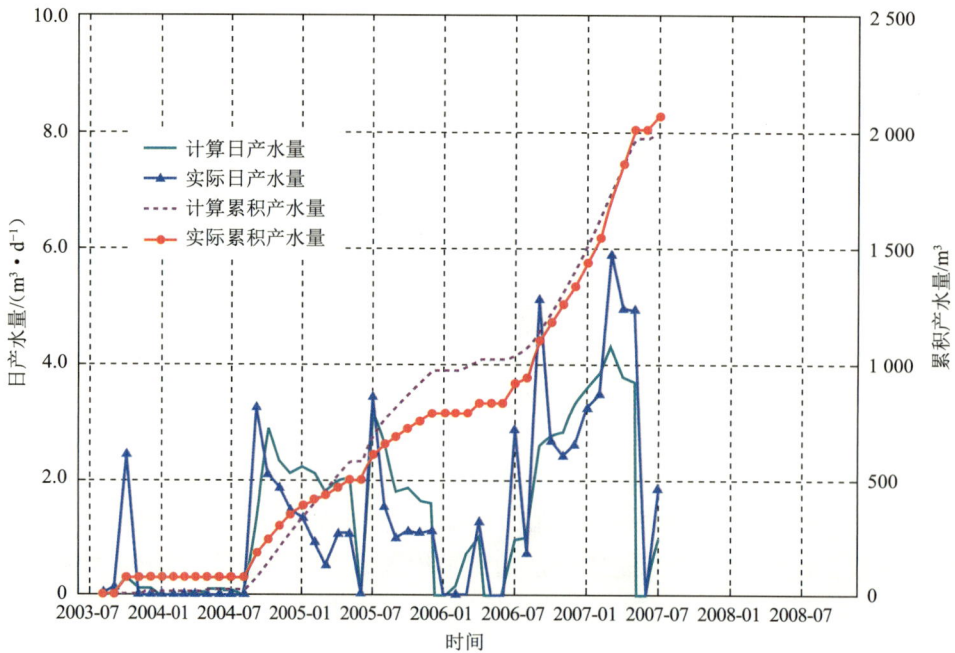

图 3-3-15 玉西 1 井产水量拟合结果

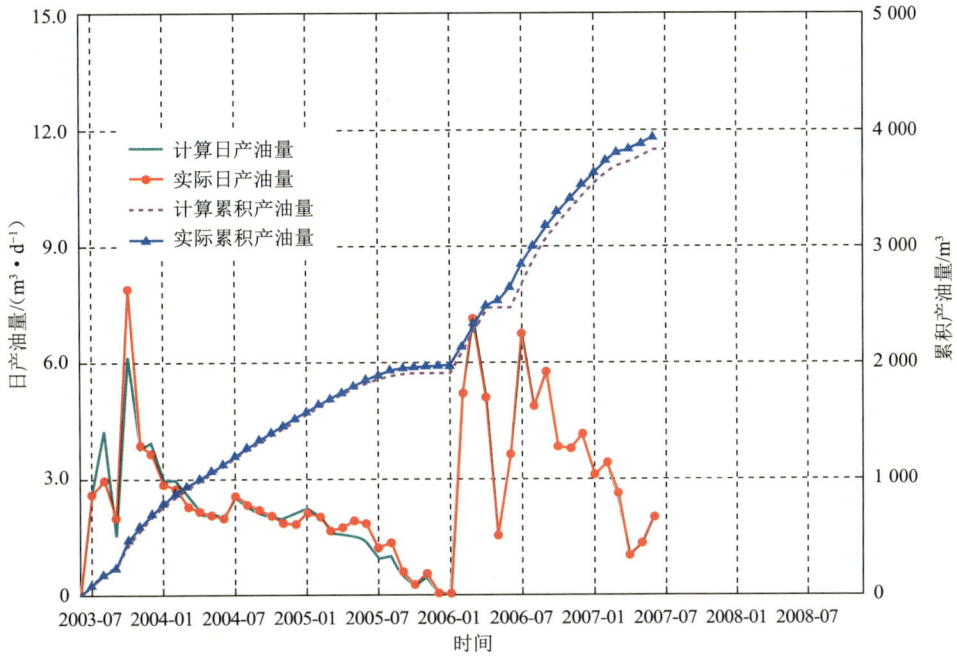

图 3-3-16　玉 101 井产油量拟合结果

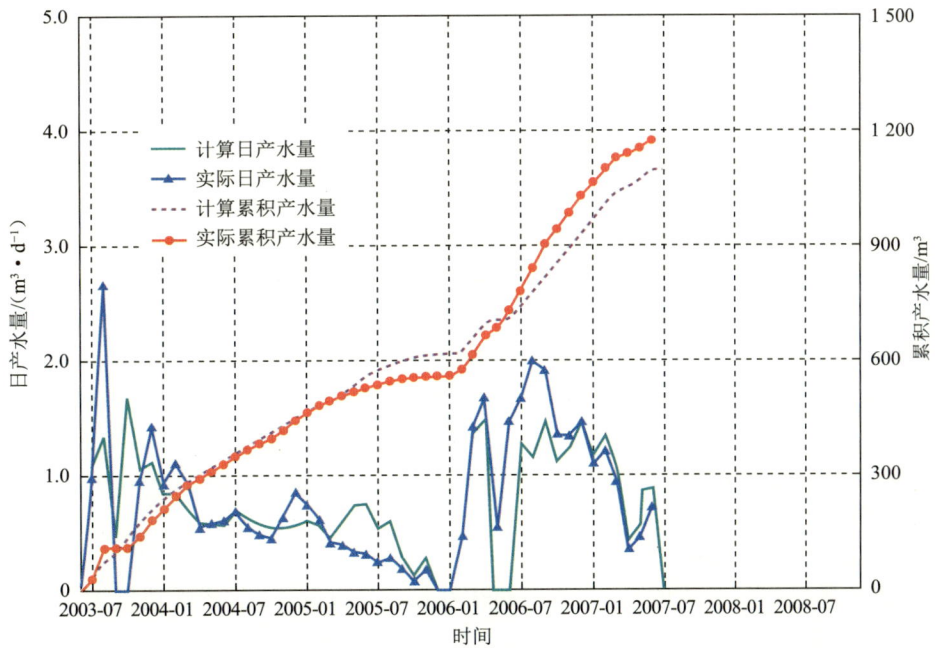

图 3-3-17　玉 101 井产水量拟合结果

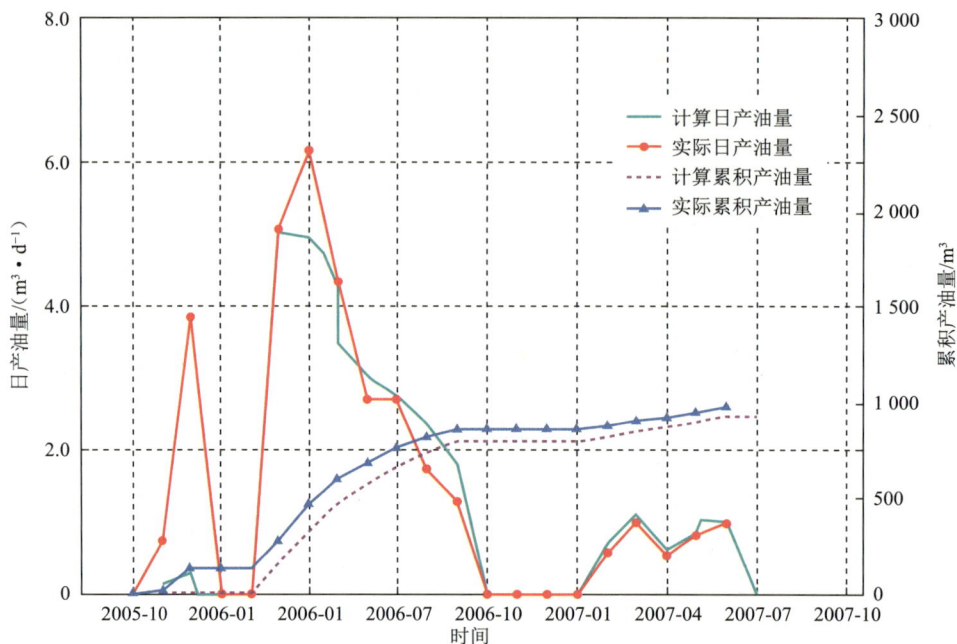

图 3-3-18　玉 102 井产油量拟合结果

3.3.5　天然气吞吐参数影响规律及优化研究

稠油油藏天然气吞吐开发的影响因素主要有两类：第一类是油藏特征参数，包括油藏深度、油藏渗透率和油藏温度等；第二类是注采参数，包括周期注气量、产液速度、注气速度等。下面以玉西 1 井为研究对象，对各种参数的影响规律进行研究。

1）油藏参数影响规律

（1）油藏深度的影响。

在其他地质参数不变的情况下，当周期注气量为 200 000 m³，产液速度为 20 m³/d 时，对油藏深度分别为 1 500 m，2 000 m，2 500 m，3 000 m，3 500 m，3 800 m 时，生产一个周期的周期产油量进行对比分析，研究其影响规律。计算结果如图 3-3-19 所示。

由图 3-3-19 可以看出，油藏深度越大，周期产油量越大，效果越好。这是因为油藏深度越大，压力越高，天然气的溶解度越大，降黏效果越好，吞吐效果就越好。由模拟结果可以看出，油藏深度由 1 500 m 增加到 3 800 m，深度增加了 2 300 m，周期产油量增加了 520 m³。因此，可以看出天然气吞吐开采适合于深层稠油油藏，特别是深度超过 2 000 m 的油藏天然气吞吐效果较好。

（2）油藏渗透率的影响。

在其他地质参数不变的情况下，当周期注气量为 200 000 m³，产液速度为 20 m³/d 时，对油藏渗透率分别为 5×10⁻³ μm²，10×10⁻³ μm²，20×10⁻³ μm²，50×10⁻³ μm²，70×10⁻³ μm²，100×10⁻³ μm²，150×10⁻³ μm²，200×10⁻³ μm²，250×10⁻³ μm²，300×10⁻³ μm² 时，生产一个周期的周期产油量、周期增油量及含水率进行对比分析，研究其影响规律。计算结果如图 3-3-20 和图 3-3-21 所示。

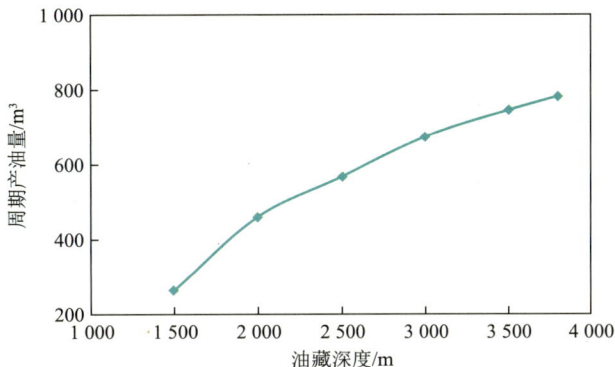

图 3-3-19   周期产油量与油藏深度关系曲线

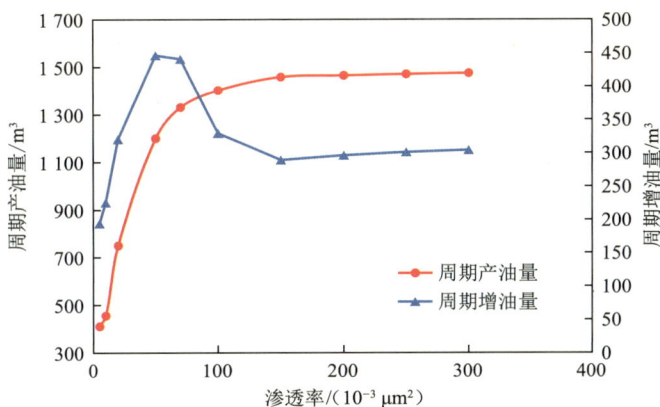

图 3-3-20   周期产油量和周期增油量与油藏渗透率关系曲线

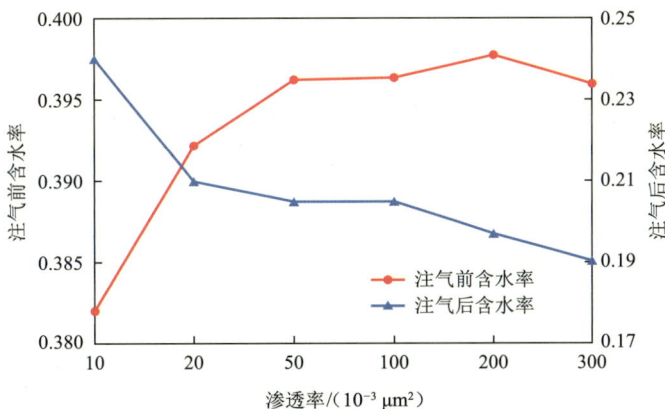

图 3-3-21   含水率与油藏渗透率关系曲线

由图 3-3-20 和图 3-3-21 可以看出,天然气吞吐周期产油量随着渗透率的增大而增加,当渗透率为 $70×10^{-3}$ μm^2 时,周期增油量最大,超过 $100×10^{-3}$ μm^2 后周期增油量变化不大;不注气时渗透率大,含水率相对高,而注气后含水率下降。由此可知,对于渗透率较低的油藏,注天然气可以大幅度提高周期产油量,渗透率为 $20×10^{-3}$ ~ $100×10^{-3}$ μm^2 的油藏更适合天然气吞吐。

（3）油藏温度的影响。

在其他地质参数不变的情况下，当周期注气量为 200 000 m³，产液速度为 20 m³/d 时，对油藏温度分别为 94.2 ℃，100 ℃，108 ℃，116.8 ℃，129 ℃时，生产一个周期的周期产油量进行对比分析，研究其影响规律。计算结果如图 3-3-22 所示。

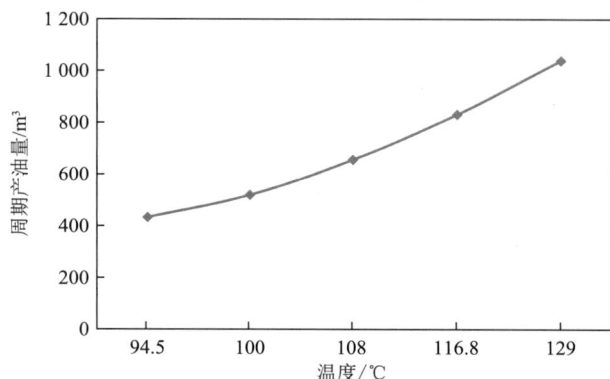

图 3-3-22　周期产油量与油藏温度关系曲线

由图 3-3-22 可以看出，油藏温度对深层稠油油藏天然气吞吐来说影响较大，油藏温度越高，在原油组成不变的情况下原油的黏度越小，天然气抽提原油轻组分的效果越好，天然气吞吐的增油效果越好。

2）注采参数影响规律

注采参数主要包括周期注气量、产液速度、最大注气压力、注气速度、焖井时间、单周期生产时间等。模拟过程的主要操作参数见表 3-3-4。在后面的模拟中，若没有特别说明，均采用表 3-3-4 中数据。

表 3-3-4　主要注采参数

周期注气量 /(10³ m³)	产液速度 /(m³·d⁻¹)	最大注气压力 /MPa	注气速度 /(10³ m³·d⁻¹)	焖井时间 /d	单周期生产时间
200	20	42	20	10	日产油量>5 m³/d

（1）周期注气量的影响。

设周期注气量分别为 100 000 m³，150 000 m³，200 000 m³，250 000 m³，300 000 m³，350 000 m³，400 000 m³，通过一个周期的吞吐模拟计算，对生产情况进行对比分析，结果如图 3-3-23 所示。

由图 3-3-23 可以看出，当注气量小于 350 000 m³ 时，周期产油量与周期增油量基本是注气量的线性函数，周期注气量每增加 50 000 m³，周期产油量增加大约 12 m³；随注气量的增加，周期产油量及周期增油量逐渐增加，即注入天然气越多，溶解到原油中的天然气越多，降黏效果越好，同时井周围压力增加越大，生产压差越大，吞吐效果越好。

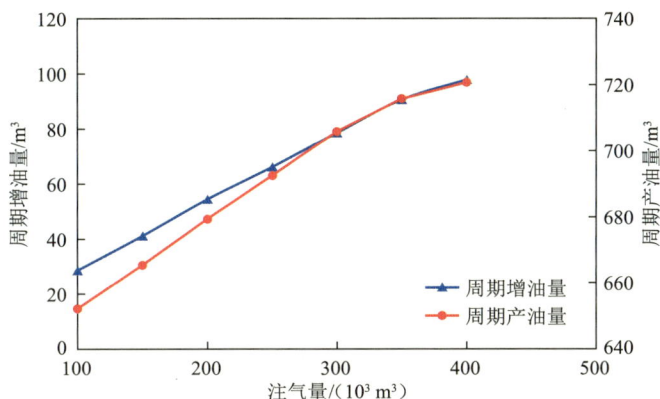

图 3-3-23　周期产油量和周期增油量与注气量关系曲线

（2）产液速度的影响。

设产液速度分别为 12 m³/d, 15 m³/d, 17.5 m³/d, 20 m³/d, 25 m³/d, 30 m³/d, 通过一个周期的吞吐模拟计算, 对生产情况进行对比分析, 结果如图 3-3-24 和图 3-3-25 所示。

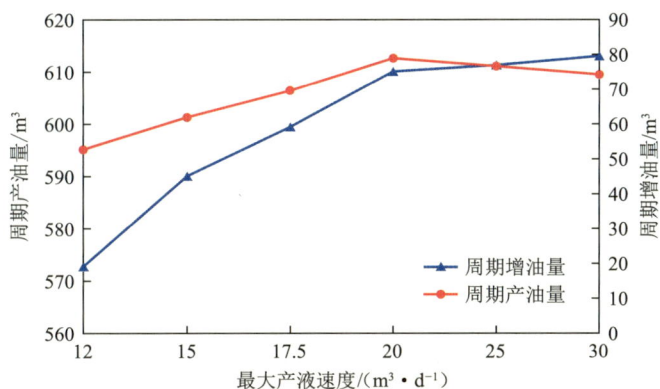

图 3-3-24　周期产油量和周期增油量与最大产液速度关系曲线

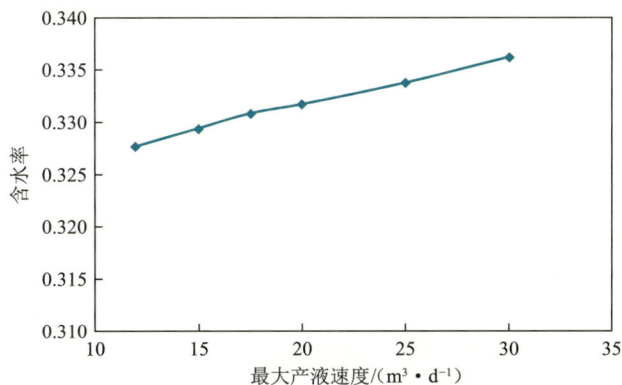

图 3-3-25　最大产液速度对含水率的影响

由图 3-3-24 和图 3-3-25 可以看出, 随着最大产液速度的增大, 周期产油量和周期增油量都先增加后有所减小, 而含水率随最大产液速度的增加略有升高, 但变化幅度不大, 当最大产液速度由 12 m³/d 增加到 30 m³/d 时,含水率仅升高了 0.008。

(3) 最大注气压力的影响。

在注气速度为 20 000 m³/d,注气时间为 10 d 时,分别研究最大注气压力为 28 MPa,30 MPa,32 MPa,35 MPa,38 MPa,40 MPa,42 MPa,45 MPa 时,一个周期吞吐模拟的生产情况,结果如图 3-3-26 和图 3-3-27 所示。

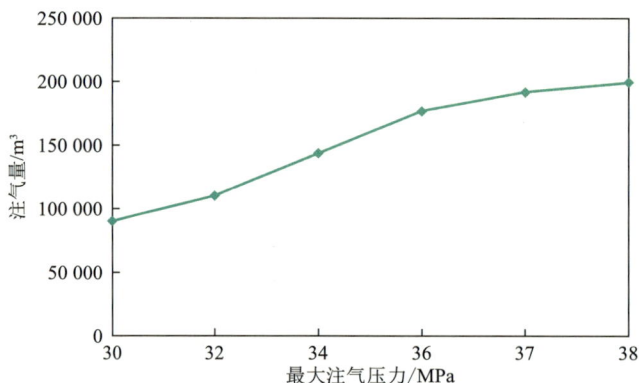

图 3-3-26　注气量与最大注气压力关系曲线

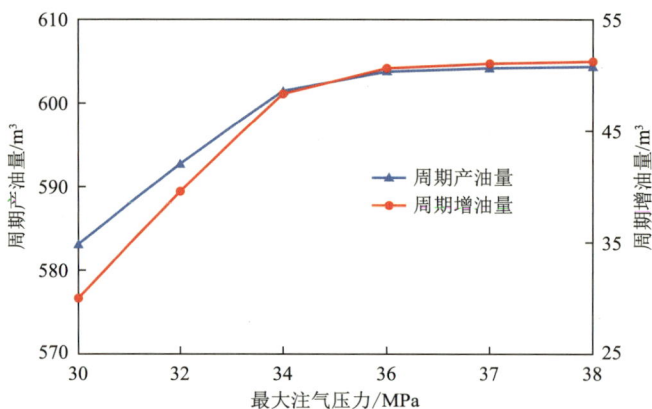

图 3-3-27　周期产油量和周期增油量与最大注气压力关系曲线

由图 3-3-26 和图 3-3-27 可以看出,当最大注气压力小于 37 MPa 时,随最大注气压力的增加,实际注气量增加,周期产油量和周期增油量增加,吞吐效果变好。这是由于最大注气压力越高,实际注气量越多,溶解于原油中的天然气越多,降黏效果越好。当最大注气压力达到约 37 MPa 时,实际注气量基本达到目标注气量,周期产油量和周期增油量变化不明显。

当最大注气压力小于 37 MPa 时,注气速度达不到给定的最大注气速度,因此达不到目标注气量;当最大注气压力大于 37 MPa 时,受最大注气速度的限制,实际注气压力达不到给定的注气压力。

(4) 注气速度的影响。

为保证设计的周期注气量 200 000 m³ 都能注入地层,保持最大注气压力为 42 MPa,以产液速度 15 m³/d 和 20 m³/d 生产,分别研究注气速度对周期产油量的影响情况,结果如图 3-3-28 所示。

由图 3-3-28 可以看出,当实际注气量达到目标注气量时,注气速度对注天然气吞吐的影响不大,但是注气速度与最大注气压力和周期注气量密切相关,不同的注气速度和最大注气压力影响实际注气量。

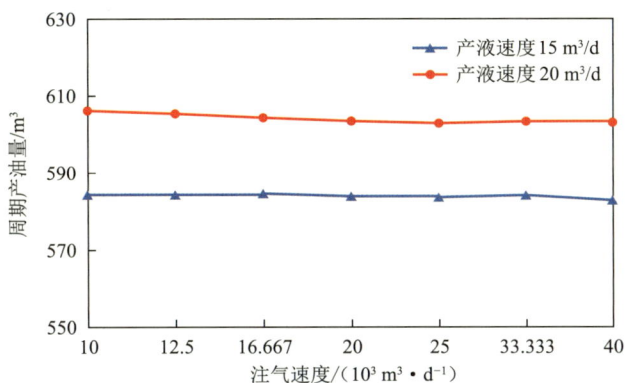

图 3-3-28　周期产油量与注气速度关系曲线

(5) 焖井时间的影响。

当周期注气量为 200 000 m³,注入速度为 66 670 m³/d,注气时间为 3 d 时,分别研究焖井时间为 1 d,3 d,5 d,7 d,9 d,11 d,13 d,15 d 对周期产油量的影响,结果如图 3-3-29 所示。

由图 3-3-29 可以看出,周期产油量随焖井时间的增加先增加后有所下降,但变化不大;当焖井时间为 11 d 时,周期产油量最大,比焖井时间为 1 d 时增产 16 m³。因此,可以确定高速注气时存在最佳焖井时间,为 9～11 d。

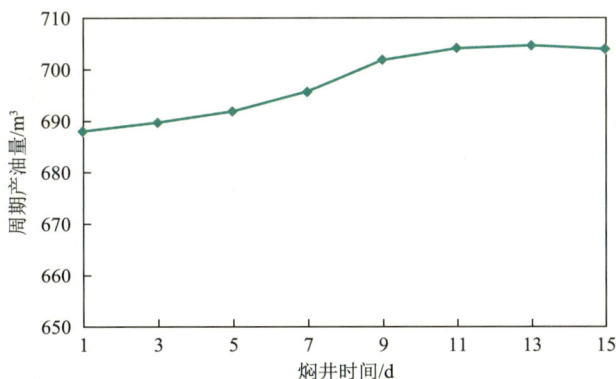

图 3-3-29　高速注气时周期产油量与焖井时间关系曲线

当注气速度稍低、注气时间稍长时,周期产油量变化不大,焖井时间的影响不明显,其原因是在注气过程中天然气与原油能充分溶解,压力恢复较快。

(6) 单周期生产时间影响。

在产液速度分别为 15 m³/d,20 m³/d,25 m³/d,30 m³/d 的条件下,日产油量与生产时间之间的关系如图 3-3-30 所示。

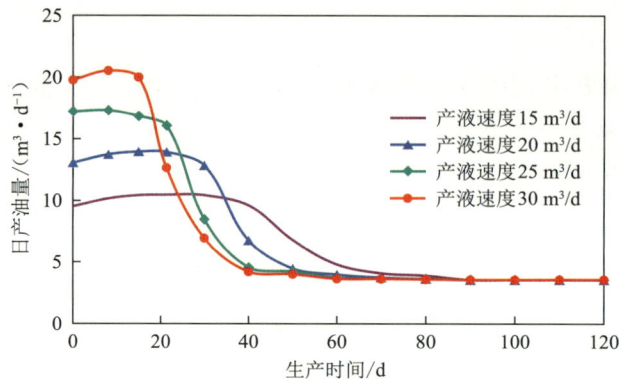

图 3-3-30　日产油量与生产时间关系曲线

由图 3-3-30 可以看出，当生产 80～90 d 后，日产油量都降到 4.0 m³/d 以下，并在以后的生产中基本不变，说明天然气吞吐增油效果基本消失，因此单周期生产时间不能过长。由图 3-3-30 还可以看出，产液速度越大，单周期生产时间相应缩短。

（7）吞吐周期的影响。

玉西 1 井前 3 轮注天然气吞吐后，在周期注气量为 200 000 m³、产液速度为 20 m³/d 的条件下再吞吐生产 10 个周期，其生产情况如图 3-3-31 所示。

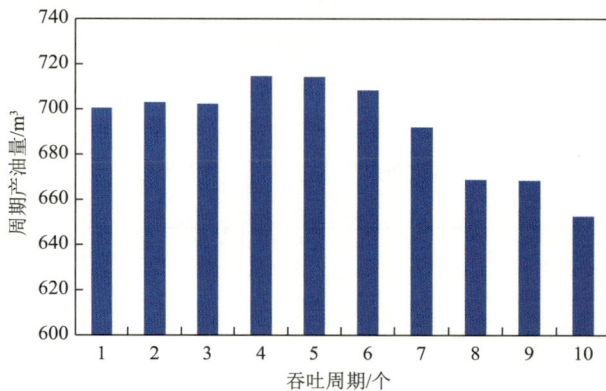

图 3-3-31　周期产油量与吞吐周期的关系

由图 3-3-31 可以看出，周期产油量先增加后逐渐减小，从第 7 个周期开始减小幅度变大，因此以吞吐 7 个周期为佳。

3）注采参数优化

根据注采参数影响规律的研究可以看出，周期注气量和产液速度对天然气吞吐的影响比较大，而最大注气压力和注气速度影响实际注气量，因此首先要对这几个参数进行优化。根据前面的研究，实际注气速度和注气压力有限，所以焖井时间的影响不明显，根据现场试验可定为 5 d，吞吐周期为 1 个。

（1）最大注气压力与注气速度优化。

由于实际注气量与最大注气压力及注气速度密切相关，对于一定的目标注气量，最大注气压力和注气速度的不同会导致实际注气量不同,因此要对一定的目标注气量确定最优的最大注气压力和注气速度,其标准是在保证实现目标注气量的前提下,在压力允许的范围内,以最快的速度注入。

分别设目标注气量为 $100\,000$ m^3,$150\,000$ m^3,$200\,000$ m^3,$250\,000$ m^3,$300\,000$ m^3,$350\,000$ m^3,$400\,000$ m^3 共 7 种情况,最大注气压力为 28 MPa,30 MPa,32 MPa,34 MPa,36 MPa,38 MPa,40 MPa,45 MPa,48 MPa 共 9 种情况,注气速度为 10 000 m^3/d,12 500 m^3/d,16 700 m^3/d,21 433 m^3/d,25 000 m^3/d,30 000 m^3/d,37 500 m^3/d,40 000 m^3/d,50 000 m^3/d 共 9 种情况,对每一个目标注气量组合多种方案,通过一个周期的吞吐模拟计算进行对比,选择最优的最大注气压力与注气速度(表 3-3-5)。

表 3-3-5　玉西 1 井注气速度与注气压力优化方案表

周期注气量 /(10^3 m^3)	注气速度 /(10^3 $m^3 \cdot d^{-1}$)	最大注气压力 /MPa	焖井时间 /d	最大产液速度 /($m^3 \cdot d^{-1}$)
100	10.0	28		
150	12.5	30		
200	16.7	32		
250	21.433	34		
300	25.0	36	5	20
350	30.0	38		
400	37.5	40		
	40.0	45		
	50.0	48		

目标注气量为 $100\,000$ m^3 时,定最优的最大注气压力为 36 MPa,注气速度为 16 667 m^3/d,如图 3-3-32 所示。

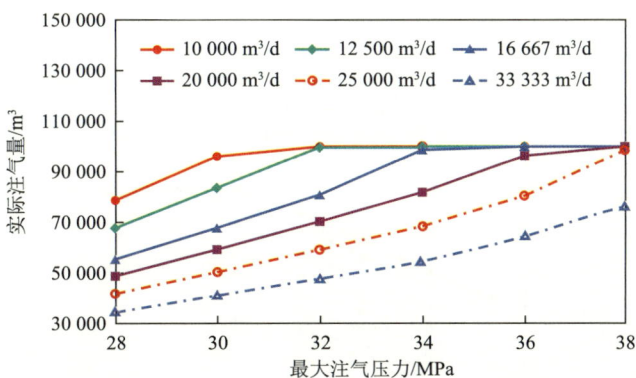

图 3-3-32　不同注气速度时实际注气量与最大注气压力关系曲线(目标注气量 10×10^4 m^3)

目标注气量为 $150\,000$ m^3 时,定最优的最大注气压力为 38 MPa,注气速度为 21 433 m^3/d,如图 3-3-33 所示。

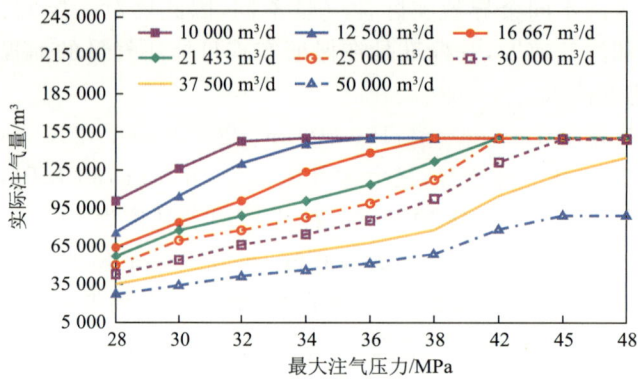

图 3-3-33　不同注气速度时实际注气量与最大注气压力关系曲线（目标注气量 15×10⁴ m³）

目标注气量为 200 000 m³时，定最优的最大注气压力为 38 MPa，注气速度为 25 000 m³/d，如图 3-3-34 所示。

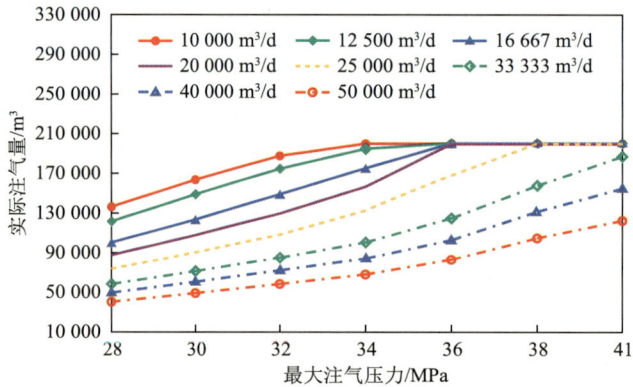

图 3-3-34　不同注气速度时实际注气量与最大注气压力关系曲线（目标注气量 20×10⁴ m³）

目标注气量为 250 000 m³时，定最优的最大注气压力为 40 MPa，注气速度为 25 000 m³/d，如图 3-3-35 所示。

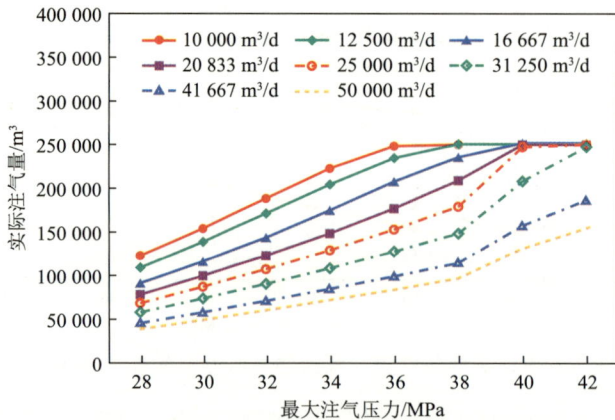

图 3-3-35　不同注气速度时实际注气量与最大注气压力关系曲线（目标注气量 25×10⁴ m³）

目标注气量为 300 000 m³ 时,定最优的最大注气压力为 40 MPa,注气速度为 20 000 m³/d,如图 3-3-36 所示。

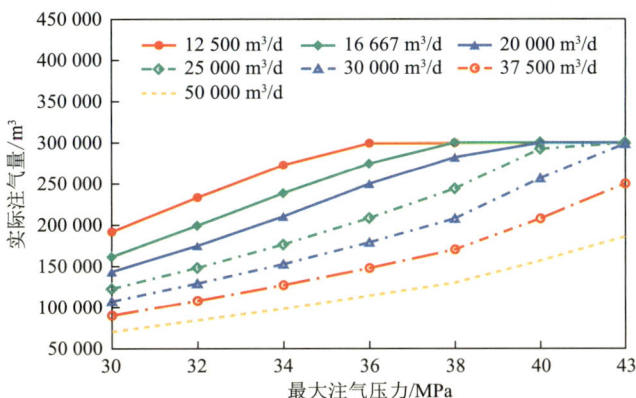

图 3-3-36　不同注气速度时实际注气量与最大注气压力关系曲线(目标注气量 30×10⁴ m³)

目标注气量为 350 000 m³ 时,定最优的最大注气压力为 45 MPa,注气速度为 25 000 m³/d,如图 3-3-37 所示。

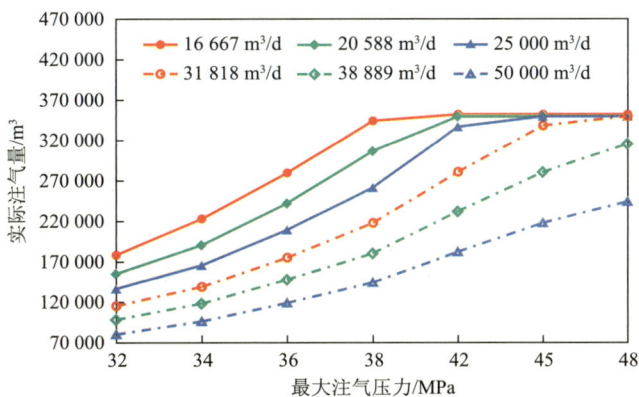

图 3-3-37　不同注气速度时实际注气量与最大注气压力关系曲线(目标注气量 35×10⁴ m³)

目标注气量为 400 000 m³ 时,定最优的最大注气压力为 45 MPa,注气速度为 25 000 m³/d,如图 3-3-38 所示。

(2)周期注气量与产液速度优化。

根据对注气速度和最大注气压力的优化,分别设周期注气量为 100 000 m³,150 000 m³,200 000 m³,250 000 m³,300 000 m³,350 000 m³,400 000 m³ 共 7 种情况,产液速度为 15 m³/d,20 m³/d,25 m³/d,30 m³/d 共 4 种情况,组合多种方案,模拟计算结果如图 3-3-39 所示。

由图 3-3-39 可以看出,在不同产液速度生产时,周期增油量都随周期注气量的增加而增加。当产液速度为 20 m³/d 时,周期增油量峰值最高,因此可以确定最合适的产液速度为 20 m³/d。

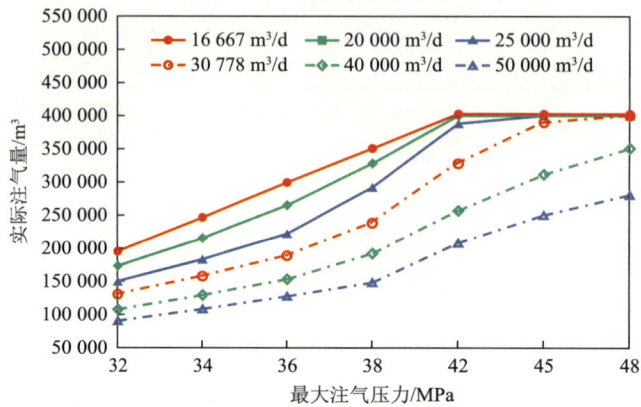

图 3-3-38　不同注气速度时实际注气量与最大注气压力关系曲线(目标注气量 40×10⁴ m³)

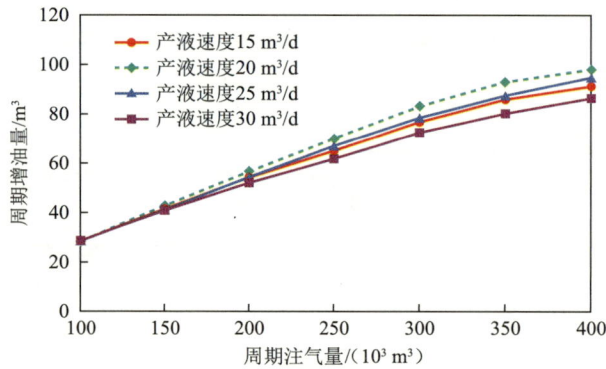

图 3-3-39　以不同产液速度生产时周期增油量与周期注气量关系曲线

不同产液速度下周期注气量与换油率关系如图 3-3-40 所示。

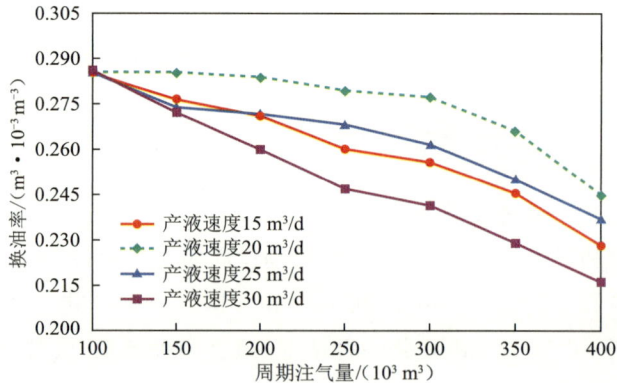

图 3-3-40　以不同产液速度生产时换油率与周期注气量关系曲线

由图 3-3-40 可以看出,换油率随着周期注气量的增加而降低,开始时换油率随周期注气量的增加降低得比较缓慢,当周期注气量达到 300 000 m³ 后换油率降低幅度变大,因此可以确定最佳周期注气量为 300 000 m³ 左右。

3.3.6　天然气吞吐开采潜力指标预测

通过天然气吞吐参数影响规律和注采参数优化研究,对玉西 1 井进行 7 个周期的预测,设定周期注气量为 300 000 m³,焖井时间为 5 d,产液速度为 20 m³/d,当日产油量低于 5.0 m³/d 时转入下一轮吞吐,将其与玉西 1 井以产液速度为 20 m³/d 的衰竭式生产在相同的时间下进行对比。

预测玉西 1 井天然气吞吐 7 个周期后,累积产油量为 9 871.87 m³,选取研究区块地质储量为 82 057 m³,预测采出程度为 12.03%,而衰竭式开采采出程度为 8.61%,天然气吞吐的采出程度比衰竭式开采提高了 3.42%。

1) 油井产量变化规律

从累积产油量来看,预测 7 个周期的总增油量为 2 806.12 m³,平均周期增油量为 401 m³,如图 3-3-41 所示。

从日产油量的变化来看,吞吐后日产油量平均增加 7～8 m³/d,如图 3-3-42 所示。

2) 产水及产水率变化规律

天然气吞吐开采与衰竭式开采累积产水量、日产水量及含水率在同一时间的对比情况如图 3-3-43 和图 3-3-44 所示。

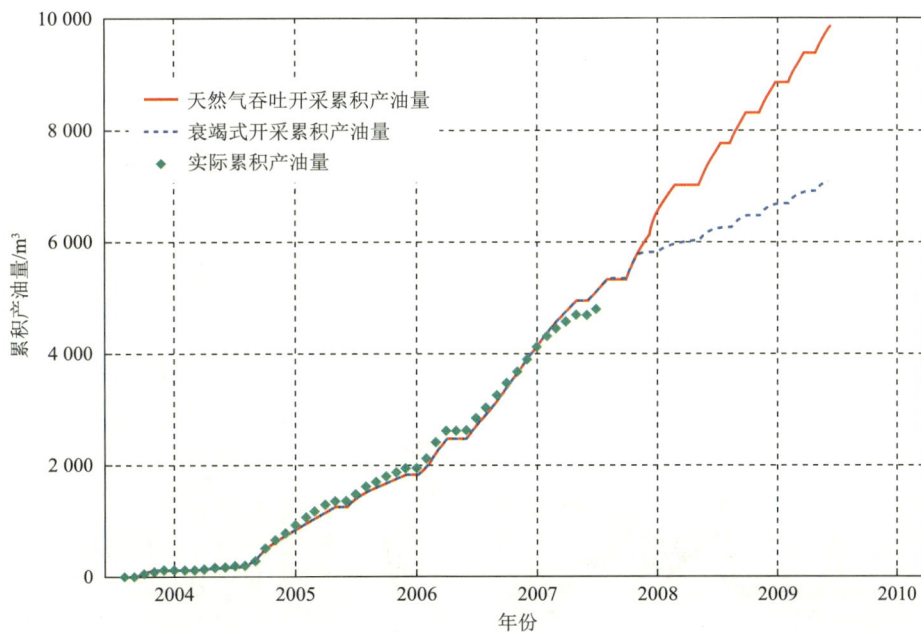

图 3-3-41　预测累积产油量对比

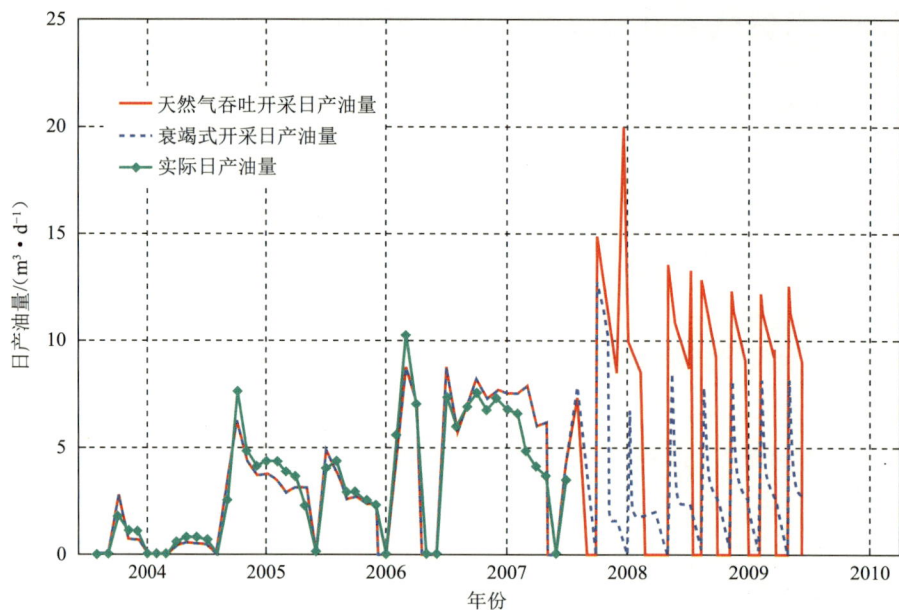

图 3-3-42　预测日产油量对比

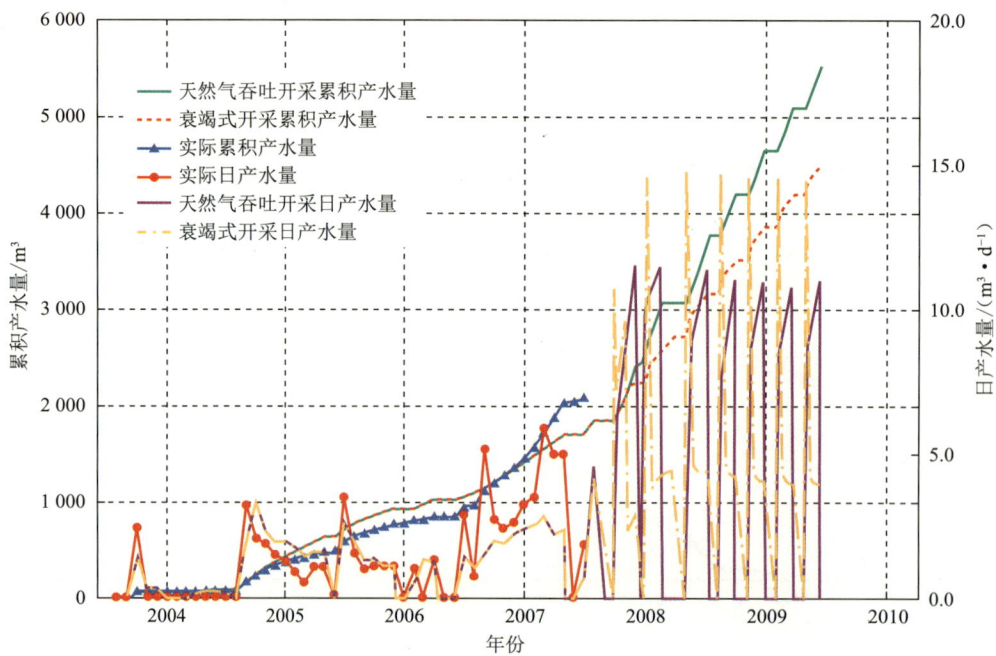

图 3-3-43　预测产水量对比

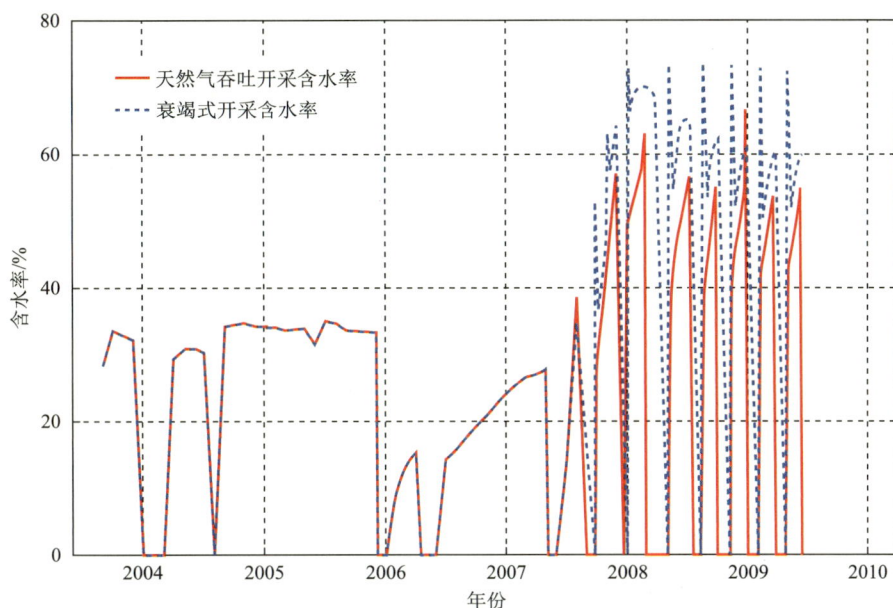

图 3-3-44　预测含水率对比

通过玉西 1 井 7 个周期天然气吞吐开采预测可以看出,周期产水量随吞吐周期的增加有所下降,平均含水率基本保持在 45% 左右,单个周期内含水率逐渐上升;衰竭式开采含水率也随吞吐周期的增加而稍有减小,平均含水率在 52% 以上。可以看出,天然气吞吐有利于降低含水率。

3) 压力变化规律

对于研究区块的平均压力,衰竭式开采时基本上保持平稳下降,且随时间呈类似线性变化;天然气吞吐开采时,注气阶段压力上升,开采阶段压力快速下降,呈周期波状变化。由于天然气吞吐的采油速度比衰竭式开采的采油速度大,采出程度相对也高,所以地层压力相对下降快,如图 3-3-45 所示。

对于井底压力,衰竭式开采时关井期间井底压力有所回升,生产时下降;注天然气吞吐开采时注气期间压力迅速上升,生产时压力又迅速下降,如图 3-3-46 所示。

4) 地层油气分布

由于玉西 1 区块较大,天然气吞吐的影响范围相对小,因此只取玉西 1 井周围 300 m × 300 m 加密区域进行研究。

单周期内,注气结束后井周围区域含油饱和度变小,由原来的 0.76 下降到 0.40 左右;含气饱和度增加,由原来的 0.05 增加到 0.35 左右。经过一个周期的生产后,含气饱和度减小,基本恢复到注气前,而含油饱和度上升,含油(气)饱和度变化范围减小,如图 3-3-47～图 3-3-49 所示。

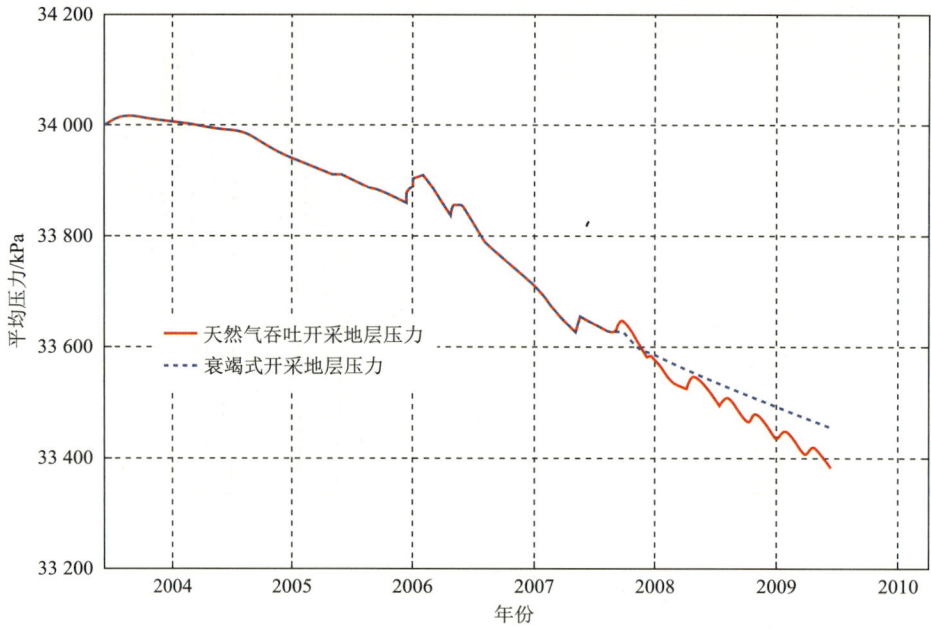

图 3-3-45 预测地层平均压力对比

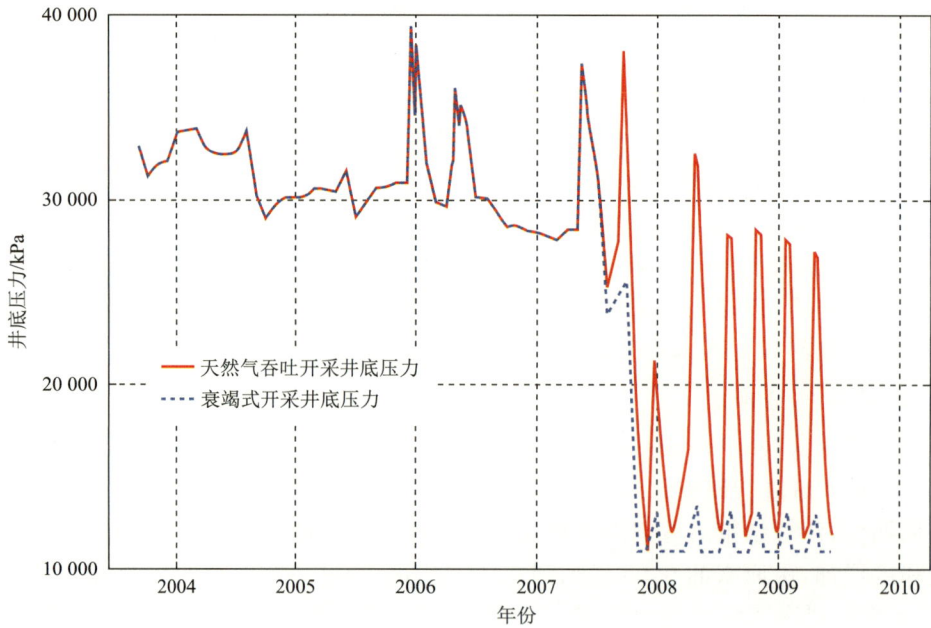

图 3-3-46 预测井底压力对比

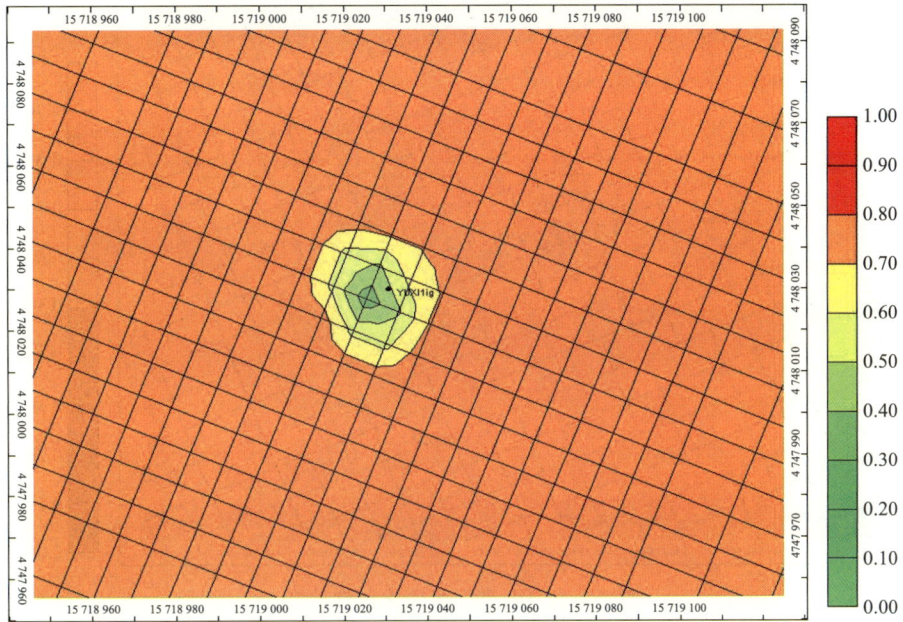

图 3-3-47　注气后含油饱和度分布

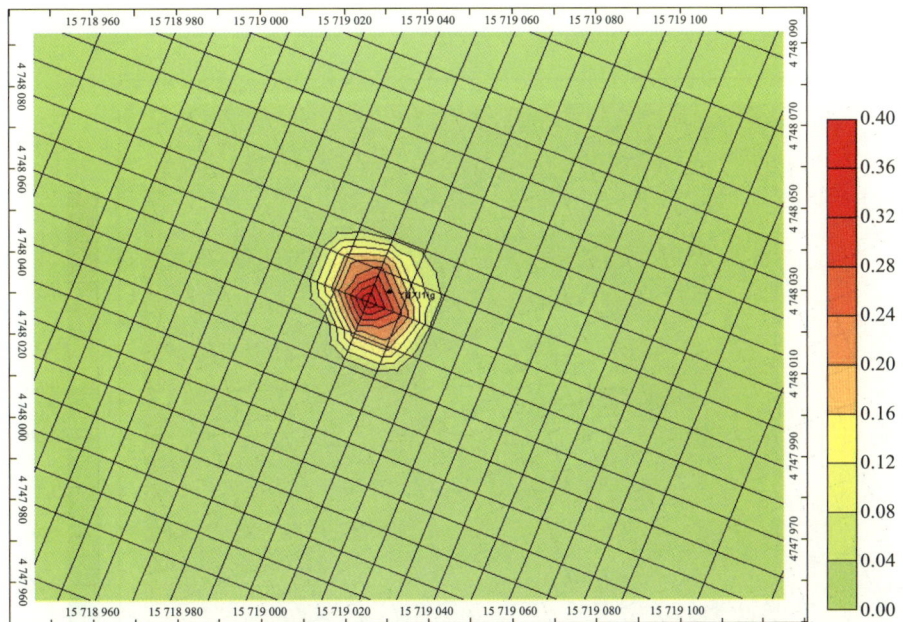

图 3-3-48　注气后含气饱和度分布

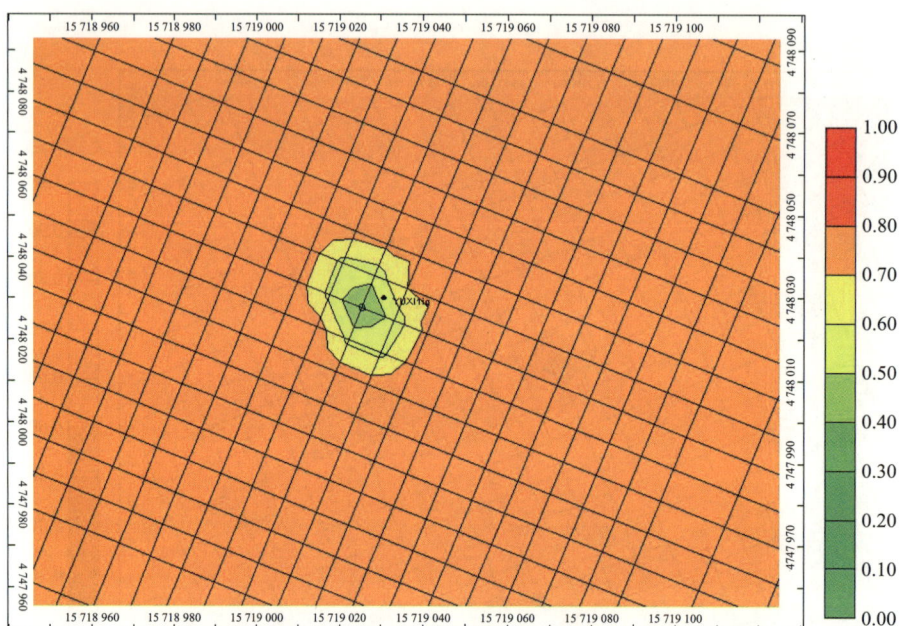

图 3-3-49 生产后含油饱和度分布

对于多周期吞吐，含油饱和度以井筒为中心由外向内逐渐减小，影响范围随吞吐周期的增加而增大（图 3-3-50 和图 3-3-51），而含气饱和度在每次吞吐生产结束后都恢复到 0.10 以下。

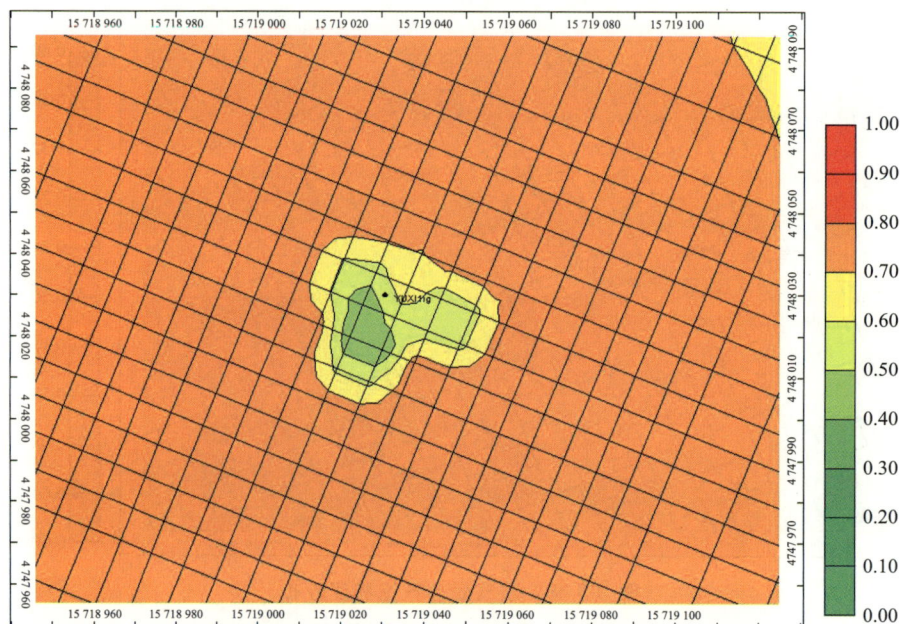

图 3-3-50 生产 3 个周期后的含油饱和度分布

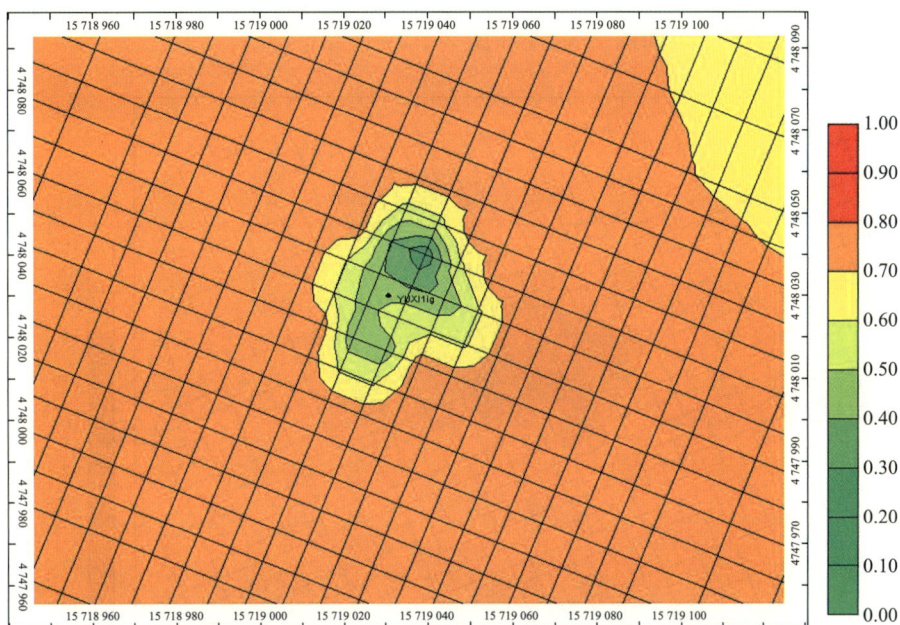

图 3-3-51　生产 10 个周期后的含油饱和度分布

5）地层原油黏度变化规律

注气后原油黏度下降幅度很大，由原来的 164 mPa·s 下降到 25 mPa·s 左右，增加了原油的流动性，如图 3-3-52 所示。

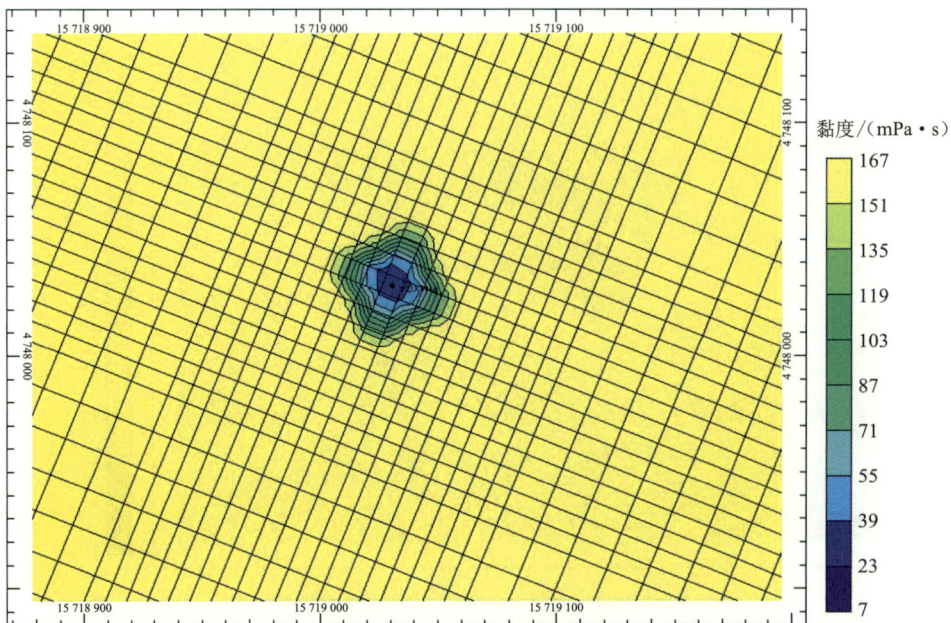

图 3-3-52　注气后黏度变化

随着吞吐周期的增加,原油黏度逐渐降低,影响范围逐渐增大,且由于地层平均压力下降,原油整体黏度稍下降,如图 3-3-53 和图 3-3-54 所示。

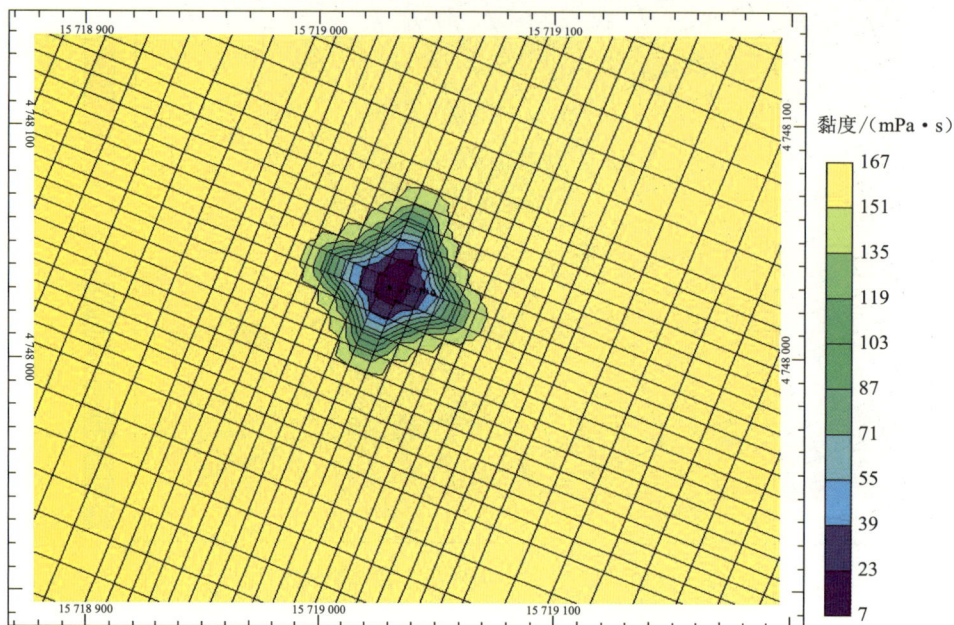

图 3-3-53 吞吐 3 个周期后的黏度变化

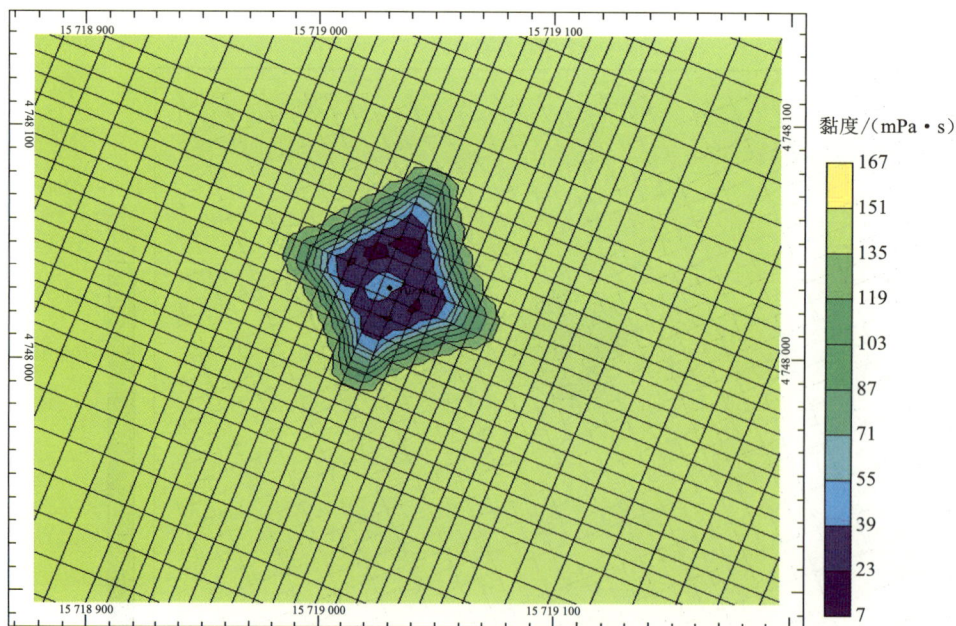

图 3-3-54 吞吐 10 个周期后的黏度变化

6）各层动用状况分析

各层初始含油饱和度如图 3-3-55～图 3-3-59 所示。

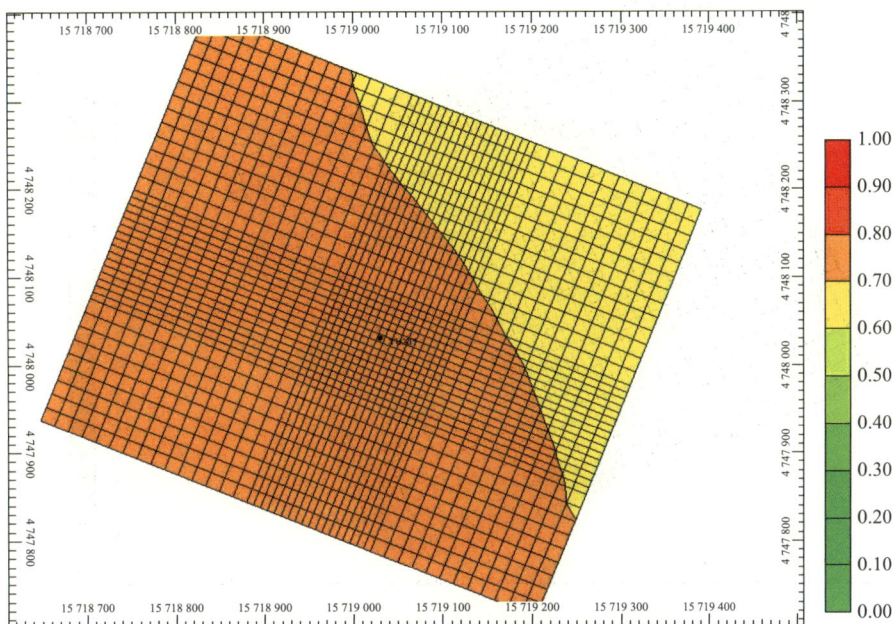

图 3-3-55　模拟 $T_2k^2$2-1-1 层初始含油饱和度分布图（2003 年 9 月）

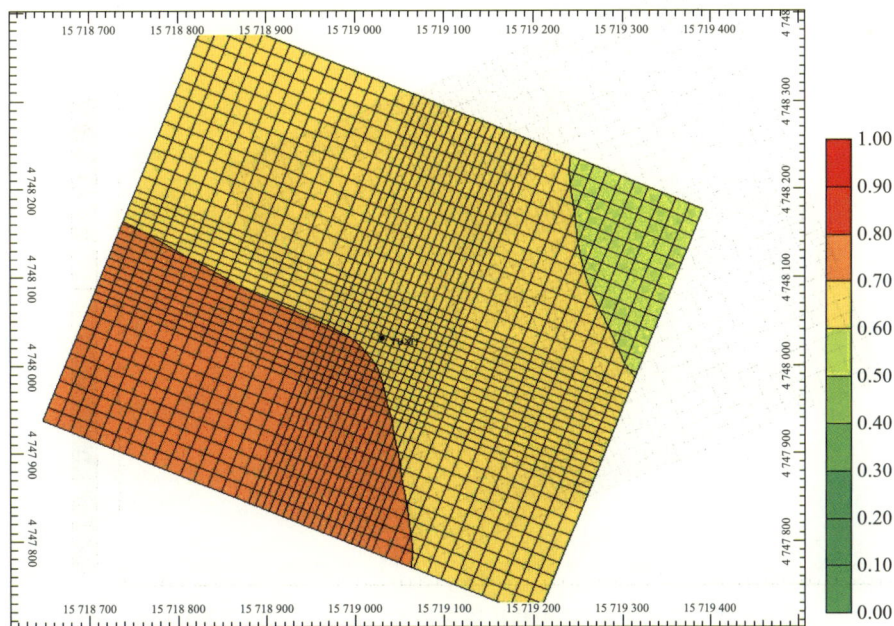

图 3-3-56　模拟 $T_2k^2$2-1-2 层初始含油饱和度分布图（2003 年 9 月）

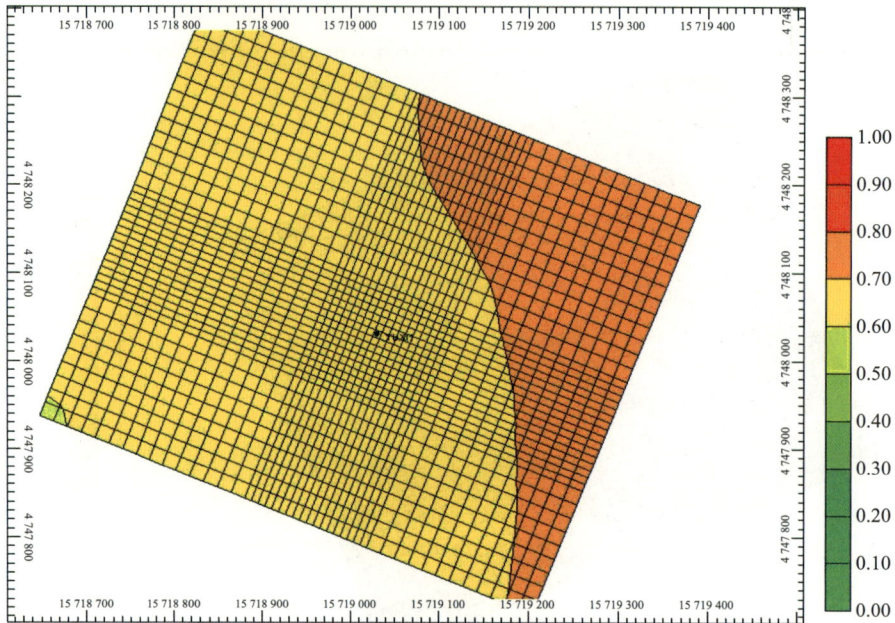

图 3-3-57　模拟 $T_2k^2$2-1-3 层初始含油饱和度分布图(2003 年 9 月)

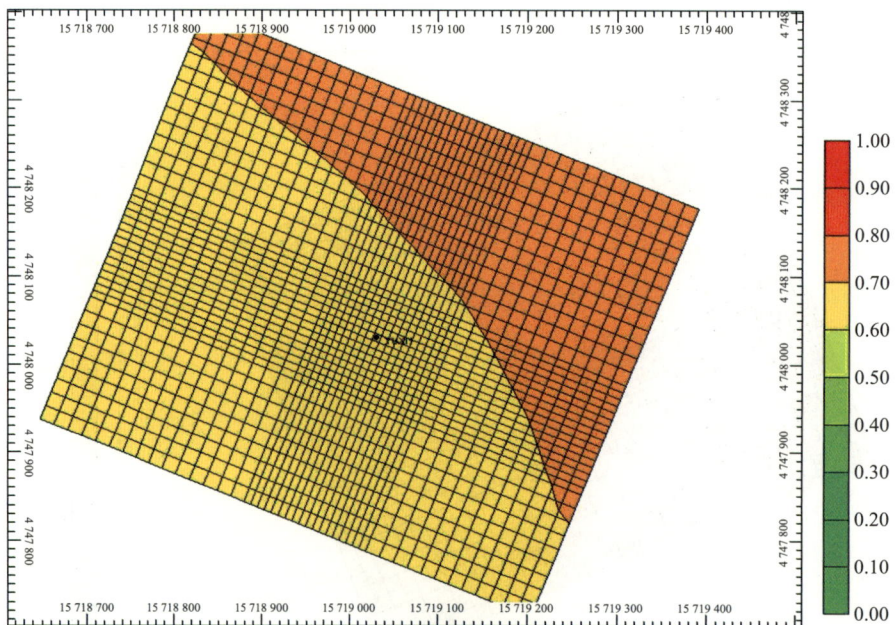

图 3-3-58　模拟 $T_2k^2$2-2-1 层初始含油饱和度分布图(2003 年 9 月)

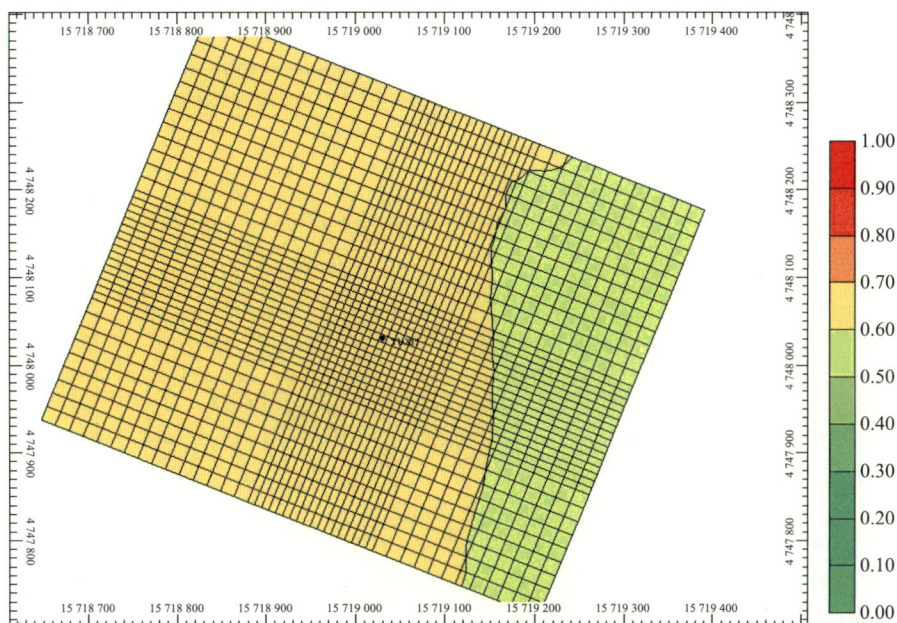

图 3-3-59　模拟 $T_2k^2$2-2-2 层初始含油饱和度分布图（2003 年 9 月）

　　为了观察井周围网格含油饱和度情况，将井周围网格放大，预测的含油饱和度分布如图 3-3-60～图 3-3-64 所示。

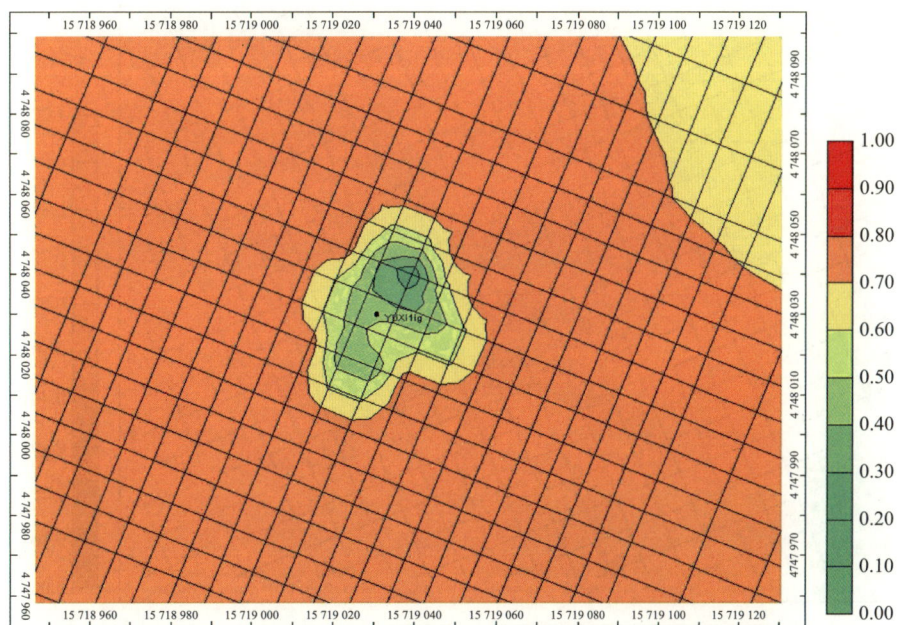

图 3-3-60　模拟 $T_2k^2$2-1-1 层预测含油饱和度分布图（2010 年 6 月）

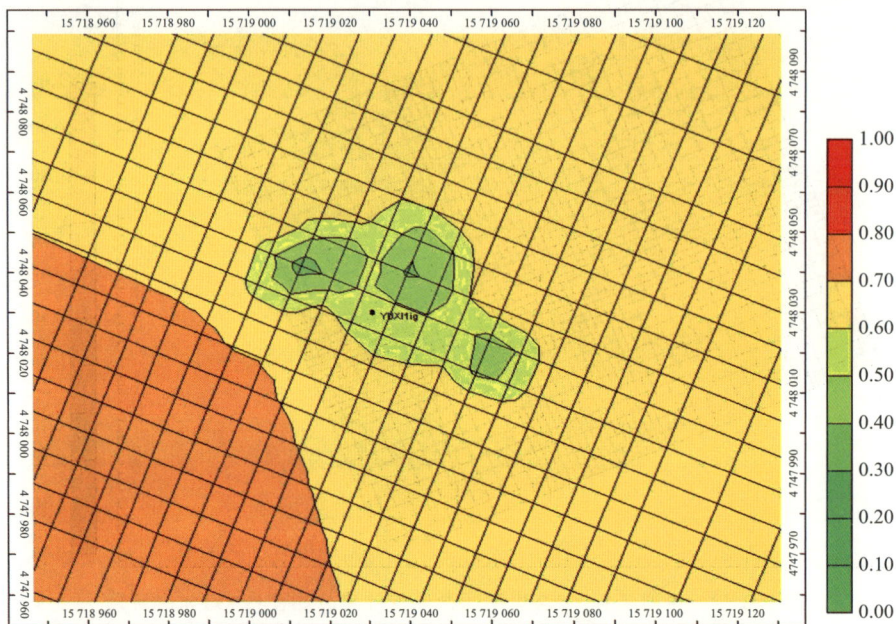

图 3-3-61　模拟 $T_2k^2$2-1-2 层预测含油饱和度分布图（2010 年 6 月）

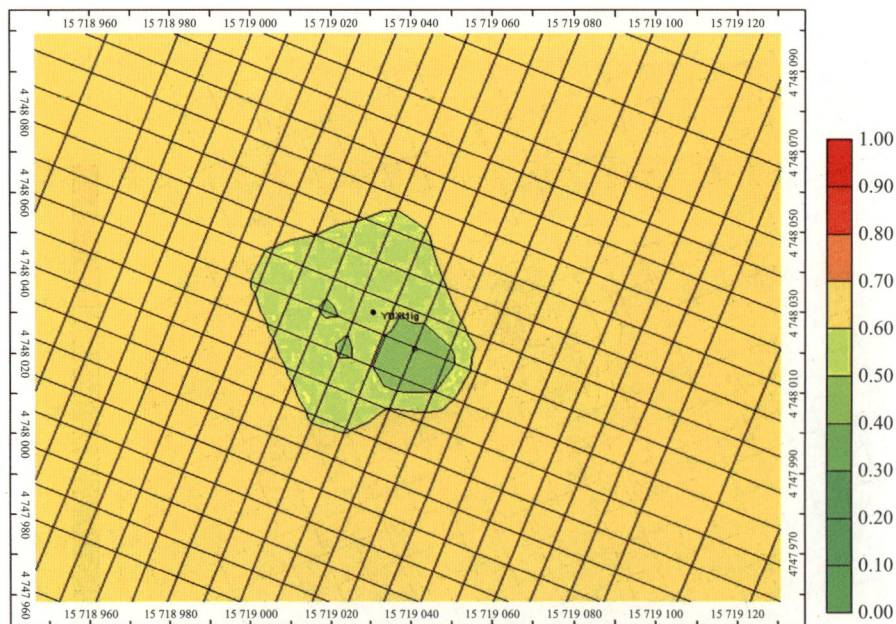

图 3-3-62　模拟 $T_2k^2$2-1-3 层预测含油饱和度分布图（2010 年 6 月）

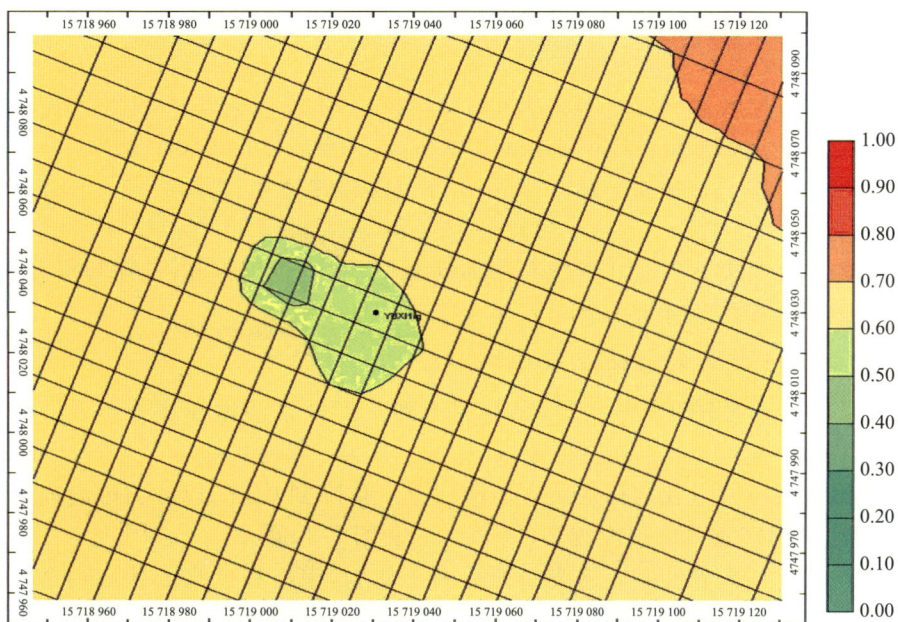

图 3-3-63　模拟 $T_2k^2$2-2-1 层预测含油饱和度分布图（2010 年 6 月）

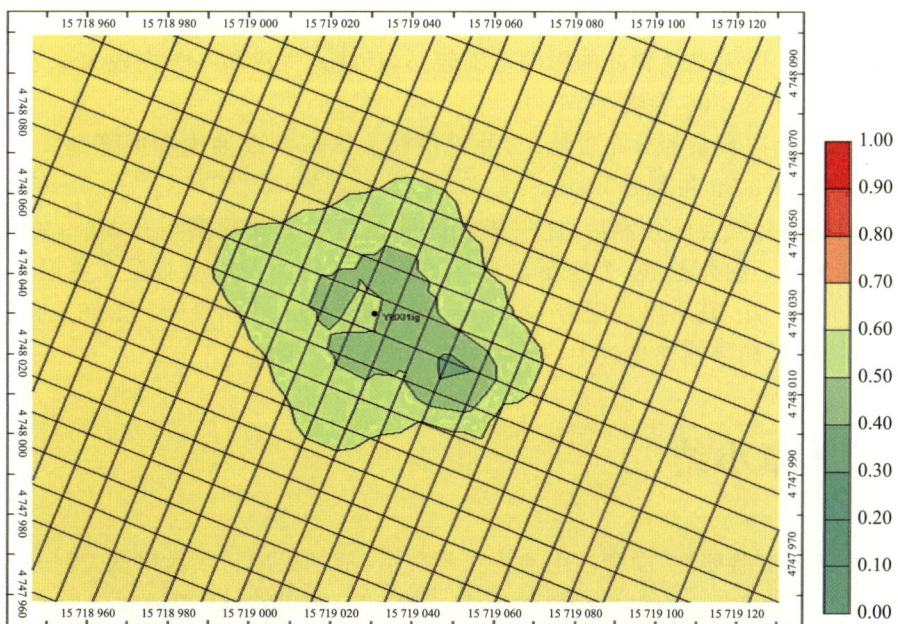

图 3-3-64　模拟 $T_2k^2$2-2-2 层预测含油饱和度分布图（2010 年 6 月）

由图 3-3-60~图 3-3-64 可以看出：

（1）$T_2k_2^2$2-1-1 层和 $T_2k_2^2$2-1-2 层初始含油饱和度相对较高，通过 7 个周期的天然气吞吐生产，$T_2k_2^2$2-1-1 层和 $T_2k_2^2$2-1-2 层天然气吞吐影响范围仅为井周围半径 25~40 m 区域，采出程度不高，是以后主要的挖潜目标层。

（2）$T_2k_2^2$2-1-3 层天然气吞吐影响范围为井周围半径 28 m 左右区域，由吞吐后含油饱和度分布可以看出含油饱和度总体变化相对较小，也是今后的挖潜目标层。

（3）$T_2k_2^2$2-2-1 层初始含油饱和度较低，由于其储层渗透率较差，天然气吞吐影响范围很小，开采潜力较小。

（4）$T_2k_2^2$2-2-2 层天然气吞吐影响范围能达到井周围半径 40 m，动用程度比较大，但本层整体含油饱和度低，含水率较高。

7）天然气吞吐前后剩余油分布特征

根据各层初始含油饱和度分布图、预测后天然气吞吐含油饱和度分布图的对比分析可以看出：

（1）$T_2k_2^2$2-1-1 层井所在网格区域含油饱和度平均降到 0.45，以井为中心向外含油饱和度逐渐增加，局部区域采出程度较高（图 3-3-55 和图 3-3-60）。

（2）$T_2k_2^2$2-1-2 层天然气吞吐后剩余油分布不均匀，采出程度高的区域剩余油饱和度可降到 0.30，根据影响区域形状可以看出注天然气后，气的深入程度在各方向上有所不同（图 3-3-56 和图 3-3-61）。

（3）$T_2k_2^2$2-1-3 层剩余油分布均匀，影响范围内含油饱和度由原来的 0.68 降低至 0.53 左右，个别区域采出程度较高（图 3-3-57 和图 3-3-62）。

（4）$T_2k_2^2$2-2-1 层天然气吞吐的影响范围较小，且注入气沿单一方向较为深入，影响范围类似长椭圆形（图 3-3-58 和图 3-3-63）。

（5）$T_2k_2^2$2-2-2 层剩余油分布较均匀，井周围较大区域剩余油饱和度降到 0.40 以下，采出程度较高（图 3-3-59 和图 3-3-64）。

经 7 个周期天然气吞吐预测后，注气影响的波及范围为井周围半径 40 m 左右，影响范围一般以井为中心向外扩展，个别突出形状与天然气的深入程度有关。各层采出程度都不大，对于玉西 1 井，其采出程度为 12.03%，$T_2k_2^2$2-1-1 层、$T_2k_2^2$2-1-2 层和 $T_2k_2^2$2-1-3 层的可动用储量较高，剩余油储量较大，是今后主要的挖潜目标层。

3.4 本章小结

（1）通过室内实验研究，向稠油中注入天然气后，原油黏度可大大降低，当压力达到地层压力时，加入的天然气在原油中的摩尔分数达到 37.1%，原油体积增加到原来的 1.058 倍，说明鲁克沁油田西区先导试验区块的原油膨胀性较好，因此此类油藏适合采用天然气吞吐开发。

（2）在稠油组分一定的条件下，黏度对温度较敏感。油藏温度越高，原油黏度越小，天然气越易溶解到原油中，吞吐效果越好。地层渗透率为 $20\times10^{-3}\sim100\times10^{-3}$ μm^2，深度超过 2 000 m 的深层油藏天然气吞吐效果较好。注采参数中周期注气量是天然气吞吐最敏感的影响因素,且对于一定的目标注气量存在最佳的注气速度和最大注气压力,同时产液速度存在一个最佳值。

(3) 通过天然气吞吐注采参数优化研究得到最优方案为:周期注气量 300 000 m^3,产液速度 20 m^3/d,注气速度 20 000 m^3/d,最大注气压力 40 MPa,焖井时间 5 d,当日产油量低于 5.0 m^3/d 时转入下一轮吞吐,吞吐周期为 7 个。

(4) 根据优化方案对玉西 1 井进行 7 个周期的天然气吞吐预测研究,与同时间下的衰竭式开采相比,累积增油量为 2 806.12 m^3,平均周期增油量为 401 m^3,平均日增油量为 7~8 m^3/d,平均含水率可下降 7% 以上,采出程度提高 3.42%。

(5) 注天然气后,单周期内含油饱和度下降,含气饱和度上升,黏度下降幅度很大,生产结束后含气饱和度恢复到 0.10 以下,多周期吞吐影响范围扩大。从天然气吞吐生产前后含油饱和度对比情况可以看出,各层的采出程度都不大,本区块的开采潜力还很大。对比各层的动用情况可以看出,$T_2k^2 2\text{-}1\text{-}1$ 层、$T_2k^2 2\text{-}1\text{-}2$ 层和 $T_2k^2 2\text{-}1\text{-}3$ 层是今后主要的挖潜对象。

第 4 章
薄层稠油油藏表面活性剂辅助甲烷吞吐开发方法

世界范围内薄层稠油资源十分丰富,例如加拿大萨斯喀彻温省稠油资源占该国总资源量的 62%。已探明的稠油储量中的 97% 埋存在厚度小于 10 m 的储层中,55% 埋存在厚度小于 5 m 的储层中。衰竭和注水开发的平均采收率仅为原始储量的 7%。热采技术通常应用于油层厚度大于 10 m 的稠油油藏。对于薄层稠油油藏,热采时上覆和下伏地层会有严重的热损失。因此,探索有效的提高采收率技术,对最大限度地改善薄层稠油油藏开发效果和提高盈利能力具有重要意义。

注甲烷吞吐技术是一种有效的薄层稠油油藏开发技术,但是该技术吞吐生产阶段注入气快速产出,导致地层压力迅速降低,原油黏度重新升高。因此,如何延缓吞吐生产阶段注入气的产出速度,改善注气吞吐开发效果,成为目前亟待解决的关键问题。稠油降压冷采过程与注气吞吐生产阶段本质上同为溶解气驱过程,但部分特殊稠油油藏(中国新疆、吐哈以及加拿大、委内瑞拉等国家和地区的稠油油藏)降压冷采过程中析出的溶解气却没有像注气吞吐生产阶段那样快速产出,而是分散在原油中形成泡沫油。泡沫油现象的存在使得产气速度和稠油黏度降低,体积膨胀。生产实践表明,该部分特殊稠油油藏降压冷采较常规溶解气驱油藏采收率高出 5%～25%,采油速度高出 10～30 倍。

受上述现象的启发,提出一种表面活性剂辅助甲烷吞吐开发方法。该方法试图通过油溶性表面活性剂,在注气吞吐生产阶段形成泡沫油,解决传统吞吐过程中注入气快速产出,难以溶于稠油的问题(预想的实施方法如图 4-0-1 所示)。围绕上述思路,首先通过研制的可视化评价装置优选能够在常规稠油中生成泡沫油的油溶性表面活性剂,并评价生成泡沫油的有效性(稳定性、膨胀和捕获气体能力),揭示表面活性剂浓度、气泡生成速度、气泡大小、气泡分散程度、原油性质等参数对泡沫油有效性的影响规律。之后,通过长岩芯驱替实验,系统评价泡沫油辅助溶剂吞吐方法的可行性,揭示注入方式、油溶性表面活性剂浓度、注入时机、注气量等参数对开发效果的影响规律。该研究将为我国薄层稠油油藏开发提供一种有效的技术手段。此外,该研究对于深入理解油基泡沫特征,扩展油溶性表面活性剂在油气田开发中的应用,以及提高泡沫油型稠油油藏采收率等多个领域具有重要的理论和工程意义。

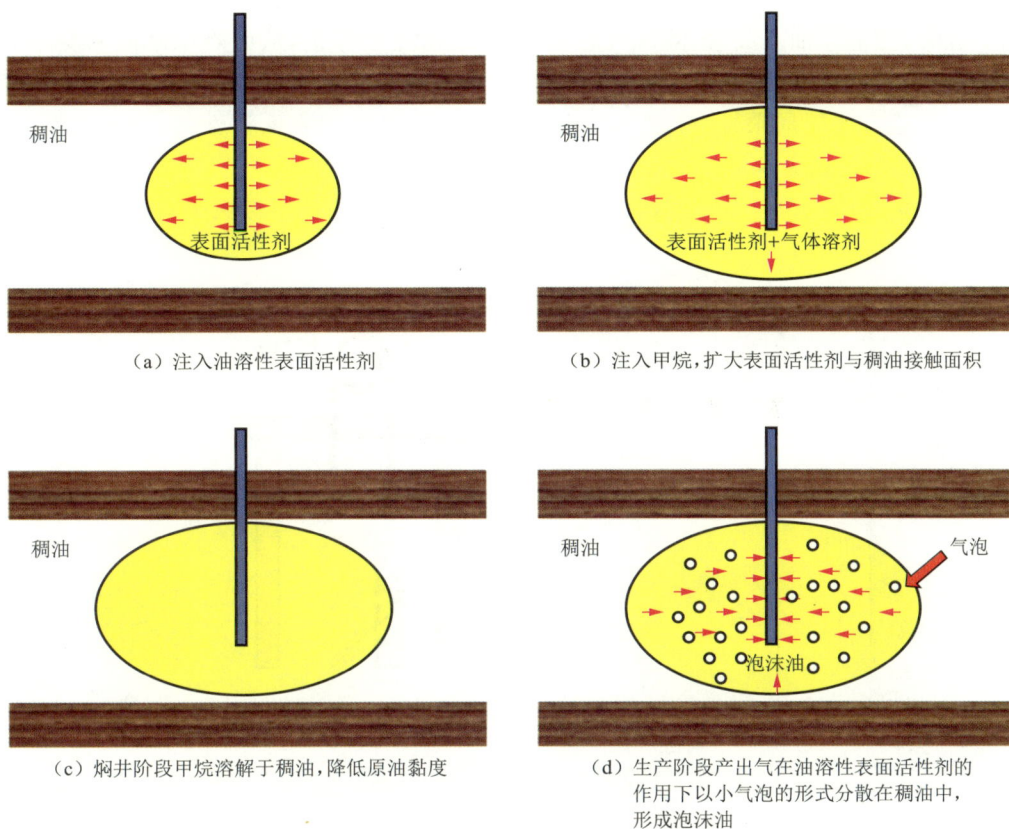

（a）注入油溶性表面活性剂

（b）注入甲烷，扩大表面活性剂与稠油接触面积

（c）焖井阶段甲烷溶解于稠油，降低原油黏度

（d）生产阶段产出气在油溶性表面活性剂的作用下以小气泡的形式分散在稠油中，形成泡沫油

图 4-0-1　表面活性剂辅助甲烷吞吐开发方法示意图

4.1　泡沫油生成有效性评价及实验研究

4.1.1　实验材料

实验用油样取自加拿大阿尔伯塔省 Brintnell 油藏。在常压和 22 ℃温度下，油样黏度和密度分别为 1 080.6 mPa·s 和 964 kg/m³。在油藏温度和压力下，利用脱气原油与纯甲烷复配地层原油。甲烷和氮气由 Praxair 公司提供，纯度均为 99.99%。石英砂由加拿大卡尔加里 Industrial Minerals 公司提供，石英砂粒径在 20～40 目之间。为了研究表面活性剂辅助甲烷吞吐效果，选择 FlourN 20158M，STEOL CS-330 和 ZY-NY 等油溶性表面活性剂。

4.1.2　实验装置

目前主要采用高温高压可视化装置进行压力衰竭实验来评价泡沫油生成有效性。该实验方法对实验装置要求高,需进行活油样品配置和压力衰竭实验,实验流程复杂,费时费力。此外,当泡沫油形成后,溶解气连续析出,难以完全停止,从而难以准确测量半衰期等评价参数,难以定量评价泡沫油中气泡尺寸和分散程度对泡沫油稳定性的影响。为了解决目前实验方法的局限性,筛选能够形成泡沫油的油溶性表面活性剂,研制如图 4-1-1 所示的泡沫油稳定性实验装置。该实验装置主要包括试管、密封接头、不同内径(0.413 mm,0.260 mm 和 0.159 mm)不锈钢针头、数字流量型蠕动泵、高清摄像机等设备。

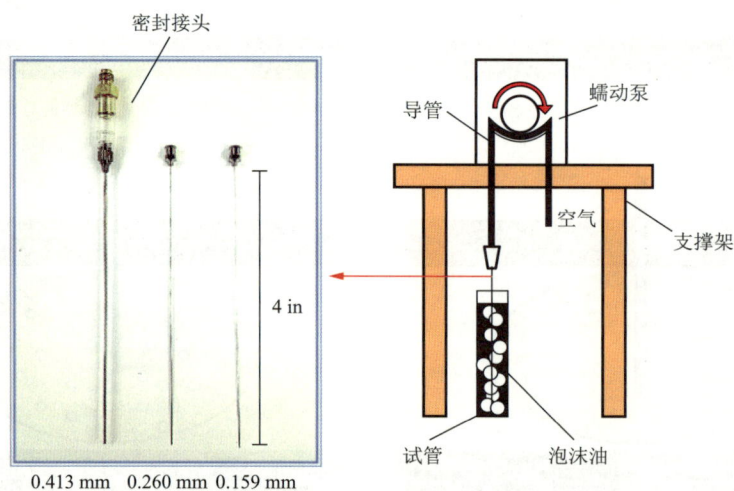

图 4-1-1　泡沫油生成有效性评价实验装置(1 in=25.4 mm)

4.1.3　实验步骤

具体的实验步骤如下:

(1) 在试管中预置一定量的稠油和油溶性表面活性剂的混合溶液,记录此时的溶液高度 h_i 和体积 V_i。

(2) 打开总开关,设定数字流量型蠕动泵流量为 q,将空气通过密封接头及针头注入混合溶液中生成小气泡生产泡沫油。利用计算机记录时间 t 和数据变化情况,利用摄像机记录实验容器中泡沫油的高度变化过程以及泡沫油气泡大小等形态特征。

(3) 当泡沫油中分散气泡生成速度和聚并破裂速度达到动态平衡时,泡沫油体积和高度达最大值 V_{max} 和 h_m,此时立即停止注气。

(4) 停止注气后,泡沫油中分散气泡逐渐从稠油中析出,成为游离气,导致泡沫油体积和高度减小。当高度为最大高度的一半时,记录时间为 $t_{1/2}$,用于评价泡沫油的稳定性。

(5) 气泡分散导致的原油体积膨胀是确定泡沫油是否能提高原油采收率的一个重要因素。因此,提出膨胀系数 S 和气体捕获因子 α 两个参数用于评价泡沫油的膨胀能力和气体捕获能力,其计算公式如下:

$$S = \frac{h_m}{h_i} \tag{4-1-1}$$

$$\alpha = \frac{V_{\max} - V_i}{tq} \tag{4-1-2}$$

通过 h_m，$t_{1/2}$，S 和 α 这 4 个参数可以评价泡沫油的稳定性、膨胀能力和气体捕获能力，从而综合评价泡沫油形成的有效性。该实验较常规水基泡沫稳定性评价实验中只使用泡沫半衰期单一参数评估泡沫稳定性要更加可靠，也更接近于泡沫油有效性的实际评价，从而克服了上述提到的传统泡沫油稳定性实验方法的局限性。

（6）改变实验条件进行重复实验，研究表面活性剂类型、表面活性剂浓度、初始稠油高度、气泡形成速度、气泡分散程度、气泡尺寸等参数对泡沫油有效性的影响。共设计 25 组实验，各组实验的操作参数及所用样品类型见表 4-1-1。

表 4-1-1　泡沫油稳定性评价实验条件及结果

方案编号	表面活性剂类型	表面活性剂质量分数/%	初始高度/cm	注气速度/(cm³·min⁻¹)	针头数量	针头内径/mm	h_m/cm	S	α	$t_{1/2}$/min
1	STEOL CA-460	0.40	1.68	0.297	1	0.413	2.98	1.77	0.36	36
2	STEOL CS-330	0.40	1.68	0.297	1	0.413	3.68	2.19	0.46	130
3	CEDEPAL Td-403	0.40	1.68	0.297	1	0.413	5.25	3.12	0.51	175
4	IGEPAL CO-430	0.40	1.68	0.297	1	0.413	少量气泡			
5	IGEPAL CA-630	0.40	1.68	0.297	1	0.413	少量气泡			
6	PETRPSTEP B-110	0.40	1.68	0.297	1	0.413	少量气泡			
7	ZY-NY	0.40	1.68	0.297	1	0.413	无气泡			
8	ZY-NT	0.40	1.68	0.297	1	0.413	无气泡			
9	FlourN 20158M	0.40	1.68	0.297	1	0.413	7.67	4.57	89.96	341
10	FlourN 20158M	0	1.68	0.297	1	0.413	无气泡			
11	FlourN 20158M	0.01	1.68	0.297	1	0.413	少量气泡			
12	FlourN 20158M	0.05	1.68	0.297	1	0.413	少量气泡			
13	FlourN 20158M	0.10	1.68	0.297	1	0.413	少量气泡			
14	FlourN 20158M	0.20	1.68	0.297	1	0.413	5.36	3.19	39.28	35
15	FlourN 20158M	0.50	1.68	0.297	1	0.413	10.85	6.46	92.85	415
16	FlourN 20158M	0.50	0.98	0.297	1	0.413	4.38	4.46	50.25	194
17	FlourN 20158M	0.50	1.33	0.297	1	0.413	7.00	5.26	60.61	211
18	FlourN 20158M	0.50	1.33	0.138	1	0.413	11.85	8.91	99.59	333
19	FlourN 20158M	0.50	1.33	0.619	1	0.413	4.87	3.66	38.87	71
20	FlourN 20158M	0.50	1.33	1.067	1	0.413	3.50	2.63	29.05	60
21	FlourN 20158M	0.50	1.33	1.211	1	0.413	3.36	2.53	43.54	25

方案编号	表面活性剂类型	表面活性剂质量分数/%	初始高度/cm	注气速度/(cm³·min⁻¹)	针头数量	针头内径/mm	h_m/cm	S	α	$t_{1/2}$/min
22	FlourN 20158M	0.50	1.33	0.619	1	0.260	5.88	4.42	61.77	236
23	FlourN 20158M	0.50	1.33	0.619	1	0.159	7.04	5.29	71.17	273
24	FlourN 20158M	0.50	1.33	0.297、0.619	2	0.413、0.413	4.76	3.68	39.66	152
25	FlourN 20158M	0.50	1.33	0.619、0.619	2	0.413、0.260	5.25	3.95	39.33	24

4.1.4　实验结果与分析

1）表面活性剂类型的影响

由于要利用表面活性剂辅助甲烷吞吐,因此需筛选适用的表面活性剂。本节研究 9 种表面活性剂(方案 1~9)对泡沫油形成有效性的影响,实验结果如图 4-1-2 所示。由图 4-1-2 可知,氟代烃型表面活性剂(FlourN 20158M)生成的泡沫油的有效性最强,具有最强的稳定性、膨胀能力和气体捕获能力,因此选择该表面活性剂进行后续实验。

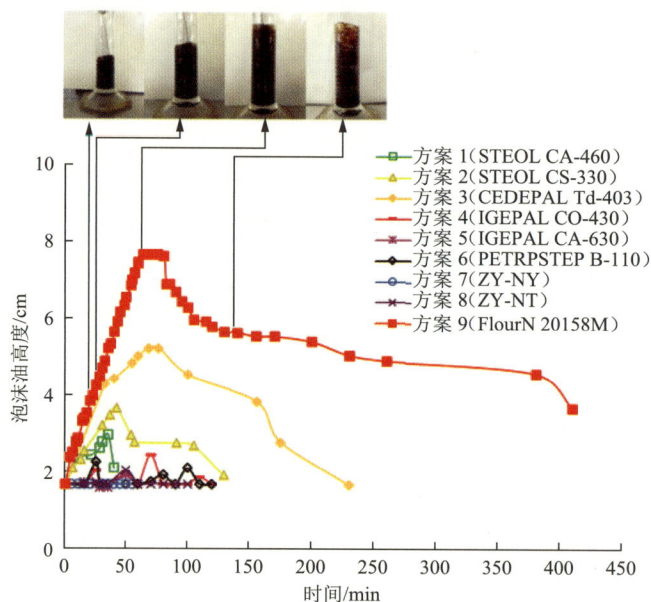

图 4-1-2　表面活性剂类型的影响

图 4-1-2 所示为方案 9 的泡沫油形成和破裂过程。由图可知,稠油与表面活性剂混合体系高度由初始的 1.68 cm 逐渐增加,当泡沫油的生成速度等于泡沫油的破裂速度时,泡沫油的高度达到最大值 7.67 cm。之后,由于泡沫油破裂速度大于泡沫油生成速度,泡沫

油中小气泡逐渐聚并成大气泡,最终破裂导致泡沫油高度降低。由上述可知,该表面活性剂生成的泡沫油具有较强的原油膨胀能力,并能够将气体分散在稠油中避免自由气的形成。上述特征均是表面活性剂辅助甲烷吞吐提高薄层稠油采收率的重要机理。

2) 表面活性剂浓度的影响

对于表面活性剂辅助甲烷吞吐过程,首先需明确表面活性剂对泡沫油形成有效性的影响。如图 4-1-3 所示,在未添加表面活性剂时,Brintnell 稠油无法捕获气体形成泡沫油;当表面活性剂质量分数较低(0.01%,0.05%和 0.1%)时,稠油中分散有大气泡,但大气泡在很短的时间内就会聚并和破裂;而当表面活性剂质量分数达到 0.2%时,随着油溶性表面活性剂质量分数的增加,泡沫油有效性评价参数(h_m,$t_{1/2}$,S 和 α)逐渐增大,这表明随着油溶性表面活性剂质量分数的增加,泡沫油生成有效性增加。提高油溶性表面活性剂浓度有利于生成有效的泡沫油,原因在于高的表面活性剂浓度可以增加其在油气表面上的吸附量,从而有效降低油气表面张力,有利于产生更小、更密的气泡,提高泡沫油中气相体积分数。反之,油溶性表面活性剂浓度较低会导致气泡分布不均匀,泡沫油中气相体积分数降低。由上述实验结果可知,表面活性剂浓度对泡沫油有效性的影响规律与水基泡沫规律相一致。

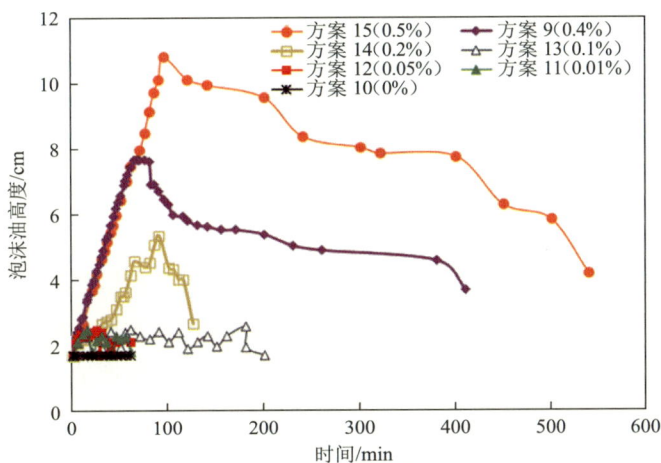

图 4-1-3　表面活性剂质量分数的影响

3) 初始稠油高度的影响

为了研究表面活性剂辅助甲烷吞吐过程中油藏厚度对泡沫油形成有效性的影响,在不同初始稠油高度(分别为 0.98 cm,1.33cm 和 1.68 cm)下进行了方案 15,16 和 17。从图 4-1-4 可以看出,S,α 和 $t_{1/2}$ 受初始稠油高度的影响,并随着初始稠油高度的增加而增加。例如,方案 15 中的 S,α 和 $t_{1/2}$ 分别是 6.46,92.85%和 415 min,分别是方案 16 中对应参数的 1.45倍,1.85 倍和 2.14 倍。随着初始稠油高度的增加,同一注入时间下稠油中分散气泡增多,h_m,S 和 α 值较大。此外,泡沫油形成后,稠油有排替趋势。受重力作用,初始稠油高度越高,稠油排替速度越慢,导致半衰期延长。根据上述结果可以推断,实际应用过程中油藏高度更大，表面活性剂辅助甲烷吞吐会有更好的开发效果，或者说生产同样强度的泡沫油，实际应用过程中所用表面活性剂的浓度小于实验室条件下的表面活性剂浓度。

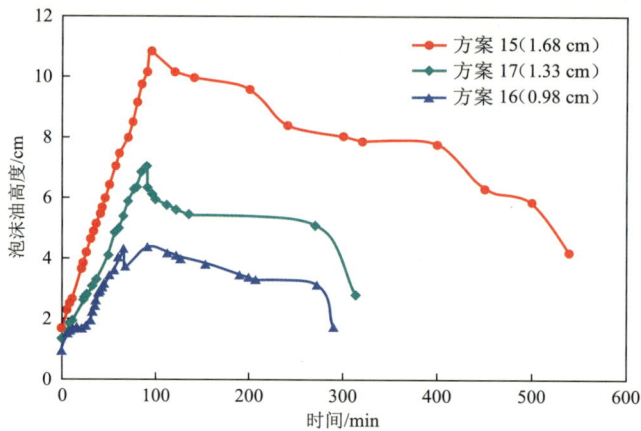

图 4-1-4 稠油初始高度的影响

4）气泡形成速度的影响

一般来说，随着压降速度的增加，泡沫油型稠油油藏溶解气驱采收率不断提高。然而对于常规稠油油藏溶解气驱过程，高的压降速度反而会导致生产气油比快速上升，采收率降低。由此可知，压降速度对两类油藏溶解气驱过程的作用机制存在差异。明确压降速度的作用机制对于研究两类油藏的开发过程具有重要意义。实际油藏开发过程中，提高压降速度实质上是增加气泡形成速度。因此，通过增加注气速度和针头数量两种方式模拟注气吞吐过程中压降速度增加而导致的气泡形成速度增加。

对比方案 17～21 的结果（图 4-1-5）可知，泡沫油形成有效性随着注气速度的增加而降低。这是由于气泡由同一针头（相同的注气位置）产出，气泡数量增加时会更容易聚集并迅速破裂，形成自由气相，导致气泡分散程度降低。因此可以推断，表面活性剂辅助甲烷吞吐过程中气泡在小区域内成核或以游离气相存在，压降速度越高，泡沫油形成有效性越差。

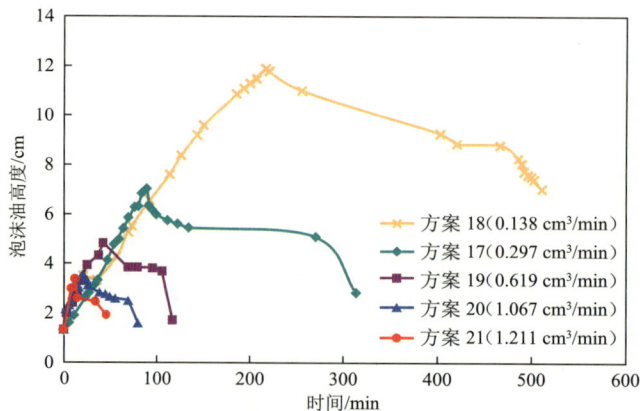

图 4-1-5 气泡形成速度的影响(较小分散程度的气泡)

由方案 19 和 24 研究针头数量的影响。由图 4-1-5 可知,随着针头数量的增加,泡沫油有效性评价参数(h_m,$t_{1/2}$,S 和 α)增加,即该实验条件下生成的泡沫油有效性增强。

以上两种不同的注气方式同样是增加泡沫油中的气泡形成速度,但所产生的实验结果不同,其根本原因在于气泡的生成位置不同,或者说是气泡分散程度不同。当通过增加针头数量提高泡沫油中的气泡数量时,气泡具有较高的分散程度,可以有效地分散在稠油中形成泡沫油,因此有利于提高泡沫油生成的有效性。由此可以推断,压降速度对泡沫油型稠油油藏和常规稠油油藏溶解气驱影响规律不同的原因在于析出的溶解气在原油中的分散状态不同。

5) 气泡分散程度的影响

泡沫油型稠油油藏冷采过程中,泡沫油的形成需要两个条件:① 油藏单位体积有大量气泡成核;② 气泡在稠油中具有较高的分散程度。泡沫油中气泡高度分散是决定其提高采收率效果的关键因素,常规稠油油藏冷采过程中气泡快速聚结使得稠油中形成的气泡分散程度较低。因此,表面活性剂辅助甲烷吞吐过程中,气泡的分散程度可能会对泡沫油生成有效性产生重要影响。通过方案 24 和方案 25 研究气泡分散程度对泡沫油生成有效性的影响(图 4-1-6)。实验过程中两根针头在不同位置同时注入气体,从而提高了气泡分散程度。方案 24 中,两根针头注气速度不同($0.297\ cm^3/min$ 和 $0.619\ cm^3/min$),但内径相同($0.413\ mm$);方案 25 与方案 24 注气速度相同($0.619\ cm^3/min$),只是两根针头内径不同($0.413\ mm$ 和 $0.260\ mm$)。实验结果表明,方案 24 中泡沫油的生成比方案 25 中的更为有效,主要原因是方案 24 中总注气速度更低。

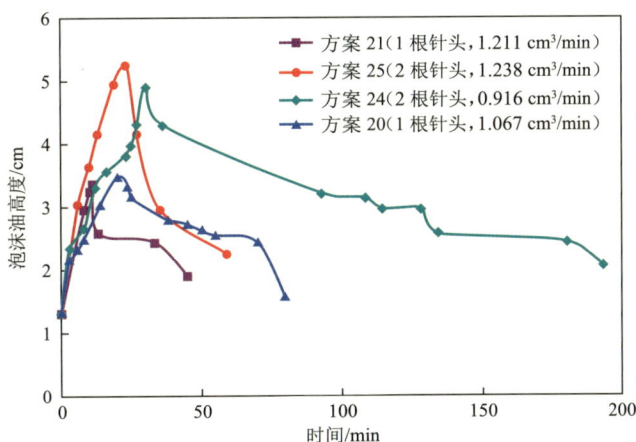

图 4-1-6　气泡分散程度的影响

两两比较方案 20,24 和方案 21,25 的结果可知,总注气速度基本相同时,随着气泡分散程度的增加,h_m,S,α,$t_{1/2}$ 等参数增大。例如,方案 24 的 S 和 $t_{1/2}$ 分别是方案 20 的 1.40 倍和 2.53 倍。由此可知,表面活性剂辅助甲烷吞吐过程中,气泡分散程度的增加有助于提高泡沫油生成有效性。

6）气泡尺寸的影响

早期文献中关于泡沫油流动的众多讨论都是基于微气泡的概念，即假设气泡尺寸小于平均孔喉尺寸，因此泡沫容易随油相一起流动。然而上述假设与 Maini 等实验观察结果相矛盾。Maini 等实验研究结果表明，泡沫油中气泡尺寸大于平均孔喉尺寸，但会随油相一起流动，容易在稠油中分裂成更小的气泡。因此，气泡尺寸对泡沫油形成有重要影响，直接影响泡沫油型稠油油藏冷采过程中泡沫油的性能（图 4-1-7）。以下实验旨在研究表面活性剂辅助甲烷吞吐过程中气泡大小对泡沫油生成有效性的影响。

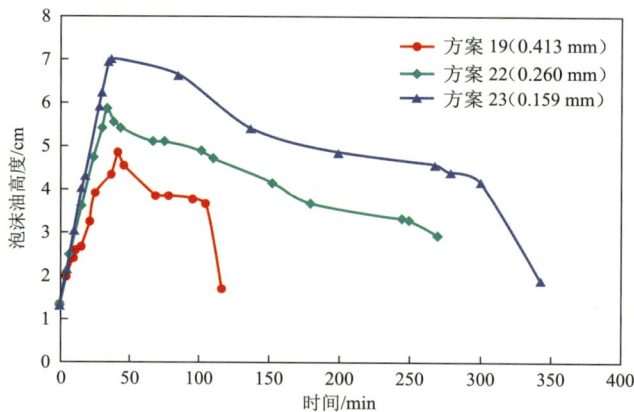

图 4-1-7　气泡大小的影响

方案 19，22 和 23 中分别使用 3 种不同内径的针头（0.413 mm，0.260 mm 和 0.159 mm）产生不同尺寸的气泡。由图 4-1-7 可知，h_m，S，α 和 $t_{1/2}$ 随着气泡尺寸的减小而增大，说明在表面活性剂辅助甲烷吞吐过程中，较小的气泡有利于形成更有效的泡沫油。这是因为在油中较小气泡更难聚并和析出，与大气泡相比，稠油膨胀程度更高，作用时间更长。

4.2　薄层稠油油藏表面活性剂辅助甲烷吞吐渗流实验研究

上述研究结果表明，大气压力下稠油在油溶性表面活性剂的作用下可以捕获气体形成有效泡沫油，从而起到膨胀原油的作用。此外，注入气和油溶性表面活性剂可以溶于稠油，使得稠油黏度降低、体积膨胀，降低油气表面张力。虽然上述研究在一定程度上验证了表面活性剂辅助甲烷吞吐方法的可行性，但薄层稠油油藏能否成功实施表面活性剂辅助甲烷吞吐过程仍然存在大量疑问：① 上述实验条件与真实油藏环境存在一定差异，在真实油藏环境中能否形成有效的泡沫油有待进一步验证；② 真实多孔介质环境中，表面活性剂辅助甲烷吞吐方法与传统注气吞吐技术相比，采收率提高的幅度有多大；③ 如何注入油溶性表面活性剂和气体，注气量、压降速度等操作参数如何影响表面活性剂辅助甲烷吞吐开发效果。因此，有必要通过渗流实验进一步论证多孔介质和高温高压下表面活性剂辅助甲烷吞吐方法的可行性。

本节从传统注气吞吐技术面临的主要问题出发,结合泡沫油有效性评价研究结果,系统评价表面活性剂辅助甲烷吞吐可行性。首先,通过研制的填砂模型,结合泡沫油生成综合判断方法,分别研究传统注气吞吐和表面活性剂辅助甲烷吞吐过程,系统评价后者的可行性。然后,通过生产动态特征和产出油状态,判断泡沫油的生成情况。最后,明确注入方式、注入顺序、表面活性剂浓度、注气量、压降速度等和注入位置等参数对泡沫油形成过程以及采出程度的影响规律,进而形成一套有效的薄层稠油油藏开发方法。

4.2.1　实验设备

表面活性剂辅助甲烷吞吐渗流实验装置主要包括填砂模型、配样仪、中间容器(用于盛放气体、油溶性表面活性剂和盐水)、压力传感器、恒温箱、恒速恒压泵、回压阀、回压控制系统、油气分离器、气体流量计、电子天平和计算机采集装置。

4.2.2　实验步骤

实验主要步骤如图 4-2-1 所示,具体如下:

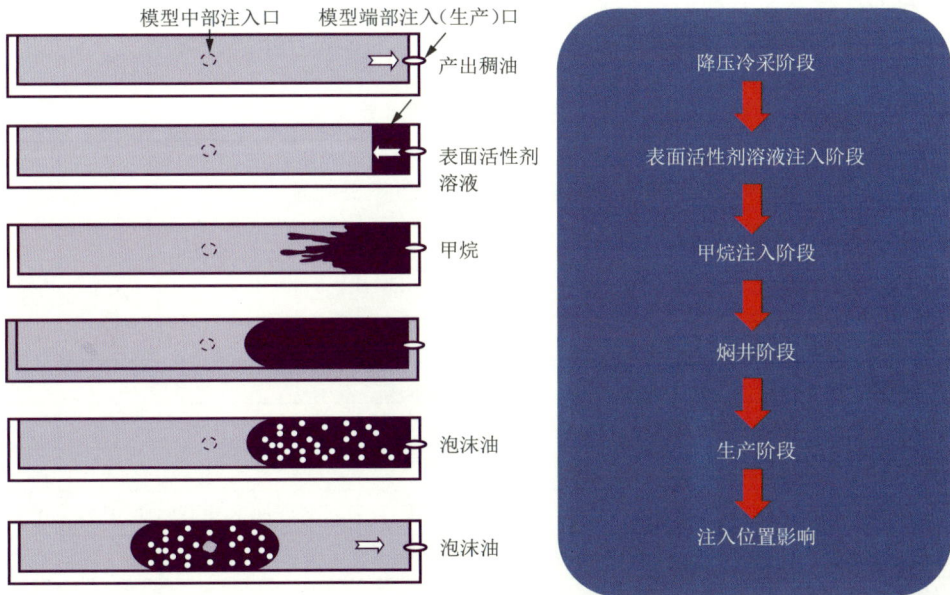

图 4-2-1　表面活性剂辅助甲烷吞吐渗流实验示意图

(1) 实验开始之前,设置恒温箱温度为地层温度,回压阀压力为地层压力。

(2) 填砂管抽真空 12 h,然后以 0.5%(质量分数)的 NaCl 水溶液模拟地层水慢速饱和填砂模型 2 PV。饱和水过程中,计量注入量,计算孔隙体积,并通过不同的注入速度,结合达西定律确定渗透率(表 4-2-1)。

（3）为了建立填砂模型初始含油饱和度，通过恒速恒压泵将配样仪中的地层油以 1 mL/min 的速率泵入长岩芯，直到回压阀后产出油的气油比与实验用地层油的气油比相同。将饱和地层油的填砂模型静置老化 12 h。

（4）降压冷采阶段。老化过程结束后，通过调整回压阀，以一定压降速度降低岩芯压力，用于模拟稠油冷采过程，达到注气时机后压力停止。

（5）注入阶段。以一定的注入压力先后注入一定浓度的油溶性表面活性剂和气体，之后关闭长岩芯夹持器注气端。

（6）焖井阶段。注入气体溶解于原油，岩芯压力降低，利用计算机采集压力数据。当压力长时间保持不变后，焖井阶段结束。

（7）生产阶段。焖井结束后，以一定的压降速度降低回压压力至大气压力。实验过程中利用计算机采集压力数据，通过泡沫油高温高压观察窗观察泡沫油生成情况，并通过电子天平和气体流量计计量产油量和产气量。

（8）重复实验步骤（5）～（7）5 次，模拟 5 轮次吞吐过程。其中，每次重复过程中分别改变注气压力、压降速度和注气量等参数，从而研究上述参数对表面活性剂辅助甲烷吞吐单吞吐周期开发效果的影响。

（9）重复实验步骤（1）～（8），改变油溶性表面活性剂浓度、注气时机、注入方式和注入位置，研究上述参数对表面活性剂辅助甲烷吞吐开发效果的影响。共进行 8 组实验，40 个吞吐周期，各组实验操作参数见表 4-2-1。

表 4-2-1　表面活性剂辅助甲烷吞吐渗流实验参数表

方案编号	1	2	3	4	5	6	7	8
岩芯数据								
孔隙度/%	35.28	35.45	35.90	35.40	35.88	35.86	35.83	35.22
渗透率/μm^2	32.00	33.30	31.00	31.58	32.78	33.90	32.30	33.33
原始含油饱和度/%	88	86	82	84	89	83	87	89
操作参数								
表面活性剂质量分数/%		0.5	0.5	2.5	0.5	0.5	0.5	2.5
表面活性剂注入次数		5	1	5	1	1	1	5
表面活性剂注入位置		P	P	P	P	P	P	P+M+P
表面活性剂注入时机/MPa		4	4	4	4	8	1	4
第 1～4 轮次和第 5 轮次压降速度/(psi·min⁻¹)		5,10	5,10	5,10	5,10	5,10	5,10	10,20	5,10
采出程度								
冷采采出程度/%	30.27	29.80	29.68	30.80	25.19	33.10	29.75	30.04
总采出程度/%	32.56	41.86	40.39	64.05	37.42	36.74	42.38	75.85

注：P 表示长岩芯夹持器生产端，M 表示长岩芯夹持器中部。1 psi＝6.89 kPa。

4.2.3　实验结果与分析

1）表面活性剂辅助甲烷吞吐与传统甲烷吞吐开发效果对比

为了对比表面活性剂辅助甲烷吞吐方法和传统甲烷吞吐方法的开发效果，设计了方案 1～4。方案 2～4 为表面活性剂辅助甲烷吞吐方案，其注气压力、压降速度等操作参数与传统甲烷吞吐方案 1 相同，只是油溶性表面活性剂注入浓度和方式不同（表 4-2-1）。方案 1～4 共 5 轮次吞吐的采出程度实验结果如图 4-2-2 所示。

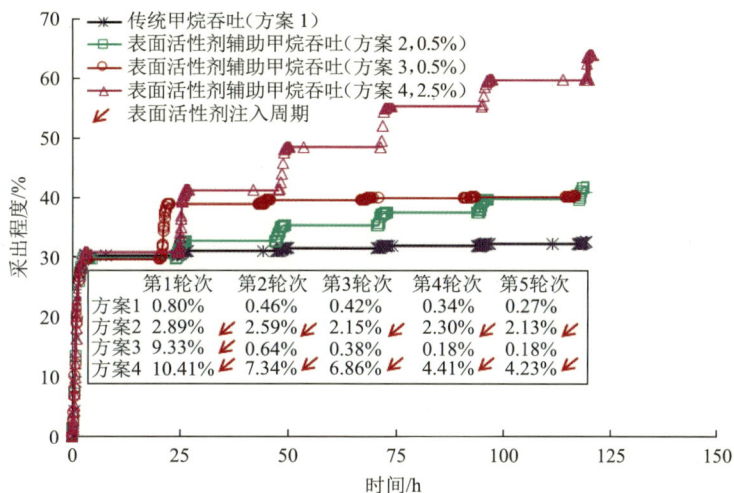

	第1轮次	第2轮次	第3轮次	第4轮次	第5轮次
方案1	0.80%	0.46%	0.42%	0.34%	0.27%
方案2	2.89%	2.59%	2.15%	2.30%	2.13%
方案3	9.33%	0.64%	0.38%	0.18%	0.18%
方案4	10.41%	7.34%	6.86%	4.41%	4.23%

图 4-2-2　表面活性剂辅助甲烷吞吐与传统甲烷吞吐采出程度对比

由表 4-2-1 和图 4-2-2 可知，传统甲烷吞吐（方案 1）的采出程度为 32.56%，5 轮次吞吐的采出程度较冷采过程只提高 2.29%，而表面活性剂辅助甲烷吞吐（方案 2～4）的采出程度分别为 41.86%，40.39% 和 64.05%。由此可知，表面活性剂辅助甲烷吞吐方法可以大幅度提高稠油采收率。其原因在于表面活性剂辅助甲烷吞吐过程能够有效地产生泡沫油现象，在生产阶段形成泡沫油溶解气驱过程，从而克服传统甲烷吞吐的缺陷。需要指出的是，由于前几个轮次含油饱和度较高，因此油溶性表面活性剂增油效果明显。例如，与方案 1 相比，方案 2 和方案 4 第 1 轮次的采出程度分别提高 2.09% 和 9.61%，而第 5 轮次只分别提高 1.86% 和 3.96%。

上述结果可以通过生产动态数据和产出油状态进行验证。以方案 2～4 第 1 轮次生产数据为例（图 4-2-3），分析可知，对于方案 1，由于注入气快速产出，无法形成有效的溶解气驱过程，从而导致岩芯压力快速下降（图 4-2-3c），生产气油比快速上升（图 4-2-3a，生产气油比最大值为 3 520 cm³/cm³），最终导致较低的采出程度（图 4-2-3d，采出程度为 0.8%）。但是，对于方案 2～4，生产气油比最大值分别为 2 590 cm³/cm³，918 cm³/cm³ 和 443 cm³/cm³（图 4-2-3a）。此外，与方案 1 相比，累积产气量前阶段较低，后阶段变高（图 4-2-3b），表明在生产阶段的前期,焖井阶段没有溶解的注入气部分或者全部分散在原油中形成泡沫油,后来随着压力的降低,分散气泡才逐渐聚并形成自由气相,使得累积产气量增加。由图 4-2-3(c)可知,由于原油黏度的降低和体积膨胀,岩芯压力相对保持高值。此外,与方案 1 相比,方案 2~4 的采出程度分别提高 2.09%,8.53%和 9.61%(图 4-2-3d)。

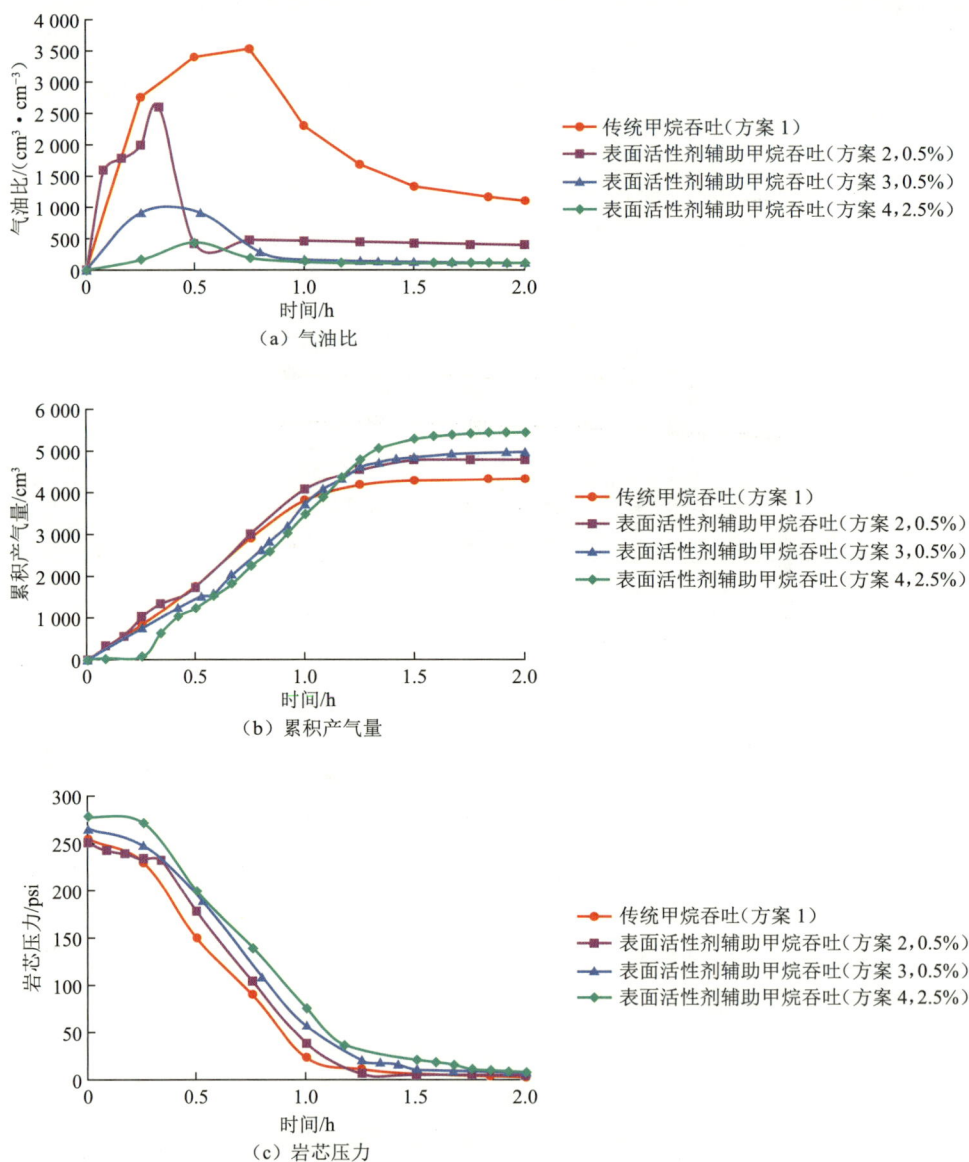

（a）气油比

（b）累积产气量

（c）岩芯压力

图 4-2-3　方案 1~4 第 1 吞吐轮次生产动态数据图

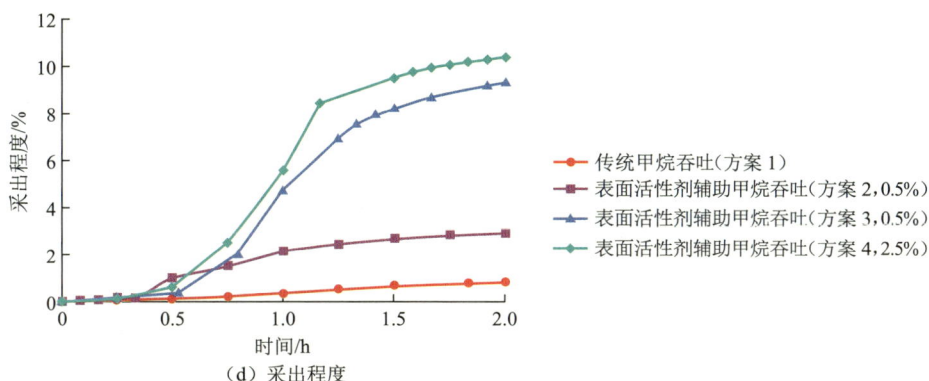

（d）采出程度

图 4-2-3(续)　方案 1~4 第 1 吞吐轮次生产动态数据图

由填砂模型中的产出油可知,产出油呈现连续的泡沫状态,泡沫油十分稳定,分散气体可以保持几个小时。上述生产动态数据和产出油状态均证明油溶性表面活性剂可以诱导产生泡沫油现象,形成有效的泡沫油溶解气驱过程,起到提高稠油采收率的目的。

2）油溶性表面活性剂浓度的影响

方案 2 和方案 4 的实验操作参数相同,只是注入的油溶性表面活性剂浓度不同（表 4-2-1）,因此通过对比方案 2 和方案 4 的采出程度可以研究油溶性表面活性剂浓度对表面活性剂辅助甲烷吞吐开发效果的影响（图 4-2-4）。由图 4-2-4 可知,方案 2 和方案 4 的采出程度差异较大,表明油溶性表面活性剂浓度对表面活性剂辅助甲烷吞吐开发效果具有重要影响。方案 4 和方案 2 中注入油溶性表面活性剂质量分数分别为 2.5% 和 0.5%,与方案 2 相比,方案 4 的采出程度提高 22.19%。分析认为,其原因在于高的油溶性表面活性剂浓度有助于产生更为有效的泡沫油（已经在泡沫油生成有效性评价实验研究中得以证实）和较低的油气表面张力,从而产生更有效的泡沫油溶解气驱过程。此外,方案 4 中压力下降得更慢,生产气油比更低（图 4-2-4）。但是在具体实施过程中,应考虑经济成本等因素,综合确定油溶性表面活性剂的浓度。

3）油溶性表面活性剂注入方式的影响

当油溶性表面活性剂浓度确定后,有必要确定其最佳注入方式。因此,设计方案 2 和方案 3,用于研究不同注入方式对表面活性剂辅助甲烷吞吐开发效果的影响。方案 2 中,每个吞吐轮次均注入油溶性表面活性剂,共注入 5 次;而方案 3 中,油溶性表面活性剂只在第 1 吞吐轮次注入,但两个方案注入的总表面活性剂质量分数相同,均为 0.5%。实验结果如图 4-2-5 所示。

由图 4-2-5 可知,方案 3 中,第 1 轮次具有较高的采出程度（9.33%）,但是后面 4 个轮次的采出程度较低。上述实验结果表明,在第 1 轮次吞吐过程中,泡沫油现象明显,之后 4 个轮次吞吐过程中泡沫油增油机理逐渐减弱,直至消失。对于方案 2,尽管第 1 轮次吞吐过程中由于表面活性剂浓度较低而导致较低的采出程度,但是分开注入表面活性剂使得第 2～5 轮次均可以诱导产生泡沫油现象,因此总的采出程度大于方案 3。分析认

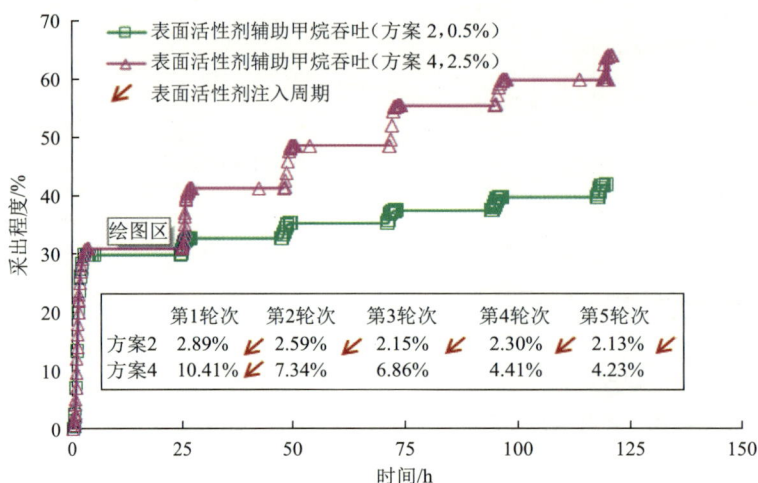

图 4-2-4 表面活性剂浓度对表面活性剂辅助甲烷吞吐采出程度的影响

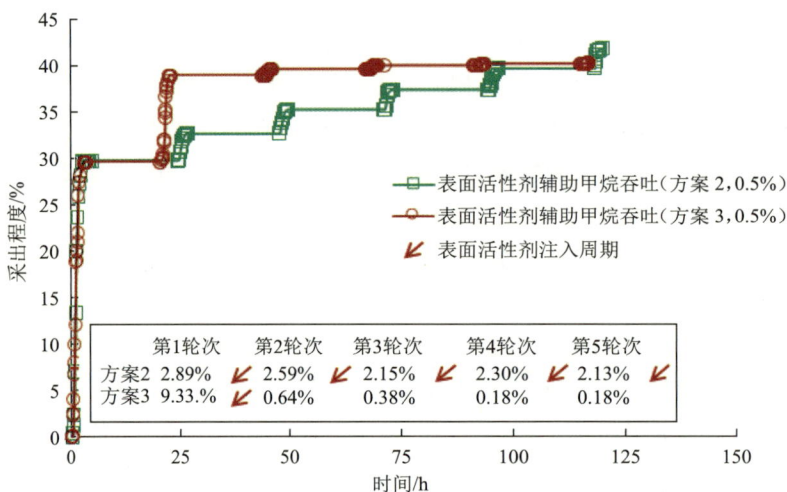

图 4-2-5 表面活性剂注入方式对表面活性剂辅助甲烷吞吐采出程度的影响

为,其原因是在每个轮次吞吐过程中,上一轮次部分未被表面活性剂接触的稠油在泡沫油溶解气驱机理的作用下流至生产端,这相当于增加了下一轮次的含油饱和度。因此,与单次注入相比,油溶性表面活性剂分开注入时,表面活性剂辅助甲烷吞吐开发效果更好。

4) 周期内注气量、剩余油饱和度和压降速度的影响

为了研究注气量、剩余油饱和度和压降速度对表面活性剂辅助甲烷吞吐开发效果的影响,改变方案 2 和方案 4 各轮次的操作参数(表 4-2-1)。方案 2 和方案 4 各轮次的注气量和采出程度对比结果如图 4-2-6 所示。

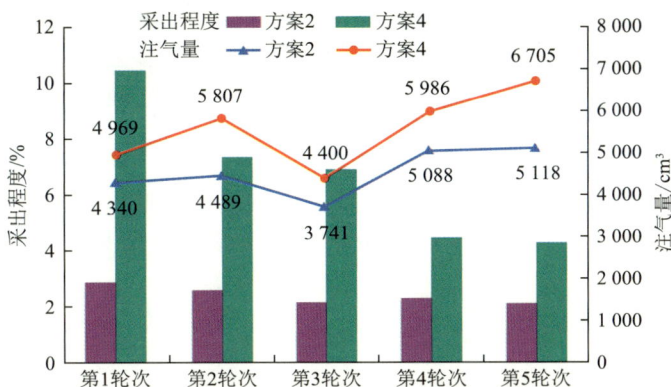

图 4-2-6　方案 2 和方案 4 各轮次的注气量和采出程度对比图

通过对比方案 2 和方案 4 中第 1,2 轮次的实验结果(图 4-2-6)可知,相比于第 1 轮次,第 2 轮次注气量分别增加 149 cm³ 和 838 cm³,方案 2 和方案 4 第 2 轮次的采出程度却未见明显增加。分析认为,其原因在于第 2 轮次吞吐过程中生产端附近的剩余油饱和度较低,即使增加注气量也无法提高采出程度,从而表明剩余油饱和度对表面活性剂辅助甲烷吞吐开发效果具有重要影响。对比方案 2 和方案 4 的第 4,5 轮次可以得出相似的结论。但是比较方案 2 的第 3,4 轮次可知,当注气量大到可以形成有效的泡沫油溶解气驱过程时,即使该轮次吞吐过程中剩余油饱和度已经较低,随着注气量的增加,采出程度也增加。分析认为,其主要原因在于大的注气量可以增加焖井阶段的气体溶解量,从而在生产阶段有更多的气体分散在油相中形成泡沫油。也就是说,高的原始气油比有利于形成泡沫油,产生泡沫油现象。该结论与压力衰竭实验的结论相同。除此之外,增加注气量有利于推进油溶性表面活性剂深入地层,增加其与原油的接触范围,避免油溶性表面活性剂快速从生产端产出,从而延长泡沫油机理作用时间。

方案 2 和方案 4 各轮次的压降速度和采出程度实验结果如图 4-2-7 所示。

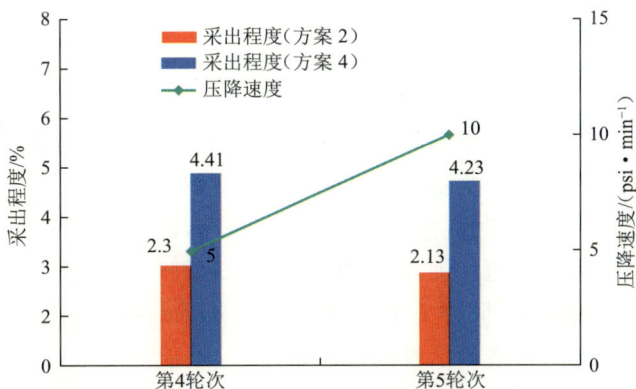

图 4-2-7　方案 2 和方案 4 各轮次的压降速度和采出程度对比图

由图 4-2-7 可知,方案 2 和方案 4 第 5 轮次的压降速度均为 10 psi/min,是第 4 轮次的 2 倍(表 4-2-1),但第 5 轮次的采出程度却低于第 4 轮次。分析认为,其主要原因在于通过前 4 个轮次的吞吐过程,生产端剩余油饱和度已经较低,当剩余油饱和度较低时,注入气以自由气的形式存在,很难溶解于稠油中,因此在生产阶段以较大的压降速度生产时,自由气快速产出,而不是分散在油中形成泡沫油,导致极高的气体流动性。因此,当剩余油饱和度较低时,提高压降速度不利于表面活性剂辅助甲烷吞吐开发效果,其实质是剩余油饱和度较低时,注入气很难具有高的气体分散程度。该实验结果与泡沫油有效性评价实验结果相一致。

5)注入时机的影响

对于稠油油藏,由于经济因素的限制,初期通常采用衰竭式开发。随着油田开发的进行,生产气油比逐渐上升,产油量降低,何时采用接替技术改善开发效果需要深入研究。对于表面活性剂辅助甲烷吞吐过程,同样需要确定其注入时机。方案 3,5 和 6 的操作参数相同,只是注入时机不同,因此通过对比上述 3 个方案可以确定表面活性剂辅助甲烷吞吐的最优注入时机(图 4-2-8)。

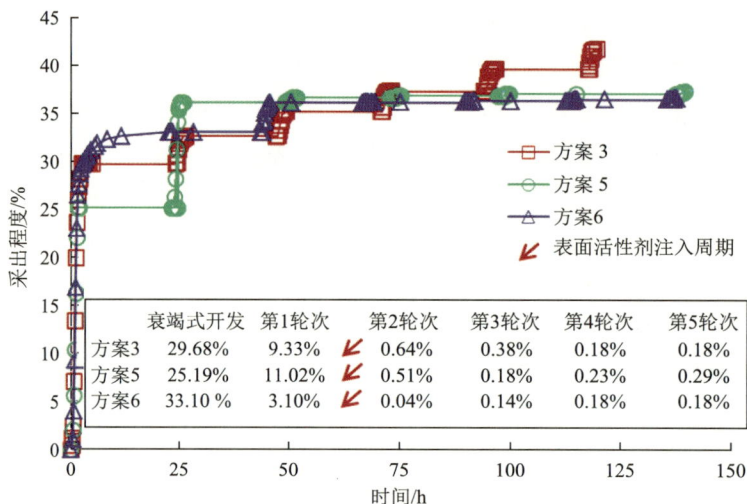

	衰竭式开发	第1轮次	第2轮次	第3轮次	第4轮次	第5轮次
方案3	29.68%	9.33%	0.64%	0.38%	0.18%	0.18%
方案5	25.19%	11.02%	0.51%	0.18%	0.23%	0.29%
方案6	33.10 %	3.10%	0.04%	0.14%	0.18%	0.18%

图 4-2-8　表面活性剂注入时机对表面活性剂辅助甲烷吞吐采出程度的影响

由图 4-2-8 可知,表面活性剂辅助甲烷吞吐过程开始得过早或过晚,均会影响开发效果,即存在一个最佳注入时机。当注入时机过早时(方案 5),其第 1 轮次吞吐效果好于方案 3 和方案 6。这是由于注入时机过早,油藏压力较高,高的油藏压力有利于注入气溶解于稠油,从而在生产阶段形成泡沫油现象,更好地起到膨胀、降黏作用。此外,注入时机过早,岩芯中剩余油饱和度较高,同样有利于提高开发效果。但是,注入时机过早会存在高的油藏压力,这不利于油溶性表面活性剂深入地层,导致能够与表面活性剂接触形成泡沫油的原油少于方案 3。此外,注入的油溶性表面活性剂由于接近生产端而极易随原油一起被产出。因此,综合上述两部分原因,方案 5 生产后期泡沫油现象不明显,最终导致方案 5 的采出程度小于方案 3。当注入时机过晚时(方案 6),油藏压力较低,且大部分稠油已被采出,低的油藏压力和剩余油饱和度不利于形成有效的泡沫油溶解气驱,因此方案 6 的采出程度低于方案 3。

6) 压降速度的影响

由上述研究可知,当剩余油饱和度较低时,增加压降速度不利于表面活性剂辅助甲烷吞吐过程。方案 7 用于研究高剩余油饱和度下压降速度对开发效果的影响。对于方案 7,表面活性剂在第 1 轮次注入,各个周期的压力衰竭速度是方案 3 的 2 倍,实验结果见表4-2-1 和图 4-2-9。

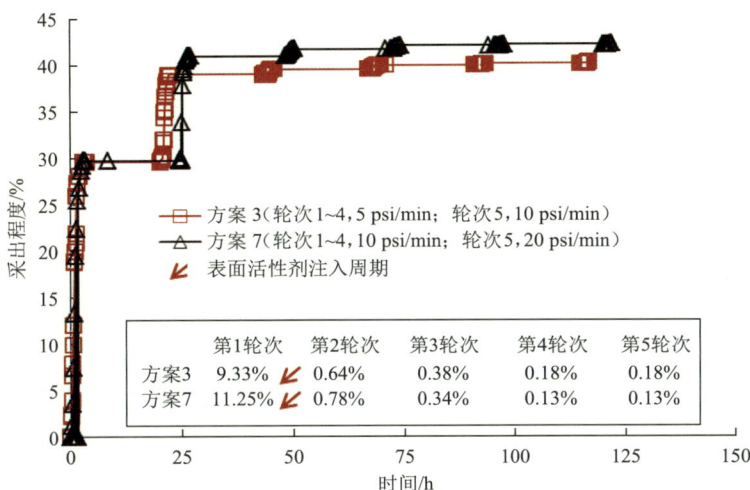

图 4-2-9　压降速度对表面活性剂辅助甲烷吞吐采出程度的影响

由图 4-2-9 可知,相对于方案 3,方案 7 第 1,2 轮次采出程度分别增加 1.92％和0.14％。上述研究结果表明,在高剩余油饱和度情况下,增加压降速度有利于提高表面活性剂辅助甲烷吞吐开发效果。大量的气体能够分散在原油中,形成更为有效的泡沫油溶解气驱过程,快速原油膨胀是效果改善的主要原因。但是需要注意的是,方案 7 第 3～5 轮次总的采出程度只有 0.6％,这是因为随着吞吐轮次的增多,表面活性剂浓度和剩余油饱和度逐渐降低,较高的压降速度极易产生较高的气体流动速度。综上所述,当剩余油饱和度较高时,压降速度增加有利于提高表面活性剂辅助甲烷吞吐开发效果;当剩余油饱和度较低时,压降速度增加反而会对表面活性剂辅助甲烷吞吐开发效果产生负面作用。

7) 表面活性剂和气体注入顺序和注入位置的影响

通过对比方案 4 和方案 8,可以研究表面活性剂注入位置和注入顺序对表面活性剂辅助甲烷吞吐开发效果的影响。方案 4 和方案 8 的气体注入参数和表面活性剂浓度相同,不同之处在于方案 8 中前 2 个轮次气体先于表面活性剂注入。由图 4-2-10 可知,方案 4 和方案 8 第 1,2 轮次采出程度分别为 17.75％和 11.53％。由此可知,表面活性剂辅助甲烷吞吐过程中,表面活性剂溶液应先于气体注入地层。分析认为,其原因在于表面活性剂溶液先于气体注入时可以深入地层内部,增加于原油的接触范围,有助于形成有效的泡沫油溶解气驱,从而提高稠油采收率。

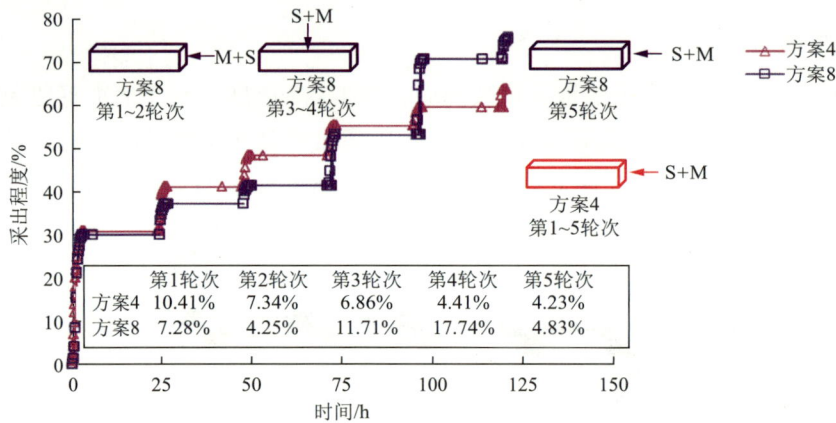

图 4-2-10　注入位置和注入顺序对表面活性剂辅助甲烷吞吐采出程度的影响

对于方案 4,吞吐 2 个轮次后,生产端剩余油饱和度明显降低,从而导致表面活性剂增油效果减弱,第 3~5 轮次吞吐开发效果变差。为了克服上述问题,方案 8 中第 3,4 轮次表面活性剂溶液和气体从长岩芯夹持器中部注入,从而使表面活性剂溶液深入地层。通过上述 2 轮次吞吐过程,油藏深处的原油在泡沫油溶解气驱的作用下渗流至生产端,采出程度明显提高。之后,通过第 5 轮次吞吐(油溶性表面活性剂先于甲烷注入)后,采出程度大幅提高,5 轮次吞吐总采出程度为 75.85%,比传统甲烷吞吐提高 43.29%(实际采出程度要高于该值,因为该采出程度是在第 1,2 轮次注入顺序不佳情况下取得的)。上述研究表明,对于表面活性剂辅助甲烷吞吐过程,在吞吐几轮次后生产井周围剩余油饱和度较低时,应选择邻近井注入油溶性表面活性剂,起到推动表面活性剂深入地层,扩大原油接触范围,延长泡沫油溶解气驱机理作用时间的目的。

4.3　本章小结

(1) 利用研制的泡沫油生成有效性评价装置可以方便、有效地产生泡沫油,从而克服了传统实验研究设备和方法的诸多不足。生成的泡沫油可代替真实泡沫油进行物理化学特征及其流动机理研究,扩展了泡沫油的研究领域。

(2) 泡沫油生成有效性评价实验研究表明,优选的油溶性表面活性剂产生的泡沫油具有最高的有效性;油溶性表面活性剂浓度、初始稠油高度和气泡分散程度越大,生成的气泡越小,泡沫油生成有效性越强;气泡形成速度对泡沫油有效性的影响取决于气泡的分散程度。

(3) 表面活性剂辅助甲烷吞吐方法可以克服传统甲烷吞吐的缺陷,大幅度提高稠油采收率,与传统甲烷吞吐过程相比,5 轮次吞吐采出程度最大可提高 43.29%。在生产阶段形成有效的泡沫油溶解气驱过程是其主要原因。

（4）高的油溶性表面活性剂浓度和注气量有助于产生更为有效的泡沫油，从而提高稠油采收率；与单次注入相比，油溶性表面活性剂分开注入时，上一轮次部分未被表面活性剂接触的稠油会在泡沫油溶解气驱机理的作用下流至生产端，增加了下一轮次的含油饱和度，因此具有更好的开发效果；压降速度对表面活性剂辅助甲烷吞吐开发的影响规律受剩余油饱和度的影响；油溶性表面活性剂存在一个最佳注入时机；吞吐几轮次后，应选择邻近井注入油溶性表面活性剂，起到推动表面活性剂深入地层，扩大原油接触范围，延长泡沫油溶解气驱机理作用时间的目的。

第5章
泡沫油型稠油油藏注天然气开发方法

中国新疆、吐哈以及海外合作开发的委内瑞拉 Orinoco 重油带等地区稠油资源十分丰富,部分稠油油藏冷采过程中表现出异于常规溶解气驱的生产特征,主要表现在以下3个方面:① 油藏产出油呈现连续的泡沫状态,原油中含有大量稳定气泡;② 油藏生产气油比上升速度缓慢;③ 油藏采收率与采油速度较高(较常规溶解气驱油藏采收率高5%~25%,采油速度高 10~30 倍,有的甚至高达 100 倍)。出现上述现象的原因在于当地层压力低于泡点压力时,稠油黏滞力大于重力,从原油中逸出的溶解气不是直接形成连续的气相,而是以小气泡的形式分散在油相中形成泡沫油,泡沫油的存在起到了延缓生产气油比升高、大幅度提高采收率的作用。但随着油藏的开发,地层压力进一步降低,泡沫油中的小气泡逐渐聚并形成连续的气相,泡沫油现象逐渐消失,使得生产气油比快速上升,油井产量递减加快。以委内瑞拉 Orinoco 重油带典型泡沫油型稠油油藏为例,冷采初期部分水平井单井产量高达 200 t/d,冷采采收率接近 8%~12%。随着地层压力的降低,目前气油比迅速增加至原始气油比的 2.6 倍(41.1 m³/m³),油井平均递减率为 1.8%。因此,如何筛选有效的地层能量补充方式,延长泡沫油作用时间,有效改善泡沫油型稠油油藏冷采后期开发效果,成为目前该类型油藏亟待解决的关键问题。

相对于化学驱、热采等开发方式,油藏产出气(天然气)回注具有投资成本低、维护费用少等优势,且注入气进入地层后可以起到补充地层能量、降低原油黏度、膨胀原油等作用,在低渗、裂缝等复杂油藏后期开发中得到了广泛应用,具有良好的应用前景。但考虑到该类油藏特殊的泡沫油性质,目前仍缺少针对泡沫油注天然气开发过程的研究和评价方法,这限制了注气提高采收率技术在泡沫油型稠油油藏冷采后期开发中的应用。为此,本章以委内瑞拉 Orinoco 重油带泡沫油为研究对象,从注天然气补充地层能量、形成二次泡沫油的角度出发,通过室内实验与油藏数值模拟相结合的研究方法,揭示泡沫油高压物性以及渗流特征,明确泡沫油型稠油油藏注天然气二次泡沫油形成机理,评价注天然气改善冷采后期泡沫油型稠油油藏开发效果的可行性,从而形成一套有效的泡沫油型稠油油藏注天然气开发方法,为国内外同类油藏的开发奠定理论基础。

5.1　注天然气二次泡沫油形成机理

泡沫油型稠油油藏主要依靠泡沫油溶解气驱机理开发,随着油藏压力的降低,泡沫油现象逐渐消失。如何延长泡沫油的作用时间,进一步提高采收率成为该类型油藏冷采后期面临的主要问题。注天然气作为一种有效的开发方式,广泛应用于碳酸盐岩、稠油、水驱等各类油藏,为上述问题的解决提供了一种可能。注天然气提高采收率技术的主要优势包括两个方面:一是产出的天然气重新注入油藏可以有效利用资源,降低油田生产成本;二是注入天然气可以充分利用冷采后油藏中的残余溶解气,通过多种机理提高原油采收率。国内外学者通过大量研究发现,注天然气提高采收率的主要机理包括降低原油黏度、原油膨胀、溶解气驱、保持地层压力、气体扩散与传质、降低界面张力、相对渗透率滞后、排水/自吸以及润湿性反转等几个方面。但是目前仍缺乏针对泡沫油型稠油油藏冷采后期注天然气提高采收率机理的研究,因此,泡沫油型稠油油藏能否成功实施注天然气过程存在大量疑问:① 对于处于泡沫油流阶段的稠油油藏,注入天然气能否延长泡沫油作用时间;② 泡沫油现象消失后,注入天然气能否形成二次泡沫油,以进一步提高稠油油藏采收率;③ 注入天然气能否发挥上述常规油藏注气机理,泡沫油型稠油油藏注天然气过程与常规原油注天然气过程有无区别。针对上述问题,本章通过泡沫油溶气特性实验,详细揭示泡沫油异于脱气原油及活油的溶气特性,明确天然气在泡沫油中的溶气过程、溶解能力以及地层压力等因素对天然气溶解的影响规律,为天然气在泡沫油中扩散系数的确定提供实验数据。此外,通过反映泡沫油非平衡特征的非常规注气膨胀实验评价注天然气后泡沫油膨胀能力,明确拟泡点压力等泡沫油特征参数随注气量的变化规律,从而分析评价注天然气二次泡沫油形成的可能性及其作用机理,为泡沫油型稠油油藏冷采后期注天然气提高采收率提供理论支持。

5.1.1　泡沫油溶气特性实验

注气过程中,注入气在油层顶部形成气顶,部分气体通过扩散作用溶于原油起到降低原油黏度等作用,因此,注入气在原油中的溶解性质对驱油效果影响较大,是注气提高采收率能否成功的前提条件和注气可行性评价的重要依据。

1）实验材料

地层油样是将委内瑞拉 Orinoco 泡沫油型稠油油藏产出油与天然气在油藏温度 54.2 ℃、地层原始压力 8.65 MPa 的条件下复配而成的。脱气原油、地层原油的性质见表 5-1-1,产出油的四组分分析结果见表 5-1-2。天然气由二氧化碳与甲烷按体积比 8∶1 配制而成,所用二氧化碳和甲烷气体纯度均为 99.999%。

表 5-1-1　委内瑞拉 Orinoco 原油性质表

脱气原油性质		
密度/(g·cm⁻³)		1.013
黏度/(mPa·s)	50 ℃	24 715
	65 ℃	5 559
	80 ℃	1 620
	95 ℃	644
地层油性质		
体积系数/(m³·m⁻³)		1.173
密度/(g·cm⁻³)		0.957
气油比/(m³·m⁻³)		15
相对分子质量		418.76
地层油组成(摩尔分数)/%		
CO_2		2.8
N_2		0.13
C_1		22.43
C_2		0.08
C_3		0.04
C_4		0.04
C_5		0.12
C_6		0.49
C_7^+		73.87
总　计		100

表 5-1-2　原油四组分分析结果

组　分	饱和烃	芳香烃	胶　质	沥青质
质量分数/%	19.8	51.2	18.9	8.8

2）实验设备

实验设备主要包括配样器、高温高压 PVT 仪、天然气气瓶、高压计量泵、油气分离瓶、量气瓶以及落球黏度计。实验流程图如图 5-1-1 所示。

3）实验步骤

泡沫油溶气特性实验步骤如下：

（1）将一定量的复配地层油从配样器转入 PVT 仪中。保持 PVT 仪为地层条件（8.65 MPa,54.2 ℃）并稳定 5 h。

（2）为了模拟油藏现有压力下的原油状态,退泵降低 PVT 筒压力至 4 MPa(泡点压力

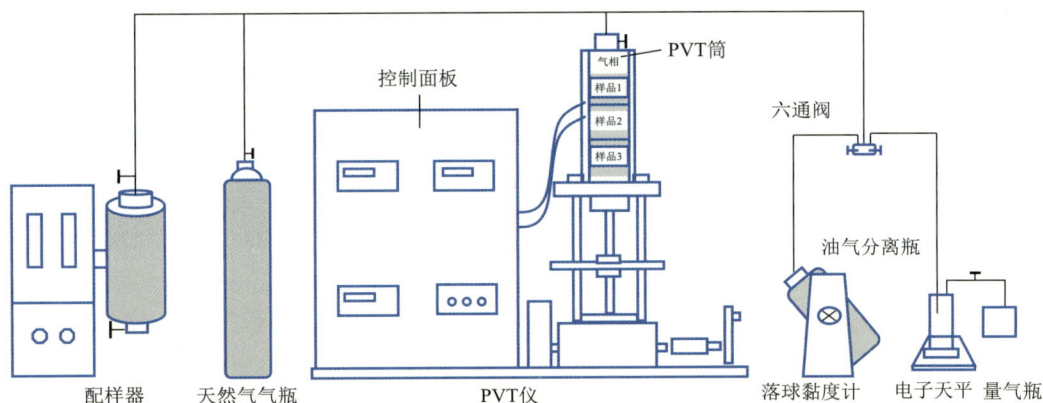

图 5-1-1　泡沫油溶气特性实验流程图

与拟泡点压力之间),不对原油体系进行搅拌,从而确保 PVT 仪中原油为泡沫油状态。然后将天然气注入 PVT 仪中,直到压力为 5 MPa,从而模拟泡沫油型稠油油藏注气开发过程。

(3) 由于注入天然气的溶解,PVT 筒压力下降,设定时间间隔调整 PVT 仪体积,以保证体系压力不变,并记录相应 PVT 仪的体积读数。

(4) 待 PVT 仪压力变化不大时,将未溶解的气体排出,并按照落球黏度计体积将不同深度处的泡沫油分 3 次转入落球黏度计中(图 5-1-1),测量不同深度处泡沫油的黏度值。

(5) 每次黏度测量完毕,在落球黏度计出口端利用油气分离瓶和量气瓶进行单次脱气实验,测定气油比。

(6) 改变步骤(2)中注气后 PVT 筒的压力(分别为 8.65 MPa,12 MPa,16 MPa,20 MPa),重复上述步骤(1)~(5)进行 4 组实验,从而得到注气后地层压力对泡沫油中天然气溶解的影响规律。

(7) 为了对比天然气在泡沫油、脱气原油和活油中的溶气特征,重复步骤(1)~(6),只是在步骤(2)中对油样的处理存在差异。脱气原油为复配地层油在大气压下脱气后加压至 4 MPa 的原油,而活油则为复配地层油降压至 4 MPa,充分搅拌使分散在原油中的气体脱离后的原油。通过上述处理过程实现了对泡沫油、脱气原油和活油 3 种原油的有效模拟。

4) 实验结果及分析

基于上述实验步骤,针对泡沫油、活油和脱气原油 3 类原油在 5 个不同压力(5 MPa,8.65 MPa,12 MPa,16 MPa 和 20 MPa)下进行 15 组天然气溶解实验,累积溶气体积如图 5-1-2~图 5-1-5 所示。

由图 5-1-2~图 5-1-4 可知,无论何种压力和原油类型,随着时间的增加,累积溶气体积不断增加,且前期增加速度较快,后期增加速度变缓。对于同一种原油类型,随着压力的升高,累积溶气体积不断增加。以泡沫油为例,当扩散时间为 35.22 h 时,压力为 20 MPa 下的累积溶气体积是压力为 8.65 MPa(油藏条件)下的 4.8 倍(图 5-1-2)。因此,在泡沫油型

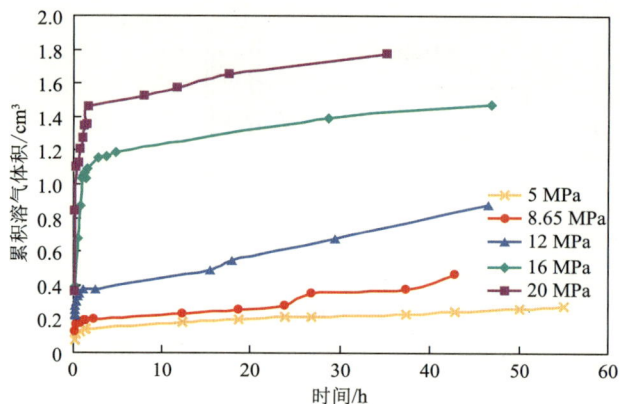

图 5-1-2　不同压力下泡沫油累积溶气体积与时间关系图

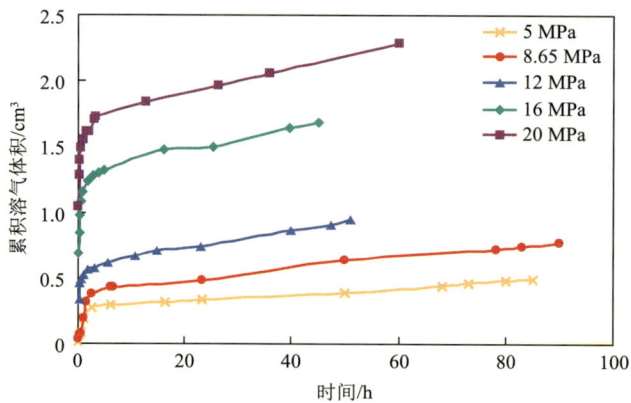

图 5-1-3　不同压力下气体在活油中的累积溶气体积与时间关系图

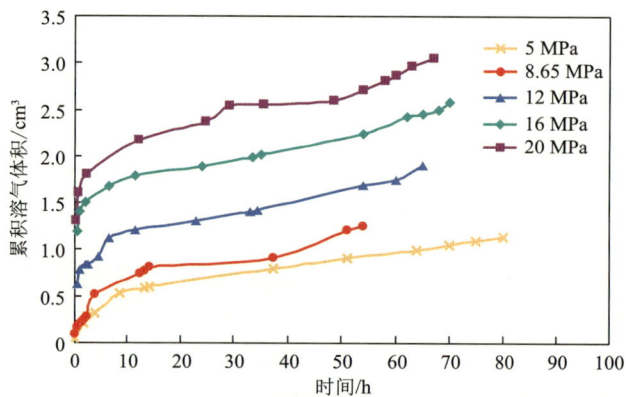

图 5-1-4　不同压力下气体在脱气原油中的累积溶气体积与时间关系图

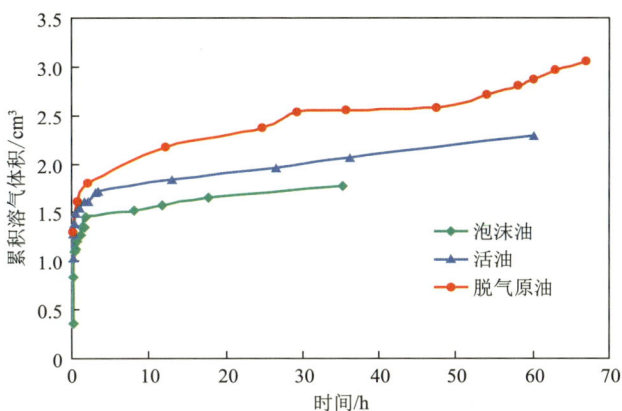

图 5-1-5　20 MPa 下不同油样累积溶气体积对比图

稠油油藏注气开发冷采后期，应尽可能提高地层压力，增加天然气溶解量。此外，通过对比 3 种原油在同一压力和时间下的实验结果（图 5-1-5）可知，脱气原油的累积溶气体积最大，其次是活油和泡沫油。当压力为 20 MPa，扩散时间为 35.22 h 时，脱气原油累积溶气体积是泡沫油的 1.43 倍，表明天然气在脱气原油中溶解能力最强，其次是活油和泡沫油。

由表 5-1-3～表 5-1-5 所示累积含气量实验结果可知，对于同一种原油类型，随着压力的升高，累积含气量不断增加。以泡沫油为例，当扩散时间为 35.22 h 时，压力为 20 MPa 下的累积含气量是 8.65 MPa（油藏条件）下的 1.03 倍。在同一压力和时间下，泡沫油累积含气量大于活油和脱气原油，例如当压力为 20 MPa，扩散时间为 35.22 h 时，泡沫油累积含气量是活油和脱气原油的 1.11 倍和 16.93 倍，即天然气在泡沫油中的溶气量低，但因其具有最高的初始含气量，使得最终累积含气量最高。

表 5-1-3　不同压力下泡沫油累积含气量(GC)与时间关系

5 MPa		8.65 MPa		12 MPa		16 MPa		20 MPa	
时间/h	GC/cm³	时间/h	GC/cm³	时间/h	GC/cm³	时间/h	GC/cm³	时间/h	GC/cm³
0.17	41.14	0.17	41.19	0.08	41.29	0.08	41.46	0.08	41.43
0.33	41.18	0.33	41.23	0.09	41.3	0.42	41.74	0.22	41.9
0.83	41.19	0.83	41.24	0.14	41.32	0.75	41.94	0.38	42.16
1.17	41.21	1.00	41.25	0.17	41.35	0.92	42.1	0.55	42.19
1.33	41.21	1.17	41.26	0.25	41.37	1.08	42.12	0.72	42.27
12.33	41.25	1.33	41.26	0.42	41.4	1.25	42.13	1.05	42.34
18.83	41.27	2.33	41.26	0.58	41.42	1.42	42.1	1.22	42.41
23.83	41.28	12.33	41.3	1.08	41.45	1.58	42.16	1.55	42.42
26.83	41.28	18.83	41.33	2.47	41.45	2.75	42.22	1.72	42.52

续表 5-1-3

5 MPa		8.65 MPa		12 MPa		16 MPa		20 MPa	
时间/h	GC/cm³	时间/h	GC/cm³	时间/h	GC/cm³	时间/h	GC/cm³	时间/h	GC/cm³
37.33	41.30	23.83	41.35	15.47	41.56	3.75	42.24	8.00	42.59
42.83	41.31	26.83	41.42	17.98	41.62	4.75	42.26	11.72	42.64
50.00	41.33	37.33	41.44	29.47	41.74	28.75	42.46	17.72	42.72
55.00	41.35	42.83	41.53	46.47	41.95	46.75	42.54	35.22	42.84

表 5-1-4 不同压力下活油累积含气量(GC)与时间关系

5 MPa		8.65 MPa		12 MPa		16 MPa		20 MPa	
时间/h	GC/cm³	时间/h	GC/cm³	时间/h	GC/cm³	时间/h	GC/cm³	时间/h	GC/cm³
0.10	36.50	0.12	36.52	0.17	36.82	0.08	37.17	0.12	37.51
0.28	36.54	0.28	36.54	0.33	36.93	0.17	37.32	0.20	37.76
0.50	36.56	0.50	36.55	0.50	36.97	0.33	37.45	0.37	37.87
0.98	36.67	0.98	36.67	1.00	37	0.50	37.56	0.53	37.97
2.70	36.75	1.50	36.79	1.75	37.04	0.83	37.63	1.00	38.03
6.20	36.77	2.70	36.85	3.00	37.05	1.83	37.71	1.58	38.09
16.60	36.80	6.20	36.9	5.75	37.1	2.83	37.76	2.08	38.09
23.38	36.81	6.60	36.9	10.75	37.14	3.83	37.78	3.00	38.18
50.00	36.87	23.38	36.96	15.00	37.19	4.83	37.8	3.40	38.2
68.00	36.92	50.00	37.11	23.08	37.22	16.16	37.95	13.00	38.32
73.00	36.94	78.00	37.2	40.00	37.34	25.53	37.97	26.50	38.44
80.00	36.96	83.00	37.22	47.53	37.38	39.80	38.12	36.17	38.54
85.00	36.97	90.00	37.25	51.00	37.42	45.00	38.16	60.00	38.76

表 5-1-5 不同压力下脱气原油油累积含气量(GC)与时间关系

5 MPa		8.65 MPa		12 MPa		16 MPa		20 MPa	
时间/h	GC/cm³	时间/h	GC/cm³	时间/h	GC/cm³	时间/h	GC/cm³	时间/h	GC/cm³
0.08	0.04	0.08	0.09	0.50	0.62	0.50	1.20	0.15	1.30
1.77	0.19	0.43	0.15	1.00	0.78	1.00	1.41	0.65	1.61
2.27	0.28	0.77	0.19	2.00	0.83	2.00	1.51	2.15	1.80
3.77	0.31	1.27	0.21	2.50	0.83	6.50	1.67	12.15	2.17

5 MPa		8.65 MPa		12 MPa		16 MPa		20 MPa	
时间/h	GC/cm³	时间/h	GC/cm³	时间/h	GC/cm³	时间/h	GC/cm³	时间/h	GC/cm³
8.47	0.52	1.77	0.24	4.50	0.93	11.50	1.79	24.65	2.36
13.27	0.58	2.27	0.27	6.50	1.12	24.00	1.89	29.15	2.53
14.27	0.59	3.77	0.51	11.50	1.21	33.50	1.99	35.65	2.56
37.27	0.79	12.27	0.73	23.00	1.31	35.00	2.01	48.65	2.59
51.00	0.90	13.27	0.77	33.00	1.40	54.00	2.24	54.00	2.71
64.00	0.99	14.27	0.81	34.50	1.42	62.00	2.42	58.00	2.80
70.00	1.05	37.27	0.91	54.00	1.68	65.00	2.45	60.00	2.86
75.00	1.09	51.00	1.20	60.00	1.75	68.00	2.59	63.00	2.96
80.00	1.13	54.00	1.25	65.00	1.90	70.00	2.63	67.00	3.05

压力分别为 5 MPa,8.65 MPa,12 MPa,16 MPa,20 MPa 下不同深度处泡沫油注气后黏度及气油比测试结果如图 5-1-6 所示。

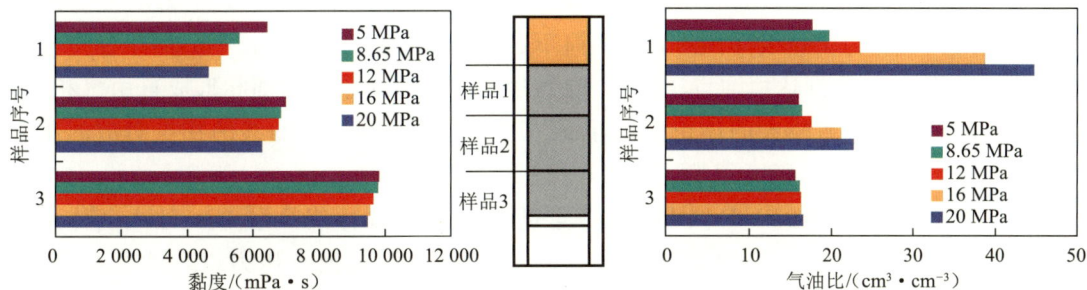

图 5-1-6　不同压力、深度处泡沫油注气后黏度及气油比测试结果

由图 5-1-6 可知,随着深度的增加,泡沫油黏度逐渐增加,气油比逐渐减小,如压力为 8.65 MPa 时,样品 1 的气油比比样品 3 的气油比增加 3.68 cm³/cm³,黏度降低 4 172.58 mPa·s,表明天然气溶解能力随深度的增加逐渐减小,在溶解区域可以起到较好的降黏作用。此外,同一深度处,随着压力的升高,泡沫油黏度降低,气油比增加,如 20 MPa 下样品 1 的黏度比 8.65 MPa 下的低 965.68 mPa·s,气油比高 25.15 cm³/cm³。由此可见,提高地层压力可以增加垂向天然气溶解深度,降低原油黏度,扩大作用区域。

5.1.2　泡沫油非常规注气膨胀实验

注气过程中天然气的溶解使原油膨胀,体系饱和压力增加。注气膨胀实验可用于评价上述过程中原油的膨胀能力、泡点压力、油气组成等参数随注入气量的变化程度,进而更好地理解天然气注入后的流体相行为。由于泡沫油注气后相行为与常规原油存在较大差异,这里提出了一种能够反映泡沫油非平衡特征的非常规注气膨胀实验方法。通过该方法除了可以确定常规注气膨胀实验的泡点压力、膨胀系数(注气后流体泡点压力下的体积与流体原始泡点压力下的体积之比)和黏度等参数外,还可以确定两个新参数:拟泡点压力和拟泡点压力膨胀系数。拟泡点压力定义为泡沫油-注入气系统中气泡开始聚并,泡沫油现象开始消失时的压力。拟泡点压力膨胀系数定义为流体拟泡点压力下的体积与流体原始压力下的体积之比。通过综合分析实验所得参数可以评价注气过程中二次泡沫油形成的可能性并定量表征不同注气量下泡沫油生产和消失时的膨胀能力。

1) 实验设备与步骤

泡沫油非常规注气膨胀实验设备与泡沫油溶气特性实验相同。泡沫油非常规注气膨胀实验具体的实验步骤如下:

(1) 将配样器中一定量的复配地层油转入 PVT 仪中,并保持 PVT 仪在地层条件(8.65 MPa,54.2 ℃)下稳定 5 h。

(2) 以高于地层压力 10 kPa 的压力将大约 40 cm³ 泡沫油导入落球黏度计,测量样品的黏度,之后通过单次脱气实验获得油、气样品,进行流体色谱分析。

(3) 确定拟泡点压力和拟泡点压力膨胀系数。在此过程中,PVT 筒压力从原始地层压力降低到大气压力。每级降压后,PVT 筒不进行搅拌,而是保持静止 1 d,用于模拟泡沫油现象。PVT 筒压力到达拟泡点压力后,泡沫油中的气泡开始脱离油相形成自由气相,很小的压力降低就会导致较大的体积变化,因此 PVT 筒压力和体积曲线的拐点对应的压力即拟泡点压力,对应的体积可用于计算拟泡点压力膨胀系数。

(4) 在地层条件下向 PVT 仪中注入一定量的天然气,搅拌使得泡沫油-注入气体系为单相,之后按照步骤(2)~(3)测量该注气量下体系的黏度、拟泡点压力以及油气组成,并记录各个压力下体积的变化情况。

(5) 增加注气量,重复步骤(2)~(3),直到泡点压力达到地层压力。

(6) 泡点压力和泡点压力膨胀系数等参数由常规注气膨胀实验确定。该实验过程与非常规注气膨胀实验相似,只是步骤(3)中每级降压后对 PVT 筒中的样品进行搅拌,使得泡沫油中的小气泡聚并后脱离油相。

2) 实验结果及分析

泡沫油非常规注气膨胀实验所得泡点压力、拟泡点压力、原油黏度如图 5-1-7 所示,膨胀系数如图 5-1-8 所示,色谱分析所得不同注气量下的原油组成见表 5-1-6、表 5-1-7。

由图 5-1-7 可知,泡点压力和拟泡点压力随着注气量的增加而升高,由未注气时的 5.4 MPa 和 3.1 MPa 升高到 8.6 MPa 和 7.5 MPa(注入气摩尔分数为 51%),且上升速度较慢,反映了良好的注气特性。同一注入气摩尔分数下若同时存在泡点压力和拟泡点压力,则表明该注气量下存在泡沫油现象,因此定义泡点压力和拟泡点压力之间区域为注气过程中的泡沫油区域(图 5-1-7)。注气过程中该区域的存在表明通过注入天然气的方式可以缓解冷采后期泡沫油消失的现象,形成二次泡沫油。但随着注气量的增加,泡点压力与拟泡点压力的差值逐渐减小,二次泡沫油形成区域逐渐缩小,形成泡沫油能力变弱。此外,随着注气量的增加,原油黏度先迅速下降后缓慢下降,当注入气摩尔分数为 51% 时,原油黏度为初始原油黏度的 55.6%,表明注入气可以起到降低泡沫油黏度,增加流动性的作用。

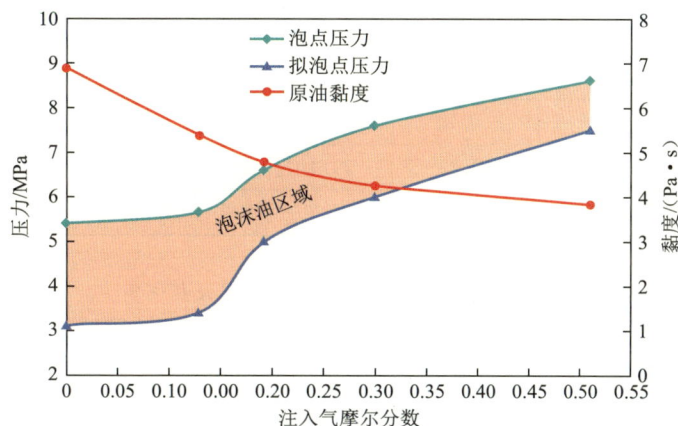

图 5-1-7　泡沫油非常规注气膨胀实验结果

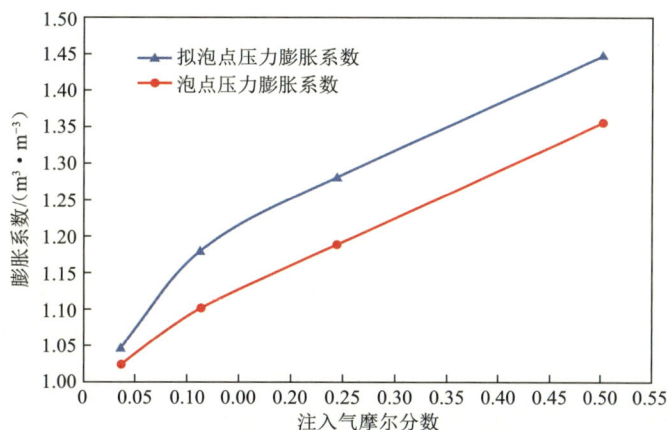

图 5-1-8　泡沫油非常规注气膨胀实验结果

由图 5-1-8 可知,泡点压力膨胀系数和拟泡点压力膨胀系数随着注气量的增加而升高,当注入气摩尔分数超过 19% 时,泡点压力膨胀系数和拟泡点压力膨胀系数随注气量呈线性增加。当注入气摩尔分数为 51% 时,泡点压力膨胀系数和拟泡点压力膨胀系数达到了 1.45 m^3/m^3 和 1.36 m^3/m^3。上述实验结果表明,原油溶解注入气后体积迅速膨胀,且随着注气量的增加,体积膨胀系数增大。泡点压力和拟泡点压力下的两组膨胀系数值可以较好地表征泡沫油状态开始和消失时两个极限状态下的原油膨胀性,可作为泡沫油型稠油油藏注气开发的评价决策依据。

由表 5-1-6、表 5-1-7 中注气后原油组分分析结果可知,随着注入气摩尔分数的增加,泡沫油轻组分($C_1 \sim C_5$)比例逐渐增加,中间组分和重组分比例($C_6 \sim C_{11}^+$)逐渐减小,这是泡沫油注气过程中黏度降低的重要原因。

表 5-1-6 注气后原油轻组分变化表   单位:%

注入气摩尔分数	CO_2	C_1	C_2	C_3	C_4	C_5
0.13	1.27	23.48	0.13	0.07	0.02	0.00
0.19	1.40	28.48	1.08	0.12	0.10	0.01
0.30	1.51	29.22	1.12	0.15	0.05	0.01
0.51	1.52	31.61	1.20	0.24	0.02	0.02

表 5-1-7 注气后原油中间及重组分变化表   单位:%

注入气摩尔分数	C_6	C_7	C_8	C_9	C_{10}	C_{11}^+
0.13	0.02	0.30	0.21	0.42	0.49	73.60
0.19	0.00	0.21	0.14	0.10	0.30	68.07
0.30	0.01	0.14	0.12	0.10	0.62	66.94
0.51	0.01	0.11	0.11	0.05	0.13	64.99

5.2 泡沫油型稠油油藏注天然气提高采收率可行性评价

注气作为继水驱、化学驱和热采之后提高原油采收率的又一重要途径,在伊拉克 Soroosh 油藏、委内瑞拉 Oveja 油田和中国吐哈油田等国内外稠油油藏开发过程中得到了广泛的应用(表 5-2-1),受到国内外专家的重视。例如,1983 年,委内瑞拉东部的 Oveja 油田 OM-100 稠油油藏成功实施了天然气驱项目,中国吐哈油田鲁克沁超深层稠油油藏注天然气吞吐现场试验也取得了成功。因此,稠油油藏具有的高黏度特性不是成功实施注气提高采收率的限制因素。

表 5-2-1 稠油油藏注气开发实例汇总表

名　称	加拿大 Dulwich 油藏	加拿大 Buzzard 油藏	伊拉克 Soroosh 油藏	加拿大 Frog Lake 油田	委内瑞拉 Oveja 油田	美国怀俄明 Halfmoon 油田	中国吐哈油田鲁克沁油藏
深度 /m	490	590	2 200	550	3 300	3 400	3 300～ 3 800

名　　称	加拿大 Dulwich 油藏	加拿大 Buzzard 油藏	伊拉克 Soroosh 油藏	加拿大 Frog Lake 油田	委内瑞拉 Oveja 油田	美国怀俄明 Halfmoon 油田	中国吐哈油田鲁克沁油藏
油藏压力 /kPa	3 720	3 650	22 201	5 000	10 231	3 102～6 205	23 000
原始油藏温度 /℃	23.3	25	—	25	—	135～141	—
净厚度/m	10	6	52～73	4～6	37	40	30～60
岩石压缩系数 /kPa^{-1}	$1.0×10^{-6}$	$1.0×10^{-6}$	—	—	—	—	—
原油压缩系数 /kPa^{-1}	$9.5×10^{-7}$	$9.5×10^{-7}$	—	—	—	—	—
脱气原油黏度 /(mPa·s)	1 200	10 000	—	10 000～15 000	—	—	9 600～36 500
地层原油黏度 /(mPa·s)	—	—	15～50	—	885	118	—
原油密度 /(kg·m^{-3})	960.1	972.8	—	986	934	953	950
气油比 /(m^3·m^{-3})	—	—	—	10	30	—	10～12
孔隙度	0.3	0.33	0.25～0.29	0.32	0.28	0.14	0.15～0.20
渗透率 /(10^{-3} μm^2)	4 000	1 800	5 000～11 000	2 000～5 000	10 000	95 000	20 000～100 000
原开发方式	出砂冷采	出砂冷采	衰竭式开发	出砂冷采	衰竭式+注水开发	注水开发	衰竭式开发
注气方式	注气吞吐	注气吞吐	气　驱	注气吞吐	注气吞吐	注气吞吐+气驱	注气吞吐
注入气组成	丙烷与甲烷	50%甲烷+50%丙烷	98.5%甲烷	67%甲烷+33%丙烷	天然气	二氧化碳	天然气
注气开发效果	单井提高 6 m^3/d	单井提高 7 m^3/d	提高采收率 27%	增产效果较小	累积产油 740 000 bbl	注气吞吐提高采收率2.1%，气驱日产油增加15～50 bbl/d	7 个周期采收率为 8.2%

油田实际开发经验和大量研究表明,稠油油藏注天然气极易导致油藏流体流动、相行为以及储层性质发生剧烈变化,从而导致稠油沥青质的沉淀。沥青质沉淀不仅通过降低油藏孔隙度、渗透率等储层参数影响油气渗流过程,还会引起井筒及生产设备的堵塞而影响油田正常生产。目前,专家学者对委内瑞拉 Orinoco 泡沫油溶解气驱过程中的沥青质沉淀问题进行了少量研究,但仍未见泡沫油注气过程中沥青质沉淀方面的研究报道,更缺乏针对性强的实验方法,这给注气改善泡沫油冷采后期开发效果的决策评价造成了一定的困难。此外,考虑到泡沫油型稠油油藏异于常规油藏的原油及储层性质,有针对性地选择合理的注气开发方式,提出合理化开发方案,是泡沫油型稠油油藏注气项目成功实施的关键。因此,本节通过室内实验方法对泡沫油型稠油油藏注气提高采收率可行性进行全面评价。首先,借助注气沥青质沉淀评价实验确定不同注气量下的泡沫油中沥青质沉淀起始压力,明确沥青质沉淀量与地层压力的关系,定量评价不同注入量下的沥青质沉淀量。然后,以压力衰竭实验结果为参照,对比注气吞吐、气驱(连续注气及间歇注气)等开发方式冷采后期泡沫油型稠油油藏的效果,明确油藏压力、注气时机、注气速度、天然气段塞等参数的影响规律,进一步揭示注气后二次泡沫油的形成机理,为泡沫油型稠油油藏冷采后期注气提高采收率的实施提出合理化的建议。

5.2.1　注气沥青质沉淀评价实验研究

注气沥青质沉淀评价实验主要是测定压力衰竭式开发或注气过程中沥青质沉淀起始压力(AOP),定量评价上述过程中沥青质的沉淀量。目前,主要的实验方法包括比重测试法、声学共振法、近红外线光散射技术和过滤法。在油田生产开发历史中,上述 4 种方法在不同原油及注气过程(氮气、二氧化碳和天然气)的沥青质沉淀评价中都得到了广泛的应用。

比重测试法相对准确,但测试过程十分复杂、费时。声学共振法具有测试过程简单、确定实验结果快、有效避免主观因素的优点,但其缺点是实验过程无法确定沥青质沉淀消失的压力。对近红外线光散射技术而言,沥青质起始沉淀压力等参数的确定需要人为解释,人为因素的存在对测试结果有一定的影响,但该方法的优点在于可以同时测定沥青质沉淀的起始、消失压力以及泡点压力。过滤法测试速度快于比重测试法,而且可以同时测定沥青质沉淀的起始、消失压力和泡点压力。综合考虑上述方法,本实验选择过滤法确定沥青质起始沉淀压力,评价注气过程中沥青质沉淀风险。

1)实验材料及设备

注气沥青质沉淀评价实验所用油气样品与泡沫油溶气特性实验相同。实验设备主要包括配样器、高温高压 PVT 仪、天然气气瓶、油气分离瓶、量气瓶、电子天平、回压阀以及高压过滤器。实验流程图如图 5-2-1 所示。高压过滤器的最高工作压力为 50 MPa,工作温度为 $-20 \sim 200$ ℃,孔隙大小为 0.5 μm。

2)实验步骤

(1)设备及管线抽真空 24 h 后,将配样器中一定量复配地层油转入 PVT 筒中,并保

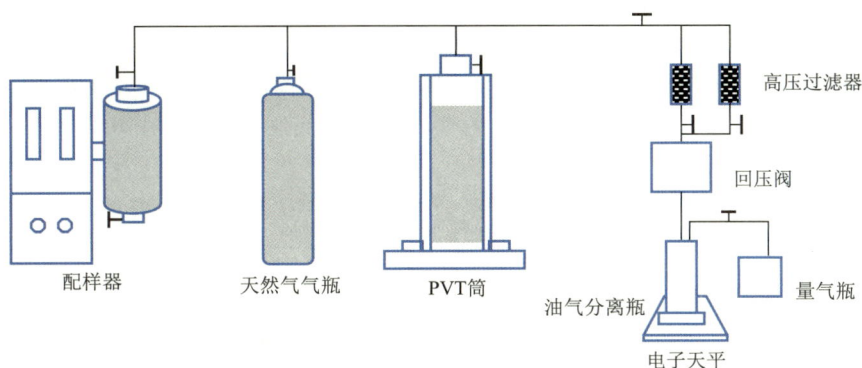

图 5-2-1　注气沥青质沉淀评价实验流程图

持 PVT 筒在地层条件(8.65 MPa,54.2 ℃)下稳定 5 h。

（2）根据预先设计的压力点,降低 PVT 筒压力进行等组分膨胀实验。实验过程中每级降压后,预留时间让沥青质充分沉淀。之后,控制回压阀压力让原油通过高压过滤器闪蒸到大气压力。由于沥青质沉淀在 PVT 筒底部,通过高压过滤器后闪蒸油中的沥青质含量随之降低,分析对比发现地层油样与闪蒸油样的沥青质含量之差,因此可以确定沥青质沉淀起始压力以及不同压力下沥青质的沉淀量。

（3）在地层条件下向 PVT 筒中注入一定量的天然气(摩尔分数为 13％),搅拌使得泡沫油-注入气体系成为单相。当 PVT 筒压力基本不变后,按照步骤（2）进行等组分膨胀实验,测量该注气量下沥青质沉淀量与压力的关系。

（4）为了研究注气量对沥青质沉淀的影响,按照步骤（3）,提高注气量(19％,30％和 51％)进行一系列实验。

3）实验结果及分析

按照上述实验步骤,共测定了 5 个注入气摩尔分数、39 个压力下的沥青质沉淀量数据,结果如图 5-2-2 所示。

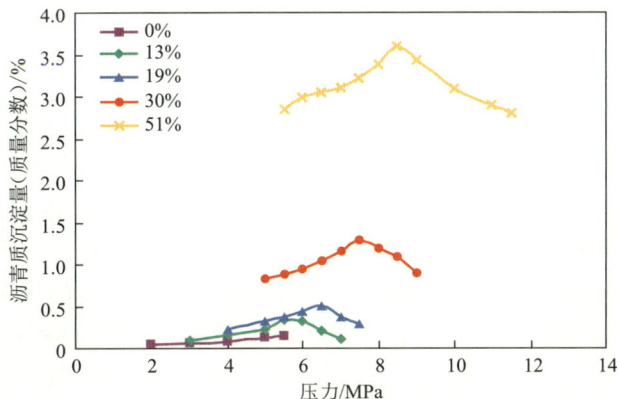

图 5-2-2　不同注入气摩尔分数下沥青质沉淀量与压力关系图

图 5-2-2 表明,无论在何种注入气摩尔分数下,沥青质沉淀量与压力关系曲线都具有相同的趋势,即随着压力的降低,沥青质沉淀量先增加后降低。例如,当注入气摩尔分数为 19%、压力高于 7.5 MPa 时,原油-注入气体系沥青质稳定,没有沥青质沉淀产生;当压力低于 7.5 MPa 时,沥青质沉淀出现,且随着压力的降低逐渐增加,在 6.5 MPa 时达到最大沉淀量 0.5%;当压力低于泡点压力后,由于气相的产生,沉淀的沥青质重新溶于原油,导致沥青质沉淀量减少。由上述实验结果可知,注气量为 19% 下沥青质沉淀起始压力和泡点压力分别为 7.5 MPa 和 6.5 MPa。

不同注入气摩尔分数下沥青质沉淀量与沥青质沉淀起始压力(AOP)随压力变化关系如图 5-2-3 所示。由图 5-2-3 可知,沥青质沉淀初始压力随着注入气摩尔分数的增加而增加。在目前的油藏压力(4 MPa)下,注气过程中可能会产生沥青质沉淀。当注入气摩尔分数大于 19% 时,沥青质沉淀速度增加迅速,表明随着注气量的增加,沥青质稳定性变差;当注入气摩尔分数为 51% 时,沥青质沉淀量达到最大值。因此,注气量是影响沥青质沉淀量的主要参数。值得注意的是,本实验是在注入气与原油一次接触的情况下对沥青质沉淀的评估,但在实际油藏注气过程中,气相通过从稠油中抽提出轻组分而逐渐富化,天然气与原油之间多次接触。因此,与相同注气量下的实验结果相比,实际注气过程中沥青质沉淀对注气量更加敏感,沉淀量更大。

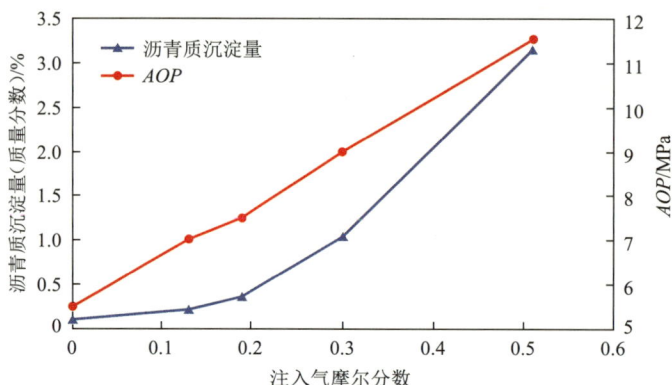

图 5-2-3　不同注入气摩尔分数下沥青质沉积量与 AOP 随压力变化关系图

在实验之前,通过 3 种方法对注气过程中的沥青质沉淀风险进行预评估。第一种方法为 de Boer 图版法。该图版是根据 Flory 和 Huggins 聚合物理论推导的沥青质溶解模型建立的,是一种评估沥青质沉淀的简单方法。根据该方法以委内瑞拉 Orinoco 泡沫油型稠油油藏地层原油密度 ρ 与地层压力 p 作为横纵坐标绘制在 de Boer 图版上(图 5-2-4)。由图 5-2-4 可知,该原油处于无风险区域,因此注气过程中不存在沥青质沉淀风险。

第二种方法为 Stankiewicz 等根据油田观察和操作经验建立的饱和烃/芳香烃与沥青质/胶质交会图(图 5-2-5)。图 5-2-5 中一条曲线将交会图划分为稳定区域和非稳定区域。根据表 5-1-2 所示的四组分分析数据可知,该油藏位于稳定区域,但与分割线非常接近。

第三种方法为 Gaestel 等提出的沉淀指数 CII 评价法。沉淀指数 CII 定义为沥青质与饱和烃质量百分比之和与芳香烃与胶质质量百分比之和的比值。油田开发经验表明,当

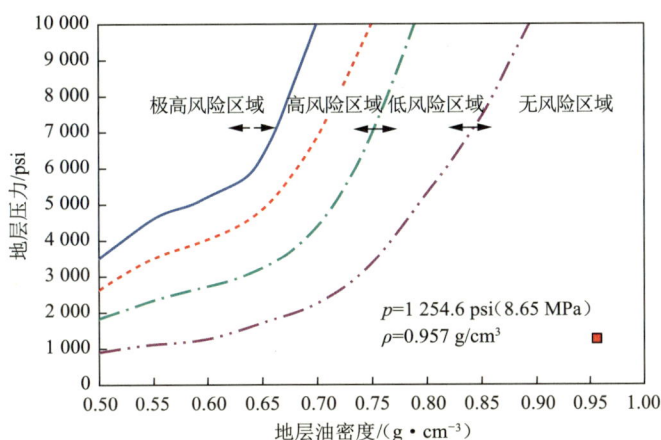

图 5-2-4　de Boer 图版法沥青质沉淀风险评价结果

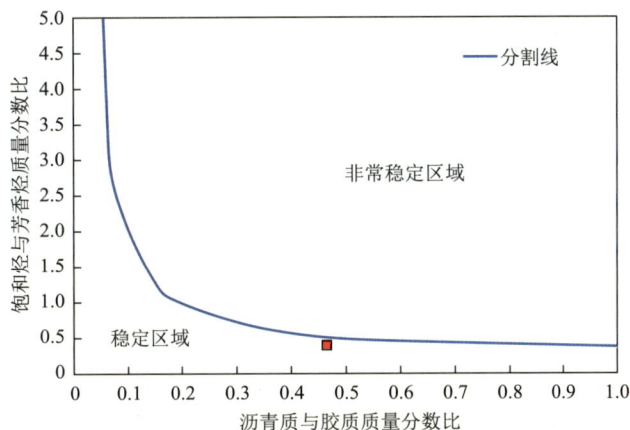

图 5-2-5　饱和烃/芳香烃与沥青质/胶质交会图

沉淀指数 CII 大于 0.9 时,原油沥青质不稳定;当沉淀指数 CII 小于 0.7 时,原油沥青质稳定;当沉淀指数 CII 在 0.7～0.9 之间时,原油沥青质的稳定性存在不确定性,需要通过实验方法进一步研究。由表 5-1-2 所示的四组分分析数据可知,该原油沉淀指数 CII 为 0.41,因此原油沥青质稳定。

比较实验数据与上述 3 种方法的计算结果可知,注气沥青质沉淀实验结果与上述预测方法所得研究结果相反,由此可知上述方法不适合评价委内瑞拉 Orinoco 泡沫油注气沥青质沉淀风险,其原因可能与该地区特殊的原油性质有关。

5.2.2　泡沫油型稠油油藏天然气吞吐实验

以压降速度为 0.8 MPa/h 的压力衰竭实验为基础实验(方案 1),分别设计 6 个天然气吞吐实验方案与之对照。方案 2:冷采降压至 1.5 MPa(拟泡点压力之下)时注天然气吞吐,之后以与基础方案相同的压力衰竭速度开发。方案 3:冷采降压至 4 MPa(泡点压力及拟泡点压力之间)时注天然气吞吐,之后以与基础方案相同的压力衰竭速度开发;方案 4:冷采降压至 6 MPa(泡点压力之上)时注天然气吞吐,之后以与基础方案相同的压力衰竭速度开发。方案 5:冷采降压至 4 MPa 时注天然气吞吐,之后以 2 倍于基础方案的压力衰竭速度(1.6 MPa/h)开发。方案 6:冷采降压至 4 MPa 时注天然气吞吐,注气量是其他注气方案的 2 倍。方案 7:进行 3 轮次的注天然气吞吐,即冷采降压至 6 MPa,4 MPa 和 1.5 MPa 时分别进行一轮次天然气吞吐,之后以与基础方案相同的压力衰竭速度开发至大气压力。

通过对比分析天然气吞吐方案与基础方案,可以系统评价注天然气吞吐补充地层能量,形成二次泡沫油以及提高采收率的可行性,明确注气时机、压降速度、注气量及吞吐轮次对泡沫油天然气吞吐开发效果的影响规律,为该类油藏冷采后期注气开发提供合理化建议。

1) 实验设备

泡沫油型稠油天然气吞吐实验设备主要包括平流泵、填砂管、回压阀、回压调节器、中间容器(盐水、活油)、油气分离瓶、量气瓶、电子天平、压力传感器、计算机采集装置等。实验流程如图 5-2-6 所示。

2) 实验步骤

泡沫油型稠油油藏天然气吞吐实验过程大体包括 3 个阶段:注气阶段、焖井阶段和生产阶段。注气阶段打开阀门 1,天然气通过管线 1 从生产端注入填砂管(图 5-2-6);之后在焖井阶段让天然气在较高的压力下通过分子扩散过程充分溶解于原油中;最后降低填砂管压力使原油在泡沫油溶解气驱的作用下产出。6 个天然气吞吐方案具体步骤如下。

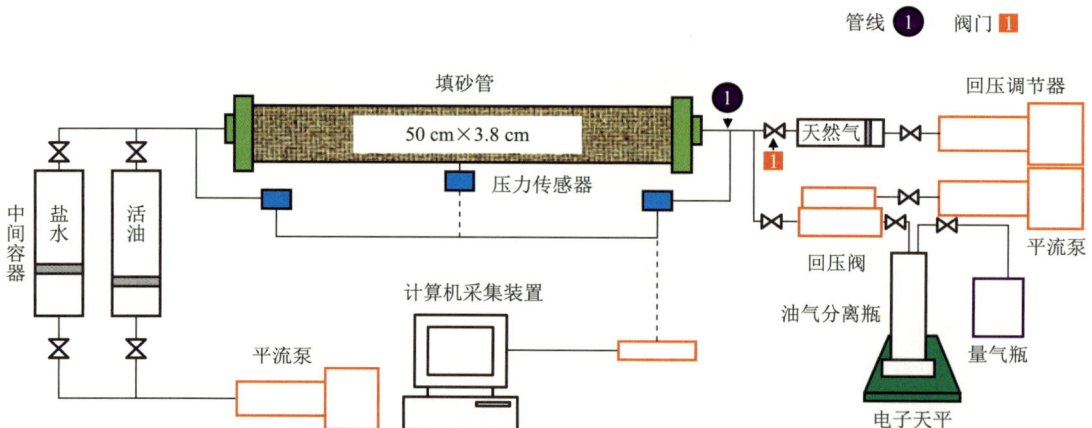

图 5-2-6 天然气吞吐实验流程图

单轮次天然气吞吐(方案 2~6):

(1) 前期填砂管的制备及水、油饱和过程与压力衰竭实验相同,各方案填砂管渗透率等参数见表 5-2-2。

(2) 实验开始时保持实验压力在泡点压力之上,实验温度为地层条件下的温度,以

0.8 MPa/h 的压力衰竭速度逐渐降低回压压力至注气时机压力(方案 2 为 1.5 MPa,方案 3,5,6 为 4 MPa,方案 4 为 6 MPa)。

(3) 以 12 MPa 注入压力注入 0.1 PV 天然气(方案 6 为 0.2 PV)后焖井 2 d。

(4) 焖井结束后,以 0.8 MPa/h 的压力衰竭速度(方案 5 为 1.6 MPa/h)继续降低回压阀压力至大气压。记录天然气吞吐过程中填砂管的压力变化情况以及油、气产量。各方案具体的实验控制参数见表 5-2-2。

3 轮次天然气吞吐(方案 7):

(1) 前期填砂管的制作及水、油饱和过程与压力衰竭实验相同,填砂管参数见表 5-2-2。

(2) 实验开始时保持实验压力在泡点压力之上,实验温度为地层条件下的温度,以 0.8 MPa/h 的压力衰竭速度降压至注气时机压力 6 MPa 后,以 12 MPa 注入压力注入 0.1 PV 天然气。

(3) 焖井 2 d 后以 0.8 MPa/h 的压力衰竭速度继续降压生产,当填砂管压力降至 4 MPa 时,重复上述注气过程和焖井过程。

(4) 焖井结束后,以 0.8 MPa/h 的压力衰竭速度继续降低回压阀压力至 1.5 MPa 进行第 3 轮次吞吐,之后以相同的压力衰竭速度降压生产至大气压。

3) 实验结果及分析

泡沫油型稠油油藏天然气吞吐实验结果见表 5-2-2,各实验方案采收率及压力结果如图 5-2-7 和图 5-2-8 所示。

表 5-2-2　天然气吞吐实验参数及结果

方案编号	1	2	3	4	5	6	7
填砂管参数							
孔隙度/%	41.8	42	45	42	43	42	43
渗透率/μm^2	7.48	7.4	7.35	7.4	7.7	7.4	7.4
含油饱和度/%	95.8	98	96	94	95	96	96
实验控制参数							
吞吐次数		1	1	1	3	1	3
注气时机/MPa		1.5	4	6	4	4	6,4,1.5
注气压力/MPa		12	12	12	12	12	12
注气量/PV		0.1	0.1	0.1	0.1	0.2	0.3
压降速度/(MPa·h^{-1})	0.8	0.8	0.8	0.8	1.6	0.8	0.8
实验结果							
衰竭后采收率/%	19.09	18.34	15.20	0.16	14.21	14.84	0.47
衰竭后剩余油饱和度/%	77.51	80.03	81.41	93.85	81.50	81.75	95.55
第 1 轮次采收率/%		3.78	9.29	20.37	10.62	11.49	13.76
第 2 轮次采收率/%							6.18

方案编号	1	2	3	4	5	6	7
第 3 轮次采收率/%							6.45
最终采收率/%	19.09	22.12	24.49	20.53	24.83	26.33	26.86
注气后剩余油饱和度/%	77.51	76.32	72.49	74.70	71.41	70.72	70.21
注入气利用率/(g·mL^{-1})		0.348	0.652	0.110	0.581	0.354	0.267

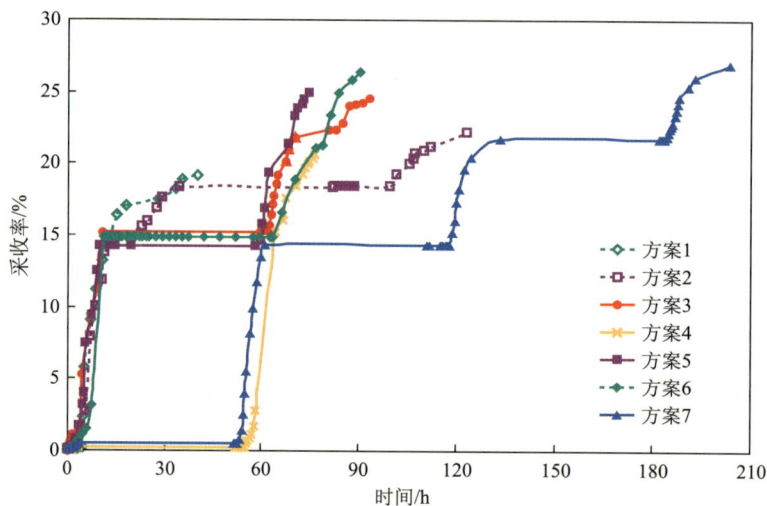

图 5-2-7　各实验方案采收率对比曲线

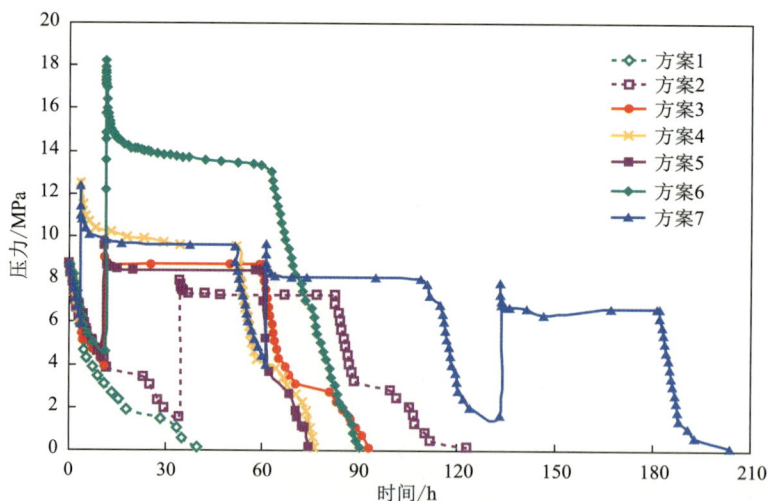

图 5-2-8　各实验方案压力对比曲线

（1）天然气吞吐提高采收率可行性分析。

由表 5-2-2 和图 5-2-7 可知，与压力衰竭实验（方案 1）相比，天然气吞吐方案的采收率均有所提高。其中，单轮次天然气吞吐（方案 6）最高可提高采收率 7.24%，多轮次天然气

吞吐(方案 7)可提高采收率 7.77%。分析其原因,主要有以下几点:

① 注入天然气在焖井阶段部分溶于原油,降压生产时形成二次泡沫油流,从而延长了泡沫油流生产时间。以下产出油状态以及生产数据可以证明上述结论:注气吞吐生产过程中,产油峰值时产出油为泡沫油状态,油中存在大量稳定的小气泡。此外,由图 5-2-7 可知,每次注气焖井后生产的采收率斜率反映了孔隙介质中流体流动的 3 种形态:油相流动、泡沫油状态下的拟单相流以及油气两相流。

② 天然气可以较好地补充地层能量。以图 5-2-8 所示的方案 3 为例,天然气吞吐前由于压力衰竭开发,使得填砂管压力由初始压力 8.7 MPa 降低到 3.9 MPa,注天然气后压力迅速升高到 9.8 MPa,即使由于焖井阶段天然气的溶解压力有所降低,生产前填砂管压力仍然可以达到原始压力 8.7 MPa。

(2) 注气时机的影响。

由表 5-2-2 可知,方案 2～4 的注气控制条件相似,只是注气时机不同。由图 5-2-7 所示的采收率结果可知,方案 3 与方案 2、方案 4 相比,分别提高采收率 2.37% 和 3.96%,即在泡点压力与拟泡点压力之间注气效果最佳。其原因在于 4 MPa 下原油状态为泡沫油,此时注气可以获得最大的天然气溶解量,使得原油黏度降低,最大限度地发挥泡沫油的增油作用。当注气时机过早时(方案 4),地层近井周围剩余油饱和度较高,存在大量的原油与注入天然气充分接触,且填砂管压力可以得到有效保持,这是方案 4 的采收率高于压力衰竭开发(方案 1)的主要原因。但是,由于注入气使原油的初始气油比增加,导致泡沫油溶解气驱阶段存在大量自由气,使得最终采收率低于方案 3。当注气时机过晚时(方案 2),冷采时间过长导致近井周围剩余油饱和度较低,在该状态下注气,原油与气体接触的机会较少,且注入气以自由气形式存在,难以形成二次泡沫油,这是方案 2 的采收率低于方案 3 的主要原因。

(3) 压降速度的影响。

由表 5-2-2 可知,方案 5 的压降速度为 1.6 MPa/h,是方案 3 的 2 倍,其他注气控制条件相同,因此,通过对比两者的实验结果可以揭示压降速度对天然气吞吐开发效果的影响。由图 5-2-7 和表 5-2-2 可知,方案 5 的采收率为 24.83%,比方案 3 提高了 0.34%,即提高压降速度可以提高天然气吞吐采收率。但在压降速度提高一倍的情况下,采收率增加幅度较小,远小于压力衰竭实验时的增油幅度(3.89%),因此对于天然气吞吐过程,提高吞吐生产阶段压降速度对采收率的影响较小。其原因在于天然气吞吐生产阶段存在大量没有溶解的天然气,提高压降速度使得未溶解天然气以自由气形式快速产出,导致压力短时间内迅速下降,从而影响了泡沫油溶解气驱增油效果。

(4) 注气量的影响。

由表 5-2-2 可知,方案 3 和方案 6 的注气控制条件相似,只是注气量不同,分别为 0.1 PV 和 0.2 PV,即方案 6 的注气量是方案 3 的 2 倍。由图 5-2-7 和表 5-2-2 可知,方案 6 的采收率为 26.33%,比方案 3 提高了 1.84%,表明增加注气量有利于提高天然气吞吐开发效果。其原因在于以下几个方面:

① 注气量增加可以有效提高地层压力。例如,方案 6 注气后,压力从 4.6 MPa 提高到 18.2 MPa,提高了 13.6 MPa,而方案 3 只提高了 5.9 MPa。较高的压力使得焖井阶段的天然气溶解量增加,从而在生产阶段形成更为有效的泡沫油溶解气驱。

② 注气量增加有利于注入气进入油藏深处,扩大注入气与原油的接触范围,使得油藏深处的剩余油在二次泡沫油的作用下渗流到近井区域而产出。

尽管注气量的增加可以提高原油采收率,但值得注意的是方案 6 的注入气利用率(与压力衰竭实验相比,单位体积注入天然气量所增产的油量)为 0.354 g/mL,低于方案 3 的 0.652 g/mL,即在该实验条件下,增加注气量会导致注入气利用率降低。因此,天然气吞吐方案具体实施过程中是否提供注气量应充分考虑经济因素。

（5）吞吐轮次的影响。

由表 5-2-2 和图 5-2-7 可知,3 轮次天然气吞吐(方案 7)与单轮次吞吐(方案 2～6)相比,在一定程度上可以提高采收率。以方案 2～4 为例,采收率分别提高 4.74％,2.37％和 6.33％。由此可知,增加天然气吞吐轮次可以进一步改善吞吐效果,提高该类油藏的采收率。这是由于随着天然气吞吐轮次的增加,注入天然气可以多次提高填砂管压力(图 5-2-8),起到补充压力的作用,从而延长生产时间,减少单轮次吞吐所产生的压力降。但是,由表 5-2-2 所示注入气利用率可知,3 轮次天然气吞吐的注入气利用率为 0.267 g/mL,低于部分单轮次天然气吞吐方案,因此现场实施天然气多轮次吞吐时应充分考虑经济因素。

5.2.3 泡沫油型稠油油藏天然气驱实验

泡沫油型稠油天然气驱实验主要包括连续气驱实验(方案 2～方案 4)和间歇气驱实验(方案 5～方案 7)。连续气驱实验的目的是评价连续气驱提高泡沫油型稠油油藏冷采后期采收率的可行性,研究注气时机对连续气驱开发效果的影响,并详细揭示注入气对泡沫油溶解气驱的作用过程;而间歇气驱实验主要用于探讨如何有效控制气窜现象,提高天然气驱注入气利用率,并在此基础上揭示段塞大小及油藏渗透率对间歇气驱开发效果的影响规律。

1) 实验设备

泡沫油型稠油天然气驱实验设备主要包括平流泵、填砂管、回压阀、回压调节器、中间容器(天然气、盐水及活油)、油气分离瓶、量气瓶、电子天平、压力传感器、计算机采集装置等。实验流程如图 5-2-9 所示。

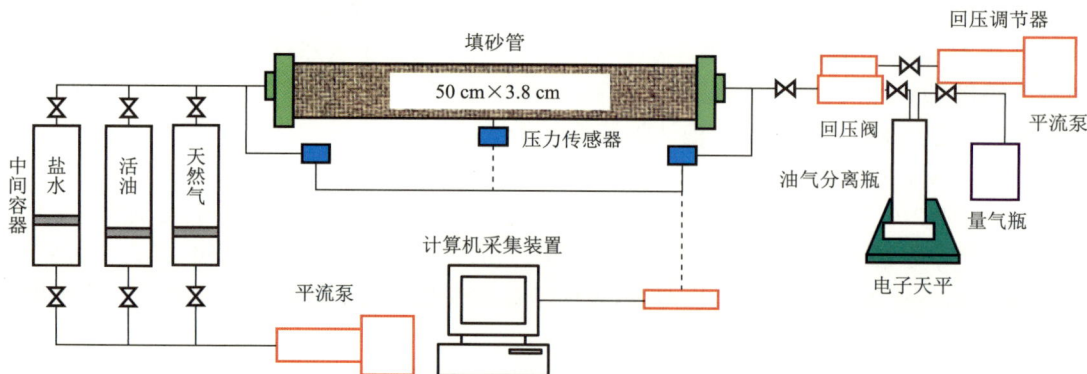

图 5-2-9 天然气驱实验流程图

2）实验步骤

连续气驱实验步骤如下：

（1）前期填砂管的制备及水、油饱和过程与压力衰竭实验相同，各方案填砂管参数见表 5-2-3。

（2）实验开始时保持实验压力在泡点压力之上，实验温度为地层条件下的温度，以 0.8 MPa/h 的压力衰竭速度逐渐降低填砂管压力至注气时机压力（方案 2 为 6 MPa，方案 3 为 4 MPa，方案 4 为 1.5 MPa）。

（3）通过平流泵以 15 mL/min 注入速度进行天然气驱，直到填砂管产出端气体突破时结束。

（4）注入气突破后以 0.8 MPa/h 的压力衰竭速度继续降低回压阀压力至大气压。

间歇气驱实验步骤与连续气驱相似，不同之处在于填砂管压力降低至注气时机压力后分 5 次注入多个段塞，从而起到控制气窜，提高注入气利用率的目的。方案 5 实验过程中 5 次注气时机为 5.9 MPa，5 MPa，3.9 MPa，2.5 MPa 和 1.4 MPa，方案 6 实验过程中 5 次注气时机为 6.3 MPa，5.2 MPa，3.8 MPa，2.7 MPa 和 1.3 MPa，方案 7 实验过程中 5 次注气时机为 5.8 MPa，4.7 MPa，3.7 MPa，2.8 MPa 和 1.4 MPa。具体实验步骤如下：

（1）前期填砂管的制备及水、油饱和过程与压力衰竭实验相同，各方案填砂管参数见表 5-2-3。

（2）实验开始时保持实验压力在泡点压力之上，实验温度为地层条件下的温度，以 0.8 MPa/h 的压力衰竭速度逐渐降低填砂管压力至注气时机压力（方案 5 为 5.9 MPa，方案 6 为 6.3 MPa，方案 7 为 5.8 MPa）。

（3）通过平流泵以 15 mL/min 的注入速度进行天然气驱，直到填砂管产出端气体突破时结束。

（4）注入气突破后以 0.8 MPa/h 的压力衰竭速度继续降低压力至下个注气时机压力。

（5）重复步骤（3）～（4），直到注入 5 个天然气段塞，之后以 0.8 MPa/h 的压力衰竭速度继续降低回压阀压力至大气压。

表 5-2-3　天然气驱实验参数及结果

方案编号	1	2	3	4	5	6	7
填砂管参数							
孔隙度/%	41.8	41	41.8	43	42.5	42.7	39.3
渗透率/μm²	7.48	7.5	7.4	7.8	7.6	7.6	1.8
含油饱和度/%	95.8	97.2	95	98.4	95.4	96.7	97.3
实验控制参数							
注气次数		1	1	1	5	5	5
注气时机/MPa		6	4	1.5	5.9	6.3	5.8

方案编号	1	2	3	4	5	6	7
注气速度 /(mL·min⁻¹)		15	15	15	15	15	15
注气量/PV		0.13	0.13	0.13	0.07	0.14	0.14
压降速度 /(MPa·h⁻¹)	0.8	0.8	0.8	0.8	0.8	0.8	0.8
实验结果							
衰竭后采收率 /%	19.09	1.19	5.40	17.38	0.01	1.08	0.16
衰竭后剩余油饱和度 /%	77.51	96.04	89.87	81.30	95.39	95.66	97.14
最终采收率 /%	19.09	18.90	17.55	19.59	17.83	17.41	16.61
注气后剩余油饱和度 /%	77.51	78.83	78.33	79.12	78.39	79.86	81.14
注入气利用率 /(g·mL⁻¹)		−0.021	−0.124	0.115	−0.139	−0.076	−0.235

3）实验结果及分析

（1）连续气驱。

对于泡沫油型稠油油藏,油藏压力决定了地层流体的 3 种流态:单相油流、拟单相泡沫油流和油气两相流。因此,注气时机是天然气驱能否改善泡沫油型稠油冷采后开发效果的关键因素。方案 2～4 用于研究注气时机对开发效果的影响,3 个方案的注气时机分别为 6 MPa(泡点压力之上)、4 MPa(泡点压力与拟泡点压力之间)和 1.5 MPa(低于拟泡点压力)。由图 5-2-10 所示采收率结果可知,方案 2～4 的采收率分别为 18.90%,17.55% 和 19.59%,只有方案 4 的采收率略高出压力衰竭实验采收率(方案 1)0.5%。由此可见,连续气驱提高采收率效果不明显,同时考虑到天然气驱的注入气利用率(方案 4 的注入气利用率为 0.115 g/mL),连续气驱不适合泡沫油型稠油油藏冷采后期的开发。

根据实验过程中的压力和油、水生产数据,通过式(5-2-1)～式(5-2-3)计算实验过程中填砂管中的含气饱和度。

$$S_g = 1 - S_o - S_w \tag{5-2-1}$$

$$S_w = S_{wi}[1 + C_w(p_i - p)]/[1 - C_{sys}(p_i - p)] \tag{5-2-2}$$

$$S_o = (1 - S_{wi})(1 - N_p/N)(B_o/B_{oi})/[1 - C_{sys}(p_i - p)] \tag{5-2-3}$$

式中　S_g——岩芯含气饱和度,%;

　　　S_o——岩芯含油饱和度,%;

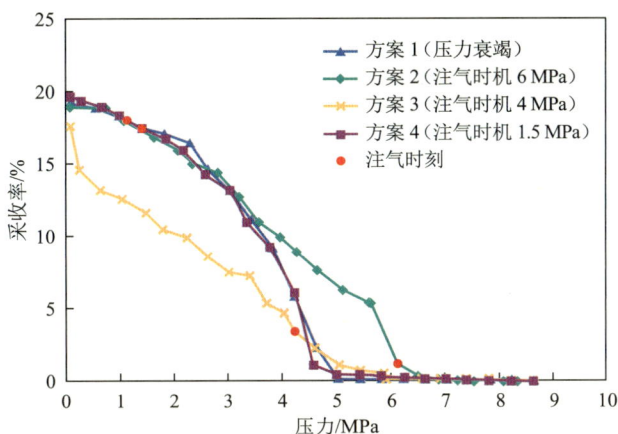

图 5-2-10　连续气驱采收率与压力关系图

S_w——岩芯含水饱和度,%;

S_{wi}——岩芯初始含水饱和度,%;

p_i——原始岩芯压力,MPa;

p——岩芯实验压力,MPa;

C_w——地层水压缩系数,MPa^{-1};

C_{sys}——综合压缩系数,MPa^{-1};

N_p——岩芯产油量,cm^3;

N——岩芯饱和油量,cm^3;

B_o——实验压力下原油体积系数,cm^3/cm^3;

B_{oi}——原始岩芯压力下原油体积系数,cm^3/cm^3。

由含气饱和度计算结果可知,对于方案 4,当填砂管压力高于泡点压力时,含气饱和度为 1%左右,当压力降至注气压力 1.5 MPa 时,含气饱和度增加到 18.64%,而当注入气突破时,含气饱和度为 19.36%。通过以上含气饱和度数据可知,大多数原油已通过泡沫油溶解气驱机理采出(含气饱和度为 17.38%),注气前岩芯中存在大量连续气体,此时进行天然气驱,大部分气体迅速突破并通过产出端产出,无法形成二次泡沫油,驱替作用不明显,因此天然气驱采收率提高不大。

对于方案 2 和方案 3,由于天然气驱作用机理,注气后较注气前分别提高采收率 4.17%和 1.27%,但由于填砂管渗透率较高,注入气很快在产出端突破,出现气窜现象,使得天然气驱机理作用时间较短,采收率增加幅度不大。气驱结束后进行溶解气驱,受天然气驱的影响,低于泡点压力后逸出的溶解气没有分散在油中形成泡沫油,而是聚并形成连续气相,使得采收率曲线增加缓慢(图 5-2-10),气油比迅速上升(图 5-2-11)。泡沫油溶解气驱的消失是方案 2 和方案 3 采收率低于压力衰竭开发方案(方案 1)的主要原因。

(2)间歇气驱。

由连续气驱实验结果可知,填砂管的高渗透率特性导致气体快速突破,最终导致连续

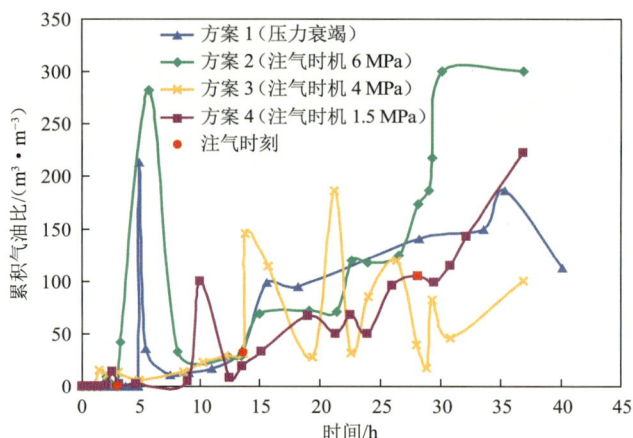

图 5-2-11 连续气驱累积气油比与压力关系图

气驱提高采收率效果不佳。间歇气驱通过间歇式注入天然气,可以有效控制注气前缘速度,从而有效控制气窜。因此,通过间歇气驱实验方案研究间歇气驱的可行性以及注气段塞大小、地层渗透率对间歇气驱开发效果的影响。

由表 5-2-3、图 5-2-12 和图 5-2-13 可知,间歇气驱方案 5～7 的采收率分别为 17.83%,17.41% 和 16.61%,都低于压力衰竭实验结果(19.09%),因此,在该实验条件下,间歇气驱不能提高泡沫油型稠油油藏冷采后期采收率,并对泡沫油溶解气驱过程产生负面影响。分析认为可能的原因有以下几点:

① 由图 5-2-12 可知,虽然注入天然气段塞后原油采收率会在驱替作用下有所提高,但与压力衰竭实验相比,泡沫油溶解气驱阶段采收率明显降低,这是因为注入气使得分散在油相中的气泡快速聚并,导致泡沫油溶解气驱阶段的泡沫油增油机理减弱,甚至消失。

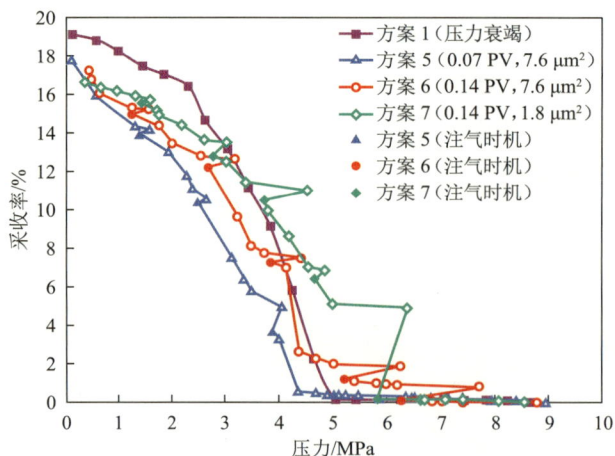

图 5-2-12 间歇气驱采收率实验结果

② 由图 5-2-13 可知,注入天然气段塞后,累积气油比很快剧烈上升,表明注入气快速气窜至生产井,从而导致注入气体与原油接触时间短,天然气的膨胀、降黏机理难以发挥作用。

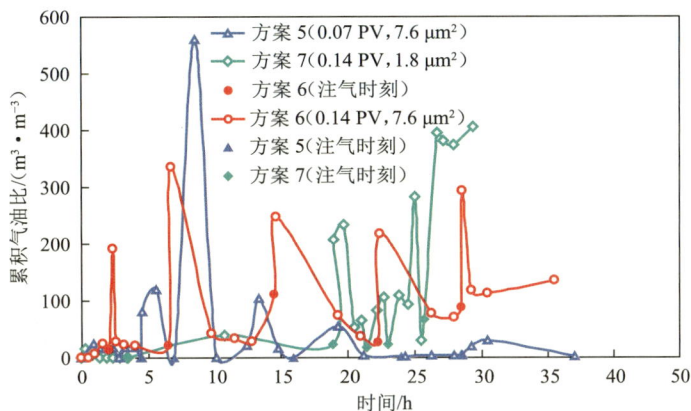

图 5-2-13　间歇气驱累积气油比于压力关系图

方案 5 和方案 6 用于研究注气段塞大小对开发效果的影响。两组实验条件相同,只是注入天然气段塞大小不同,其中方案 5 共注入了 5 个天然气段塞,大小分别为 0.03 PV、0.02 PV、0.01 PV、0.005 PV 和 0.005 PV,方案 6 同样注入了 5 个天然气段塞,大小分别为 0.06 PV、0.04 PV、0.02 PV、0.01 PV 和 0.01 PV。方案 6 的段塞大小是方案 5 的 2 倍。由表 5-2-3 和图 5-2-13 可知,方案 5 和方案 6 的采收率分别为 17.83% 和 17.41%,即小段塞对于泡沫油间歇注气开发有利。这是由于气体段塞越大,气体突破时间越短,分散在油中的小气泡越容易聚并形成连续气相,从而使累积气油比迅速上升(图 5-2-13),导致泡沫油现象消失,最终采收率降低。

油藏渗透率是影响间歇气驱开发效果的另一个重要因素。通过测井解释结果可知,委内瑞拉 Orinoco 稠油带油藏渗透率范围为 $1 \sim 20 \ \mu m^2$。通过方案 7 评价间歇气驱对委内瑞拉 Orinoco 稠油带低渗透油藏开发的可行性。由表 5-2-3 和图 5-2-12 可知,方案 6 和方案 7 的采收率分别为 17.41% 和 16.61%,注气后剩余油饱和度分别为 79.86% 和 81.14%。上述实验结果表明,间歇气驱对开发低渗透泡沫油型稠油油藏适应性较差。分析认为可能的原因在于以下几点:

① 高渗透率储层具有较大的孔隙度,注入的天然气首先在高渗透率连通孔隙中渗流,因此能够接触并驱替更多原油。

② 高渗透率储层在泡沫油溶解气驱过程中容易产生高的过饱和度和临界含气饱和度,从而有效延长泡沫油溶解气驱机理作用时间,避免气油比上升。

③ 低渗透率水湿油藏中的大多数孔隙被水充填,注入气通过渗透率高的大通道驱替原油,从而使小孔隙中捕集的原油无法采出,导致低渗透油藏间歇气驱效果较差。

5.3　泡沫油中气体扩散系数确定方法

气体扩散系数是描述质量转换率和气体扩散能力的重要参数,几十年前 Sigmund,Grogan 和 Renner 等就通过研究表明其在油藏提高采收率技术中的重要性。泡沫油型稠油油藏溶解气驱开发过程中,随着油藏压力的降低,气泡的生成和生长是驱替原油的主要动力。气体浓度差异下的扩散对气泡的生长具有重要的控制作用。此外,泡沫油注气过程中,注入气体溶入原油,起到膨胀原油,避免黏度指进的作用,而气体的扩散作用决定了溶解量和溶解速度。因此,方便、准确地确定高压下气体扩散系数对于系统评价泡沫油型稠油油藏冷采后期注气提高采收率的可行性具有重要意义。

目前,气体扩散方面的研究及应用主要集中在化工行业,石油行业主要研究低压下甲烷、二氧化碳等气体在轻质脱气原油的扩散过程,对于高压下气体在稠油中的扩散过程研究得较少。泡沫油是一个非平衡系统,原油中分散气的存在可能会使注入气在泡沫油中的扩散过程有别于常规脱气原油,但目前仍缺少描述该过程的相关实验数据,更缺少泡沫油中气体扩散系数的确定方法。因此,本章在调研现有气体扩散系数确定方法的基础上,建立描述天然气在泡沫油中扩散的数学模型,并结合 5.1.1 节泡沫油溶气实验结果,确定天然气在泡沫油中的扩散系数,与天然气在活油以及脱气原油中的扩散系数进行对比分析,揭示原油类型、地层压力等参数对扩散系数的影响,从而形成一套确定天然气在泡沫油、活油和脱气原油中扩散系数的统一方法,为泡沫油注气提高采收率过程的评价提供理论依据。

5.3.1　气体扩散系数确定方法

由于气体在液体中的扩散系数无法通过气液系统的性质或相关理论直接获得,因此国内外专家主要通过室内实验方法确定气体扩散系数。Hill 和 Reamer 等最早通过实验测量了甲烷在癸烷中的扩散系数。之后,Woessner,Mckay 等测量了较高压力下烃类气体在原油中的扩散系数。但由于实验设备的限制,上述实验的压力远低于实际油藏压力。随着油田实际生产的需要,专家学者逐渐将研究的重心转移到高压下气体扩散系数的研究上。1961 年,Slattery 针对高压气液系统的气体扩散系数实验建立了计算图版。1976年,Sigmund 等基于实验数据建立了通用相关式,广泛用于高压条件下扩散系数的预测,但 Riazi 等研究发现 Sigmund 建立的相关式对于高压下气体在液态碳氢化合物中扩散系数的预测值高于实际实验值 $80\% \sim 100\%$。其主要原因是实验中高压实验数据相对较少,使得相关式预测的准确性较差。此外,该实验数据由直接实验法测定,实验过程中需要提取不同扩散阶段的实验用流体样品进行气相色谱分析,这在一定程度上影响了测试的准确性。

1996 年,Riazi 提出了一种准确度高、简单方便的确定液体中气体扩散系数的间接方法——压力衰减法。该方法本质上是一种实验与理论模型相结合的求取气体扩散系数的方法。实验的主要设备为一个高压常体积 PVT 仪,稠油样品在 PVT 仪底部,气体从上部注入形成气顶,PVT 筒压力随着气体扩散进入原油而降低。通过记录压力随时间变化的关系,结合数学扩散模型计算气体扩散系数。该方法广泛应用于气体在稠油及沥青中扩散系数的预测。Zhang 讨论了分子扩散研究在注气提高采收率技术中的重要性,并采用 Riazi 的实验方法确定了实验压力为 3.5 MPa 下甲烷和二氧化碳在稠油中的扩散系数。该方法对 Riazi 模型进行了简化,主要忽略了气体扩散进入原油导致的体积膨胀。Upreti 等测定了温度为 20~90 ℃、压力为 4~8 MPa 范围内甲烷、二氧化碳、乙烷和氮气在沥青中的扩散系数。2005 年,Yang 等基于动态悬滴体积分析法所得实验数据,结合扩散数学模型确定了二氧化碳在稠油中的扩散系数。2006 年,Jamialahmadi 等建立了基于体积随时间变化关系曲线确定气体扩散系数的方法。该方法与 Riazi 的压力衰竭法相似,不同之处是实验过程中保持 PVT 仪压力不变,记录 PVT 仪体积随时间变化的关系曲线。

随着成像技术的发展,核磁共振成像以及 CT 扫描技术逐渐应用到气体扩散系数计算中来。该方法主要通过观测由气体扩散导致的液相密度的降低,结合相应的扩散数学模型来计算气体扩散系数。虽然该方法具有可视化的优点,但需要十分精密的设备及复杂的操作,花费昂贵。此外,用于测试的模型需要由非金属材料制成,这使得测量高压下气体在稠油或者沥青中的扩散系数十分困难。

总之,考虑到直接法在确定气体扩散系数上的局限性,目前确定扩散系数的主要方法为间接法,研究的重点是注气或溶剂开发稠油和沥青过程中的扩散问题,但已有的大多数实验压力较低,缺少高压下烃类气体在稠油中的扩散实验数据。此外,目前的研究内容主要针对脱气原油,对于泡沫油这种非平衡体系的气体扩散过程未见报道,因此,有待进一步明确泡沫油中分散气体对扩散系数的影响,确定泡沫油中气体扩散系数以及地层压力等参数的影响规律,进而为泡沫油型稠油油藏注气提高采收率的理论研究和实际应用提供理论支持。

5.3.2 气体扩散数学模型

对于泡沫油型稠油油藏,其油藏压力决定油藏中原油的存在状态(图 5-3-1)。当压力高于原油泡点压力(p_b)时,原油中的溶解气没有逸出,原油为活油;随着油藏溶解气驱开发的进行,油藏压力低于泡点压力,原油中的溶解气逸出并分散于油相,形成泡沫油;当压力进一步降低至拟泡点压力(p_{pb})时,分散在油相中的小气泡聚并成大气泡并完全脱离油相,形成连续气相而采出,此时油藏原油主要为脱气原油。考虑上述过程,建立一套确定天然气在泡沫油、活油和脱气原油中扩散系数的统一数学模型。利用该数学模型一方面可以通过对比 3 类原油,更为深入地研究气体在泡沫油中的扩散规律;另一方面可以确定在何种原油状态下注气效果最佳,即确定最佳注气时机。

1)模型假设

结合 5.1.1 节中天然气在泡沫油、活油以及脱气原油中的溶解扩散实验数据,基于体积随时间变化关系,利用间接法确定气体在 3 类原油中的扩散系数。为了描述图 5-3-2 所示实验过程,做如下假设:

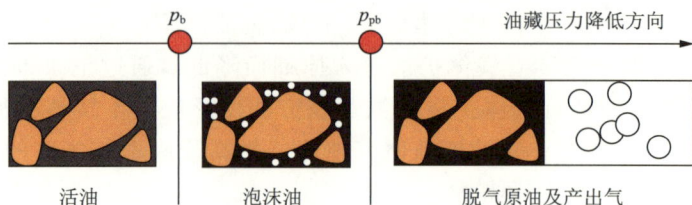

图 5-3-1　泡沫油型稠油油藏开发过程中原油状态变化图

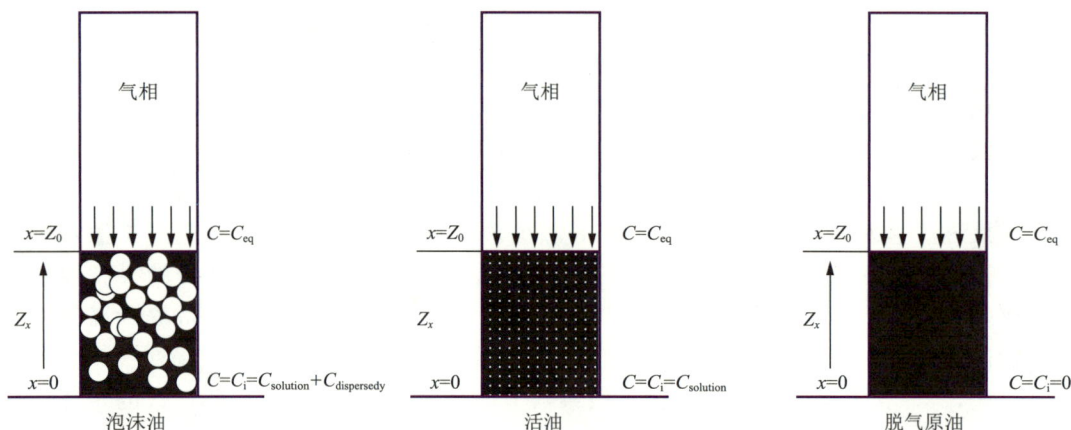

图 5-3-2　气体扩散数学模型示意图

（1）忽略气相溶解于原油而产生的体积膨胀，即实验过程中气液界面高度 Z_0 保持不变。

（2）当传质过程发生时，气液界面没有阻力，即界面气体浓度等于平衡浓度。

（3）实验过程中温度保持不变。

（4）实验过程中扩散系数不随气体浓度的变化而剧烈变化。

（5）液相为不挥发流体。

（6）气相为单组分气体。

（7）当气相注入 PVT 筒后，存在于液相中的分散气体在高压作用下瞬间溶于液相。

2）模型建立

当气液两相存在浓度梯度时，气液两相间的扩散现象随之产生。PVT 筒压力随着气相的溶解而逐渐降低，通过减小 PVT 筒体积可以保持压力不变，从而得到 PVT 筒体积与扩散时间的关系。基于上述关系建立气相组分连续性方程：

$$\frac{\partial C}{\partial t} + \nabla \cdot Cu^V = -\nabla \cdot J^V + r \tag{5-3-1}$$

式中　C——气相质量浓度，kg/m^3；

　　　V——气相体积，m^3；

　　　u——扩散速度，m/s；

　　　r——反应速度，$kg/(m^3 \cdot s)$；

　　　t——时间，s；

　　　J——由于分子扩散而产生的质量转化率，$kg/(m^3 \cdot s)$。

由图 5-3-2 可知,在一维扩散且 PVT 筒没有化学反应的前提下,式(5-3-1)可简化为 Fick 定律:

$$\frac{\partial C}{\partial t} = D \frac{\partial^2 C}{\partial x^2} \tag{5-3-2}$$

式中　D——扩散系数,m^2/s;

　　　x——坐标方向的距离,m。

气体扩散过程开始之前原油的初始气体浓度为 C_i。对于泡沫油,C_i 主要由两部分组成:一部分为实验压力(4 MPa)下没有逸出,仍然溶解于原油中的溶解气浓度($C_{solution}$),另一部分为以分散状态存在于油相中的分散气浓度($C_{dispersedy}$)。对于活油,当实验压力(4 MPa)大于大气压力时,原油中存在溶解气,因此初始气体浓度为该压力下的溶解气浓度。对于脱气原油,溶解气已经全部逸出,初始气体浓度为 0。因此,针对不同类型的原油,其初始条件不同,见式(5-3-3)~式(5-3-5)。

当 $t=0,0 \leqslant x \leqslant Z_x$ 时,有:

$$\begin{cases} C_i = C_{solution} + C_{dispersedy} & \text{泡沫油} & (5\text{-}3\text{-}3) \\ C_i = C_{solution} & \text{活油} & (5\text{-}3\text{-}4) \\ C_i = 0 & \text{脱气原油} & (5\text{-}3\text{-}5) \end{cases}$$

根据 Whitman 的薄膜理论,气液界面($x=Z_0$)处为热力学平衡状态,因此在实验压力和温度不变的情况下,界面处气体浓度 C_{eq} 在实验过程中不变,于是式(5-3-2)的第一边界条件为:

$$当 t > 0, x = Z_0 时,\quad C = C_{eq} \tag{5-3-6}$$

在实验过程中,气体扩散系数较低,实验时间非常短,扩散的气体未到达 PVT 筒底部,因此 PVT 筒底部气体浓度为初始气体浓度,半有限假设成立,于是式(5-3-2)的第二边界条件为:

$$当 x = 0, 0 \leqslant t 时,\quad C = C_i \tag{5-3-7}$$

3)模型求解

通过拉普拉斯变换去掉式(5-3-2)中的偏微分项然后进行拉普拉斯逆变换,得到式(5-3-2)的解为:

$$C(x,t) = (C_{eq} - C_i)\,\mathrm{erfc}\!\left(\frac{x}{2\sqrt{Dt}}\right) + C_i \tag{5-3-8}$$

式中　$C(x,t)$——深度和时间分别为 x 和 t 时的气体质量浓度,kg/m^3。

气体扩散总质量 m 为:

$$m = \int_0^{Z_x} C(x,t)\,\mathrm{d}V = A\int_0^{Z_x} C(x,t)\,\mathrm{d}x = 2A(C_{eq} - C_i)\sqrt{\frac{Dt}{\pi}} + m_i = K\sqrt{t} + m_i \tag{5-3-9}$$

其中:

$$K = 2A(C_{eq} - C_i)\sqrt{\frac{D}{\pi}}$$

式中　A——PVT 筒的横截面积,m^2;

m_i——积分常数。

由式(5-3-9)可知,气体扩散总质量与时间的平方根呈线性关系,且斜率为K。因此,对实验扩散气体质量与时间的平方根作图并求取斜率,便可计算得到气体扩散系数。

5.3.3 气体扩散系数计算步骤

天然气在泡沫油、活油和脱气原油中扩散系数的具体计算步骤如下:

(1)确定计算气体扩散系数所需要的基本参数,主要包括:PVT 筒体积、PVT 筒横截面积、PVT 筒温度及压力、原始气油比及泡沫油气体分散系数。

(2)计算天然气(甲烷、二氧化碳)摩尔质量以及各压力下的气体压缩系数。

(3)根据实验参数及计算参数,计算各压力下界面处的气体浓度C_{eq}。

(4)根据不同类型原油的特征,计算初始气体浓度C_i。泡沫油初始气体浓度C_i[式(5-3-3)]可以通过5.1.1节实验所得气体分散系数确定,活油初始气体浓度C_i[式(5-3-4)]可以由5.1.1节常规差异分离实验所得气油比确定。

(5)绘制气体扩散总质量m与扩散时间的平方根关系图,选择气体扩散阶段实验数据回归确定直线斜率。

(6)根据公式$K = 2A(C_{eq} - C_i)\sqrt{\dfrac{D}{\pi}}$计算各原油类型中气体的扩散系数。

5.3.4 气体扩散系数计算结果

天然气在泡沫油、活油和脱气原油中的气体扩散总质量m见表5-3-1～表5-3-3。根据表 5-3-1～表 5-3-3 中数据绘制气体扩散总质量与扩散时间平方根关系图,如图5-3-3～图5-3-5 所示。

表 5-3-1 不同压力下泡沫油中气体扩散总质量与时间关系表

5 MPa		8.65 MPa		12 MPa		16 MPa		20 MPa	
时间/h	m/(10^{-4} kg)	时间/h	m/(10^{-4} kg)	时间/h	m/(10^{-4} kg)	时间/h	m/(10^{-4} kg)	时间/h	m/(10^{-4} kg)
0.17	0.03	0.17	0.08	0.08	0.21	0.08	0.49	0.08	0.59
0.33	0.04	0.33	0.11	0.09	0.22	0.42	0.85	0.22	1.38
0.83	0.04	0.83	0.12	0.14	0.24	0.75	1.10	0.38	1.81
1.17	0.05	1.00	0.12	0.17	0.26	0.92	1.30	0.55	1.85
1.33	0.05	1.17	0.13	0.25	0.28	1.08	1.32	0.72	1.99
12.33	0.06	1.33	0.13	0.42	0.31	1.25	1.34	1.05	2.09
18.83	0.07	2.33	0.13	0.58	0.33	1.42	1.37	1.22	2.22
23.83	0.08	12.33	0.15	1.08	0.35	1.58	1.37	1.55	2.23

续表 5-3-1

5 MPa		8.65 MPa		12 MPa		16 MPa		20 MPa	
时间/h	m/(10^{-4} kg)	时间/h	m/(10^{-4} kg)	时间/h	m/(10^{-4} kg)	时间/h	m/(10^{-4} kg)	时间/h	m/(10^{-4} kg)
26.83	0.08	18.83	0.17	2.47	0.35	2.75	1.45	1.72	2.30
37.33	0.08	23.83	0.19	15.47	0.46	3.75	1.47	8.00	2.51
42.83	0.09	26.83	0.24	17.98	0.49	4.75	1.50	11.72	2.59
50.00	0.09	37.33	0.25	29.47	0.56	28.75	1.75	17.72	2.73
55.00	0.10	42.83	0.31	46.47	0.63	46.75	1.85	35.22	2.92

表 5-3-2 不同压力下活油中气体扩散总质量与时间关系表

5 MPa		8.65 MPa		12 MPa		16 MPa		20 MPa	
时间/h	m/(10^{-4} kg)	时间/h	m/(10^{-4} kg)	时间/h	m/(10^{-4} kg)	时间/h	m/(10^{-4} kg)	时间/h	m/(10^{-4} kg)
0.10	0.01	0.12	0.02	0.17	0.32	0.08	0.92	0.12	1.70
0.28	0.02	0.28	0.04	0.33	0.43	0.17	1.12	0.20	2.11
0.50	0.03	0.50	0.05	0.50	0.46	0.33	1.30	0.37	2.30
0.98	0.07	0.98	0.12	1.00	0.49	0.50	1.44	0.53	2.46
2.70	0.10	1.50	0.21	1.75	0.53	0.83	1.54	1.00	2.56
6.20	0.10	2.70	0.25	3.00	0.54	1.83	1.65	1.58	2.66
16.60	0.12	6.20	0.28	5.75	0.58	2.83	1.71	2.08	2.66
23.38	0.12	6.60	0.29	10.75	0.62	3.83	1.74	3.00	2.81
50.00	0.14	23.38	0.32	15.00	0.67	4.83	1.76	3.40	2.84
68.00	0.16	50.00	0.42	23.08	0.70	16.16	1.97	13.00	3.03
73.00	0.17	78.00	0.48	40.00	0.81	25.53	1.99	26.50	3.24
80.00	0.17	83.00	0.50	47.53	0.85	39.80	2.19	36.17	3.40
85.00	0.18	90.00	0.52	51.00	0.89	45.00	2.25	60.00	3.76

表 5-3-3 不同压力下脱气原油中气体扩散总质量与时间关系表

5 MPa		8.65 MPa		12 MPa		16 MPa		20 MPa	
时间/h	m/(10^{-4} kg)	时间/h	m/(10^{-4} kg)	时间/h	m/(10^{-4} kg)	时间/h	m/(10^{-4} kg)	时间/h	m/(10^{-4} kg)
0.08	0.02	0.08	0.06	0.50	0.59	0.50	1.60	0.15	2.15
1.77	0.07	0.43	0.10	1.00	0.74	1.00	1.88	0.65	2.66
2.27	0.10	0.77	0.13	2.00	0.79	2.00	2.01	2.15	2.97
3.77	0.11	1.27	0.14	2.50	0.79	6.50	2.23	12.15	3.59

5 MPa		8.65 MPa		12 MPa		16 MPa		20 MPa	
时间 /h	m /(10^{-4} kg)	时间 /h	m /(10^{-4} kg)	时间 /h	m /(10^{-4} kg)	时间 /h	m /(10^{-4} kg)	时间 /h	m /(10^{-4} kg)
8.47	0.19	1.77	0.16	4.50	0.87	11.50	2.39	24.65	3.90
13.27	0.21	2.27	0.18	6.50	1.05	24.00	2.52	29.15	4.18
14.27	0.22	3.77	0.35	11.50	1.14	33.50	2.65	35.65	4.22
37.27	0.29	12.27	0.49	23.00	1.23	35.00	2.68	48.65	4.27
51.00	0.33	13.27	0.52	33.00	1.32	54.00	2.99	54.00	4.47
64.00	0.36	14.27	0.54	34.50	1.34	62.00	3.24	58.00	4.62
70.00	0.38	37.27	0.61	54.00	1.59	65.00	3.28	60.00	4.72
75.00	0.40	51.00	0.81	60.00	1.65	68.00	3.46	63.00	4.89
80.00	0.41	54.00	0.84	65.00	1.80	70.00	3.52	67.00	5.04

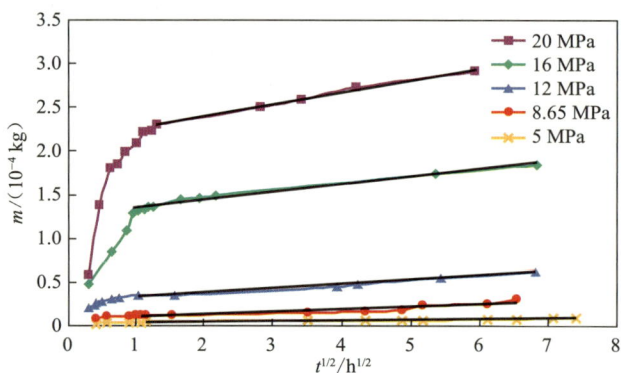

图 5-3-3 不同压力下泡沫油中气体扩散总质量与扩散时间平方根的关系图

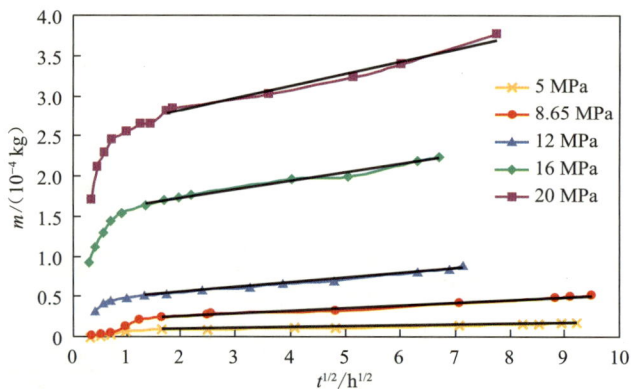

图 5-3-4 不同压力下活油中气体扩散总质量与扩散时间平方根的关系图

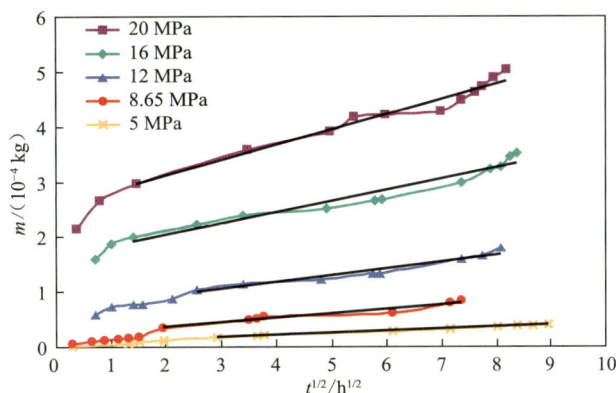

图 5-3-5　不同压力下脱气原油中气体扩散总质量与扩散时间平方根的关系图

由图 5-3-3～图 5-3-5 可知,无论在何种原油及压力下,气体扩散总质量随扩散时间平方根的变化曲线均可以分为两个阶段,其中第一阶段中气体扩散总质量随扩散时间平方根的增加而迅速增加,Renner 称该阶段为原始阶段或潜伏阶段。该阶段主要是由较高的质量转换率和界面张力不稳定性共同作用造成的对流现象引起的。通常情况下,注入压力越大,原始阶段持续的时间越长。第二阶段中气体扩散总质量随扩散时间平方根的增加而缓慢增加,曲线趋于平缓,该阶段为气体扩散阶段。因此,通过回归第二阶段实验数据,结合式(5-3-9)确定气体扩散系数。通过回归图 5-3-3～图 5-3-5 中气体扩散阶段实验数据,确定天然气在泡沫油、活油以及脱气原油中的气体扩散系数,见表 5-3-4 和图 5-3-6。

表 5-3-4　气体扩散系数计算参数及结果

实验压力 /MPa	原油类型	直线斜率	R^2	气体扩散系数 /(10^{-9} m^2·s^{-1})
20	泡沫油	0.000 013 0	0.995 6	5.53
	活　油	0.000 015 1	0.979 7	7.36
	脱气原油	0.000 027 8	0.919 9	22.41
16	泡沫油	0.000 009 0	0.970 4	4.87
	活　油	0.000 010 5	0.985 4	5.58
	脱气原油	0.000 020 2	0.945 1	17.92
12	泡沫油	0.000 004 9	0.848 3	2.66
	活　油	0.000 006 0	0.990 2	3.88
	脱气原油	0.000 012 5	0.938 1	13.73
8.65	泡沫油	0.000 002 8	0.986 4	1.89
	活　油	0.000 003 3	0.986 6	2.52
	脱气原油	0.000 008 2	0.936 5	11.63

续表 5-3-4

实验压力 /MPa	原油类型	直线斜率	R^2	气体扩散系数 /(10^{-9} m² · s⁻¹)
5	泡沫油	0.000 000 8	0.971 1	0.73
	活　油	0.000 001 0	0.972 9	1.05
	脱气原油	0.000 003 6	0.993 1	7.66

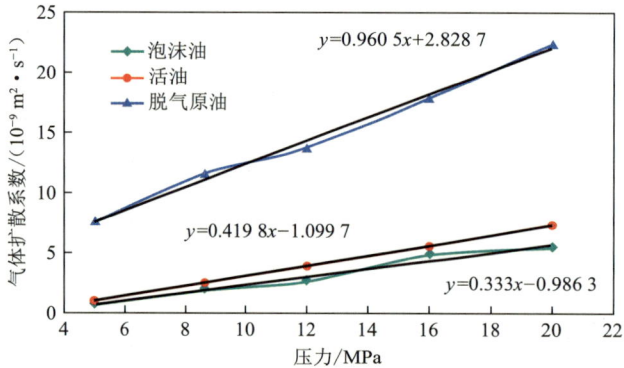

图 5-3-6　不同压力下不同类型原油气体扩散系数计算结果

由表 5-3-4 和图 5-3-6 可以得到以下结论：

（1）表 5-3-4 中相关系数平方（R^2）表明 5 个压力下 3 种类型原油气体扩散阶段气体扩散总质量与扩散时间平方根具有较好的线性关系，与扩散数学模型推导公式（5-3-9）一致，从而验证了所建气体在泡沫油、活油和脱气原油中统一扩散数学模型的正确性以及气体扩散系数确定方法的可行性。

（2）由表 5-3-4 和图 5-3-6 可知，随着实验压力的升高，气体在 3 种类型原油中的扩散系数不断增加，且近似为线性增加。以泡沫油为例，当实验压力为油藏压力（8.65 MPa）时，气体扩散系数为 1.89×10^{-9} m²/s，而当实验压力提高至 20 MPa 时，气体扩散系数为 5.53×10^{-9} m²/s，是油藏压力下的 2.93 倍，即油藏压力越高，气体扩散系数越大。因此，注气提高采收率过程中，在实施条件允许的情况下，应尽可能地增加注气压力和注气量，从而增加油藏压力，提高气体的扩散量，起到提高采收率的目的。

（3）通过对比同一压力下的泡沫油、活油和脱气原油的气体扩散系数可知，脱气原油中的气体扩散系数大于活油以及泡沫油中的，20 MPa 下脱气原油中的气体扩散系数是活油和泡沫油中的 3.04 倍和 4.05 倍。

（4）由图 5-3-6 所示回归直线的斜率可知，随实验压力的升高，气体扩散系数增加的速度关系为：脱气原油＞活油＞泡沫油，即油藏压力越高，气体在脱气原油中的扩散系数增加速度越大于活油和泡沫油。

为了验证气体扩散系数确定方法的可靠性，调研国内外文献，得到已有的各地稠油和沥青中甲烷和二氧化碳扩散系数，见表 5-3-5。表 5-3-5 中的实验结果主要是烃类气体低压下在脱气稠油或沥青中的扩散系数,由于目前仍缺少高压下气体在泡沫油中的扩散系数数据,因此选择图 5-3-6 中回归所得的脱气原油中气体扩散系数关系式与调研实验结果进行对比(图 5-3-7)。

表 5-3-5　稠油及沥青中气体扩散系数调研结果表

文　献	压力 /MPa	温度 /℃	气-液相	气体扩散系数 /(10^{-9} $m^2 \cdot s^{-1}$)
Grogan et al,1988	5.2	25	CO_2-Maljamar 稠油	2
Schmidt,1989	5	20~200	Methane-Athabasca 沥青	0.28~1.75
	5	50	CO_2-Athabasca 沥青	0.5
Nguyen and Ali,1998	1	23	CO_2-Aberfeldy 稠油	6
Zhang et al,2000	3.51	21	Methane-Hamaca 稠油	8.6
	3.47	21	CO_2-Hamaca 稠油	4.8
Upreti and Mehrotra,2000	4	25~90	CO_2-Athabasca 沥青	0.16~0.47
Tharanivasan et al,2004	3.5~4.2	23.9	CO_2-Lloydminster 稠油	0.46~0.94
Yang and Gu,2005	2~6	29.3	CO_2-Lloydminster 稠油	0.199~0.551
Jamialahmadi et al,2006	3.5	50	Methane-Iranian 稠油	9.8

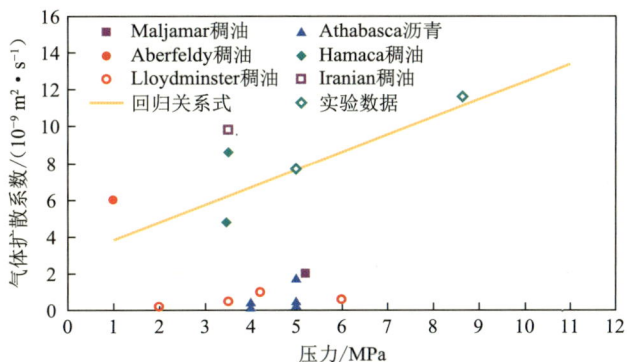

图 5-3-7　不同原油中气体扩散系数对比图

由图 5-3-7 可知,本文确定的气体扩散系数回归关系式与委内瑞拉 Hamaca 稠油中气体扩散系数在同一范围内,这也从另一个方面证明了实验结果的合理性。此外,本章确定的气体扩散系数值大于 Lloydminster 稠油、Athabasca 稠油和 Maljamar 稠油中气体扩散系数值,小于 Aberfeldy 稠油和 Iranian 稠油中气体扩散系数值,其原因在于各地原油性质存在差异,且实验温度、方法等也存在较大不同。

5.4　泡沫油型稠油油藏注天然气数值模拟研究

　　泡沫油型稠油油藏具有不同于常规溶解气驱油藏的复杂生产机理,例如,该类油藏较常规溶解气驱油藏采收率高 5％～25％,采油速度高 10～30 倍,有的甚至高达 100 倍,而气油比则保持低值。对于上述生产特征,通过黑油模型拟合生产历史的方法通常得不到实际的地质参数(如高的渗透率值和相渗曲线等),进而导致后续的开发效果预测与实际生产差别较大。现有的常规溶解气驱的经验调整模型虽然可以通过降低原油黏度等方法人为模拟泡沫油的部分特征,但仍无法全面、准确地描述泡沫油流过程,极大地影响了泡沫油型稠油油藏模拟的准确性。近几年,随着泡沫油流研究的深入,逐渐建立泡沫油数值模拟模型并用于泡沫油流的宏观模拟,但由于对各种模型模拟的可靠性和适用性仍缺乏全面认识,且上述模型中未考虑注入天然气对泡沫油渗流过程的影响,因而其无法满足泡沫油型稠油油藏冷采后期注气开发的需要。缺少有效的泡沫油型稠油油藏注气数值模拟方法极大地制约了该类型油藏注气开发理论的研究和现场实际注气开发的顺利实施。

　　本节从泡沫油溶解气驱机理出发,分别建立黑油模型、泡沫油 4 组分模型和 5 组分模型,并以岩芯压力衰竭实验为依据,评价上述模型对泡沫油流模拟的适应性。在此基础上,借助于实际油田地震、测井、地质、室内实验、生产动态资料等静、动态资料,以精细地质建模方法得到符合实际情况的地质模型。之后,利用泡沫油流体模型反映泡沫油机理,利用室内实验相态和压力衰竭实验拟合确定泡沫油组分性质参数与泡沫油状态下的油气相渗曲线,进而建立完整的泡沫油型稠油油藏注气数值模拟模型。最后,通过上述模型,分别研究泡沫油型稠油油藏冷采后期天然气吞吐及天然气驱开发过程,揭示不同开发方式下注气提高采收率机理及其可行性,明确注气速度等参数对二次泡沫油形成以及注气开发效果的影响。

5.4.1　泡沫油型稠油油藏数值模拟模型评价研究

　　由于压力衰竭实验岩芯尺寸、孔隙度、渗透率、生产动态、生产条件、流体组分性质等参数相对确定,通过相对简单的一维泡沫油模型拟合压力衰竭实验的产油量、气油比、采收率等参数,可以减少拟合过程中调整参数的个数及范围,从而方便、准确地确定泡沫油状态下的相渗曲线以及动力学方程反应因子,评价泡沫油型稠油油藏数值模拟模型的适用性,以便更好地应用于油藏范围的注气数值模拟研究。本小节分别建立黑油模型、泡沫油 4 组分模型和 5 组分模型,并以两组不同压降速度下的压力衰竭实验为依据,评价泡沫油数值模拟模型的适用性,为后续的泡沫油型稠油油藏注气数值模拟提供泡沫油状态下的相渗曲线以及动力学方程反应因子。

　　1) 一维岩芯泡沫油数值模拟模型的建立

　　(1) 岩芯模型的建立。

　　根据两组压力衰竭实验中岩芯的性质及相关参数(表 5-4-1),利用 CMG 公司的

STARS 数值模拟器建立一维岩芯模型，保证模型的横截面积、孔隙度等参数与实际岩芯相同，x 方向网格大小为 0.5 cm，网格个数为 120 个。

表 5-4-1　压力衰竭实验中岩芯性质及相关参数表

实验编号	岩芯渗透率 K /($10^{-3}\ \mu m^2$)	孔隙度 ϕ /%	孔隙体积 V /mL	初始含油饱和度 S_o /%	压降速度 v /(kPa·min^{-1})
1	7249	40.5	119.2	89.6	15.3
2	7361	41.2	121.3	91.3	7.6

（2）泡沫油模型及组分性质参数的确定。

泡沫油型稠油油藏溶解气驱开发过程中存在一个"溶解气—分散气（泡沫油）—自由气"的动态变化过程。上述过程可通过 4 组分（水、原油、溶解气和自由气）和 5 组分（水、原油、溶解气、分散气和自由气）两种泡沫油模型描述。两种模型在结构上具有相似性，但存在本质不同。4 组分模型通过一个动力学方程描述溶解气到自由气的动态转化过程，并通过溶解气和自由气两条气相相对渗透率（用 k_{rl} 和 k_{ru} 表示）曲线，按照其物质的量比的差值确定泡沫油状态下的气相相对渗透率曲线，从而实现了泡沫油机理对泡沫油型稠油油藏生产动态的影响。而 5 组分模型则添加了分散气组分，可以通过一条相渗曲线简化 4 组分模型中求取气相相对渗透率曲线的过程，并通过式（5-4-1）、式（5-4-2）两个动力学方程描述 3 种气体组分的动态转化过程：

$$溶解气 \rightarrow 分散气：X_1 = F_1([G_{sol,eq}] - [G_{sol}]) \tag{5-4-1}$$

$$分散气 \rightarrow 自由气：X_2 = F_2[G_{disp}] \tag{5-4-2}$$

式中　X_i——反应速度，代表 3 种气体组分之间的转化速度，mol/s；

　　　F_i——反应因子，代表气泡聚集和增长速度，mol/d；

　　　$[G_{sol,eq}]$，$[G_{sol}]$，$[G_{disp}]$——溶解气平衡摩尔分数、溶解气摩尔分数、分散气摩尔分数。

在确定上述泡沫油模型组分个数后，需要确定模拟计算所需的组分性质参数。本小节通过相态拟合过程确定 4 组分和 5 组分泡沫油模型中各组分的临界压力、临界温度、K 值等参数。首先通过 Gamma 方法将原油重组分劈分，在保证计算精度的基础上，根据 4 组分和 5 组分模型组分数目的需要重新归并拟组分，然后以等组分膨胀、差异分离实验和注气膨胀实验所得体积系数、原油压缩系数、膨胀系数等参数随压力变化的关系作为回归计算目标，将重组分临界压力、临界温度、K 值等参数作为回归变量，反复调整回归变量，使得计算结果与实验结果相一致（图 5-4-1），最后得到 4 组分和 5 组分模型中的组分性质参数。

（3）泡沫油状态下油气相对渗透率曲线的确定。

由于泡沫油溶解气驱过程中气体的流动为间歇流，与常规原油气体的流动不同，因此 4 组分泡沫油模型自由气相对渗透率（当含气饱和度小于 35% 时，溶解气相对渗透率值比自由气相对渗透率值小 100 多倍，可由自由气相对渗透率近似代替泡沫油状态下的油气相对渗透率）曲线及 5 组分泡沫油模型泡沫油状态下油气相对渗透率曲线可由 Firoozabadi

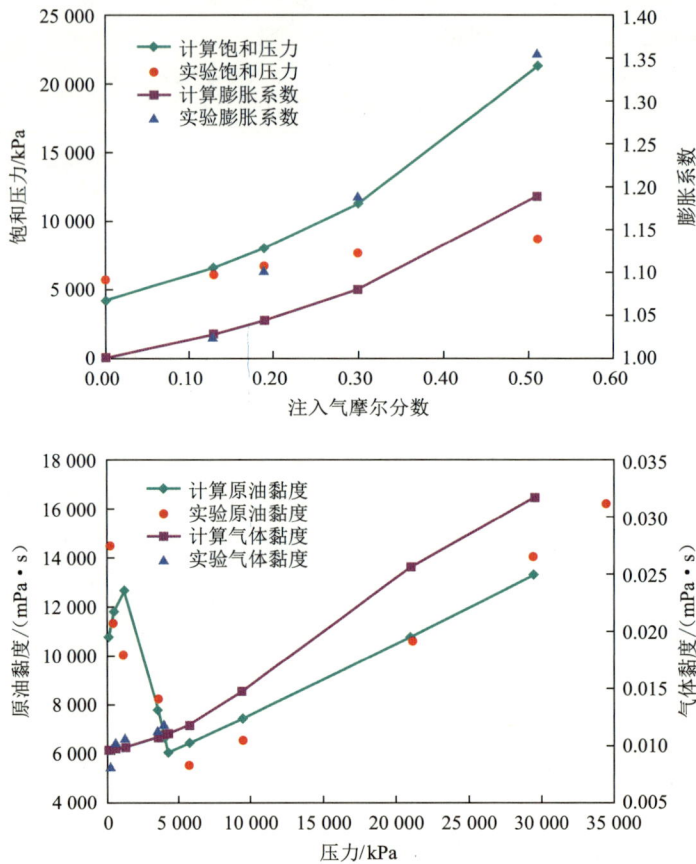

图 5-4-1　室内实验相态拟合结果

等提出的表观相对渗透率曲线计算方法确定：

$$k_{rg} = k_{rgi} \left[1 - \frac{(S_o - S_{org})}{(S_{oi} - S_{org})} \right]^{n_g} \tag{5-4-3}$$

$$k_{ro} = k_{roi} \left[\frac{(S_o - S_{org})}{(S_{oi} - S_{org})} \right]^{n_o} \tag{5-4-4}$$

式中　k_{rg}——气相相对渗透率；

　　　k_{rgi}——气相初始相对渗透率；

　　　S_o——含油饱和度，%；

　　　S_{oi}——初始含油饱和度，%；

　　　S_{org}——残余油饱和度，%；

　　　n_g——气相相对渗透率指数；

　　　n_o——油相相对渗透率指数；

　　　k_{ro}——油相相对渗透率；

　　　k_{roi}——油相初始相对渗透率。

（4）生产动态模型。

由于压力衰竭实验的压降速度分别 15.3 kPa/min 和 7.6 kPa/min，因此模型的生产控制条件为生产端压力，初始时间压力为实验初始压力（地层压力），压力控制时间间隔 t_p 为 1 min，从而建立了完整的泡沫油模型，用于后续的泡沫油型稠油油藏模拟方法评价研究。

2）评价过程及结果分析

为了系统评价泡沫油型稠油油藏数值模拟模型，在建立 4 组分、5 组分泡沫油模型的基础上，建立黑油模型作为参照。综合考虑 3 种模型参数的可靠性，在拟合压力衰竭实验生产数据时确定以下参数调整原则：

（1）由于压力衰竭实验的岩芯尺寸、孔隙度、渗透率、生产动态、生产条件等为已知参数，组分性质参数由相态拟合确定，因此，原则上上述参数在拟合过程中不进行调整。

（2）3 种模型中的油气相对渗透率曲线由式（5-4-3）、式（5-4-4）确定，4 组分和 5 组分泡沫油模型中的反应因子由实验时间估算，因此，这些参数具有较高的不确定性，为拟合过程的重点调整参数。根据参数调整原则，在参数敏感性分析（表 5-4-2 和表 5-4-3）的基础上，经过反复调整上述参数，得到的拟合结果如图 5-4-2 和图 5-4-3 所示，拟合后各模型的气相相对渗透率曲线如图 5-4-4 所示。

表 5-4-2　不同模型在 15.3 kPa/min 压降速度下各参数的拟合结果

	黑油模型			4 组分模型			5 组分模型		
	调整过程	COC	CGC	调整过程	COC	CGC	调整过程	COC	CGC
$\phi/\%$	40.5→42	1.25	8.11	—	—	—	—	—	—
$S_{oi}/\%$	89.6→90	0.14	0.16	—	—	—	—	—	—
$S_{gr}/\%$	10→12	11.65	56.25	15→20	6	2.4	15→20	0.03	0.03
$S_{org}/\%$	16→26	−0.11	−0.05	16→26	−0.08	−0.06	16→26	−0.03	−0.02
n_o	2→2.6	−0.4	−0.17	2→2.5	−0.7	−0.2	2→2.5	−0.53	−0.37
F_1	—	—	—	60→90	−0.14	0.08	220→240	2.97	2.97
F_2	—	—	—	—	—	—	0.2→0.4	−0.1	0.1
原油黏度 /(Pa·s)	13.2→15.1	−144.96	−21.9	10.5→5.3	−42.0	−24.0	10.5→5.3	−21.2	−21.2
t_p/min	30→1	−151	−39.6	30→1	−3.72	−0.04	30→1	−2.53	−2.47

注：COC—累积产油量变化值/参数变化值；CGC—累积产气量变化值/参数变化值；S_{gr}—临界含气饱和度。

表 5-4-3　不同模型在 7.6 kPa/min 压降速率下各参数拟合结果

	黑油模型			4 组分模型			5 组分模型		
	调整过程	COC	CGC	调整过程	COC	CGC	调整过程	COC	CGC
$\phi/\%$	41.2→42.2	16.4	37.1	—	—	—	—	—	—
$S_{oi}/\%$	91.3→92	0.89	5.34	—	—	—	—	—	—

	黑油模型			4 组分模型			5 组分模型		
	调整过程	COC	CGC	调整过程	COC	CGC	调整过程	COC	CGC
S_{gr}/%	8→10	236.7	89.64	5→10	2.3	0.93	5→10	0.02	0.02
S_{org}/%	16→26	−0.19	−15.45	30→40	−0.12	−0.09	30→40	−0.06	−0.05
n_o	2→2.9	−1.56	−3.91	2→2.7	−0.43	−0.31	2→2.7	−0.76	−0.35
F_1	—	—	—	60→90	−0.02	0.02	200→240	4.24	4.24
F_2	—	—	—	—	—	—	0.2→0.4	−0.1	0.1
原油黏度 /(Pa·s)	13.2→15.1	−144.96	−21.86	10.5→5.3	−33.4	−16.6	10.5→5.3	−26.6	−26.6
t_p/min	30→1	−4.56	−40.32	30→1	−0.14	−0.99	30→1	−1.55	−1.55

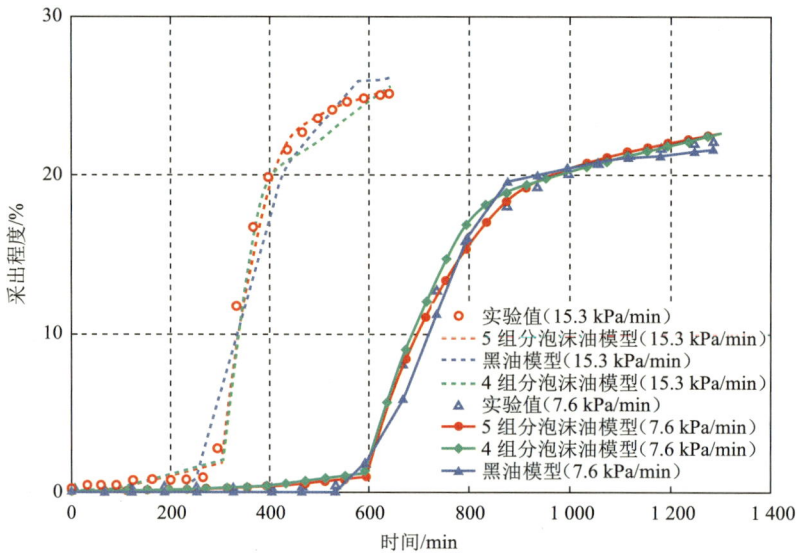

图 5-4-2　压力衰竭实验采收率拟合结果图

由表 5-4-2 和表 5-4-3 所示拟合过程可知:

(1) S_{gr}，t_p 和原油黏度对黑油模型累积产油量、累积产气量模拟结果影响较大。

(2) S_{gr}，S_{org} 和 n_o 为油气相对渗透率相关参数,直接影响油气的相对流动能力。累积产油量和累积产气量随着 S_{gr} 的增大而增加,随着 S_{org} 和 n_o 的增大而减少。

(3) 随着 4 组分泡沫油模型反应因子 F_1 的增加,累积产油量减少,累积产气量增加,其原因在于增加反应因子,加快了溶解气向自由气的转化速度,不利于泡沫油的生成。

(4) 随着 5 组分泡沫油模型反应因子 F_1 的增加,累积产油量、累积产气量均增加;随着反应因子 F_2 的增加,累积产油量减少,累积产气量增加。其原因在于增加 F_1,加快了溶解气向分散气转化速度,有利于泡沫油的生成,使得累积产油量增加,但同时增加了分散

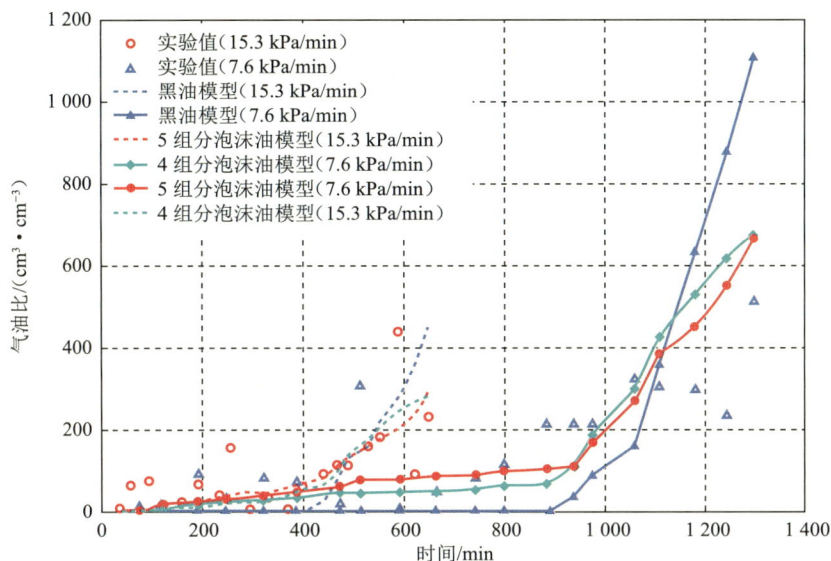

图 5-4-3　压力衰竭实验气油比拟合结果图

气转化为自由气的可能,使得累积产气量增加;而增加 F_2,则加快了分散气向自由气的转化速度,导致累积产油量减少,累积产气量增加。

(5) 随着原油黏度的增加,3 种模型中的累积产油量、累积产气量均减少。

(6) 选择合理的压力控制时间间隔有助于得到更好的拟合结果。

由图 5-4-2 和图 5-4-3 所示的拟合结果可知,4 组分泡沫油模型、5 组分泡沫油模型和黑油模型都可以得到较好的拟合结果,但黑油模型需要调整原始含油饱和度和孔隙度来提高产油量(表 5-4-2 和表 5-4-3),且拟合时间长,参数调整范围大,不适用于泡沫油型稠油油藏的数值模拟研究。5 组分泡沫油模型的拟合精度最高,其原因在于模型所用组分和动力学方程数目越多,描述泡沫油型稠油油藏开发过程中的物理化学现象越细致,其模拟结果越可靠。由泡沫油模型产出气组成可知,两种泡沫油模型存在较大差异,其中 4 组分模型产出气主要是自由气,而 5 组分模型产出气主要是分散气。

由于两组压力衰竭实验岩芯及实验条件相同,只有压力衰竭速度不同(图 5-4-4 中 L 表示低压力衰竭速度,H 表示高压力衰竭速度),因此,由图 5-4-4 可得到以下认识:

(1) 压力衰竭速度越大,黑油模型气相相对渗透率越低,且压力衰竭速度只对含气饱和度小于 0.4 时的气相相对渗透率曲线有影响。

(2) 4 组分泡沫油模型泡沫油状态下的气相相对渗透率曲线由自由气和溶解气两条气相相对渗透率曲线差值确定,而 5 组分泡沫油模型泡沫油状态下的气相相对渗透率曲线由分散气气相相对渗透率确定,其中 5 组分泡沫油模型气相相对渗透率位于 4 组分泡沫油模型两条气相相对渗透率曲线之间,可见两种模型具有一定的一致性。

(3) 5 组分泡沫油模型泡沫油状态下气相相对渗透率较常规溶解气驱相对渗透率低几个数量级,当气体突破时,相对渗透率曲线上翘。

(4) 临界含气饱和度是压力衰竭速度的函数,压力衰竭速度越快,临界含气饱和度越高,同一含气饱和度下气相相对渗透率越低,这从渗流机理角度解释了压力衰竭速度越大,泡沫油溶解气驱开发效果越好的实验现象。

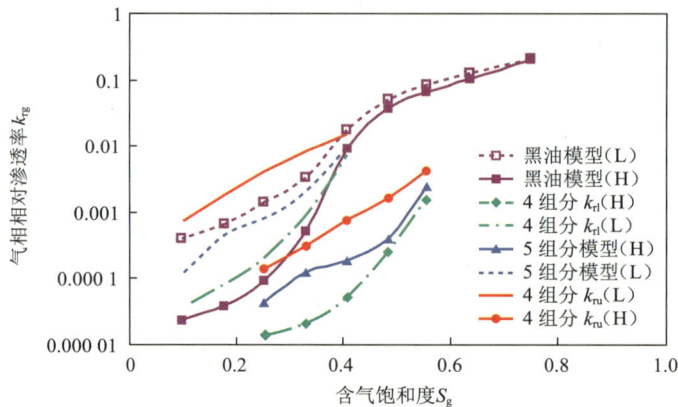

图 5-4-4　各模型拟合后所得气相相对渗透率曲线图
k_{ru}—自由气相对渗透率;k_{rl}—溶解气相对渗透率

5.4.2　泡沫油型稠油油藏注气数值模拟模型的建立

委内瑞拉 Orinoco 重油带是目前世界上储量最大的稠油富集地区(图 5-4-5),面积为 54 000 km²,地质储量约为 $2\,000\times10^8$ t,可采储量约为 500×10^8 t,总体是一个北倾单斜,倾角为 $0.5°\sim4°$;油层埋深为 $91\sim1\,500$ m,厚度为 $3\sim91$ m,孔隙度大于 32%,渗透率大于 $3\ \mu m^2$;含油饱和度平均值大于 82%,饱和压力为 $2.76\sim6.90$ MPa。

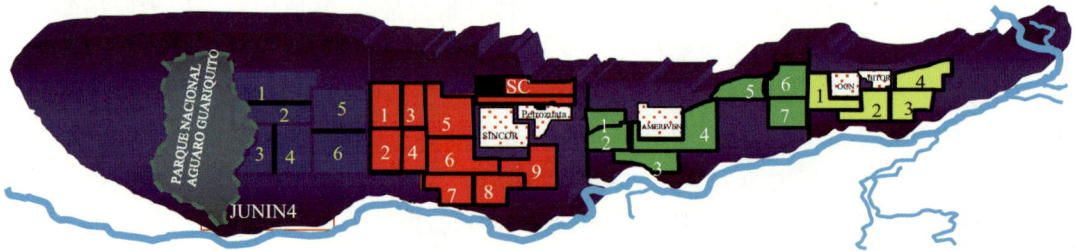

图 5-4-5　Orinoco 重油带区块分布图

研究区块位于东委内瑞拉盆地南缘,研究区面积 150 km²,可采储量 35.56×10^8 bbl。研究区块于 2006 年 9 月投产,采用整体丛式水平井天然能量冷采开发方式开采,水平段长度 $800\sim1\,200$ m,排距 600 m 或 300 m;截止到 2013 年 6 月,项目已建成平台 18 座,投产水平井 264 口。地质储量采出程度 1.15%,可采储量采出程度 5.74%。

研究区块泡沫油型稠油油藏水平井冷采呈现典型的"三段式"开采特征,即弹性开采阶段(地层压力大于泡点压力)、泡沫油流阶段(地层压力介于泡点压力与拟泡点压力之间)和油气两相流阶段(地层压力低于拟泡点压力)。目前,区块开发进入油气两相流阶段,部分油井逐渐出现产量递减加快(递减率为 1.8%)、生产气油比升高的问题(气油比迅速增加至原始气油比的 2.6 倍)。

根据上述油藏地质与开发资料,结合泡沫油数值模拟模型评价研究结果,建立泡沫油型稠油油藏注气数值模拟模型。以地震、测井、地质等资料为基础,建立由 40 条断层和 16 个地质小层层面组成的构造模型,为了重点刻画主力层之间的隔层,细分构造模型中小层垂向网格,平均网格精度达到 1 m 左右,平面网格精度为 50 m×50 m。为了发挥多数据协同约束建模的优势,以综合储层地质知识库资料构建小层训练图像,以反演属性体为协同约束,采用多点统计模拟方法建立了多点 Snesim 沉积微相模型,并以此为约束条件,最终采用序贯高斯模拟方法建立了区块孔隙度、渗透率、含油饱和度模型。

综合考虑天然气吞吐及天然气驱的技术特点、现有水平井长度、油藏非均质性以及模拟器运算速度等因素,通过网格粗化技术将上述精细地质模型粗化,分别得到适用于天然气吞吐及天然气驱油藏数值模拟研究的 A 平台及 B 区块地质模型。其中,A 平台位于区块中部,模型中平面网格精度为 100 m×100 m,x,y 方向网格数为 32×12,纵向上为 9 个模拟层。A 平台构造模型如图 5-4-6 所示。B 区块位于区块北部,主要目的层为 O 层,3 个方向网格数为 94×150×10,总网格数为 141 000。生产井位于第 7 层网格,300 m 井距部署了 96 口水平井。B 区块构造模型及井位图如图 5-4-7 和图 5-4-8 所示。

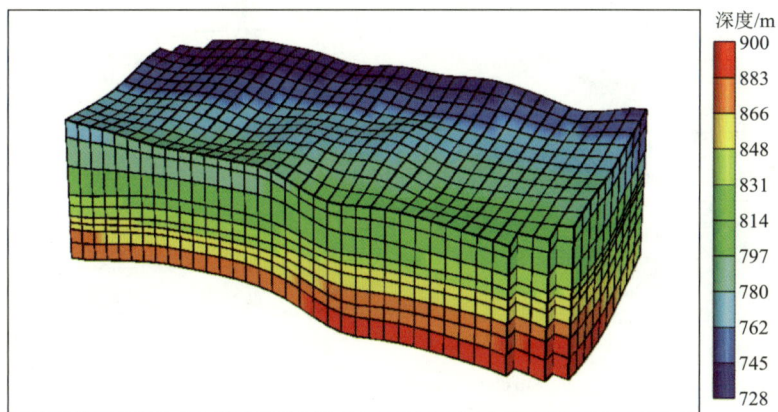

图 5-4-6　A 平台天然气吞吐构造模型图

泡沫油型稠油油藏溶解气驱、注气吞吐和气驱过程中存在"溶解气—分散气(泡沫油)—自由气"与"注入气(自由气)—分散气(泡沫油)"两个动态变化过程。在上述 5 组分泡沫油模型的基础上,建立 6 组分(水、原油、溶解气、分散气、自由气和注入气)泡沫油模型描述上述过程,并通过式(5-4-5)~式(5-4-7)3 个动力学方程描述 3 种气组分的动态转化过程。

$$溶解气 \rightarrow 分散气: X_1 = F_1([G_{sol,eq}] - [G_{sol}]) \tag{5-4-5}$$

$$分散气 \rightarrow 自由气: X_2 = F_2[G_{disp}] \tag{5-4-6}$$

$$注入气 \rightarrow 溶解气: X_3 = F_3[G_{inject}] \tag{5-4-7}$$

式中　X_i——反应速度,代表 4 种气体组分之间的转化速度,mol/s;

图 5-4-7　B 区块天然气驱构造模型图

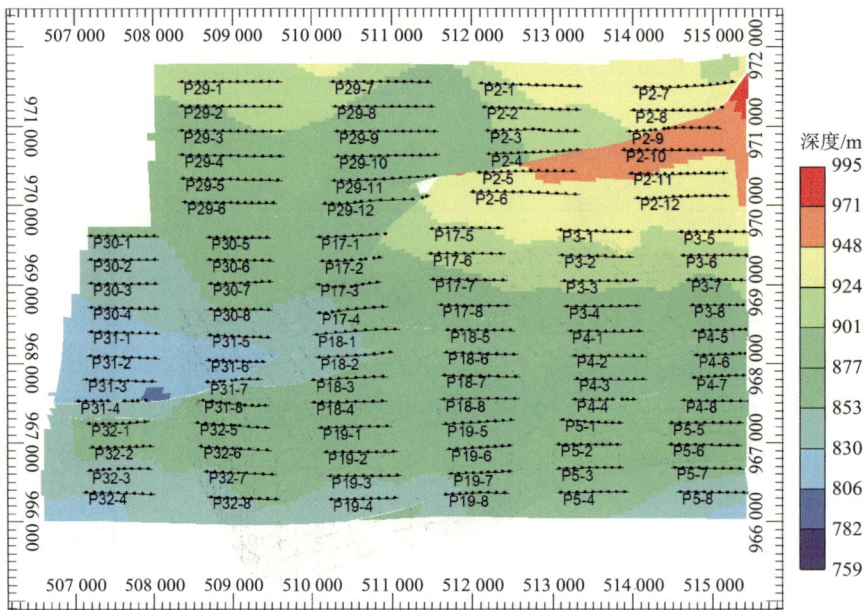

图 5-4-8　B 区块生产井井位图

F_i——反应因子,代表气泡聚集、增长等变化速度;

$[G_{sol,eq}]$,$[G_{sol}]$,$[G_{disp}]$和$[G_{inject}]$——溶解气平衡摩尔分数、溶解气摩尔分数、分散气摩尔分数和注入气摩尔分数。

　　在泡沫油模型组分个数确定的基础上,结合相态拟合后的各组分临界压力、临界温度、K 值等性质参数以及一维岩芯拟合后的泡沫油状态下相渗曲线及反应因子建立流体模型,并根据 2006 年 9 月投产以来平台及区块生产井产油量、产气量等数据建立生产动态模型,从而建立了适用于研究泡沫油型稠油油藏天然气吞吐及天然气驱的数值模拟模型。

5.4.3　油藏数值模拟结果及分析

1）天然气吞吐数值模拟结果分析

基于完整的泡沫油天然气吞吐数值模拟模型，通过储量及历史拟合过程进一步调整模型参数（图 5-4-9），使得泡沫油天然气吞吐数值模拟模型更接近实际。基于历史拟合后的模型，按照表 5-4-4 所示的研究内容，对注气时机、注气速度、周期注气量等参数进行优化，得到最优的天然气吞吐方案：当平均地层压力为 4 MPa 时注气，A 平台 12 口井整体吞吐 8 个轮次，注气速度为 30×10^4 m³/d，周期注气量为 360×10^4 m³，且每个周期的周期注气量递增 10%，焖井时间均为 5 d。

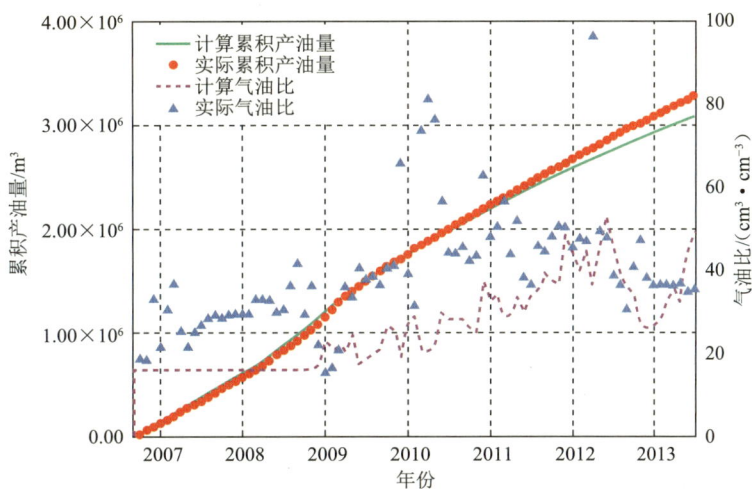

图 5-4-9　A 平台累积产油量、气油比拟合结果图

表 5-4-4　天然气吞吐参数优化分析表

天然气吞吐参数	研究内容（参数值）	天然气吞吐参数	研究内容（参数值）
注气时机/MPa	4,5,6,8	周期注气量/(10^4 m³)	120,200,280,360,440
注气速度/(10^4 m³·d^{-1})	10,20,30,40,50	周期注气量递增/%	5,10,15,20
焖井时间/d	3,4,5,7,9	注气轮次	1～10

上述最优天然气吞吐方案模拟计算至 2032 年。由计算结果可知，平台整体天然气吞吐采出程度为 10.85%，较衰竭式开发产油速度明显提高（图 5-4-10），增油量为 182 044 m³，增幅为 14.7%，即平台通过天然气吞吐的方式可以起到改善泡沫油冷采后期开发效果的作用，其主要原因有以下几方面：

（1）由图 5-4-11 和图 5-4-12 可知，在目前地层压力（4 MPa）下注入天然气，地层压力随之增加。与衰竭式开发相比，第 1 轮次吞吐注气后油藏平均压力提高 388 kPa，8 轮次吞吐后平均压力提高 389 kPa，因此多轮次天然气吞吐在一定程度上起到了补充地层压力的作用。

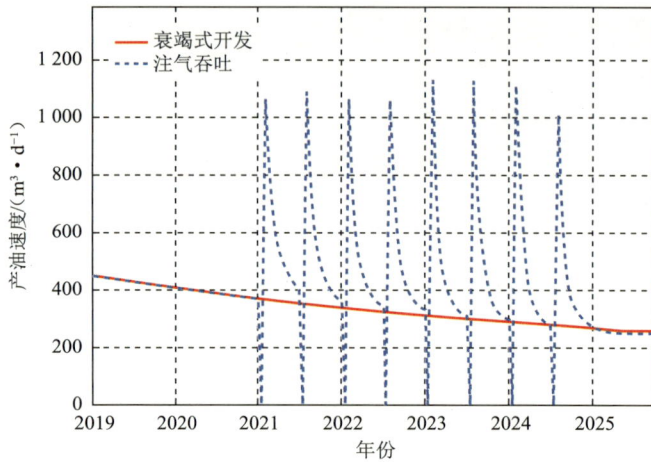

图 5-4-10　天然气吞吐平台产油速度图

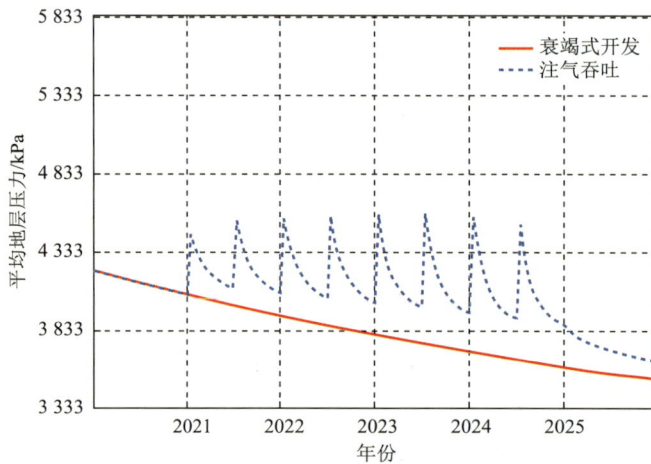

图 5-4-11　天然气吞吐预测的平均地层压力图

（2）由图 5-4-13 可知，天然气吞吐前，油藏进入油气两相流阶段，泡沫油现象消失，近井周围以自由气为主，仅在生产井之间区域存在泡沫油。而第 1 轮次注入天然气后，高压下部分气体溶于原油，使得天然气吞吐生产阶段近井周围形成二次泡沫油（分散气），起到了增加原油产量的目的，且泡沫油现象在之后多个天然气吞吐轮次中均有出现，从而证明天然气吞吐可以保持长时间的泡沫油溶解气驱过程。

（3）由图 5-4-14 可知，天然气吞吐前，由于油藏压力降低，溶解气以自由气的形式产出，使得生产井周围原油黏度较大，流动性较差。天然气吞吐后，由于注入气的溶解，近井周围原油黏度大幅下降，从而增加了原油的流动性。

上述 3 个机理的综合作用使得天然气吞吐效果优于衰竭式开发。

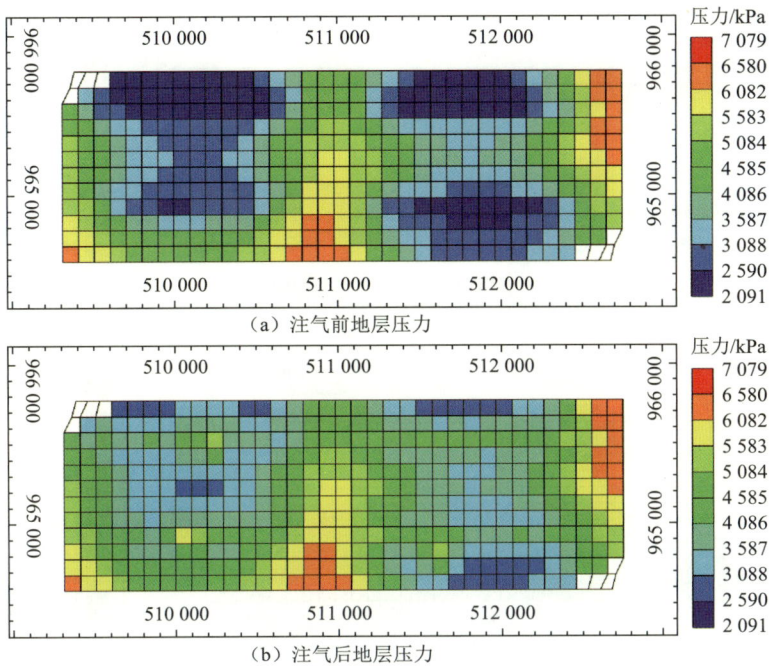

（a）注气前地层压力

（b）注气后地层压力

图 5-4-12 注气前后地层压力对比图

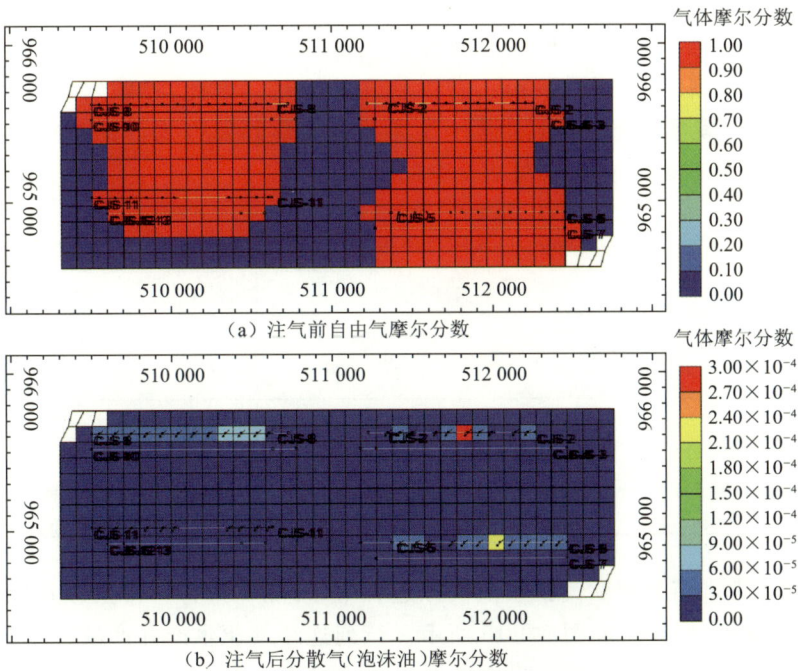

（a）注气前自由气摩尔分数

（b）注气后分散气（泡沫油）摩尔分数

图 5-4-13 注气前后气体摩尔分数对比图

（a）注气前原油黏度分布图

（b）注气后原油黏度分布图

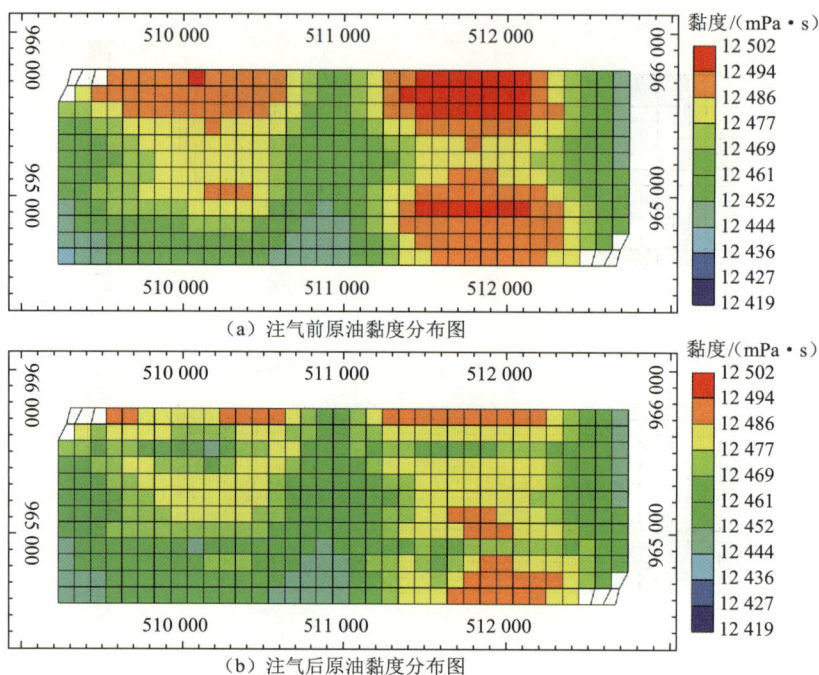

图 5-4-14　注气前后原油黏度对比图

2）天然气驱数值模拟结果分析

与连续气驱相比，间歇气驱可以有效控制气窜，减少气体注入量，而边部注气则可以有效利用 B 区块南高北低的构造特点，减少转注井数目。因此，考虑到上述因素，从 B 区块的地质构造和开发实际出发，分别设计 3 类天然气驱开发方式：行列连续气驱、行列间歇气驱和边部连续气驱，研究内容见表 5-4-5。

表 5-4-5　天然气驱数值模拟研究内容

注气方式	研究参数	研究内容
行列连续气驱	注气速度/(m³·d⁻¹)	$10\times10^4,20\times10^4,30\times10^4,$ $40\times10^4,50\times10^4$
行列间歇气驱	注气与间歇时间比	1:1
	注气时间/月	3
边部连续气驱	注气部位	构造低部位、高部位

行列连续气驱和行列间歇气驱数值模拟过程中，每隔 4 排将一排生产井转为注气井，B 区块内共 20 口生产井转注，如图 5-4-15 所示。行列连续气驱生产井产液速度为 160 m³/d，注气压力为 15 MPa。行列间歇气驱注气与间歇时间比为 1:1，注气时间为 3 个月，注气速度为 30×10^4 m³/d，生产井产液速度为 160 m³/d。边部连续气驱分别在构造的低部位和高部位选取 4 口生产井进行转注，如图 5-4-16 所示，注气速度为 30×10^4 m³/d，生产井产

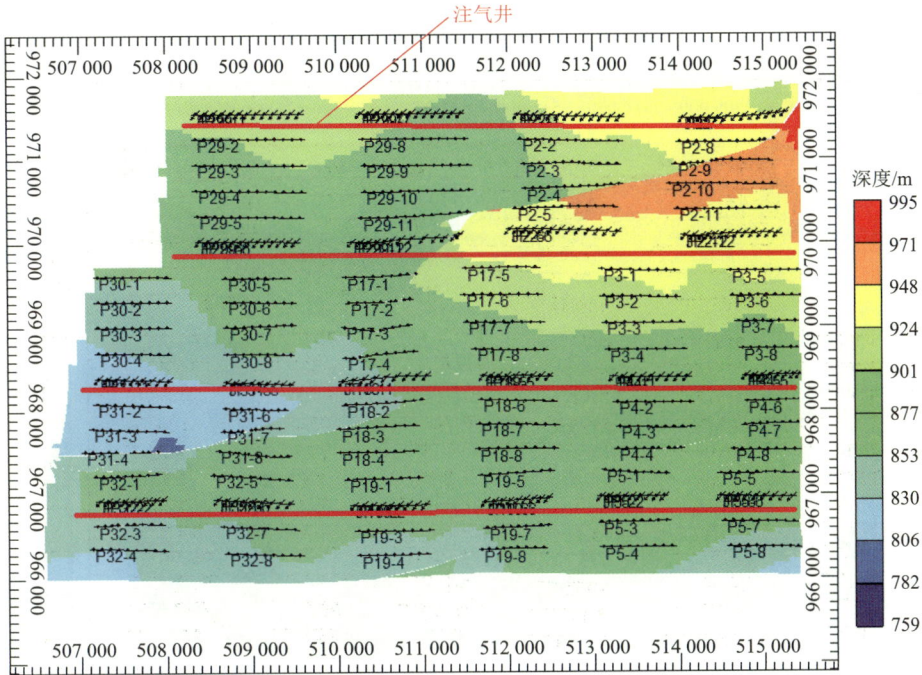

图 5-4-15　间隔 4 排生产井时的注气井井位图

液速度为 $160\ \mathrm{m^3/d}$。

天然气驱油藏数值模拟结果如图 5-4-17～图 5-4-20 和表 5-4-6 所示。

（1）油藏压力结果分析。

由图 5-4-17 可知，与衰竭式开发相比，通过行列连续气驱和行列间歇气驱均可以在一定程度上提高油藏压力。由于行列间歇气驱存在停注期，边部连续气驱注气井数少，所以行列连续气驱油藏平均压力提高幅度大于行列间歇气驱和边部连续气驱，且注气速度越大，油藏平均压力越高。

（2）生产井产油速度结果分析。

以行列连续气驱的一个注气单元为例（图 5-4-18），紧邻注气井的生产井 P29-2 井和 P29-5 井的产油速度提高幅度最大，离注气井较远的 P29-3 井和 P29-4 井的产油速度提高幅度最小。此外，由注气后生产井产油速度图（图 5-4-19）可知，注气速度越大，生产井产油速度越高；注气前期生产井产油量在注入气的保压和驱替作用下增加迅速，但到注气后期，气窜现象的发生对泡沫油溶解气驱产生负面影响，产油速度迅速降低。

由图 5-4-19 可知，行列间歇气驱产油速度低于行列连续气驱和衰竭式开发，其原因在于行列间歇气驱存在停注期，与行列连续气驱相比，总的注气量较小，使得油藏压力提高幅度较低（图 5-4-17），因此生产井产油速度低于行列连续气驱。此外，多次注入多个天然气段塞，使得泡沫油溶解气驱机理消失，注气过程中无二次泡沫油生成，导致生产井产油速度低于衰竭式开发。

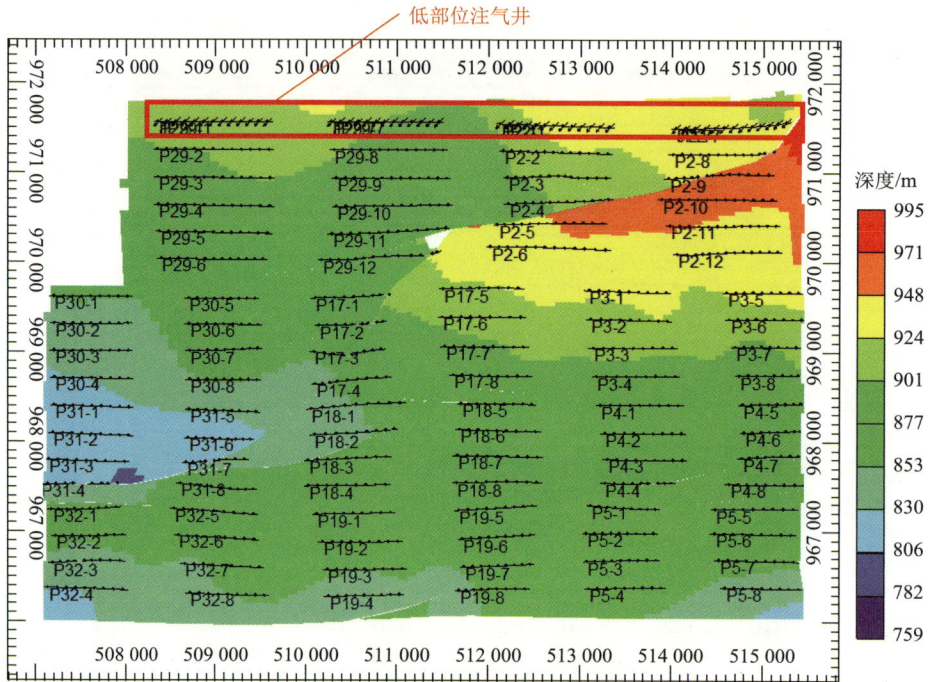

（a）低部位注气井井位图

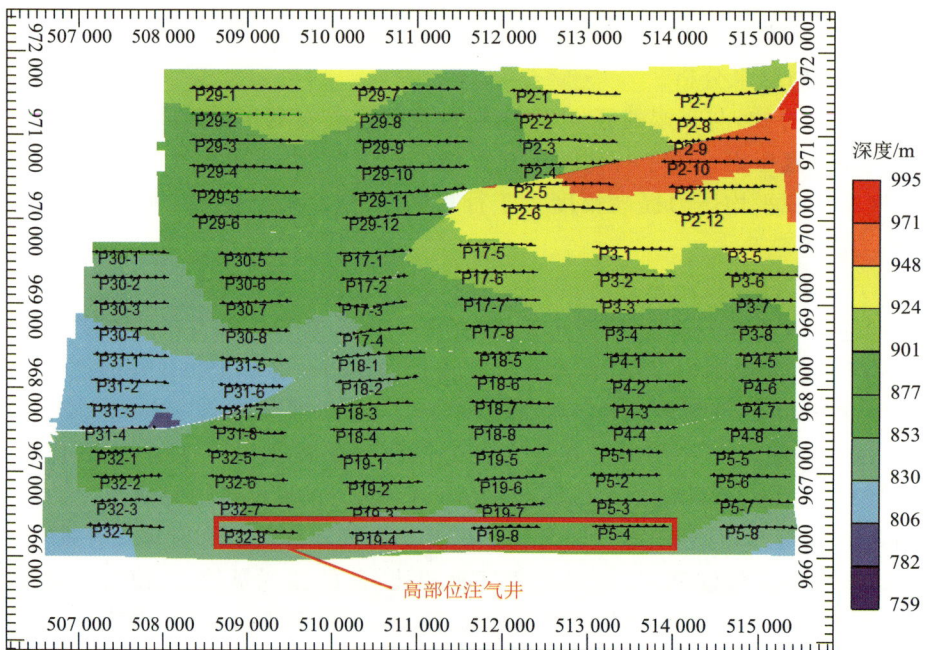

（b）高部位注气井井位图

图 5-4-16　边部连续气驱注气井井位图

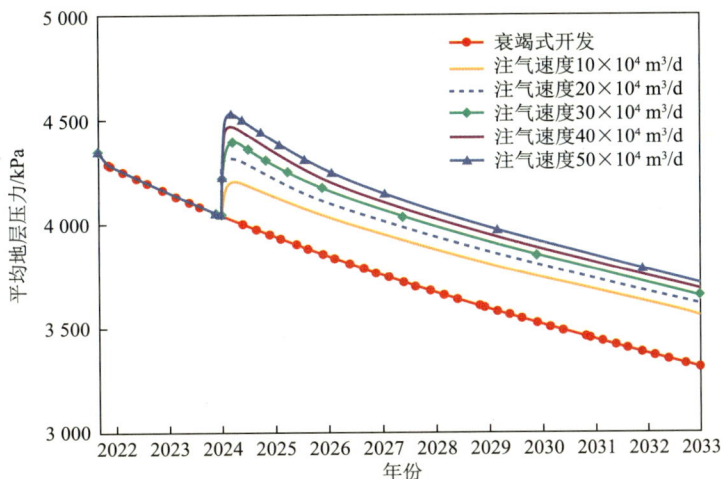

（a）行列连续气驱

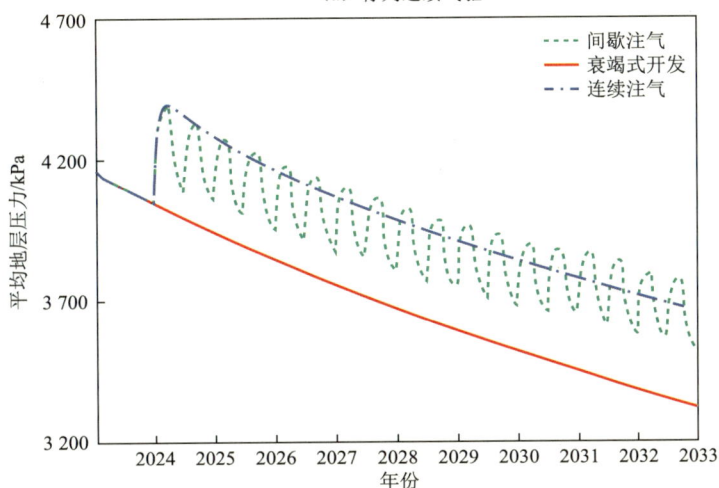

（b）行列间歇气驱

图 5-4-17　行列注气后油藏平均压力

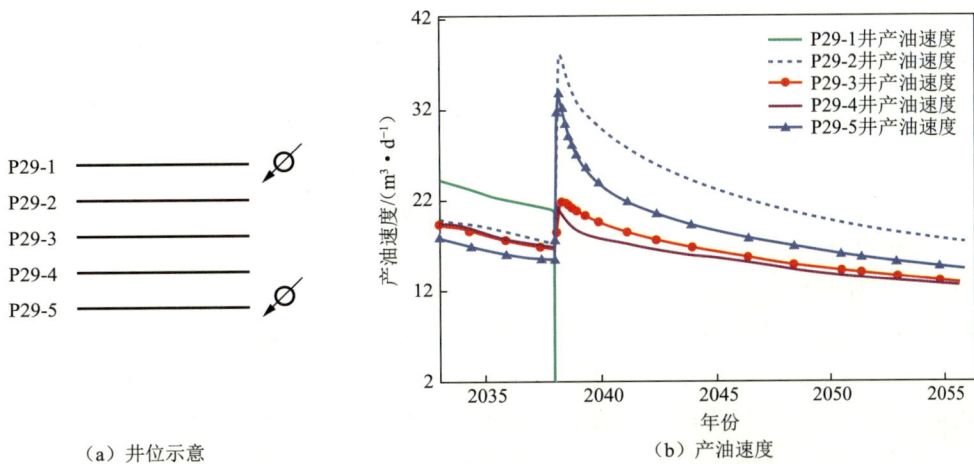

（a）井位示意　　　　　　　　　　（b）产油速度

图 5-4-18　行列连续气驱后 P29-1 单元产油速度

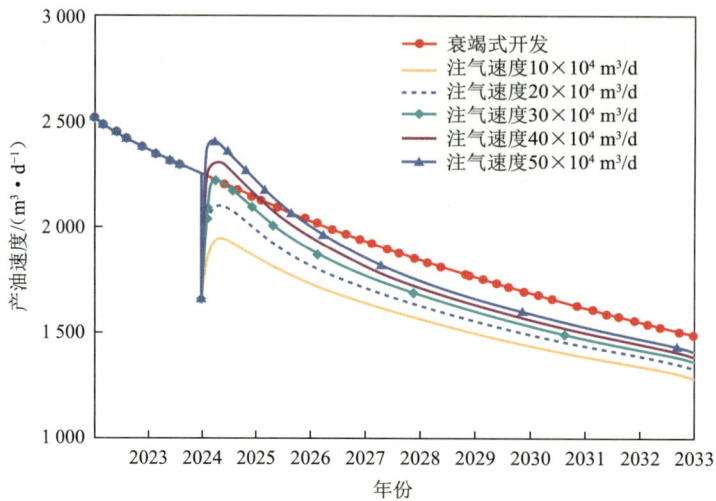

（a）行列连续气驱产油速度图

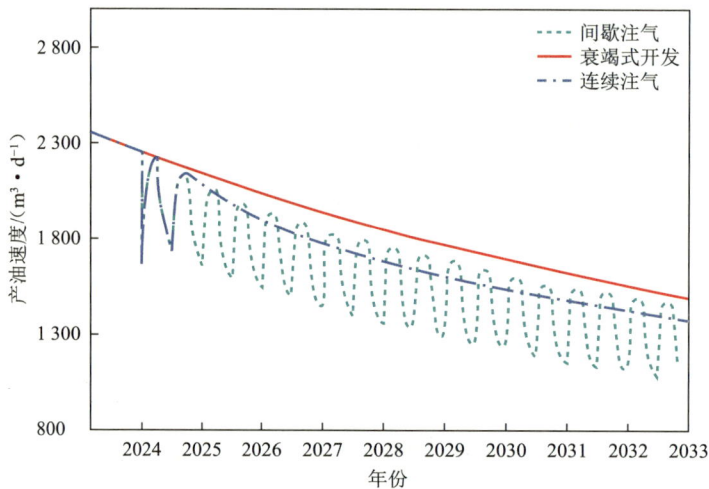

（b）行列间歇气驱产油速度图

图 5-4-19　行列连续气驱及行列间歇气驱产油速度图

对于边部连续气驱（图 5-4-20），无论注气部位高低，都是距离注气井最近的第 1 排生产井的产油速度提高幅度最大，距离注气井越远，产油速度提高幅度越小，甚至没有发生变化，从而表明生产井受效时间和程度与距注气井的距离相关，距离注气井越近的生产井受效越早，受效时间越长，保压效果越好。

（3）采出程度结果分析。

由表 5-4-6 可知，无论在何种注气速度和注气方式（行列连续气驱、行列间歇气驱和边部连续气驱）下，天然气驱的采出程度等均小于衰竭式开发，即行列连续气驱、行列间歇气驱和边部连续气驱不宜作为改善泡沫油型稠油油藏冷采后期开发效果的接替技术，其原因为：① 天然气驱过程中未见二次泡沫油生成，注入气主要以自由气的形式存在，使得原

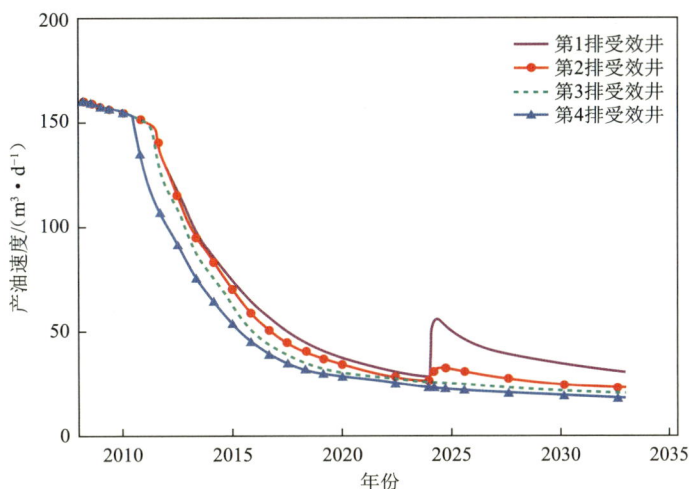

（a）低部位连续气驱受效井产油速度

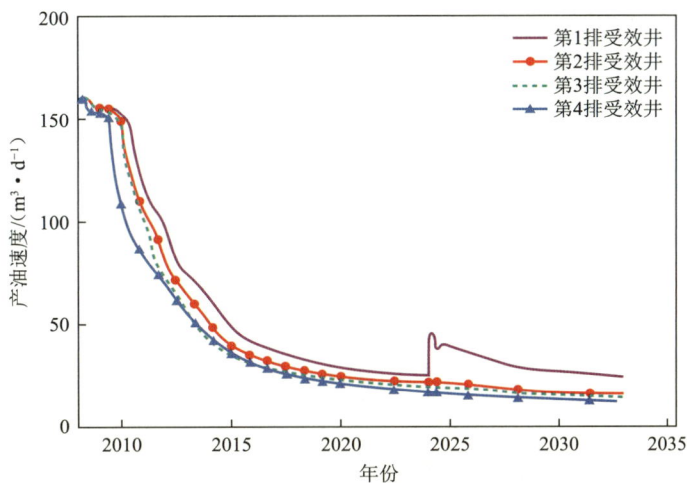

（b）高部位连续气驱受效井产油速度

图 5-4-20　边部连续气驱受效井产油速度图

本分散在油相中的分散气聚并,形成连续气相快速气窜至生产井,导致原有的泡沫油溶解气驱机理减弱或消失;② 注入气可以在一定程度上起到保持地层压力、驱替原油的作用,但注入气快速气窜,使上述机理作用时间较短,且注入气难以溶于原油起到降低原油黏度、膨胀原油的作用。

此外,由表 5-4-6 可知,在行列连续气驱过程中,注气速度越大,累积产油量和采出程度越高,其主要原因是提高注气速度可以增加总注气量,更为有效地补充地层能量并驱替原油。通过对比高、低部位连续气驱结果可知,高、低部位连续气驱采出程度分别为 10.39% 和 10.37%,即高部位连续气驱开发效果略优于低部位连续气驱,其原因主要在于高部位注气时,注入气受到油藏构造的限制,不易到达生产井而形成气窜,从而在重力的作用下不能均匀驱替原油,起不到有效补充地层能量的目的。

表 5-4-6　天然气驱数值模拟结果

注气方式	注气速度 /(10⁴ m³·d⁻¹)	累积产油量 /m³	增油量 /m³	采出程度 /%
衰竭式开发		41 505 424		10.44
行列连续气驱	10	40 630 789	−874 635	10.22
	20	40 869 326	−636 098	10.28
	30	41 068 106	−437 318	10.33
	40	41 227 131	−278 293	10.37
	50	41 346 399	−159 025	10.40
行列间歇气驱	20	40 710 301	−795 123	10.24
低部位连续气驱	20	41 227 131	−278 293	10.37
高部位连续气驱	20	41 306 643	−198 781	10.39

5.5　本章小结

（1）泡沫油溶气特性实验和非常规注气膨胀实验可以用于分析评价注气二次泡沫油形成的可能性，明确泡沫油注气过程中原油黏度降低、体积膨胀等作用机理，提供确定泡沫油中气体扩散系数所需的基础实验数据。上述实验表明，地层压力的提高可以增加气体在泡沫油、活油和脱气原油的溶解量。随着注入气量的增加，泡沫油-注入气体系泡点压力、拟泡点压力、泡点压力膨胀系数和拟泡点压力膨胀系数逐渐增加，原油黏度和重组分逐渐降低，且在注气过程中可以形成二次泡沫油。上述现象是泡沫油型稠油油藏注气提高采收率的主要机理。

（2）考虑到沥青质沉淀速度随注入气摩尔分数的增加而迅速增加，在目前的油藏压力下，天然气吞吐过程中可能会产生沥青质沉淀现象。与相同注气量下的实验结果相比，实际注气过程中沥青质沉淀对注气量更加敏感，沉淀量更大。

（3）天然气吞吐在一定程度上可以起到提高泡沫油油藏冷采后期采收率的目的，单轮次天然气吞吐较衰竭式开发最高可提高采收率 7.24%，多轮次天然气吞吐提高采收率 7.77%；在泡点压力与拟泡点压力之间注气，开发效果最佳；在经济可行的前提下，应尽量增加注气量；提高压降速度可以提高天然气吞吐采收率，但采出程度增加幅度远小于冷采时的；在实验条件下，连续气驱与间歇气驱均不宜作为泡沫油型稠油油藏冷采后期接替技术。

（4）基于 PVT 筒气体溶气特性实验，结合泡沫油、活油和脱气原油性质的气体扩散数学模型，通过回归气体扩散质量与扩散时间平方根关系曲线斜率的间接方法，可以方便、准确地确定气体在泡沫油、活油和脱气原油中的扩散系数。上述研究方法表明，随着实验压力的增加，气体在泡沫油、活油和脱气原油中的扩散系数不断增加，且近似呈线性增加，即油藏压力越高,气体扩散系数越大。通过对比同一压力下泡沫油、活油和脱气原油的气体扩散系数可知,气体在脱气原油中的扩散系数大于活油以及泡沫油,且随着压力的增加,气体在脱气原油中的扩散系数增加速度加快。

(5)一维岩芯压力衰竭实验拟合结果表明,与 4 组分及黑油模型相比,5 组分泡沫油模型拟合结果最好,可用于泡沫油型稠油油藏的模拟。拟合过程中,反应因子 F_1、原油黏度 μ_o 和时间间隔 t_p 对泡沫油模型的影响较大。累积产油量、累积产气量随着 S_{gr} 的增大而增加;随着 F_1 的增加,4 组分泡沫油模型的累积产油量减少,累积产气量增加,而 5 组分泡沫油模型的累积产油量、累积产气量均增加;随着原油黏度的增加,3 种模型累积产油量、累积产气量均减少。泡沫油状态下,气相相对渗透率较常规溶解气驱相对渗透率低几个数量级,当气体突破时,相对渗透率曲线上翘。

(6)通过对建立的泡沫油注气数值模拟模型进行研究可知,平台整体天然气吞吐可以起到改善泡沫油冷采后期开发效果的目的,地层压力的提高、二次泡沫油的形成和近井周围原油黏度的降低是天然气吞吐改善泡沫油型稠油油藏冷采后期开发效果的主要原因。行列连续气驱、行列间歇气驱和边部连续气驱不宜作为泡沫油型稠油油藏冷采后期的接替技术。

第 6 章
泡沫油型稠油油藏注复合介质开发方法

中国新疆、吐哈油田以及与海外合作开发的委内瑞拉 Orinoco 重油带等地的部分稠油油藏降压冷采过程中存在明显的泡沫油现象,具备较高的冷采产能。但随着地层压力的降低,泡沫油中的分散气逐渐聚并,形成连续气相,泡沫油现象消失,使得产量递减,预测冷采采收率仅有 10% 左右,亟需后续提高采收率技术来保持稳产。对于冷采后期泡沫油型稠油油藏,水驱、气驱和泡沫驱等冷采方式很难驱动高黏原油,而注蒸汽热采技术操作成本高,经济效益较差。泡沫油型稠油油藏注复合介质开发方法通过注入油溶性降黏剂、气体和发泡液组成的复合介质形成二次泡沫油,从而改善冷采后期泡沫油型稠油开发效果。该方法首先向脱气后的高黏稠油注入降黏剂段塞,降低脱气稠油黏度,提高地层多孔介质中原油的流动性,减小气体与发泡液进入油层深部的阻力,随后注入气体与发泡液可直接进入油层深部,在地层剪切作用下与原油形成二次泡沫油,阻止气体快速脱气和产出,大幅延长气体在原油中滞留的时间,提高含气原油的弹性能量,并降低原油的动力黏度,从而延长生产时间,实现提高产油量和采收率的目的。基于上述思路,首先评价油溶性降黏剂的降黏特性,明确温度、添加量和放置时间对降黏效果的影响规律;然后测量不同压力、表面活性剂浓度和含油饱和度下发泡液对油气界面张力的影响规律,并评价添加降黏剂和发泡液后二次泡沫油生成的有效性,阐明降黏剂浓度、表面活性剂浓度和含油饱和度对二次泡沫油生成有效性的影响规律;最后利用研制的高温高压微观渗流实验装置,揭示该方法的微观渗流特征、提高采收率机理及参数影响规律。

6.1　油溶性降黏剂性能评价实验

M 区块稠油中胶质、沥青质含量高,常温下黏度极高,流动困难。油溶性降黏剂可在地层剪切作用下稀释降黏,且降黏效果越好,多孔介质中稠油流动性越强,后续注入的气体与发泡液作用范围越广,越有利于形成二次泡沫油。因此,评价油溶性降黏剂的降黏效果对二次泡沫油的形成至关重要。本节利用高温高压流变仪进行油溶性降黏剂降黏特性研究,测量不同温度、降黏剂添加量以及放置时间下的稠油黏度,系统评价不同因素对油溶性降黏剂降黏效果的影响规律。

6.1.1　实验材料

实验所用油样为委内瑞拉 M 区块产出的脱气稠油,油样存放时间较长,导致轻质组分挥发。根据现有油样组成与刚产出油样组分分析对比结果,在现有油样中加入缺失的轻质组分(表 6-1-1)复配原油,从而较好地模拟实际原油。复配完成的原油物理性质见表 6-1-2,碳原子数分布如图 6-1-1 所示。后续实验均使用复配原油。

表 6-1-1　原油所缺失轻质组分的含量

组　分	质量浓度/(g·L^{-1})	组　分	质量浓度/(g·L^{-1})
正戊烷	0.01	异戊烷	0.01
正己烷	0.04	正庚烷	0.05
正辛烷	0.08	正壬烷	0.15

表 6-1-2　实验使用的脱气原油的物理特性

物性参数	测量条件	参数值
密度/(g·cm^{-3})	—	1.05
黏度/(mPa·s)	50 ℃	49 501.7
	60 ℃	20 572.0
	70 ℃	11 058.6
组分分析/% (质量分数)	饱和烃	6.015
	芳香烃	39.64
	胶　质	33.50
	沥青质	20.84

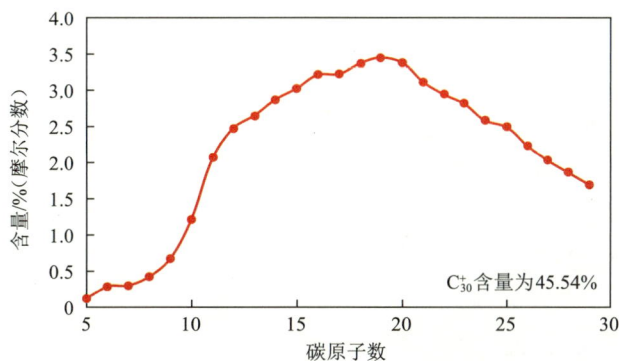

图 6-1-1　脱气原油碳原子数分布图

目前现场采用井口加入石脑油掺稀降黏的方式运输产出的稠油,因此石脑油现场获取容易。此外,石脑油可以从稀释的稠油中直接提取回收、循环利用,成本较低。从材料来源和成本角度,选择石脑油作为前置油溶性降黏剂。石脑油主要为轻质组分 $C_5 \sim C_7$,成本比纯 $C_5 \sim C_7$ 低,由深圳市东港化工有限公司提供。

6.1.2 实验装置及步骤

1)实验装置

实验所用装置型号及生产厂家见表 6-1-3,主要包括 HAAKE RS6000 高温高压流变仪、TH-Ⅱ型烘箱、JA3001 电子天平和 100 mL 玻璃密封罐,其中 HAAKE RS6000 高温高压流变仪由主机、油浴温控系统、压力系统和计算机系统组成。

表 6-1-3 实验装置型号及生产厂家

仪 器	型 号	生产厂家
烘 箱	TH-Ⅱ型	拓创科学仪器有限公司
电子天平	JA3001	上海浦春计量仪器有限公司
高温高压流变仪	HAAKE RS6000	Thermo Fisher Scientific
玻璃密封罐	100 mL	山东潍坊兴海玻璃钢有限公司

2)实验步骤

实验步骤如下:

(1)利用电子天平称取 200 g 脱气稠油于烧杯中,放入 50 ℃烘箱中恒温 1 h,然后将其倒入旋转黏度计样品杯中,设置实验温度为预定值,剪切速率为 5 s^{-1},测试时间为 20 min,测量该温度下的黏度。实验过程中自动测量 100 个数据点,取后 30 个数据点的平均值作为该样品的黏度 μ_0。

(2)将脱气原油与石脑油按照一定比例配制成混合样品,将样品放置在玻璃密封罐中一定时间后,按照步骤(1)中的实验方法测试相同温度下混合样品的黏度 μ。

(3)由下式计算出降黏率:

$$f = \frac{\mu_0 - \mu}{\mu_0} \qquad (6-1-1)$$

式中　f——降黏率,%;

　　μ_0——实验温度下脱气稠油黏度,mPa·s;

　　μ——实验温度下加入石脑油后混合样品黏度,mPa·s。

(4)重复步骤(2)和(3),改变实验温度(50 ℃,60 ℃,70 ℃,80 ℃和 90 ℃)、混合样品中石脑油添加量和放置时间,研究温度、石脑油添加量和放置时间对稠油黏度和降黏率的影响规律。

6.1.3 实验结果及分析

1)温度的影响

不同温度下样品的黏度和降黏率实验结果如图 6-1-2 和图 6-1-3 所示。由图可知,随着温度的升高,脱气稠油的黏度大幅降低,表明该油藏脱气稠油黏度受温度影响较大。此外,无论何种放置时间和石脑油含量下,随着温度的升高,石脑油-稠油混合样品的黏度和降黏率均逐渐降低,表明石脑油-稠油混合样品黏度受温度的影响较大,不同温度下石脑油均能保持较高的降黏率。例如,放置时间和石脑油含量分别为 0 周和 10%(质量分数)时,温度从 50 ℃升高至 90 ℃,混合样品黏度从 1 851.36 mPa·s 降低至 210.61 mPa·s。当温度为 90 ℃时,添加 10%(质量分数)石脑油对稠油的降黏率仍高达 91.46%。由上述结果可知,石脑油作为降黏剂在不同油藏温度下均具有较好的降黏效果,适用性较强。石脑油的存在可以增加稠油流动性,为后续气体和发泡液注入形成二次泡沫油提供有利条件。

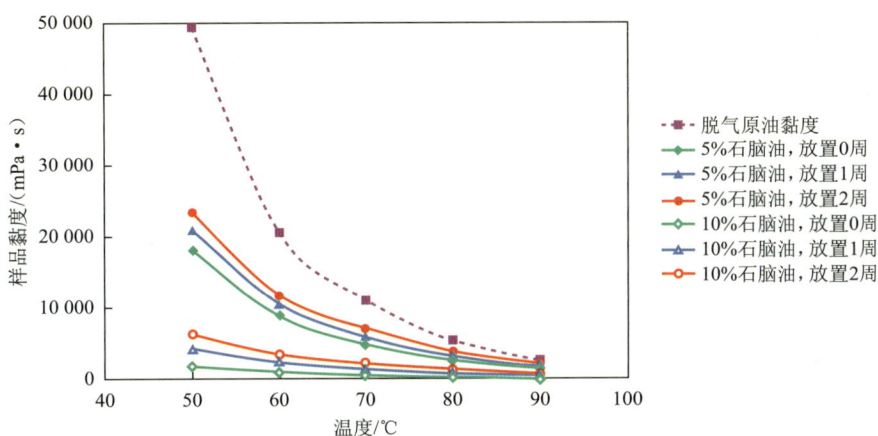

图 6-1-2　温度对样品黏度的影响

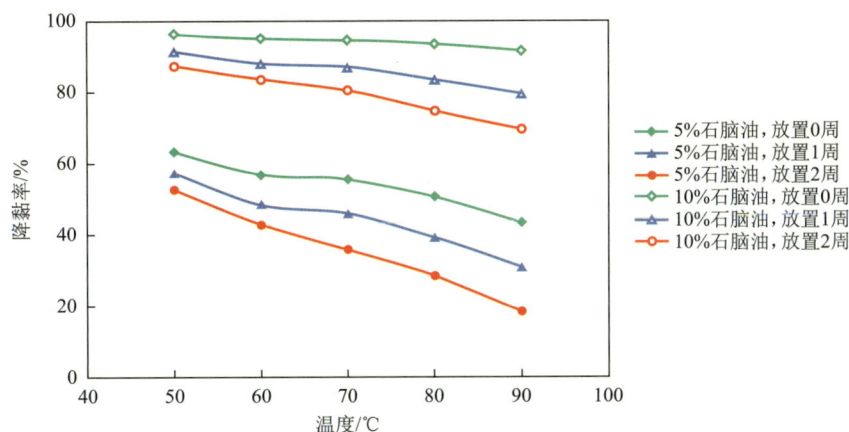

图 6-1-3　温度对石脑油降黏率的影响

2）降黏剂添加量的影响

油溶性降黏剂的添加量对降黏效果起着决定性的作用。为了研究降黏剂添加量的影响,在 50 ℃温度下向脱水稠油中加入不同量的油溶性降黏剂[添加量分别为 0%,5%,

10%和15%（质量分数）〕，测定稠油黏度，并计算降黏率。

通过图6-1-4和图6-1-5所示的实验结果可以看出，增大降黏剂的添加量，油样黏度逐渐降低，降黏率不断增大，降黏效果逐渐提高，尤其是在添加5%降黏剂之前，与未添加降黏剂相比，原油黏度大幅度下降。以放置0周为例，稠油添加5%降黏剂后，黏度由49 501.7 mPa·s下降到18 132.5 mPa·s，降黏率快速升高，从0%增加到63.37%，降黏效果明显。这是由于石脑油与稠油中的沥青质有很好的相溶性，与沥青质和胶质分子间的相互作用强，石脑油分子可通过强氢键能的作用渗透进入片状分子堆叠体之间，有效破坏分子间形成的结构，拆散形成的大分子聚集体，从而有效降低稠油的黏度。

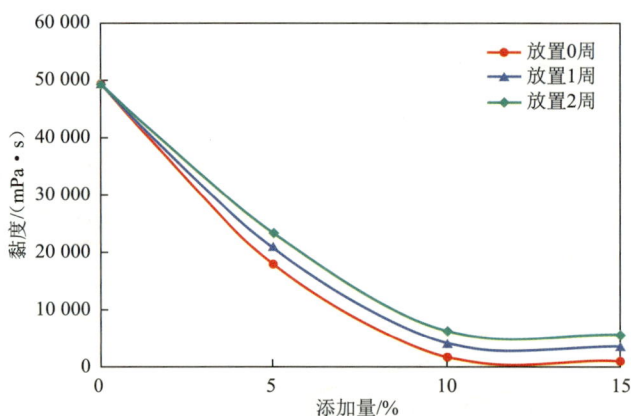

图6-1-4 降黏剂添加量对样品黏度的影响

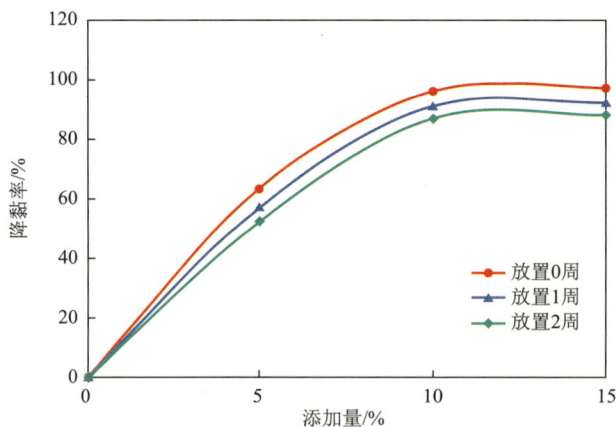

图6-1-5 降黏剂添加量对石脑油降黏率的影响

当温度为50 ℃、放置时间为0周时，添加10%的石脑油对稠油的降黏率高达96.26%。因此，将石脑油作为前置降黏剂，可在接近油藏温度下大幅度降低稠油的黏度，增强稠油在地层内的流动性，减少后续气体与发泡剂进入油层深部的阻力，为气体与发泡剂在地层剪切作用下与原油形成二次泡沫油提供良好条件。

以放置0周为例，虽然增大降黏剂的添加量后降黏率不断增大，但当降黏剂添加量从

10％增加到15％时,黏度由1 851.36 mPa・s下降到1 175.17 mPa・s,降黏率从96.26％增大到97.63％,仅仅提升了1.37％,提升幅度较小。因此,当降黏剂添加量增大到一定程度后,继续增大降黏剂的添加量,降黏率增加的幅度较小。综合考虑降黏效果和经济性,存在最优的石脑油添加量。

3) 放置时间的影响

在50 ℃温度下向脱水稠油中加入一定量的石脑油,添加量分别为5％,10％和15％(质量分数),搅拌均匀后将样品放置在不同的密封瓶中,一部分样品立即测量(放置时间为0周)其在50 ℃温度下的黏度,其余样品分别放置1周、2周后进行测量,结果如图6-1-6和图6-1-7所示。

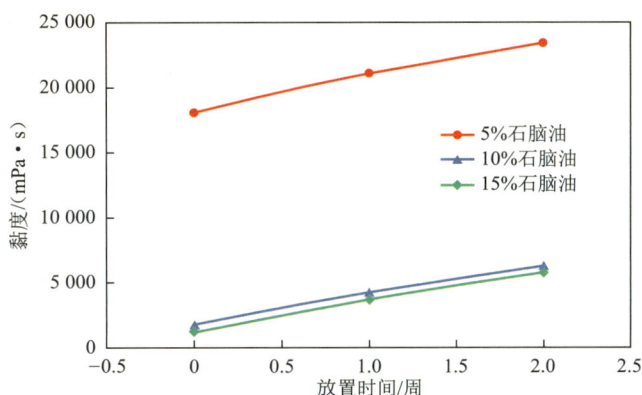

图 6-1-6　放置时间对样品黏度的影响

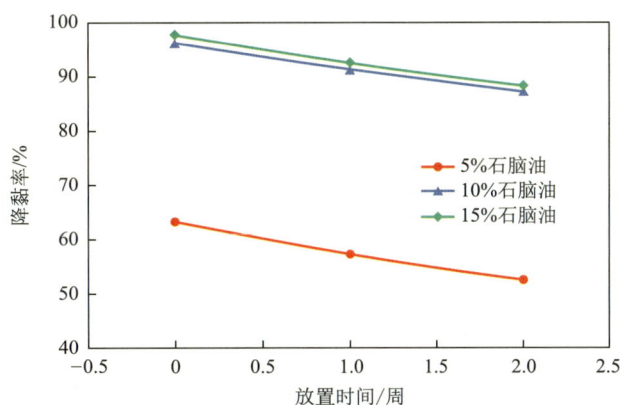

图 6-1-7　放置时间对石脑油降黏率的影响

由实验结果可以看出,以添加5％的前置降黏剂石脑油为例,随着放置时间从0周增加至2周,降黏率从63.37％减小到52.6％,降黏效果变差。因此,随着放置时间的增加,黏度逐渐增大,降黏率不断下降,降黏效果逐渐变差。这是由于石脑油主要由轻质组分 $C_5 \sim C_7$ 组成,放置时间较久容易挥发,导致稠油黏度重新升高,降黏效果变差。因此,为了

192 | 复杂稠油油藏注气开发方法 |

保证注入的降黏剂对稠油有较高的降黏率,在注复合介质开发过程中,注入前置降黏剂石脑油之后应当尽快地注入气体和发泡液,增强稠油的流动性,从而提高后续注入气体和发泡液的作用范围,形成更为有效的二次泡沫油。

6.2 表面活性剂对油气界面张力影响规律实验研究

油气界面张力直接反映了油气之间的界面关系,而泡沫油的生成需要较低的油气界面张力。界面张力越低,气泡在原油中会越分散。表面活性剂的存在有利于降低油气界面张力,保持油气界面的稳定性。另外,在不同压力、气体类型条件下,气体与原油之间相互作用差异很大。因此,为了更好地认识油气界面张力这一泡沫油现象产生的重要机理,本节利用高温高压界面张力仪测量不同压力、气体类型、表面活性剂浓度以及含油量下的油气界面张力,系统评价上述因素对油气界面张力的影响规律。

6.2.1 实验材料

实验所用水样为 M 区块模拟地层水,按照表 6-2-1 所示的各矿化物成分及含量配制而成,总矿化度约为 21 476 mg/L。气体包括氮气、甲烷,由中国上海神开气体有限公司生产和提供,纯度为 99.99%。发泡液由表面活性剂和稳泡剂溶解于模拟地层水形成(表面活性剂浓度是稳泡剂浓度的 2 倍)。其中,表面活性剂为碳氢类表面活性剂,具有较强的发泡性和耐油性。

表 6-2-1 研究区块地层水矿化物含量

成 分	质量浓度/$(g \cdot L^{-1})$	成 分	质量浓度/$(g \cdot L^{-1})$
$CaCl_2$	0.01	$MgCl_2$	0.01
$FeCl_2$	0.04	$NaCl$	0.05
$NaHCO_3$	0.08		

6.2.2 实验装置及步骤

1) 实验装置

油气界面张力利用 SL200HP 型高温高压界面张力仪测量。该实验装置(图 6-2-1)主要由釜体、进样泵和探针等组成,可用于测量一定压力和温度条件下的油气界面张力,最高耐压可达 70 MPa。系统设有油浴加热池,可控制温度在 $-30 \sim 200$ ℃之间。实验装置配有蓝色 LED 平行光源和 200 万像素高清摄像机,速度为 $152 \sim 3\,060$ fps。油气界面张力测量范围为 $0.001 \sim 2\,000$ mN/m。

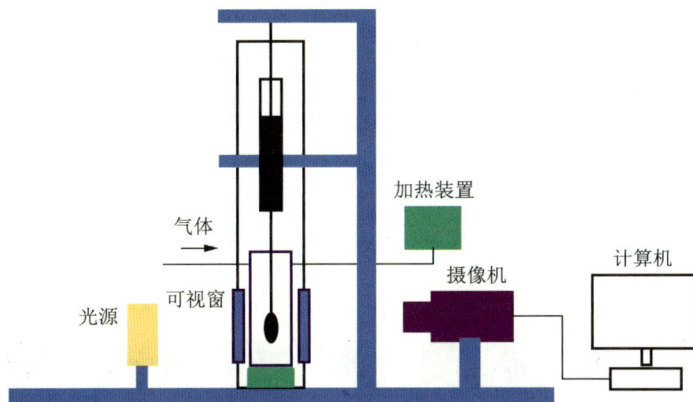

图 6-2-1　实验装置示意图

2）实验步骤

实验包括实验样品制备和油气界面张力测量两部分。

（1）实验样品制备。

① 用电子天平称取一定质量的原油，根据原油中缺失轻质组分的质量分数称取相应质量的试剂并加入原油中，搅拌均匀形成油样。

② 用电子天平称取一定质量的模拟地层水，根据实验所需表面活性剂的质量浓度，称取相应质量的表面活性剂并加入模拟地层水中，搅拌均匀形成表面活性剂溶液。

③ 根据实验需要的含油量，按照比例称取相应质量的油样与表面活性剂溶液搅拌均匀，制成实验样品。

（2）油气界面张力测量。

采用轴对称分析方法（ADSA）测量油气界面张力（以气体介质为 CH_4 为例）的步骤如下：

① 打开高温高压界面张力仪釜体，用酒精擦拭可视窗的玻璃，并用甲苯将进样泵及釜体内部清洗干净。

② 将釜体与真空泵相连，抽真空。

③ 加热制备好的实验样品，随后利用注射器将其打入进样泵。

④ 打开油浴加热装置，将进样泵及釜体加热至实验温度 54.2 ℃。当整个系统达到实验温度并稳定后，向釜体中缓慢注入 CH_4 使悬滴室达到实验压力，待压力稳定在实验压力后停止注入。

⑤ 用进样泵缓慢将实验样品通过探针打入釜体，并通过可视窗观察针头处的悬滴状态。当悬滴保持平衡状态时拍摄和记录悬滴图片，基于 Laplace 力学平衡方程编写的软件会根据悬滴形态计算油气界面张力。

⑥ 在每个实验条件下重复步骤①～⑤ 3 次，之后取 3 次实验所测得的油气界面张力的平均值作为最终结果。

⑦ 改变实验压力（2 MPa，6 MPa）、气体类型（N_2，CH_4）、含油量（30％，60％）和表面活性剂质量分数（0％，1％，2％和 3％）重复步骤①～⑥，研究上述参数对油气界面张力的影响规律。

6.2.3　实验结果及分析

1）表面活性剂浓度的影响

实验过程中在平衡状态下拍得的悬滴形态如图 6-2-2 所示，不同压力、气体类型和含油量下油气界面张力随表面活性剂质量分数的变化规律如图 6-2-3 所示。

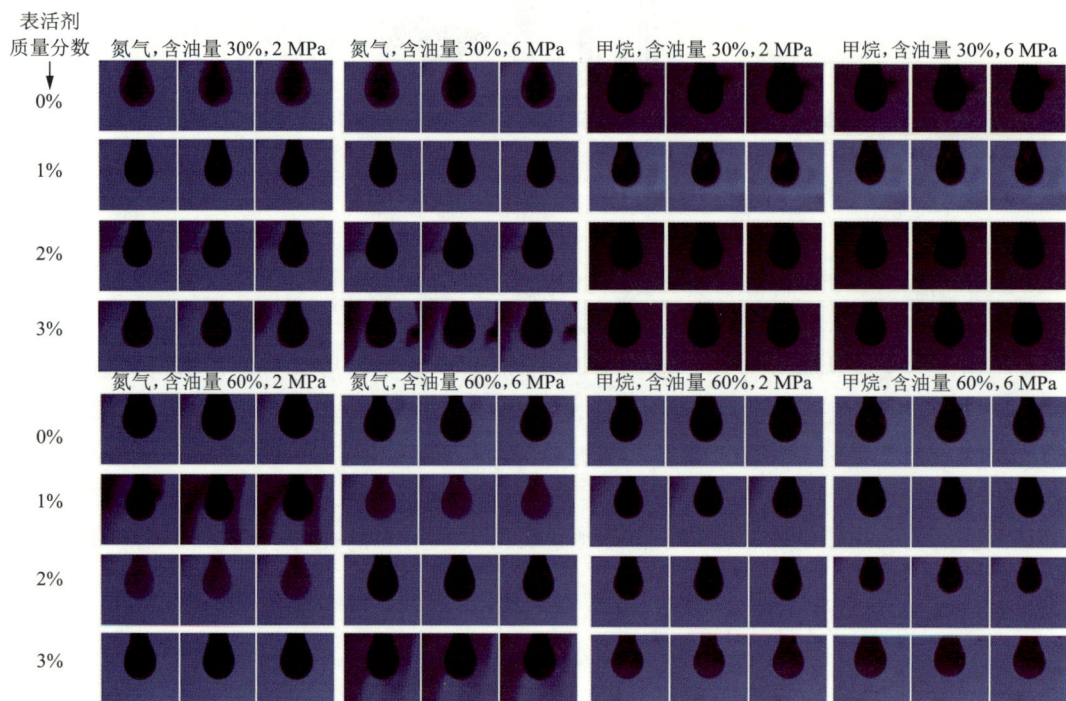

图 6-2-2　不同实验条件下悬滴形态图片

由图 6-2-3 可知，无论在何种压力、气体类型和含油量下，当表面活性剂浓度增大时，油气界面张力先减小后增大。以含油量 30％、气体介质为甲烷、压力为 2 MPa 实验条件下的油气界面张力研究结果为例，当表面活性剂质量分数从 0％提升到 1％时，油气界面张力从 13.98 mN/m 降低至 11.17 mN/m，悬滴的形状变小（图 6-2-2），继续增大表活剂质量分数至 3％，油气界面张力开始从 11.17 mN/m 缓慢增至 13.76 mN/m，悬滴的形状重新变大。其原因在于实验过程中滴出的油滴与气体界面上吸附的少量表面活性剂，表面活性剂分子中的一部分与油相亲和，另一部分与气相亲和，而油气两相分别将表面活性剂中与其亲和的分子看作自身的成分，表面活性剂分子排列在油气两相之间，相当于将两相的表面转入表面活性剂分子的内部，这样便部分消除了两相的界面，从而降低了表面自由能和油气界面张力。

但是当表面活性剂浓度过高时，油气界面张力重新变大。这是由于当表面活性剂浓度大于临界胶束浓度时，继续增大表面活性剂浓度，表面活性剂分子开始在水中聚集成团，形成胶束并沉淀在水相中，使得油中吸附的表面活性剂减少，因此进行油气界面张力

（a）含油量30%

（b）含油量60%

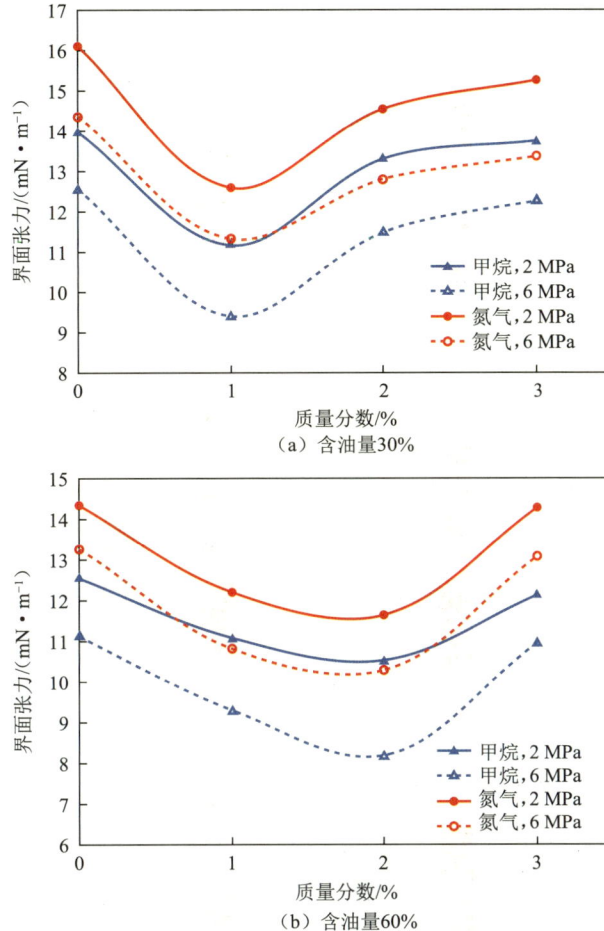

图 6-2-3　不同压力、气体类型和含油量下油气界面张力
随表面活性剂质量分数变化规律

实验时，滴出的油滴与气体界面上吸附的表面活性剂的量减少，油气界面张力重新变大。

2）压力的影响

不同表面活性剂质量分数、气体类型和含油量下压力对油气界面张力的影响如图 6-2-4 所示。无论在何种表活剂质量分数、气体类型和含油量下，随着实验压力的增加，油气界面张力均不断下降。

如图 6-2-4 所示，以含油量为 30％，气体介质为甲烷，表面活性剂质量分数 1％ 为例，当压力从 2 MPa 提高到 6 MPa 时，测得的油气界面张力从 13.17 mN/m 下降至 10.91 mN/m。这是因为随着实验压力的增加，气体在液体中的溶解度增大，气体在液体表面的吸附是一个放热的过程，会降低两相表面能，而且压力提高时，气相密度会有所提高，缩小了油气两相间的密度差，所以根据 Laplace 力学平衡求解的油气界面张力降低。此外，气体密度增大降低了悬滴表面分子受力的不均匀性。因此，在实施注复合介质开发过程中，应当尽可能地提高油藏压力，降低油气界面张力，以利于气泡在原油中分散而形成二次泡沫油。

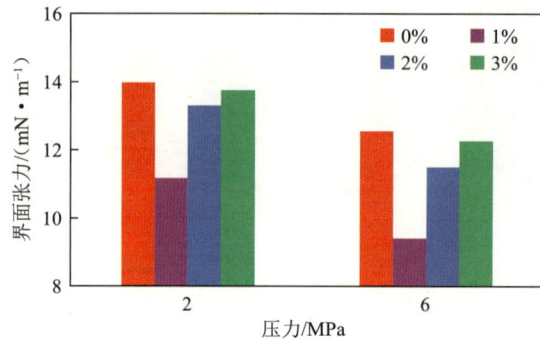

（a）含油量 30%，甲烷

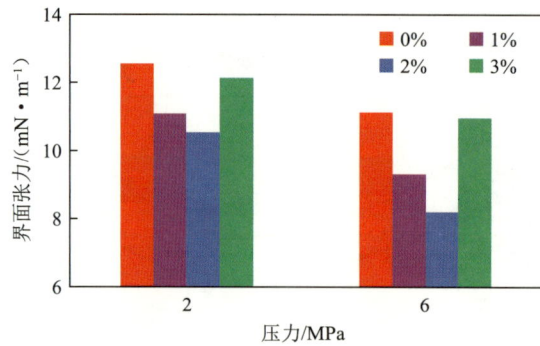

（b）含油量 60%，甲烷

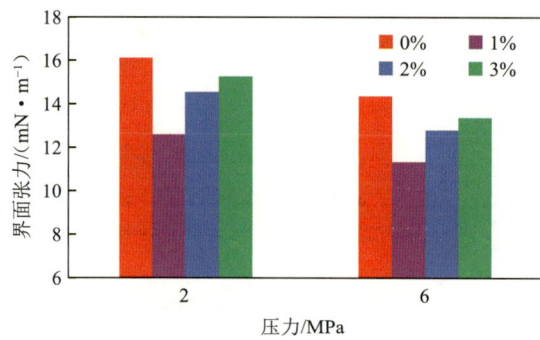

（c）含油量 30%，氮气

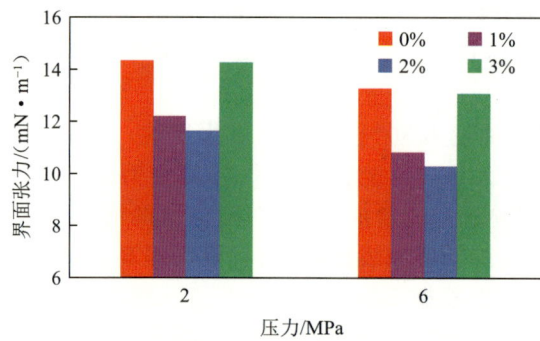

（d）含油量 60%，氮气

图 6-2-4　不同表面活性剂质量分数、气体类型和含油量下油气界面张力随压力的变化规律

3）气体类型的影响

不同表面活性剂质量分数、压力和含油量下气体类型对油气界面张力的影响如图 6-2-5 所示。无论何种压力、表面活性剂质量分数和含油量条件下，油样与氮气的界面张力总大于与甲烷的界面张力。

以含油量 30%，压力 2 MPa，表面活性剂质量分数 1% 为例，气体介质为甲烷时的油气界面张力为 15.98 mN/m，小于气体介质为氮气时的 18.11 mN/m，且气体介质为氮气时的平衡悬滴形状小。这是因为与氮气相比，甲烷在稠油中的溶解度更大，可以更好地降低稠油密度和黏度，从而使稠油与气体性质更为接近。因此，与氮气相比，甲烷与稠油的界面张力更低，可作为注复合介质中的气体介质。

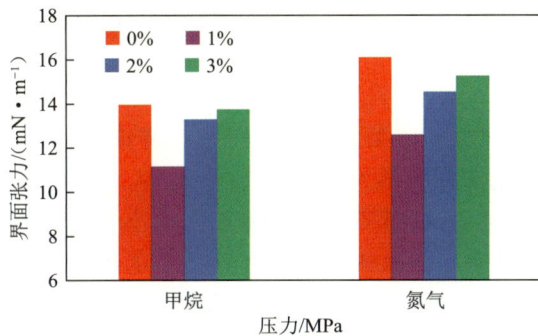
（a）含油量 30%,2 MPa

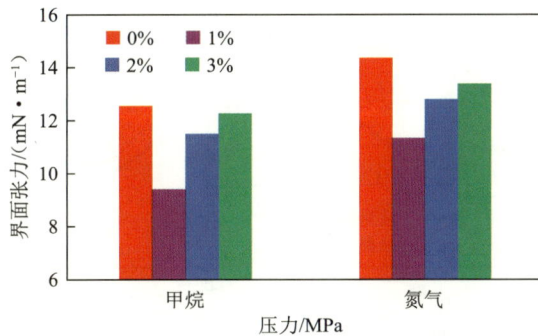
（b）含油量 30%,6 MPa

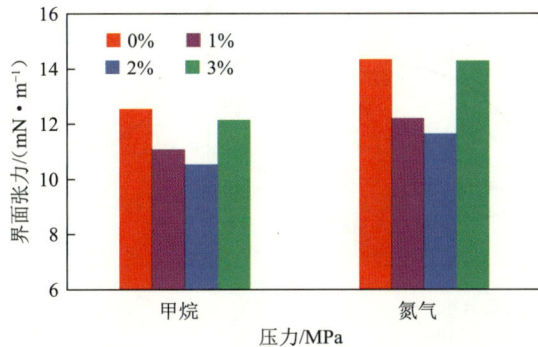
（c）含油量 60%,2 MPa

图 6-2-5　不同表面活性剂质量分数、压力和含油量下油气界面张力随气体类型的变化规律

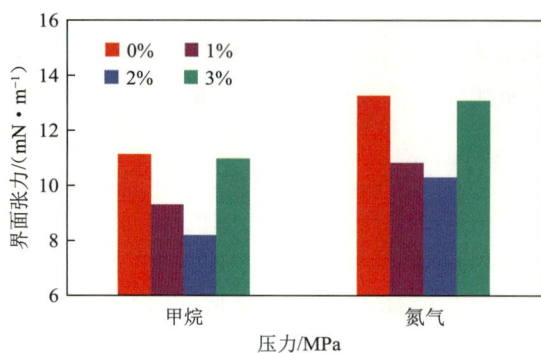

（d）含油量 60%，6 MPa

图 6-2-5（续） 不同表面活性剂质量分数、压力和含油量下油气界面张力随气体类型的变化规律

4）含油量的影响

不同表面活性剂质量分数、气体类型和压力下油气界面张力随含油量的变化规律如图 6-2-6 所示。由图可知，无论何种表活剂质量分数和压力下，含油量为 30％时的油气界面张力总大于含油量为 60％时的，这是因为油气界面张力小于水气界面张力，而且样品含油量适当增加，能接触到油的表面活性剂更多，油上吸附的表面活性剂也会更多。由此可知，含油量适当增加时油气界面张力会有所降低，有利于生成二次泡沫油。

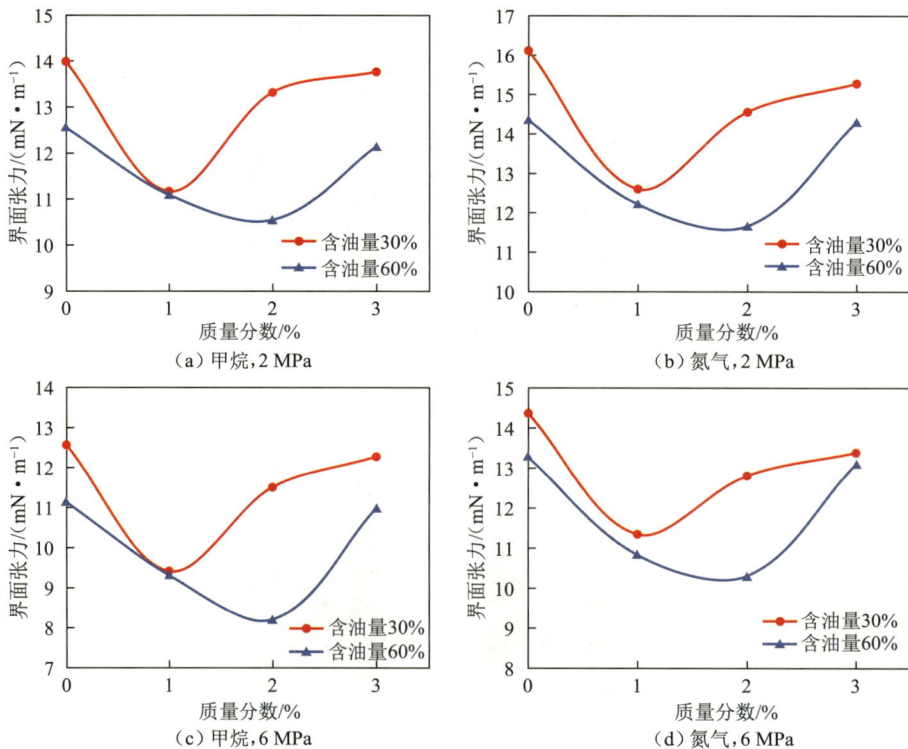

（a）甲烷，2 MPa

（b）氮气，2 MPa

（c）甲烷，6 MPa

（d）氮气，6 MPa

图 6-2-6 不同表面活性剂质量分数、气体类型和压力下油气界面张力随含油量的变化规律

此外,由图 6-2-6 还可以看出,含油量为 30％时油气界面张力在表面活性剂质量分数为 1％时最低,但是当含油量增加到 60％时,继续增大表面活性剂质量分数依然可以降低油气界面张力,当表活剂质量分数增大到 2％时,油气界面张力降到最低值。因此,含油量增加时能使油气界面张力达到最低值所需的表面活性剂质量分数也会增大,所以在开发初期高含油量条件下使用较高质量分数的表面活性剂更有利于降低油气界面张力,形成更为有效的二次泡沫油。

6.3　发泡液生成泡沫油稳定性实验研究

在泡沫油型稠油油藏注复合介质过程中,形成泡沫油的稳定性是必须考虑的问题,也是决定该方法是否有效的关键。研究高温高压下发泡液产生泡沫油的稳定性,对明确发泡液油藏适应性具有重要的意义。因此,本节利用高温高压泡沫油稳定性可视化实验装置评价泡沫油的稳定性,揭示降黏剂添加量、表面活性剂质量分数、气体类型和含油量等参数对泡沫油稳定性的影响规律。

6.3.1　实验材料

实验用油样、石脑油、气体及发泡液同第 6.2 节。

6.3.2　实验装置及步骤

1）实验装置

研制的高温高压泡沫油稳定性可视化实验装置如图 6-3-1 所示,主要包括恒速恒压泵、高温高压泡沫油稳定性可视化评价模型、高温高压中间容器和发泡管等。

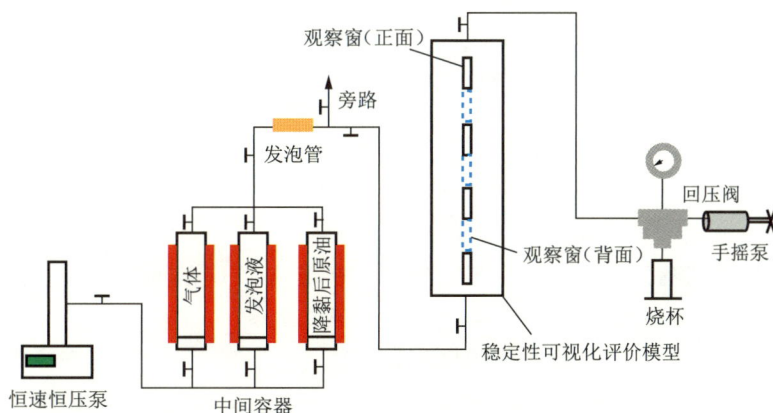

图 6-3-1　实验装置及流程图

2）实验步骤

实验步骤如下：

（1）加热高温高压泡沫油稳定性可视化评价模型到油藏温度（54.2 ℃），待温度稳定后注入氮气对模型进行测漏，再将稳定性可视化评价模型与真空泵相连，抽真空。

（2）保持回压阀压力为 4 MPa，以一定速度向高温高压泡沫油稳定性可视化评价模型中注入气体，将系统加压至实验压力（4 MPa）。

（3）称取一定质量的稠油，根据实验所需质量分数称取相应量的降黏剂并将其加入稠油中，搅拌均匀。

（4）称取一定质量的模拟地层水，根据实验所需质量分数称取相应量的表面活性剂和稳泡剂并将其加入模拟地层水中，搅拌均匀形成发泡液。

（5）将气体、降黏后的原油和发泡液分别放置在不同的中间容器中，将三者同时注入发泡管中，控制气液比为 1:1。通过改变油和发泡液的注入速度比例，模拟不同含油量条件，并通过旁路观察发泡是否细腻均匀。发泡均匀后，连接管线到高温高压泡沫油稳定可视化评价模型入口，不断注入气体、发泡液和油，产生泡沫油。

（6）当注入一定量流体后停止注入，通过观察窗记录所生成泡沫油的高度及其随时间的变化。

（7）重复步骤（1）～（6），改变降黏剂添加量（10% 和 20%，质量分数）、表面活性剂质量分数（0.5%，1% 和 3%）、气体类型（CH_4 和 N_2）和含油量（10%，30% 和 50%），研究上述参数对泡沫油稳定性的影响规律。

6.3.3　稳定性评价方法

根据实验所得泡沫油高度随时间的变化计算泡沫油体积，得到泡沫油体积随时间的变化曲线，确定泡沫油半衰期[泡沫油从最大体积衰减到一半（B 点）的时间 $t_{1/2}$]。根据泡沫油体积确定其膨胀性，通过半衰期评价泡沫油的稳定性，最后综合考虑膨胀性和稳定性的共同影响，引入泡沫油综合指数（FCI）进行评价。

图 6-3-2 为通过实验测量得到的时间与泡沫油体积之间的关系曲线，其中 A 点对应的体积表示发泡液产生泡沫油的最大体积，图中不规则区域 $ABCD$ 的面积 S 可以综合反映体系产生泡沫油的性能，即泡沫油综合指数 FCI。

假定曲线的方程为 $f(t)$，则不规则图形 $ABCD$ 的面积 S 即 FCI 为：

$$FCI = S = \int_{t_0}^{t_0 + t_{1/2}} f(t)\,\mathrm{d}t \tag{6-3-1}$$

为了简化计算，将式（6-3-1）中的 S 近似看作梯形 $ABCD$ 的面积，因此可以得到：

$$FCI = S = 0.75 V_{max} t_{1/2} \tag{6-3-2}$$

式中　V_{max}——体系产生最大的泡沫油体积，mL。

将最大泡沫油体积和泡沫油半衰期代入式（6-3-2），即可以计算出泡沫油综合指数 FCI。

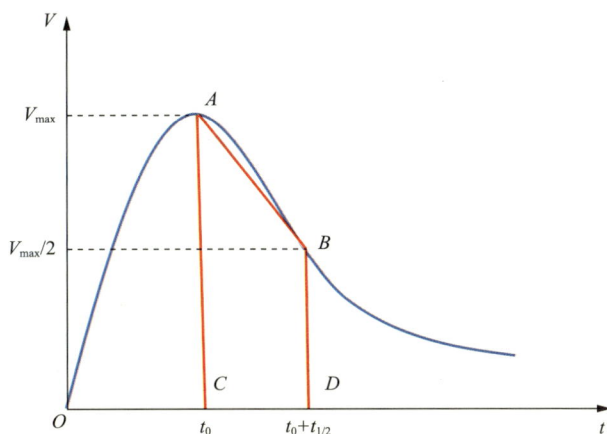

图 6-3-2　泡沫油体积与时间关系曲线示意图

6.3.4　实验结果及分析

在气液比 1∶1、压力 4 MPa 条件下,通过改变气体介质类型、降黏剂添加量、含油量和表面活性剂质量分数进行实验,明确含油量、表面活性剂质量分数、气体类型和降黏剂添加量对泡沫油稳定性的影响。

1）含油量的影响

图 6-3-3 为不同降黏剂添加量和气体类型实验条件下,含油量对最大泡沫油体积、半衰期及泡沫油综合指数 FCI 的影响。

由图 6-3-3 可知,以降黏剂添加量 10%、气体介质为氮气为例,在表面活性剂质量分数 1% 条件下,随着含油量从 10% 增加到 50%,最大泡沫油体积从 448.1 mL 下降至 296 mL;半衰期先从 1 033 min 增加到 1 451 min,在含油量 30% 时取得最大值,随

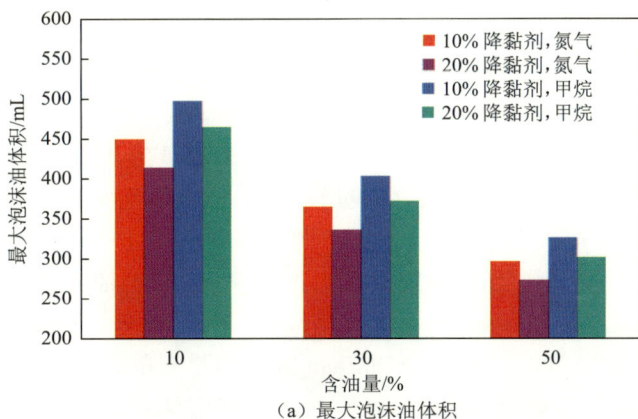

（a）最大泡沫油体积

图 6-3-3　含油量对最大泡沫油体积、半衰期和泡沫油综合指数的影响

（b）半衰期

（c）泡沫油综合指数

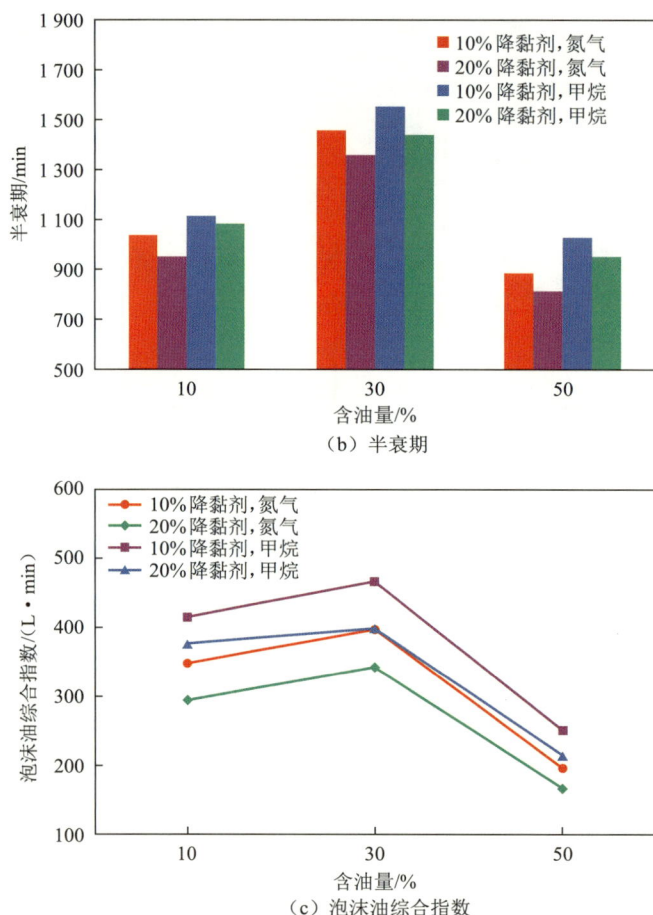

图 6-3-3(续) 含油量对最大泡沫油体积、半衰期和泡沫油综合指数的影响

后迅速降低至 882.9 min；计算出的泡沫油综合指数在含油量 30％时取得最大值 396.1 L·min。

由图 6-3-3 可知，随着含油量的增加，半衰期与泡沫油综合指数先增大后减小，在含油量 30％时达到最大值，但是继续增大含油量，泡沫油的稳定性快速下降。表面活性剂质量分数为 0.5％和 3％时均有相同的规律。

图 6-3-4 为表面活性剂质量分数为 1％、降黏剂添加量为 10％、气体介质为甲烷条件下在不同含油量下生成的泡沫油。当含油量较少时，形成的泡沫油不够稳定，结构容易被破坏，气泡间形成的 Plateau 区域（P 区）较宽（图 6-3-5），小油滴排列不够紧密，排液速度较快，使得泡沫油稳定性降低。当含油量适当增加时，气体与稠油充分接触，形成大量体积较小的油滴，排列紧密，在 Plateau 区域形成坚固的"液膜"，减少了流通面积，抑制了液膜排液，增强了泡沫油的稳定性。但由于 Plateau 区域容量有限，当含油量过大时，P 区聚集的油滴数量超过其最大容量，会挤压气泡的泡膜而使泡沫油破裂，从而降低泡沫油的稳定性。

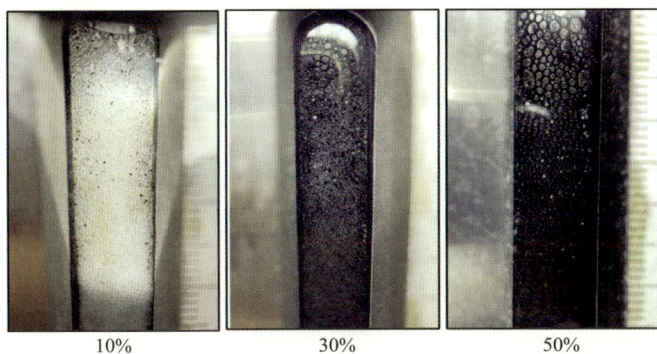

| 10% | 30% | 50% |

图 6-3-4　不同含油量下生成的泡沫油

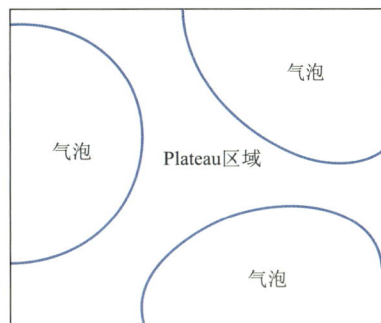

图 6-3-5　泡沫油结构示意图

综上所述,当表面活性剂质量分数一定时,随着含油量的增加,最大泡沫油体积不断下降,而半衰期和泡沫油综合指数有着相同的变化趋势,即随着含油量的增加先增大后减小,在含油量 30% 时,半衰期最长,泡沫油综合指数也最大。因此,存在一个最优的含油量使泡沫油最为有效。

2）表面活性剂质量分数的影响

图 6-3-6～图 6-3-8 为不同降黏剂添加量和气体类型的实验条件下,表面活性剂质量分数对最大泡沫油体积、半衰期及 FCI 的影响。

可以看出,在降黏剂添加量为 10%、气体类型为氮气的实验条件下,当表面活性剂从 0.5% 增加到 3% 时,最大泡沫油体积、半衰期和 FCI 分别从 356.8 mL,1 174.8 min 和 300.7 L·min 增加到 406.4 mL,1 547.5 min 和 471.7 L·min,即随着表面活性剂质量分数的增加,最大泡沫油体积、半衰期和 FCI 不断增大。这是因为随着表面活性剂质量分数的增加,表面活性剂在界面上的吸附量增加,使得界面膜更为紧密,从而使泡沫油膨胀能力及稳定性增强。因此,提高表面活性剂质量分数有利于提高泡沫油的稳定性和膨胀能力。

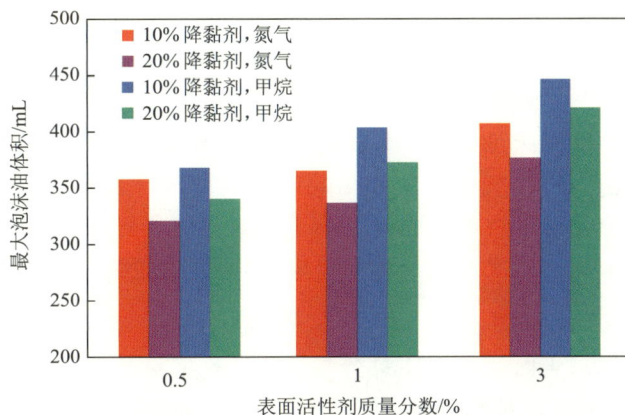

图 6-3-6　表面活性剂质量分数对最大泡沫油体积的影响

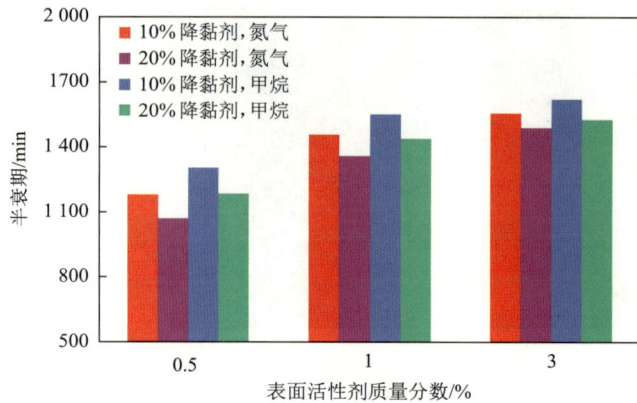

图 6-3-7　表面活性剂质量分数对半衰期的影响

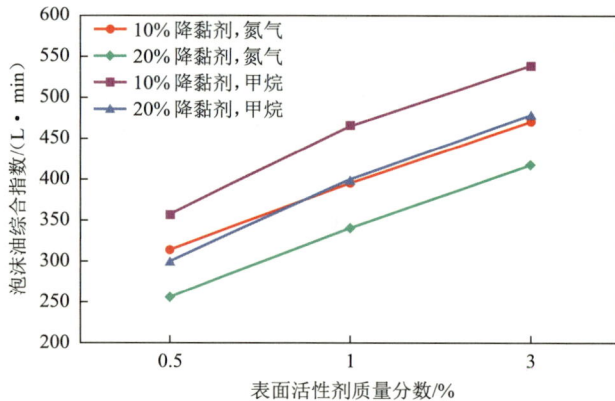

图 6-3-8　表面活性剂质量分数对泡沫油综合指数的影响

3）气体类型的影响

图 6-3-9 为表面活性剂质量分数为 3％和不同降黏剂添加量的实验条件下，气体类型对最大泡沫油体积、半衰期及 FCI 的影响。以降黏剂添加量 10％时为例，甲烷作为气体介质时最大泡沫油体积、半衰期和 FCI 分别为 445.2 mL，1 615.4 min 和 539.4 L·min，而氮气作为气体介质时泡沫油体积、半衰期和 FCI 分别为 406.4 mL，1 547.5 min 和 471.7 L·min。由此可见，当气体介质为甲烷时形成的泡沫油最为有效。这是因为在表面活性剂的作用下，原油与甲烷的界面张力小于与氮气的界面张力，甲烷气体形成的气泡在稠油中更加分散，形成的二次泡沫油更加稳定，膨胀能力更强。

4）降黏剂添加量的影响

在气体介质为甲烷、表面活性剂质量分数为 3％的实验条件下，测量不添加降黏剂的原油（降黏剂添加量 0％）、添加降黏剂的原油（降黏剂添加量 5％，10％和 20％，质量分数）与发泡液形成泡沫油的稳定性，结果如图 6-3-10 和图 6-3-11 所示。

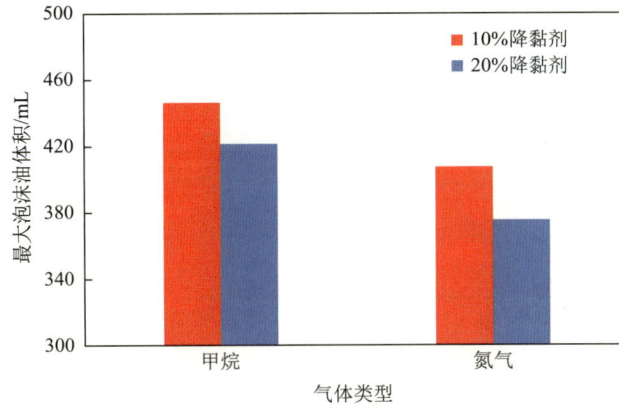

（a）最大泡沫油体积

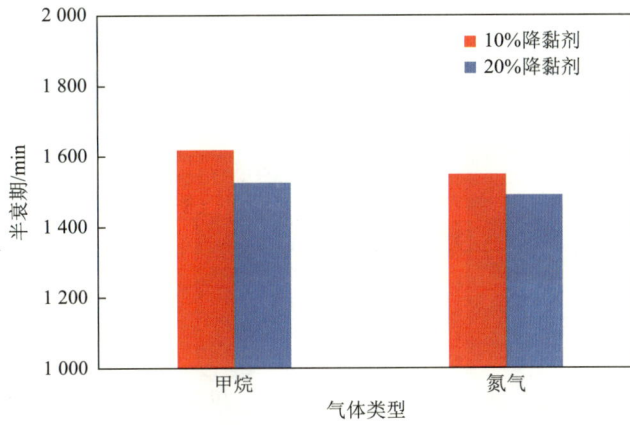

（b）半衰期

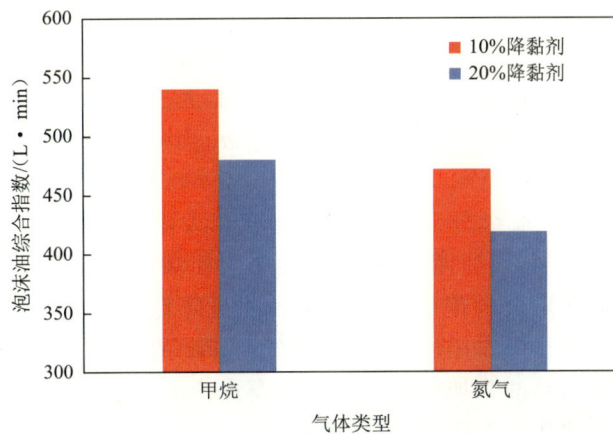

（c）泡沫油综合指数

图 6-3-9　气体类型对最大泡沫油体积、半衰期和泡沫油综合指数的影响

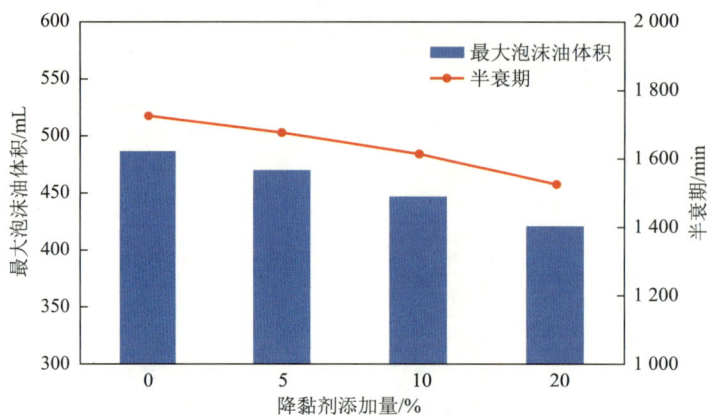

图 6-3-10　降黏剂添加量对最大泡沫油体积和半衰期的影响

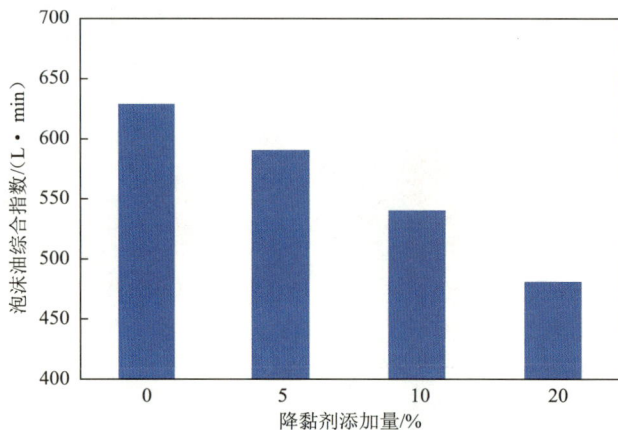

图 6-3-11　降黏剂添加量对泡沫油综合指数的影响

通过实验结果可以发现，随着降黏剂石脑油添加量的增大，最大泡沫油体积、半衰期及 FCI 均不断下降。不添加降黏剂（添加量 0％）时，产生的最大泡沫油体积、半衰期及 FCI 最大，分别为 485 mL，1 726 min 和 627.8 L·min；当降黏剂添加量增加至 20％时，最大泡沫油体积、半衰期及 FCI 降至 420 mL，1 524 min 和 480.1 L·min。这是因为降黏剂石脑油主要由烷烃的 $C_5 \sim C_7$ 轻质组分组成，轻质组分含有大量的小分子化合物，其饱和烃含量多于芳香烃，分子极性较弱，亲油性强，亲油基会与表面活性剂分子发生相互作用，使表面活性剂失去活性，从而使形成的泡沫油的稳定性明显降低。此外，降黏剂添加量提高，稠油黏度大幅降低，泡沫油排液作用增强，也会降低泡沫油的稳定性。

因此，增加降黏剂石脑油添加量虽然能提高稠油的流动性，但轻质组分会使表面活性剂失去活性，同时增强泡沫排液作用，使最大泡沫油体积、半衰期及 FCI 降低。因此，注复合介质过程中降黏剂含量过高会降低泡沫油的有效性。

6.4　注复合介质提高采收率可行性实验研究

本节利用自主研制的高温高压综合渗流实验装置,评价注复合介质提高冷采后期泡沫油型稠油油藏采收率的可行性,明确二次泡沫油的生成、成长和聚并等微观渗流特征,揭示复合介质提高采收率的机理。

6.4.1　实验材料

实验使用的活油是在油藏温度 54.2 ℃、原始地层压力 8.45 MPa 条件下,由委内瑞拉 M 区块脱气稠油和天然气复配而成的,所用天然气为二氧化碳和甲烷的混合气体,体积比为 8:1。通过上述研究,以甲烷作为气体介质,气体纯度为 99.999%。

6.4.2　实验装置及步骤

1）实验装置

传统高温高压微观渗流实验装置所用微观玻璃刻蚀模型体积小、饱和油量少、实验观察时间短,难以用它深入研究流体微观渗流过程。此外,微观玻璃刻蚀模型是在玻璃上刻蚀孔道,无法反映真实油藏多孔介质环境。为此,研制了一种新的高温高压综合渗流实验装置。该装置将填砂管和微观玻璃刻蚀模型紧密结合,发挥二者各自的优势,同时研究宏观和微观多孔介质中流体渗流过程,有效解决上述传统高温高压微观驱替实验装置的问题。实验装置示意图如图 6-4-1 所示,主要由以下 5 个系统组成。

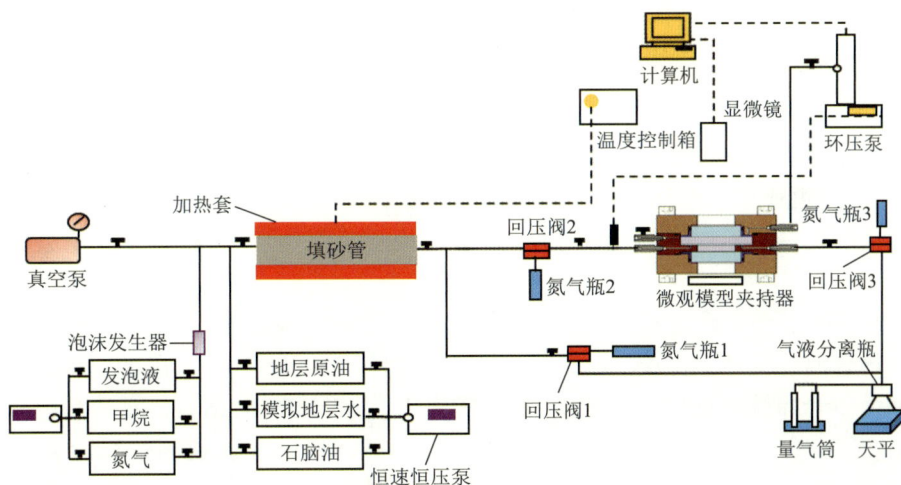

图 6-4-1　实验装置及流程图

（1）流体注入系统：主要包括恒速恒压泵（FY-HSHY-80）、中间容器、泡沫发生器和加热套。恒速恒压泵注入压力和流量控制范围分别为 $0.01\sim80$ MPa 和 $0.001\sim50$ cm³/min。中间容器分别装有地层原油、模拟地层水、氮气、甲烷、石脑油和发泡液。

（2）宏观渗流模拟系统：主要由填砂管、加热套、回压阀 1 和 2、装有氮气的高压容器、气液分离瓶组成。填砂管填充石英砂，用于模拟实际油藏。加热套用于保持填砂管温度为真实油藏温度。气液分离瓶用于分离产出油气混合物，收集产出油。回压阀 1 和 2 连同装有氮气的高压容器用于控制填砂管压力和油气分离。

（3）可视化微观渗流系统：由微观玻璃刻蚀模型、釜体、回压阀 3、装有氮气的高压容器、环压泵和光源组成。微观玻璃模型尺寸为 7.6 cm×7.6 cm。为了更好地模拟真实油藏环境，参照岩芯薄片 SEM 图像制作多孔介质网络，刻蚀部分尺寸为 4.9 cm×4.9 cm。微观玻璃刻蚀模型放置于釜体中，釜体外部通过加热套控温模拟真实油藏温度。釜体耐压和耐温最高为 50 MPa 和 120 ℃。微观玻璃刻蚀模型外部通过环压泵加围压，模拟油藏上覆地层压力。

（4）控制及观测系统：由温度控制箱、压力传感器、显微镜（NikonSMZ1270）和计算机组成。温度控制箱实时控制加热套温度。计算机与压力传感器、显微镜、底部光源、照相机配合实时测量填砂管和微观玻璃刻蚀模型两端压力，观测微观渗流过程、二次泡沫油微观形态特征及产出油状态。

（5）油气分离计量系统：主要由油气分离瓶、电子天平、真空泵和量气筒组成。通过油气分离瓶将产出的油气混合物分开，分离后取出原油烘干，通过天平测量其质量，而气体通过量气筒测量其体积。使用真空泵将量气筒抽真空，使其下部水槽中的水进入量气筒，记录量气筒中液面的初始值。测量时，分离出的产出气进入量气筒 1，将水排出。在量气筒 1 内的水排净前关闭进气口阀门，记录此时液面读数，同时打开量气筒 2 的进气口，重复上述步骤。使用两个量气筒交替测量，可连续测量产出气体积，避免因间歇测量产生的误差。

2）实验步骤

（1）用石英砂填制填砂管，将填砂管与微观模型夹持器相连，通过氮气测漏，确保实验装置的密封性。

（2）将真空泵与填砂管入口相连，使填砂管和微观玻璃刻蚀模型为真空状态。打开填砂管进口，通过恒速恒压泵注入模拟地层水。根据注水量和产水量，计算填砂管孔隙体积和孔隙度。改变模拟地层水的注入速度，记录实验装置两端压力，根据 Darcy 公式计算渗透率。

（3）饱和地层水。设置回压阀压力为地层压力（8.45 MPa），利用压力控制及观测系统设置加热套温度为油藏温度 54.2 ℃。利用恒速恒压泵以 1 mL/min 的速度注入模拟地层水饱和填砂管和微观玻璃刻蚀模型，直至压力为 8.45 MPa 时结束。在饱和模拟地层水的过程中，利用环压泵给微观玻璃刻蚀模型施加围压（比微观玻璃刻蚀模型入口压力高 2 MPa）。

（4）饱和活油。关闭微观玻璃刻蚀模型入口端，以 1 mL/min 的速度向填砂管中注入地层原油，使填砂管饱和地层原油，计算填砂管初始含油饱和度，之后将模型放置 24 h。

（5）衰竭式开发阶段。为了模拟泡沫油型稠油油藏冷采阶段，打开填砂管出口和微观玻璃刻蚀模型入口与出口，以 1 MPa/h 的压降速度降低回压阀 2 和回压阀 3 的压力，当填砂管内部压力从油藏压力降至设定结束压力时，关闭阀门。

（6）注入流体开发阶段。从填砂管入口端以 1 mL/min 的速度先后注入石脑油（0.1 PV），之后以 1 mL/min 的速度同时注入甲烷气体和发泡液，实时观测注复合介质驱微观渗流过程、二次泡沫油微观形态特征及油气分离瓶内产出油状态。

（7）上述实验过程中，记录衰竭式开发和注入流体开发阶段的时间、产油量和产气量等参数，并拍摄微观玻璃刻蚀模型内的图像，观察二次泡沫油的生成、聚并等微观特征及渗流过程。

（8）重复步骤（1）～（7），研究注入方式、转注时机即衰竭式开发结束压力、表面活性剂浓度和气液比对注复合介质驱开发效果的影响。此外，通过与石脑油驱、甲烷驱和气水交替驱对比，评价注复合介质方法提高采收率的可行性。

可行性实验和驱替影响因素实验各方案的填砂管参数、操作参数及主要实验结果见表 6-4-1 和表 6-4-2。

表 6-4-1　可行性实验各方案填砂管参数、操作参数及主要实验结果

方案编号	1	2	3	4
驱替方法	复合介质驱	石脑油驱	甲烷驱	气水交替驱
孔隙度/%	40.53	40.15	39.85	39.88
渗透率/μm^2	7.28	7.19	7.40	7.44
含油饱和度/%	90.4	90.8	90.1	91.3
衰竭结束压力/MPa	4	4	4	4
段塞大小/PV	—	—	—	0.1
气液比	1:1	—	—	1:1
表面活性剂质量分数/%	3	—	—	—
衰竭采出程度/%	6.36	6.19	6.28	6.31
最终采出程度/%	49.00	22.60	25.26	31.60

表 6-4-2　驱替影响因素实验各方案填砂管参数、操作参数及主要实验结果

方案编号	5	6	7	8	9	10
孔隙度/%	39.28	41.34	38.57	39.67	40.62	40.12
渗透率/μm^2	7.40	7.14	7.20	7.37	7.55	7.38
含油饱和度/%	91.66	92.84	90.54	92.24	92.33	91.98
注入方式	同时注入	交替注入	同时注入	同时注入	同时注入	同时注入
衰竭结束压力/MPa	1	4	4	4	4	4
段塞大小/PV	—	0.1	—	—	—	—

方案编号	5	6	7	8	9	10
气液比	1∶1	1∶1	1∶1	1∶1	3∶1	6∶1
表面活性剂质量分数/%	3	3	2	1	3	3
衰竭采出程度/%	15.33	6.37	6.33	6.28	6.30	6.29
最终采出程度/%	46.85	42.80	43.86	37.75	41.62	37.33

6.4.3 实验结果及分析

1）复合介质驱渗流规律

为了研究复合介质驱渗流过程，选择方案 1 进行深入分析。方案 1 从原始油藏压力 8.45 MPa 冷采至 4.00 MPa 后注入 0.1 PV 石脑油段塞，随后同时注入甲烷气体和发泡液。

（1）衰竭式开发阶段。

以方案 1 为例分析泡沫油型稠油油藏衰竭降压阶段的流动特性，实验结果如图 6-4-2～图 6-4-4 所示。降压开发初期（约 200 min）的压力在泡点压力（5.10 MPa）之上，该阶段填砂管内为单相油流，无溶解气析出，主要依靠弹性能量开发，产油速率、采出程度保持低值，累积产气量和瞬时气油比为 0。由图 6-4-4 所示的微观玻璃刻蚀模型观察记录结果可知，开发初期为单相油流，无溶解气。

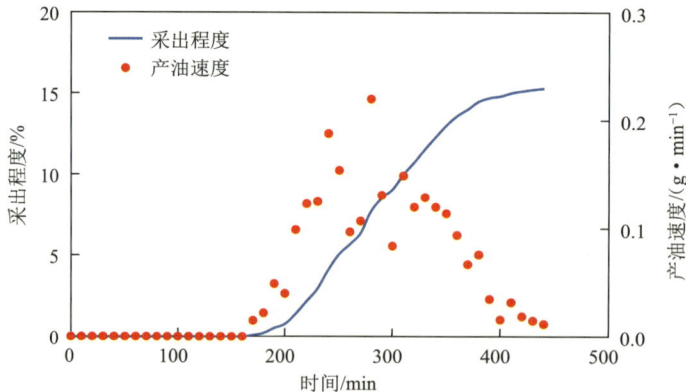

图 6-4-2 衰竭式开发阶段产油速度和采出程度随时间变化

当压力在泡点压力（5.10 MPa）和拟泡点压力（2.12 MPa）之间时，填砂管内析出的溶解气分散在稠油中，形成明显的泡沫油流，产油速度、累积产油量和采出程度迅速增加，瞬时气油比仍保持低值，约等于溶解气油比（15.86 m³/m³）。由图 6-4-4 可知，随着系统压力的下降，气泡从成核阶段的不能流动到气泡数量越来越多且开始流动。该阶段气泡高度分散在稠油中，气泡密度较大，气泡尺寸较小，泡沫油现象明显。由于泡沫油现象的存在，

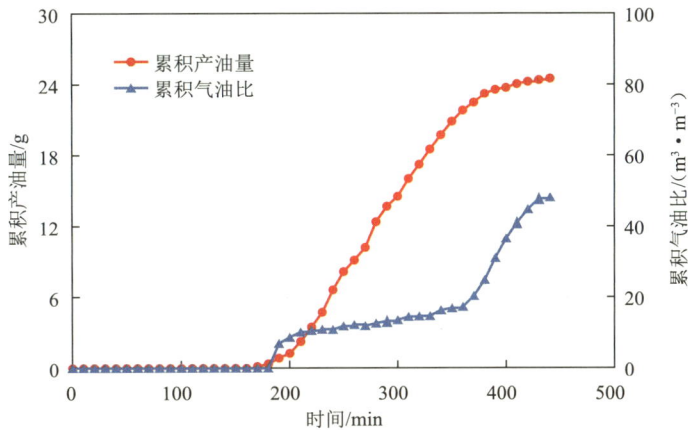

图 6-4-3　衰竭式开发阶段累积产油量和累积气油比随时间变化

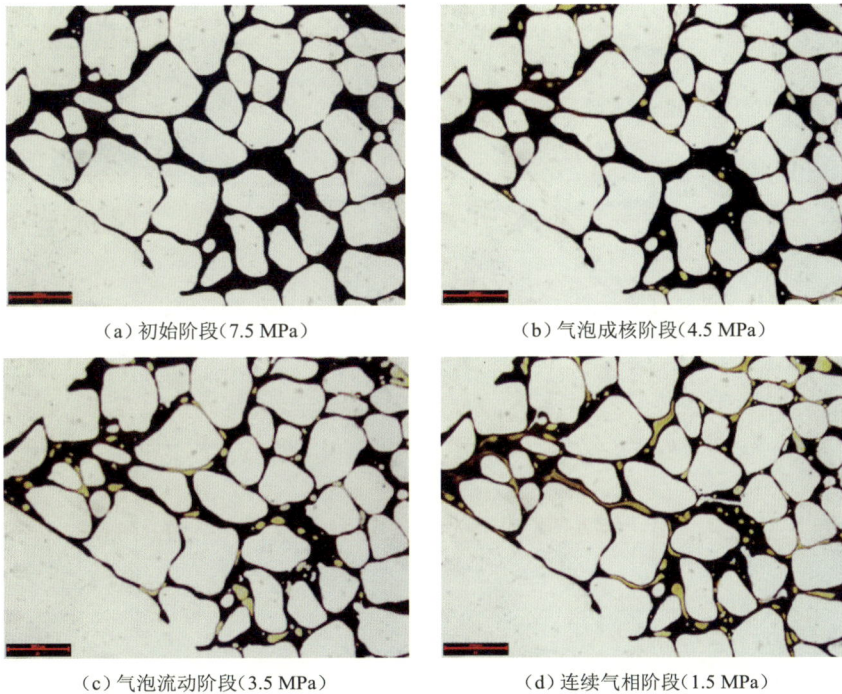

（a）初始阶段（7.5 MPa）

（b）气泡成核阶段（4.5 MPa）

（c）气泡流动阶段（3.5 MPa）

（d）连续气相阶段（1.5 MPa）

图 6-4-4　衰竭式开发不同流动阶段

稠油体积膨胀，稠油黏度和气体流动速度降低，油藏压力得到有效保持，使得产油量、累积产油量和采出程度迅速增加。由于析出气体高度分散在稠油中，没有形成自由气，气相流动性较差，产出气量相对较少，因此瞬时气油比保持低值。

当压力在拟泡点压力（2.12 MPa）之下时，由图 6-4-4 可以观察到模型中气泡不断聚并，玻璃片内出现大段连续气相，泡沫油逐渐消失，气体流动速度增大并快速产出，产气量迅速增加，累积气油比不断增加。溶解气析出后稠油黏度升高，稠油在多孔介质中的流动性大幅降低,累积产油量和采出程度增幅变缓,开发效果明显变差。

(2)注入流体开发阶段。

由图 6-4-5 可知,驱替前期产油量和采出程度不断增加,累积生产气油比保持较低值。由图 6-4-6 可知,注入 0.4 PV 时玻璃片内主要为微气泡分散的原始泡沫油,由于压力较高,泡沫油现象较弱,微气泡颜色为淡黄色,表明微气泡主要源于冷采降压阶段析出的溶解气。注入量继续增大到 0.8 PV,由于溶解气析出,泡沫油流现象基本消失,且颜色由黑变黄,主要为前置石脑油稀释后的稠油。

如图 6-4-5 和图 6-4-6 所示,注入量继续增大到 1.2 PV,产油量不断增加,产油速度保持较高值,累积生产气油比缓慢增加,这是由于大量气泡在发泡液作用下均匀分散在稠油中,形成了明显的二次泡沫油流,两相流变为拟单相流,降低了注入气窜流速度,改善了流度比。此外,泡沫油现象的形成可以提高弹性能量,降低原油黏度和界面张力。

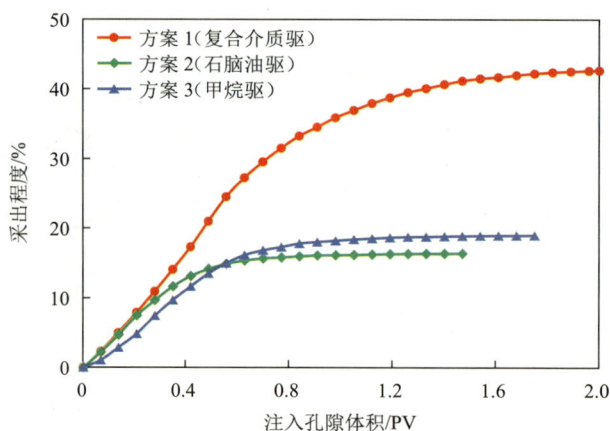

(a)采出程度曲线

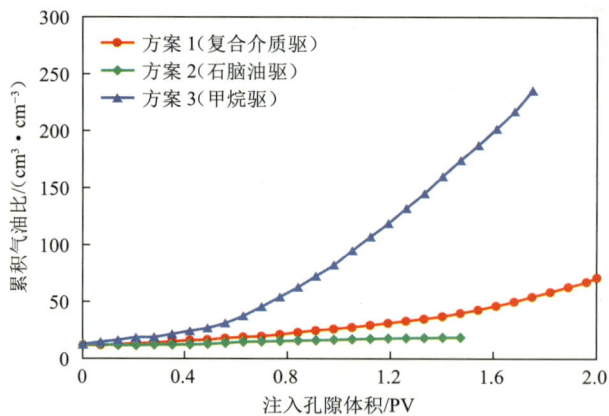

(b)累积气油比曲线

图 6-4-5　不同开发方式对开发效果的影响

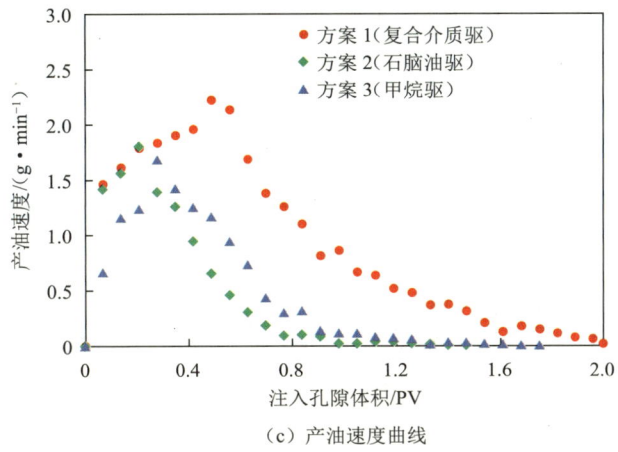

（c）产油速度曲线

图 6-4-5(续)　不同开发方式对开发效果的影响

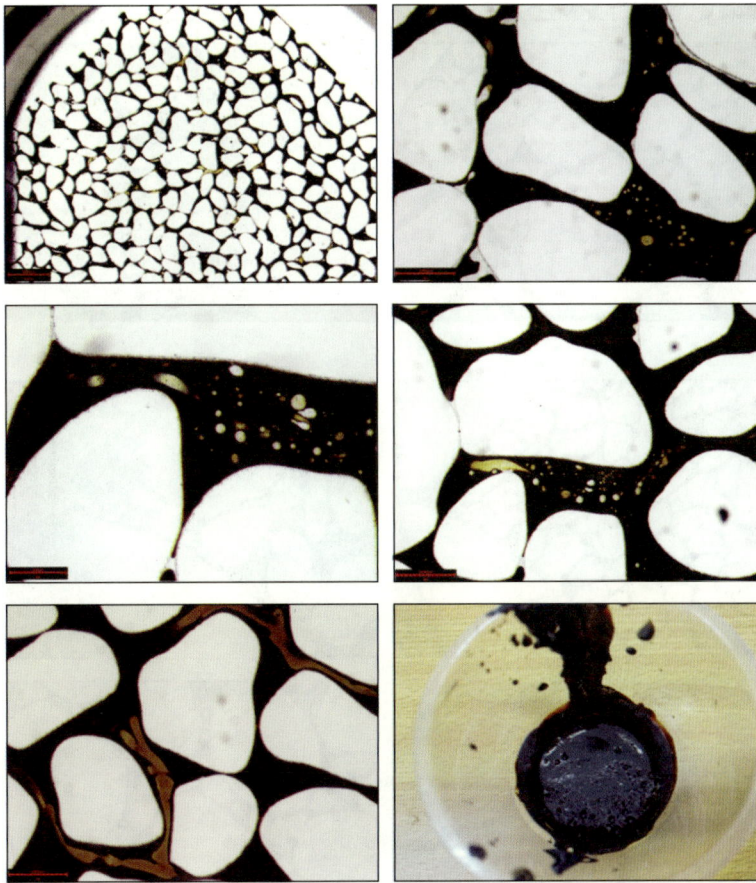

（a）0.4 PV

图 6-4-6　方案 1 微观渗流过程

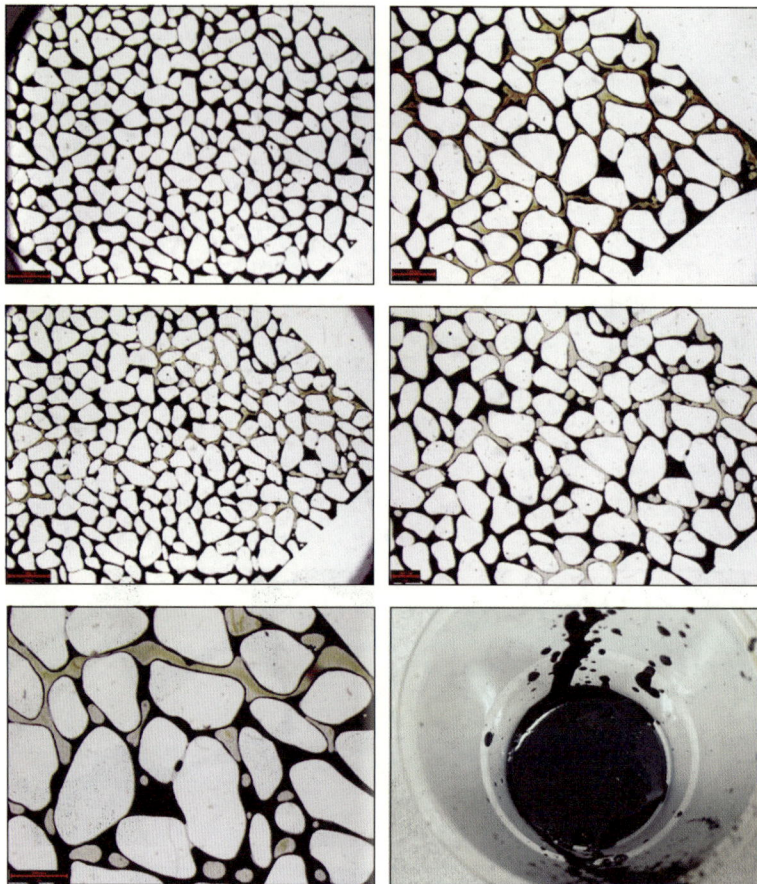

（b）0.8 PV

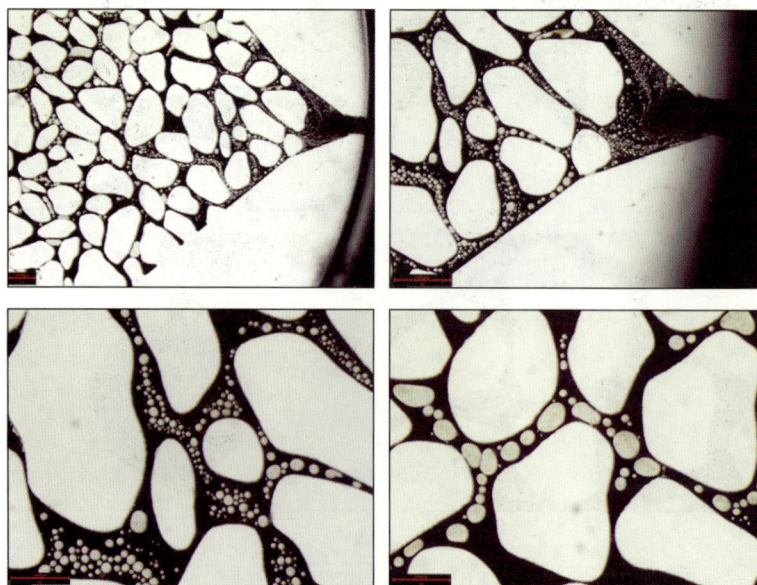

（c）1.2 PV

图 6-4-6(续)　方案 1 微观渗流过程

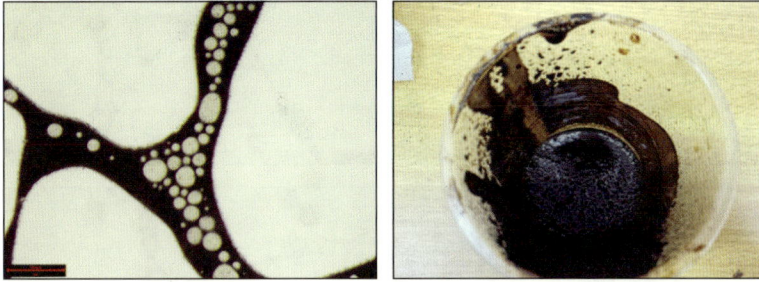

（c）1.2 PV

（d）1.6 PV

图 6-4-6(续)　方案 1 微观渗流过程

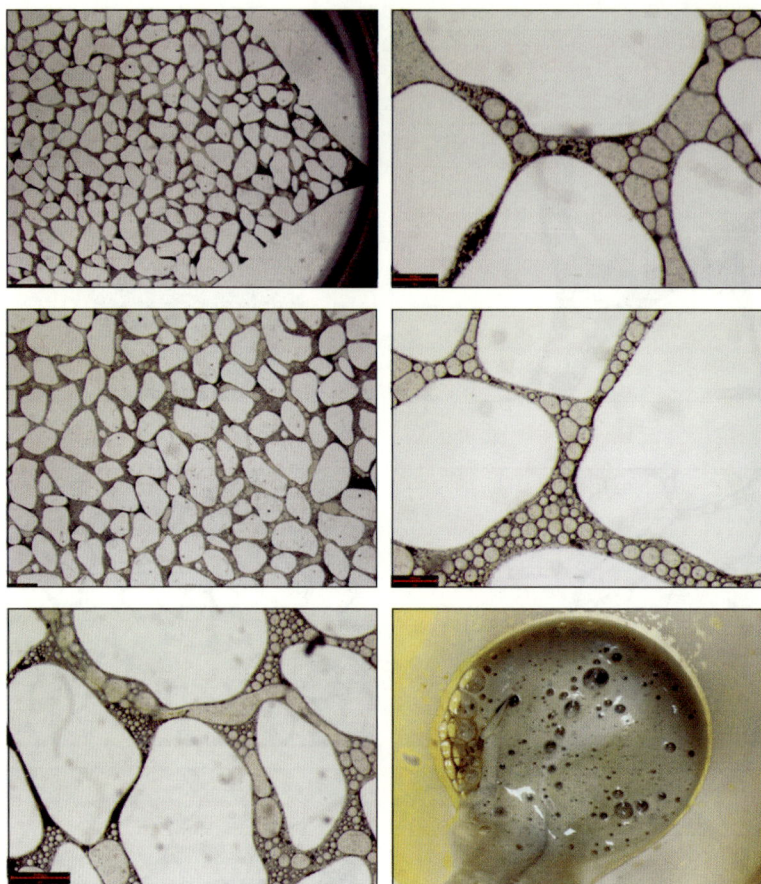

（e）2.0 PV

图 6-4-6(续)　方案 1 微观渗流过程

当注入量增大到 1.6 PV 时,产油量减少,累积生产气油比不断上升,产油速度逐渐下降,此时主要为低油量泡沫油流动,分散气泡尺寸较大,部分区域形成连续气相,填砂管产出物中含油量明显减少,表明岩芯中含油饱和度较低,发生窜流现象。当注入量增大到 2.0 PV 时,填砂管内剩余油饱和度更低,注入甲烷气体和发泡液发生严重窜流,泡沫油含油量更低,填砂管出口基本不产油。

2）二次泡沫油微观流动特性

通过微观玻璃刻蚀模型观察复合介质驱过程,研究二次泡沫油形成、运移和生长微观动态变化特征。复合介质驱初始流动特性为大气泡分散在稀释稠油中流动,大气泡和岩石发生相互作用,最终分裂成多个较小的气泡,气泡的不断分裂使得稠油中的气泡处于分散状态,从而形成二次泡沫油。如图 6-4-7(a)所示,大气泡在通过狭长的孔隙时会被拉长变形,液膜强度变弱,从而被拉长断裂成几个小气泡。在图 6-4-7(b)中,大气泡通过狭小的孔隙时会被卡断断裂成两个小气泡。在图 6-4-7(c)中,大气泡碰撞到岩石的尖端被分裂成两部分,分别流向不同的孔隙。此外,在实验中还发现,除了岩石在气泡流动过程中的阻隔作用会产生这种分裂方式以外,岩石表面分布的沥青质颗粒对气泡的吸附力与气泡在运动方向上由于压差施加的驱动力的共同作用也会导致气泡在岩石表面上被拉长,最终断裂成两部分。基于上述研究,形成了图 6-4-8 所示的二次泡沫油的生成模式,其中包括拉长断裂、卡断断裂和尖端断裂。

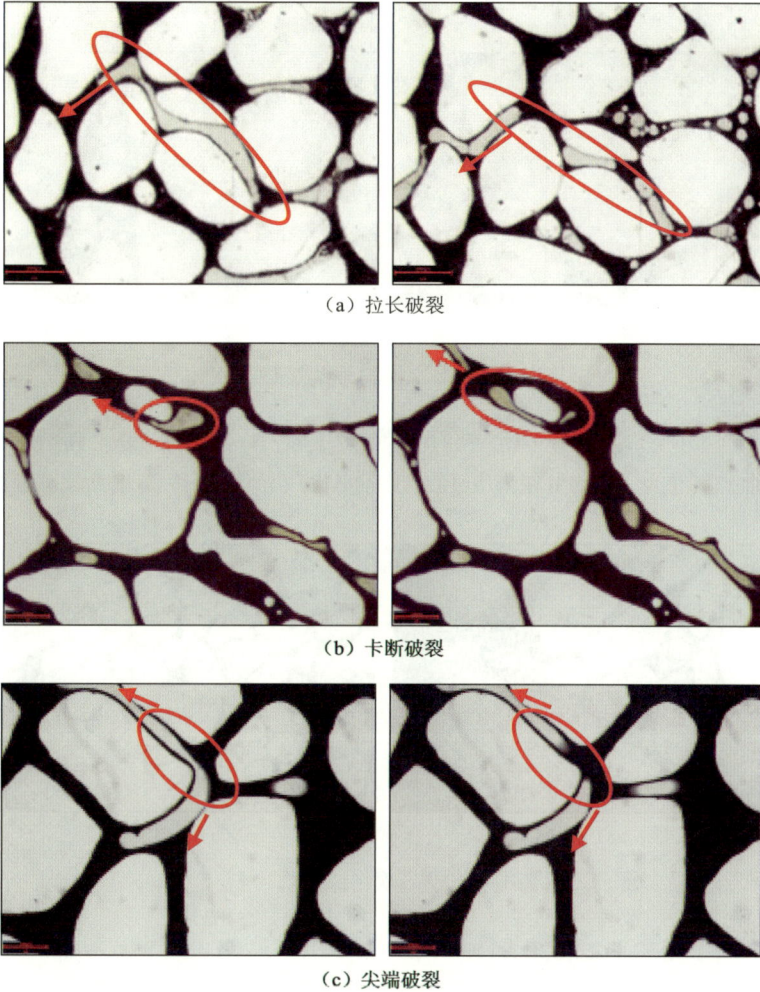

（a）拉长破裂

（b）卡断破裂

（c）尖端破裂

图 6-4-7　实验过程中二次泡沫油的生成现象

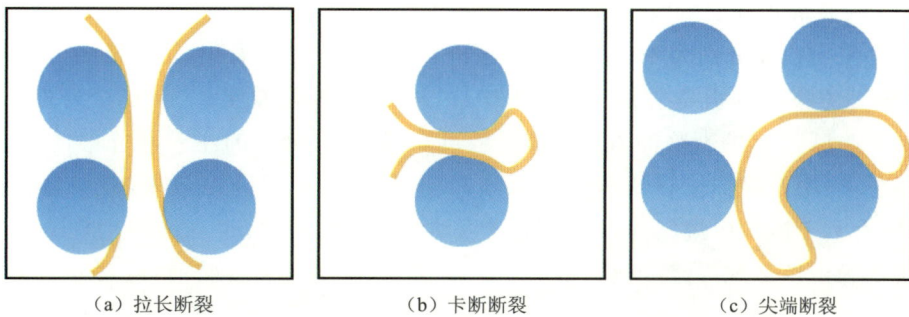

（a）拉长断裂　　　　　　（b）卡断断裂　　　　　　（c）尖端断裂

图 6-4-8　二次泡沫油的生成模式

图 6-4-9 显示了二次泡沫油的运移过程。二次泡沫油流动过程中，气泡高度分散在原油中，气泡在运移的过程中不断碰撞、相互挤压，但很少发生合并现象。这是由于发泡体系中的表面活性剂形成分子定向排列在油气表面上，能防止气泡聚并，增大了气泡表面弹性，从而使气泡在运移过程中相互挤压但不合并，在原油中保持高度分散状态。

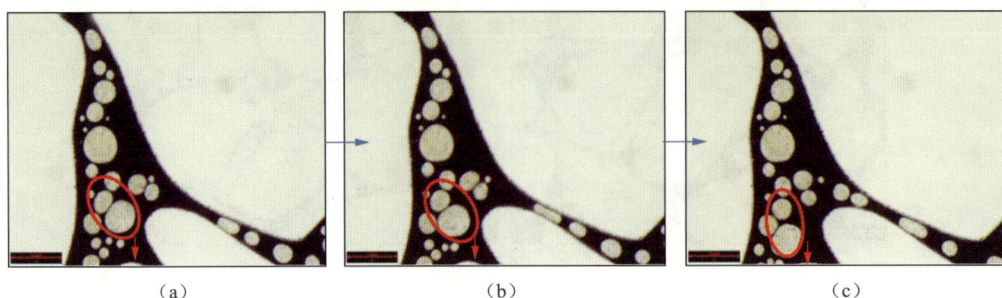

(a)　　　　　　　　　(b)　　　　　　　　　(c)

图 6-4-9　二次泡沫油的运移过程

如图 6-4-10 所示，二次泡沫油形成后气泡尺寸较小，分散程度较高，随着在多孔介质中的流动，稠油与气泡之间存在相互传质作用，使得气泡体积逐渐增加，不断成长。

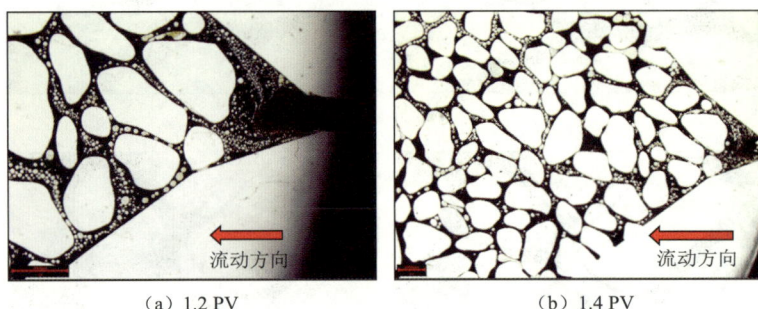

(a) 1.2 PV　　　　　　　　　(b) 1.4 PV

图 6-4-10　二次泡沫油的生长

3）注复合介质提高采收率机理

方案 2 和方案 3 分别为石脑油驱和甲烷驱过程。通过对比方案 1、方案 2 和方案 3 可明确石脑油和甲烷在复合介质驱过程中的作用。由图 6-4-5 和表 6-4-1 可知，方案 1、方案 2 和方案 3 的衰竭式开发阶段采出程度相差不大，实验的重复性较好，方案 1、方案 2 和方案 3 的最终采出程度分别为 49.0%，22.6% 和 25.26%。可以看出，方案 1 的采出程度最高，比方案 2、方案 3 分别高了 26.40% 和 23.74%，开发效果最佳。

由图 6-4-11 所示的石脑油微观渗流过程可知，随着石脑油的注入，原油颜色从黑色逐渐变为黄色，表明石脑油能够快速溶于原油，具有很好的稀释降黏效果，能明显提高稠油流动能力，有利于减少甲烷气体和发泡液进入油层深部的阻力。

方案 3 为甲烷微观渗流过程。由图 6-4-12 可知，甲烷气体突破前，微观介质中的流体流动规律与方案 1 相似，流体主要为微气泡分散的原始泡沫油。当甲烷注入 1.2 PV 时，

（a）0.2 PV

（b）0.4 PV

（c）0.6 PV

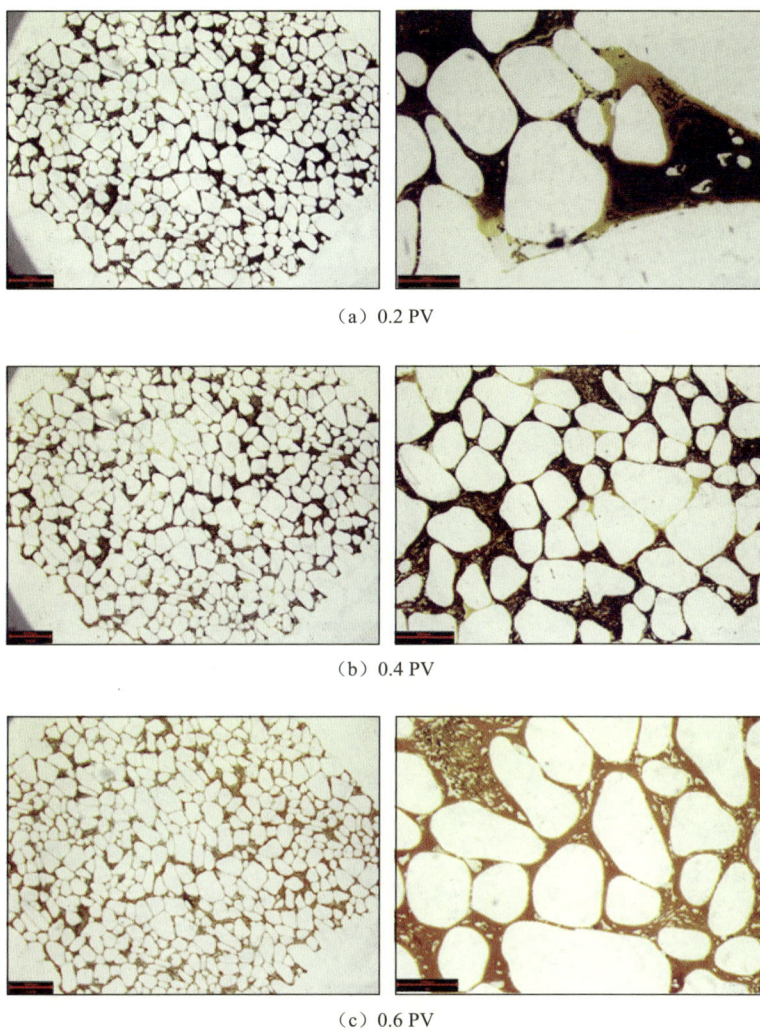

图 6-4-11 方案 2 微观渗流过程

微观模型内出现连续气体，且气体颜色为白色（与析出气颜色不同），填砂管出口大量产气，产油量减少，表明注入甲烷气体突破形成气窜通道，未形成明显的二次泡沫油流。随着注入甲烷气量的增加（1.6 PV），填砂管出口大量产气，产油量大幅降低，微观模型内存在大面积连续气相。气体颜色由气窜时的白色逐渐变为浅黄色，表明随着甲烷与稠油接触增多，存在气体与稠油之间的相互传质作用，少部分甲烷气体可溶解到稠油中，在一定程度上起到降低原油黏度和油气界面张力、膨胀原油体积的作用。但由于存在较大的油气黏度差，大部分注入气快速突破，形成窜流通道，难以分散在稠油中形成稳定的二次泡沫油流，所以注甲烷气驱开发冷采后期泡沫油型稠油油藏效果较差。

通过对比方案 1、方案 2 和方案 3 的实验结果可知，复合介质驱过程中降黏剂石脑油和发泡液对于二次泡沫油的形成具有重要作用。石脑油能够快速溶于原油，具有很好的

(a) 0.8 PV

(b) 1.2 PV

(c) 1.6 PV

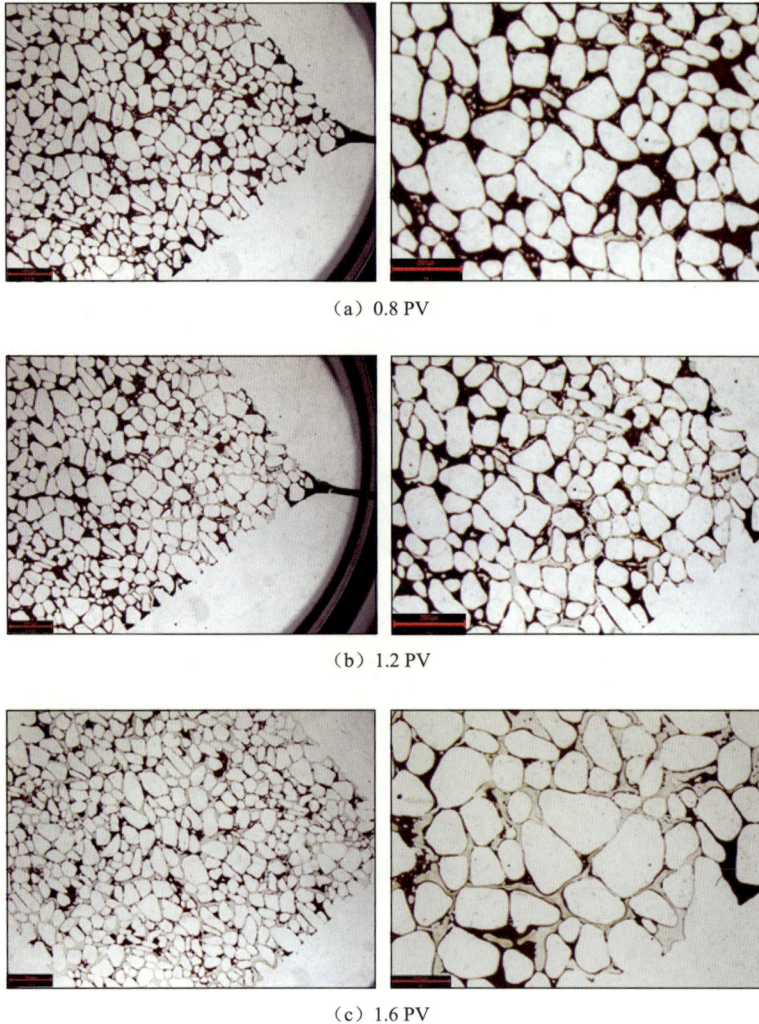

图 6-4-12　方案 3 微观渗流过程

稀释降黏效果,可以提高稠油流动能力,减小发泡液与甲烷气体进入油层深部的阻力,为后续形成二次泡沫油创造条件。后注入的发泡液可以使气体分散在稠油中并形成二次泡沫油现象,抑制气窜的发生。因此,复合介质驱是一种有效的冷采后期泡沫油油藏提高采收率方法。

4）开发方式对比评价

如表 6-4-1、图 6-4-13 所示,与甲烷驱相比,气水交替驱由于注入气和水段塞存在密度差异,水相密度大,主要驱出填砂管中下部的原油,而气相密度小,主要驱扫填砂管上部的原油,从而增加波及范围,因此气水交替驱的效果较好。

此外,由图 6-4-14 可知,方案 1 和方案 4 的采出程度分别为 49.0% 和 31.6%,方案 1 较方案 4 提升了 17.4%,表明复合介质驱开发效果优于气水交替驱。复合介质驱过程中能形成明显的二次泡沫油,延缓生产过程中的快速脱气,延长泡沫油的作用时间,提高原油流动能力,还可以乳化原油和改变岩石表面润湿性,从而降低残余油饱和度,提高采收率。

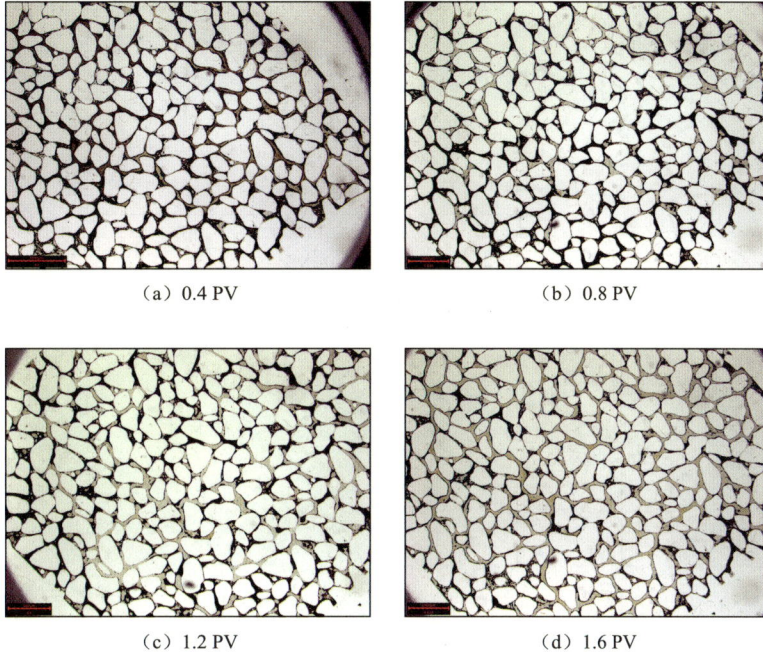

(a) 0.4 PV

(b) 0.8 PV

(c) 1.2 PV

(d) 1.6 PV

图 6-4-13　方案 4 不同注入量时微观模型内流体流动状态

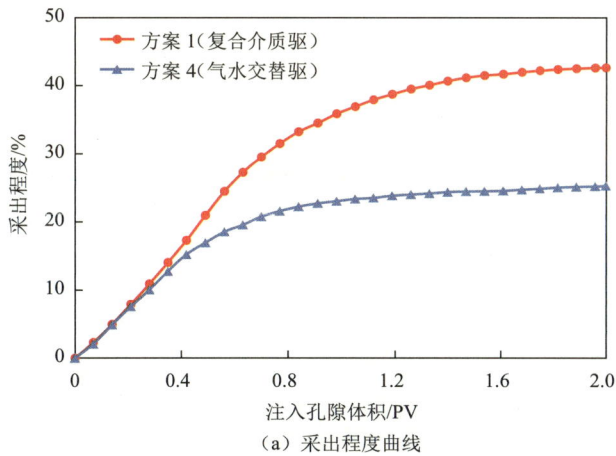

(a) 采出程度曲线

图 6-4-14　方案 1 和方案 4 开发效果对比

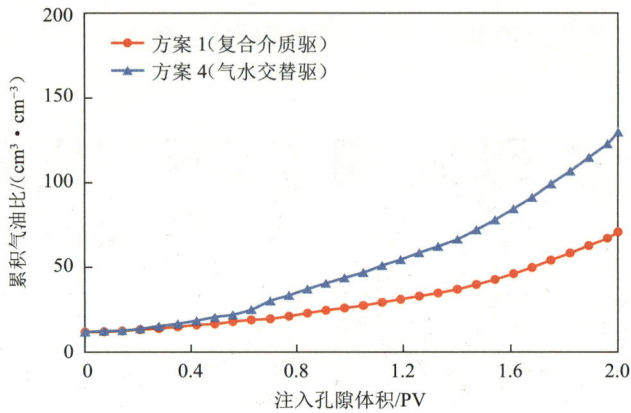

（b）累积气油比曲线

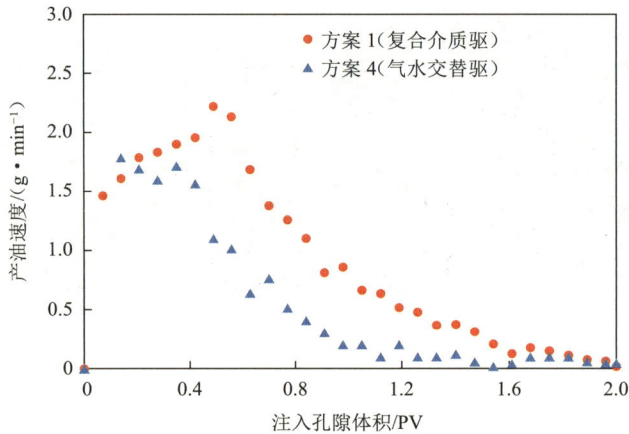

（c）产油速度曲线

图 6-4-14(续)　方案 1 和方案 4 开发效果对比

6.5　复合介质驱提高采收率影响因素实验研究

由 6.4 节的实验结果可知,复合介质驱可以有效地形成二次泡沫油,提高出砂冷采后期稠油油藏的采收率,从而验证了该方法的可行性。本节通过 6 组复合介质驱实验,进一步揭示转注时机、注入方式、表面活性剂质量分数和气液比等参数对开发效果的影响规律。

6.5.1　转注时机的影响

选取方案 1 和方案 5 用于研究转注时机对复合介质驱渗流过程的影响。如表 6-4-1、表 6-4-2 所示,方案 1 和方案 5 分别降压至 4 MPa 和 1 MPa 后开始注复合介质,其他操作参数相同。方案 1 和方案 5 降压冷采阶段的采出程度分别为 6.36% 和 15.33%，方案 5 的采出程度高于方案 1，但最终采出程度比方案 1 低 2.15%（图 6-5-1、图 6-5-2）。

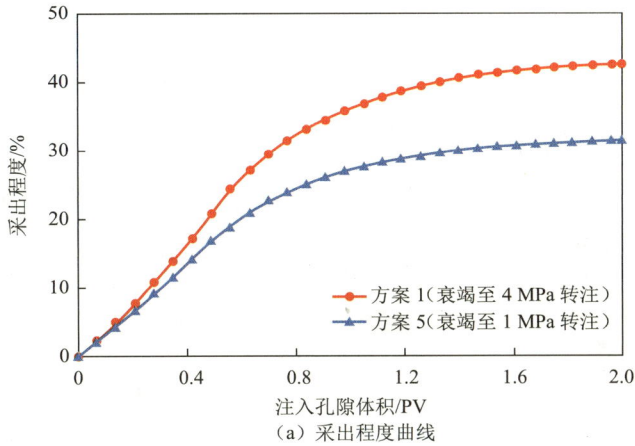

（a）采出程度曲线

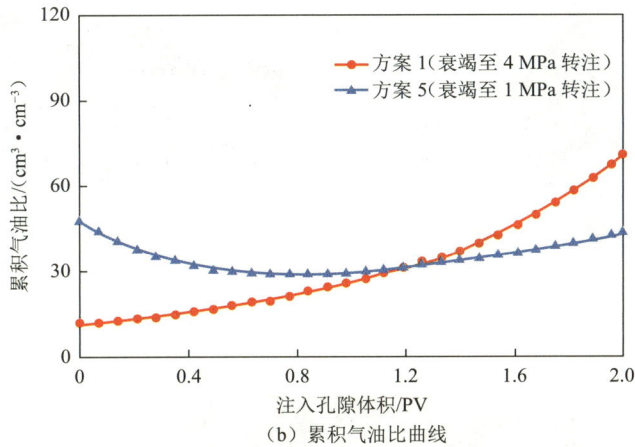

（b）累积气油比曲线

图 6-5-1　转注时机对采出程度和累积气油比的影响

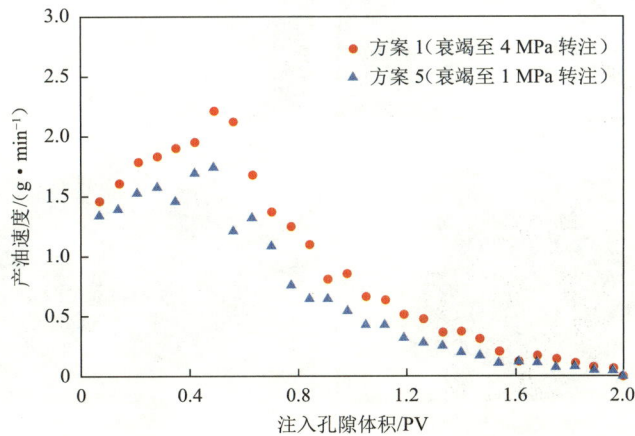

图 6-5-2　转注时机对产油速度的影响

　　方案 1 降压冷采至 4 MPa，压力在泡点压力和拟泡点压力之间，此时存在原始泡沫油现象（图 6-5-3），且岩芯压力和含油饱和度较高，溶解气产出量较少，有利于注复合介质驱形成二次泡沫油现象（图 6-5-4）。方案 5 降压冷采至 1 MPa，低于拟泡点压力，此时微气泡开始聚并形成自由气，泡沫油现象消失（图 6-5-3），原油黏度大，含油饱和度低，已形成气窜通道，后续驱替过程中注入降黏剂、气体和发泡液极易沿着气窜通道快速产出（图 6-5-4）。

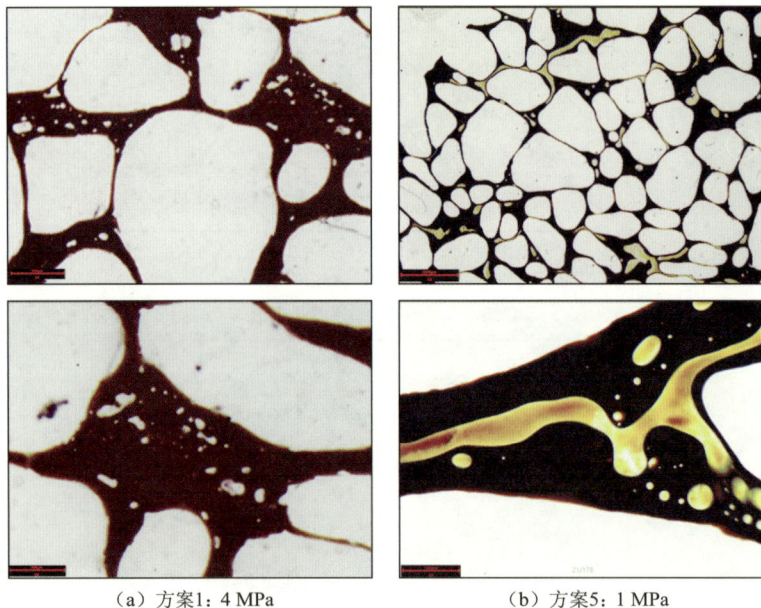

（a）方案1：4 MPa　　　　　　　　　（b）方案5：1 MPa

图 6-5-3　转注时机对降压冷采开发过程的影响

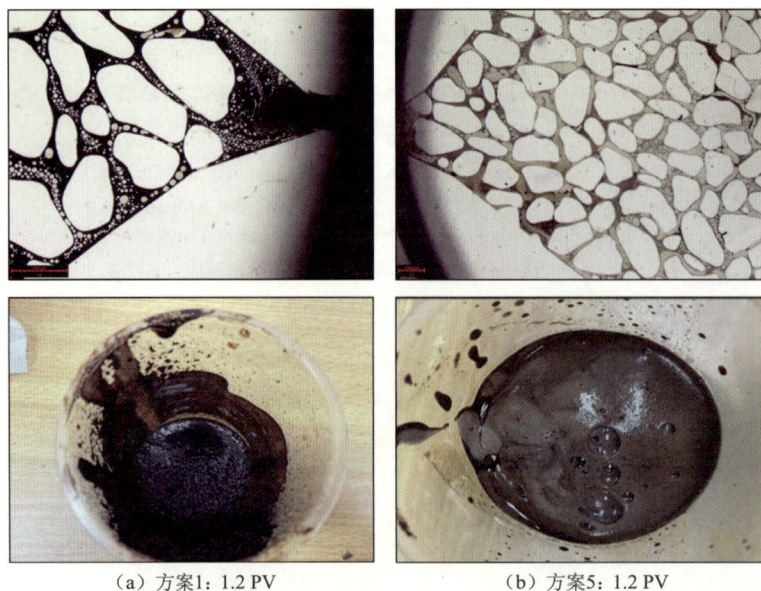

（a）方案1：1.2 PV　　　　　　　　　（b）方案5：1.2 PV

图 6-5-4　转注时机对复合介质驱微观渗流过程的影响

因此,复合介质驱波及体积较小,泡沫油稳定性较差,产出油主要为低含油量泡沫油。注入时机需综合考虑降压冷采与复合介质驱两个过程,降压冷采至泡点压力和拟泡点压力之间时进行复合介质驱有利于形成二次泡沫油现象。

6.5.2　注入方式的影响

选取方案 1 和方案 6 研究甲烷和发泡液注入方式对复合介质驱开发效果的影响。如表 6-4-1、表 6-4-2 所示,方案 1 和方案 6 的操作参数相同,但方案 1 同时注入发泡液和甲烷气体,而方案 6 则交替注入。方案 1 的最终采收率为 49.0%,比方案 6 提高了 6.2%(图 6-5-5)。甲烷和发泡液同时注入时,甲烷在发泡液作用下生成更为明显的二次泡沫油现象,泡沫油流存在时间更长,分散气泡尺寸更小,产油量更大,不易发生窜流现象,开发效果明显好于交替注入(图 6-5-6)。因此,复合介质驱过程中应同时注入甲烷气体和发泡液。

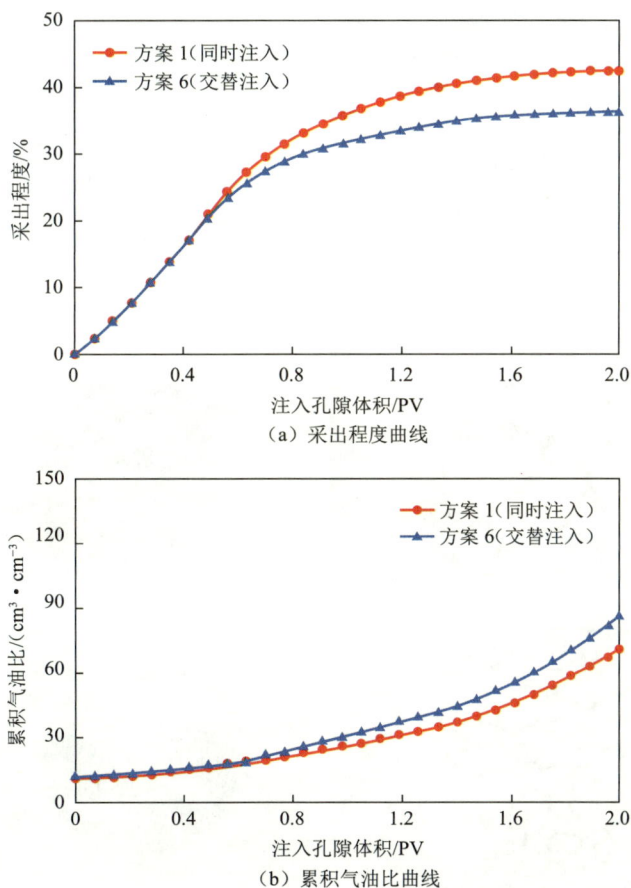

（a）采出程度曲线

（b）累积气油比曲线

图 6-5-5　不同注入方式对开发效果的影响

（c）产油速度曲线

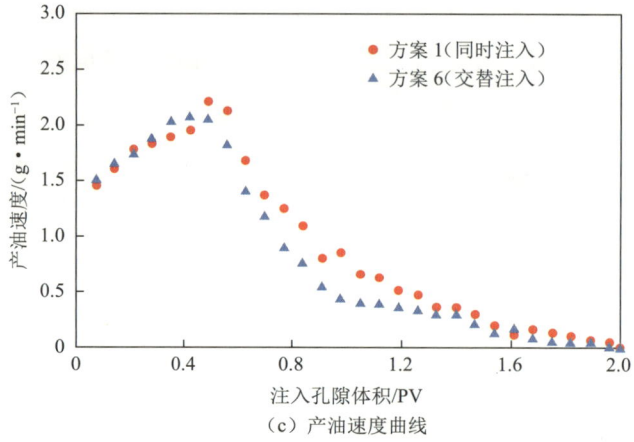

图 6-5-5(续) 不同注入方式对开发效果的影响

0.8 PV

1.2 PV

1.4 PV

（a）方案1

图 6-5-6 注入方式对复合介质驱微观渗流过程的影响

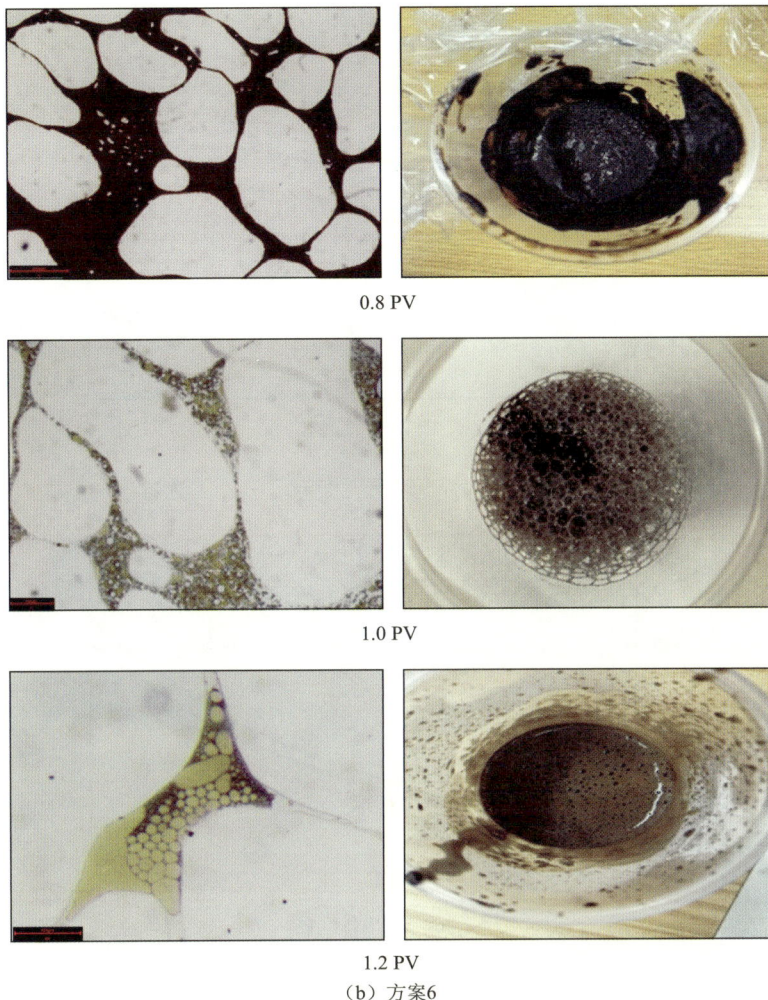

0.8 PV

1.0 PV

1.2 PV

（b）方案6

图 6-5-6(续)　注入方式对复合介质驱微观渗流过程的影响

6.5.3　表面活性剂浓度的影响

如表 6-4-1、表 6-4-2 所示,方案 1、方案 7 和方案 8 使用的表面活性剂质量分数不同,分别为 3%,2% 和 1%,其他操作参数相同,可用于研究表面活性剂质量分数对开发效果的影响规律。

通过图 6-5-7 和图 6-5-8 可以发现,随着表面活性剂质量分数的增加,复合介质驱开发效果变好,二次泡沫油现象更为明显,泡沫流存在的时间更长,分散气泡尺寸变小。在低表面活性剂质量分数下,分散气泡极易聚并形成自由气相,分散气量较小,易发生窜流现象,生成的二次泡沫油不稳定。因此,对于复合介质驱过程,在经济条件允许条件下应尽可能地提高表面活性剂质量分数,以有利于形成二次泡沫油,改善冷采后期泡沫油型稠油开发效果。

（a）采出程度曲线

（b）累积气油比曲线

（c）产油速度曲线

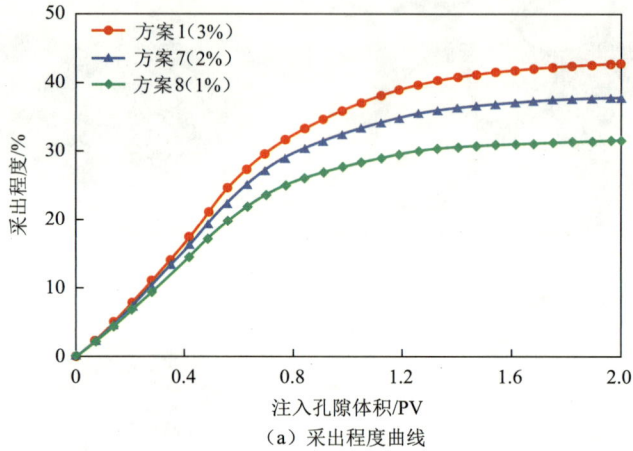

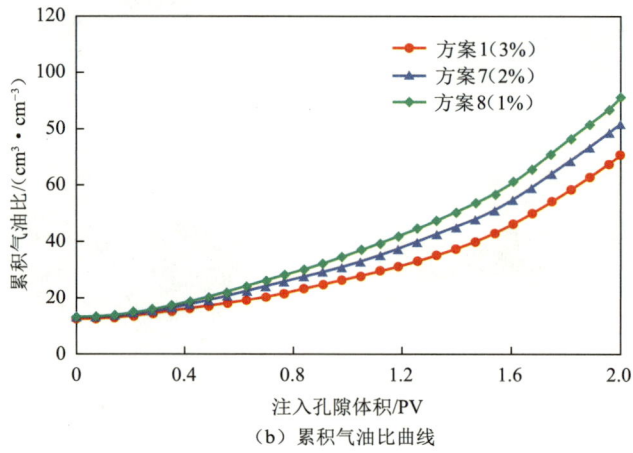

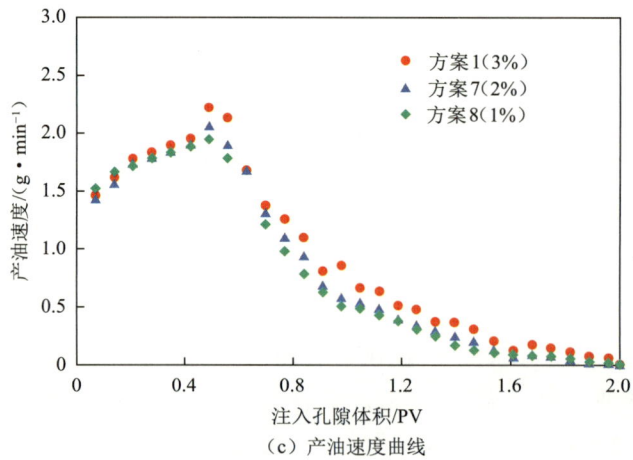

图 6-5-7 不同表面活性剂质量分数对开发效果的影响

（a）1%

（b）2%

（c）3%

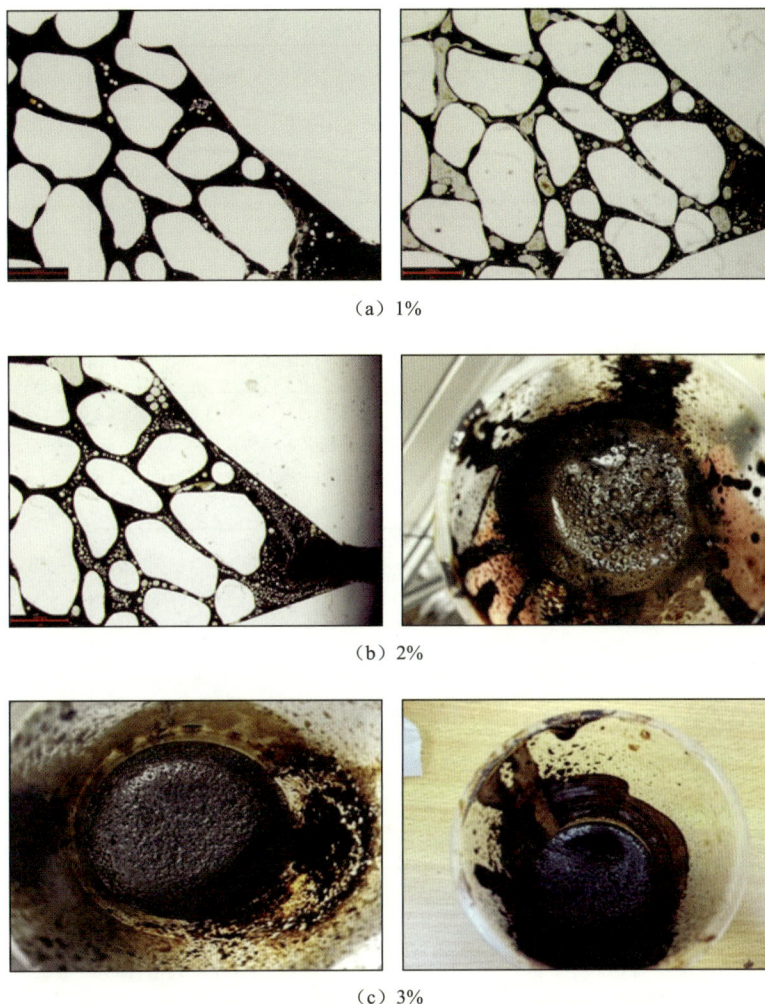

图 6-5-8　表面活性剂质量分数对复合介质驱微观渗流过程的影响（1.2 PV）

6.5.4　气液比的影响

　　方案 1、方案 9 和方案 10 用于研究气液比对开发效果的影响。如表 6-4-1、表 6-4-2 所示，方案 1、方案 9 和方案 10 的气液比分别为 1∶1，3∶1 和 6∶1，其他操作参数均相同。实验结果见表 6-4-1、表 6-4-2、图 6-5-9 和图 6-5-10。由表 6-4-1、表 6-4-2 可知，方案 1、方案 9 和方案 10 在降压冷采阶段的采出程度分别为 6.36%，6.30% 和 6.29%，相差不大，说明实验具有较好的可重复性。

　　由表 6-4-1、表 6-4-2 和图 6-5-9 可以看出，相比于方案 9 和方案 10，方案 1 的采收率最高。图 6-5-10 对比了不同气液比下复合介质驱微观渗流过程。当气液比为 1∶1 时气泡高度分散在原油中，形成明显的二次泡沫油现象，气泡尺寸小，分散程度高，存在时间长，且

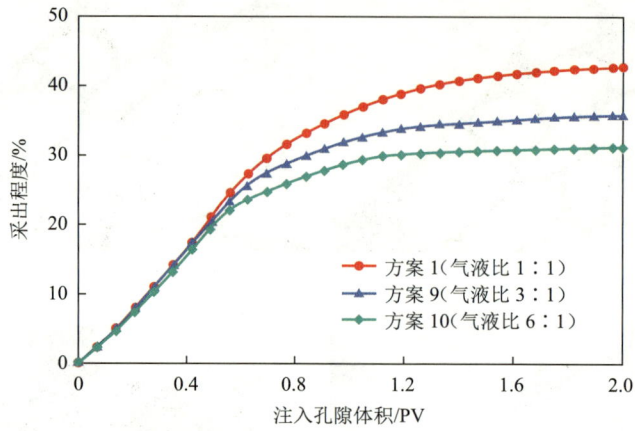

（a）采出程度曲线

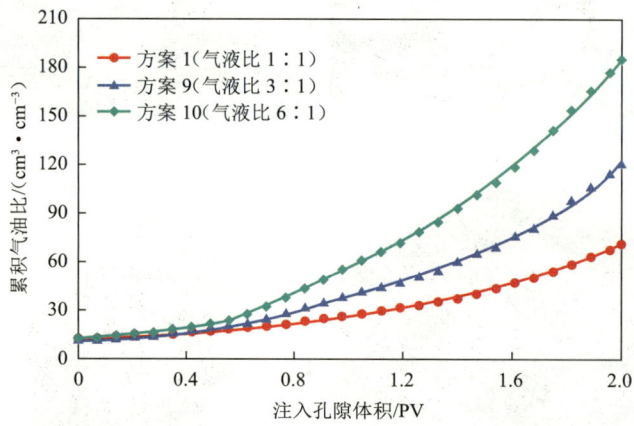

（b）累积气油比曲线

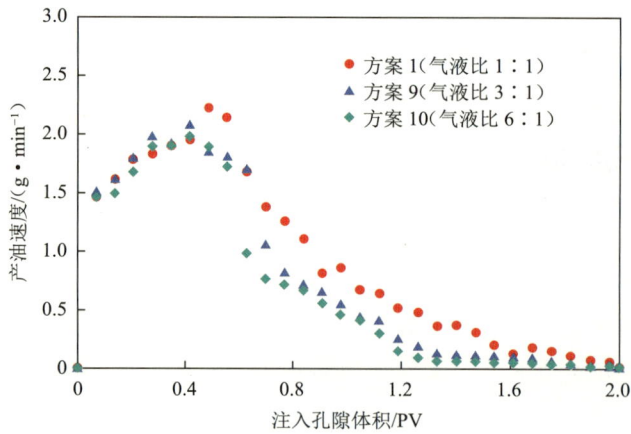

（c）产油速度曲线

图 6-5-9　不同气液比对开发效果的影响

（a）气液比1:1

（b）气液比3:1

（c）气液比6:1

图 6-5-10　气液比对复合介质驱微观渗流过程的影响（1.2 PV）

分散气泡在发泡液作用下具有弹性，不易聚并，可以充分发挥气体的弹性能量。当气液比为 3:1 时（方案 9），由于注气量较大，部分注入气快速突破，形成自由气，只有部分气体在发泡液作用下形成较弱的二次泡沫油现象，产出物主要为低含油量泡沫油。此外，由于气液比较大，发泡液含量较低，形成的气泡液膜吸附的表面活性剂减少，液膜稳定性降低，分散气泡运移过程中相互挤压且容易聚并，导致形成的二次泡沫油不稳定。当气液比为 6:1 时（方案 10），气液比过大，部分气体难以形成泡沫油，成为快进快出的自由气，不能有效驱动原油，而且在高气液比且注入流体的量相同时，发泡液的含量大幅度减少，形成的气泡液膜吸附的表面活性剂减少，液膜稳定性降低，气泡易分裂和聚并，形成的二次泡沫油不稳定。因此，在注复合介质时存在最优的气液比。

6.6　本章小结

围绕冷采后期泡沫油型稠油油藏注复合介质开发方法,评价了油溶性降黏剂性能和发泡液生成泡沫油稳定性,揭示了表面活性剂对油气界面张力的影响规律,明确了注复合介质提高采收率的可行性及参数影响规律,得到了如下结论和认识:

(1)石脑油可作为注复合介质用降黏剂,在不同油藏温度下均具有较好的降黏效果。当温度为50℃时,添加10%的石脑油对稠油的降黏率为96.26%。随着石脑油含量的增加以及温度和放置时间的降低,降黏率不断增加,降黏效果变好。

(2)添加表面活性剂可有效降低油气界面张力,但其质量分数过高会导致油气界面张力增加,因此存在一个最优表面活性剂质量分数使得油气界面张力最低。随着压力的升高,油气界面张力降低,有利于形成二次泡沫油。与氮气相比,甲烷作为气体介质与稠油的界面张力更低。在高含油饱和度下,使用较高质量分数的表面活性剂更有利于降低油气界面张力,形成二次泡沫油现象。

(3)存在最优的含油量,使得发泡液生成的泡沫油稳定性最强。提高表面活性剂质量分数有利于提高泡沫油稳定性和膨胀能力。与氮气相比,甲烷作为气体介质生成的泡沫油的稳定性更强。随着降黏剂添加量的提高,发泡液生成泡沫油的稳定性不断下降。

(4)在复合介质驱过程中,气体在发泡液作用下分散在稠油中,形成明显的二次泡沫油。二次泡沫油的形成使得油气两相流变成拟单相流,可降低注入气窜流速度,提高弹性能量,降低原油黏度和油气界面张力,并具有一定的乳化作用。因此,复合介质驱是一种有效的冷采后期泡沫油型稠油油藏提高采收率方法。

(5)在复合介质驱过程中,石脑油能够提高原油流动能力,减小发泡液与甲烷气体进入油层深部的阻力,为后续形成二次泡沫油创造条件。后注入的发泡液可以使气体分散在稠油中,形成二次泡沫油现象,抑制气窜现象。

(6)复合介质驱的最佳转注时机在油藏压力降至泡点压力和拟泡点压力之间。甲烷气体和发泡液同时注入效果明显好于交替注入。在经济性允许的条件下,应尽可能地提高表面活性剂质量分数,且存在最优气液比。

(7)多孔介质的剪切作用对二次泡沫油的形成具有重要作用。发泡液能增加气泡表面弹性,有效防止气泡碰撞而聚并,保持泡沫油中气泡的分散状态,提高二次泡沫油的稳定性。二次泡沫油形成后,气泡在多孔介质中流动,稠油与气泡存在传质作用,使得气泡体积逐渐增加。

第 7 章
冷采后期稠油油藏人工泡沫油强化混合气体吞吐方法

与世界上其他地区相比,我国海上、薄层和边底水等复杂稠油油藏储量大,常规注热工艺措施热损失严重,地面设备体积大,适用性较差。注气吞吐技术可以较好地解决上述问题,已广泛应用于中国吐哈、新疆和加拿大冷湖等国内外稠油油藏。但是,该技术仍存在以下问题:① 吞吐生产阶段注入气快速产出,导致地层压力迅速降低,原油黏度重新升高;② 吞吐所用 CO_2 和 CH_4 等轻组分气体在稠油中扩散、溶解能力较差,而乙烷、丙烷等露点较低,极易液化而导致成本过高。因此,如何延缓吞吐生产阶段注入气产出速度,选择合适的注入气类型,成为目前亟待解决的关键问题。

受泡沫油现象的启发,结合天然气和丙烷各自的优点,提出了一种人工泡沫油强化混合气体吞吐方法。该方法注入油溶性表面活性剂以及由产出气和丙烷组成的混合气体,在焖井之后的生产阶段可形成人工泡沫油,可解决传统吞吐过程中注入气快速产出,难以溶于稠油的问题。

混合气体由产出气和丙烷组成。产出气在稠油中溶解度较小,气源丰富,成本低廉,但露点压力高,不易液化。丙烷比产出气在稠油中的溶解度高,但丙烷露点压力相对较低,在油藏条件下极易液化。因此,结合丙烷和产出气各自优势形成的混合气可在油藏条件下保持气相,减少丙烷用量,并有效降低稠油黏度和表面张力,膨胀稠油体积,使得人工泡沫油强化混合气体吞吐方法具有较高的适用性和经济性。

本章首先通过实验揭示注混合气体吞吐膨胀和降低界面张力机理,然后通过长岩芯装置开展一系列的吞吐实验,验证人工泡沫油强化混合气体吞吐在稠油油藏衰竭式开发后期提高采收率的可行性,同时研究混合气体组成、压降速度、蚯蚓洞和围压对人工泡沫油强化混合气体吞吐的影响及其影响规律,最后通过可视化微观设备,从微观角度观察人工泡沫油强化混合气体吞吐过程中气泡的生成、分裂等过程以及气泡的大小、稳定性、液膜的薄厚等,解释人工泡沫油强化混合气体吞吐提高采收率的微观机理。研究结果可为我国冷采后期稠油油藏开发提供一种有效的技术手段,同时对于深入理解油基泡沫特征,扩展油溶性表面活性剂在油气田开发中的应用,以及提高泡沫油型稠油油藏采收率等多个研究领域具有重要的理论和工程意义。

7.1 稠油注混合气体膨胀实验与理论研究

7.1.1 稠油注混合气体膨胀实验研究

1）实验材料

实验所用稠油是委内瑞拉 Orinoco 油藏所产出的脱气稠油，油藏条件下稠油性质参数及组分分析（SARA 分析）结果见表 7-1-1。实验所用混合气体为 CO_2，CH_4 和 C_3H_8，三者所占摩尔分数分别为 8％、64％和 28％。该比例可保证混合气体在实验温度和压力下为气态。若增加丙烷含量，则在实验温度和压力下会导致混合气体液化，增加气体用量；而降低丙烷含量，则会降低混合气体膨胀降黏效果。三种气体的纯度皆为 99.99％。

表 7-1-1　委内瑞拉 Orinoco 稠油性质表

物理性质		参数值
溶解气油比 R_s/(m³·m⁻³)		15
原油体积系数 B_o/(m³·m⁻³)		1.173
泡点压力 p_b/MPa		4.95
酸值/(mg·g⁻¹)		4.95
碱值/(mg·g⁻¹)		13.57
SARA 分析/%（质量分数）	饱和烃	19.8
	芳香烃	51.2
	胶　质	18.9
	沥青质	8.8

用落球黏度计测量大气压下，温度范围为 25～95 ℃时，委内瑞拉 Orinoco 油藏脱气稠油的黏度。拟合脱气稠油黏度实验数据，得到脱气稠油黏度预测公式（7-1-1）。该黏度公式的相关系数 R^2 为 0.997 4。脱气稠油的黏度测量值见表 7-1-2。黏度测量值与预测值的关系如图 7-1-1 所示。从图中可以看出，测量值与预测值相差很小，公式预测效果良好。

$$\lg(\lg \mu) = -3.294\ 3\lg T + 8.909\ 2 \tag{7-1-1}$$

式中　μ——脱气稠油黏度，mPa·s；

　　　T——实验温度，℃。

表 7-1-2　委内瑞拉 Orinoco 稠油大气压下的黏度

温度 T/K	黏度 μ/(mPa·s)	温度 T/K	黏度 μ/(mPa·s)
298.15	528 580	318.15	41 775.2
308.15	136 035	323.15	24 715

续表 7-1-2

温度 T/K	黏度 μ/(mPa·s)	温度 T/K	黏度 μ/(mPa·s)
338.15	5 559	368.15	644
358.15	1 620		

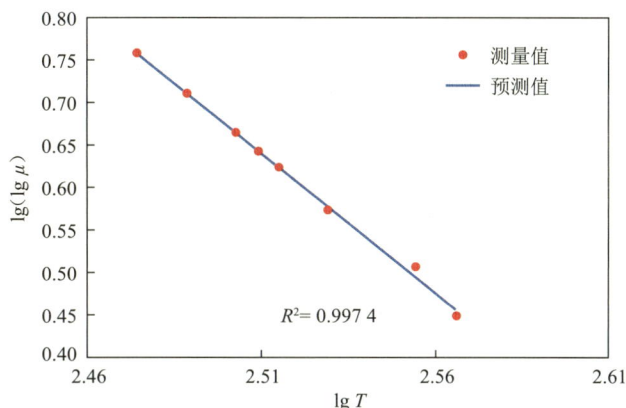

图 7-1-1　委内瑞拉 Orinoco 稠油黏度测量值与预测值对比图

2）实验装置

实验装置主要包括 PVT 仪、落球黏度计和密度计等。实验装置示意图如图 7-1-2 所示。PVT 仪由南通市飞宇石油科技开发有限公司生产，机型为 FY-PVT-1。PVT 仪的工作压力范围为 0～70 MPa，精度为 0.001 MPa，设有过压保护；工作温度范围为室温至 180 ℃，精度为±0.1 ℃。PVT 筒最大容积为 350 mL，长 35 cm，内径为 3.57 cm，其容积可用高精度计量泵调节，泵精度为±0.01 mL。相对于轻质油，稠油溶解气体达到平衡所需时间更长。为加快气体在稠油中的溶解，在 PVT 仪中设计有搅拌系统，其主要由搅拌块和电动机组成。在实验过程中，电动机可以使 PVT 筒旋转，而搅拌块随着 PVT 筒的旋转上下移动。PVT 仪控制面板可以调节实验温度、压力、PVT 筒容积、旋转速度和时间等。

落球黏度计由西安石天电子有限责任公司生产，机型为 CHY-V，用于测量稠油黏度。落球黏度计的工作压力范围为 0～70 MPa，工作温度范围为 0～200 ℃，精度为±0.1 ℃。落球黏度计的黏度测量值用中国计量科学研究院生产的标准黏度液校准。标准黏度液的黏度范围为 2 368.2～9 308 mPa·s，精度为±5 mPa·s。密度计由奥地利安东帕公司生产，用于测量稠油密度。采用压力 0.69～6.9 MPa、温度 25～50 ℃下水的密度校准密度计测量值，精度为±0.001 g/cm³。

3）实验步骤

实验步骤如下：

（1）向实验系统内注入氮气，并加压至 20 MPa，2 d 后观察实验系统压力变化情况，确保实验系统气密性良好。

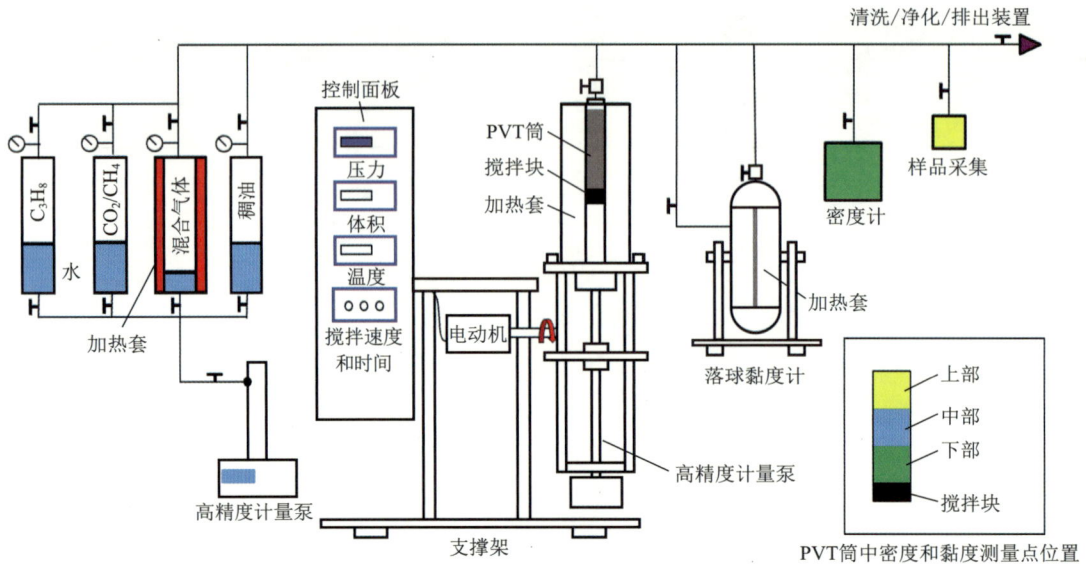

图 7-1-2　实验装置示意图

（2）用煤油清洗实验设备，并用真空泵抽真空，然后将其升温至油藏温度 54.2 ℃，保持 24 h 使其充分预热。

（3）将 CO_2、CH_4 和 C_3H_8 三种气体按照摩尔分数之比 2∶16∶7 配制成混合气体，并将其加热至油藏温度 54.2 ℃。

（4）将一定量的稠油和 $CO_2/CH_4/C_3H_8$ 混合气体注入 PVT 筒中。混合气体注入量可通过真实气体状态方程确定。为加快气体溶解，将 PVT 筒压力升至 15 MPa，并进行搅拌，直至达到平衡状态，形成稠油-$CO_2/CH_4/C_3H_8$ 体系。

（5）由于逐级降压法测量泡点压力的精度要高于连续降压法，所以采用逐级降压法测量稠油-$CO_2/CH_4/C_3H_8$ 体系的泡点压力。实验过程中，通过增加 PVT 筒体积降低压力。从 15 MPa 开始降压，每级降 0.1～1 MPa，降压后搅拌 24 h，使稠油-$CO_2/CH_4/C_3H_8$ 体系达到平衡状态，记录 PVT 筒的压力和体积，直至 PVT 筒的体积达到最大值 350 mL。最终可作出压力随体积的变化曲线，从而得到该气体摩尔分数下的泡点压力和膨胀系数。

（6）将 PVT 筒压力升至泡点压力，搅拌，使稠油-$CO_2/CH_4/C_3H_8$ 体系达到平衡状态。取出部分稠油注入落球黏度计和密度计中，测量稠油-$CO_2/CH_4/C_3H_8$ 体系的密度和黏度。

（7）为了研究 $CO_2/CH_4/C_3H_8$ 混合气体对稠油性质的影响，在泡点压力和油藏温度下使 PVT 筒内稠油静置 45 d，然后用落球黏度计和密度计测量稠油-$CO_2/CH_4/C_3H_8$ 体系上部、中部及下部的密度和黏度。

（8）改变稠油中混合气体的摩尔分数，重复以上步骤。

4）实验结果及分析

通过实验可得到不同气体摩尔分数（10.29%～33.54%）下，稠油-$CO_2/CH_4/C_3H_8$ 体系的压力和体积数据，并可画出压力与体积关系，如图 7-1-3～图 7-1-7 所示。图中拐点处

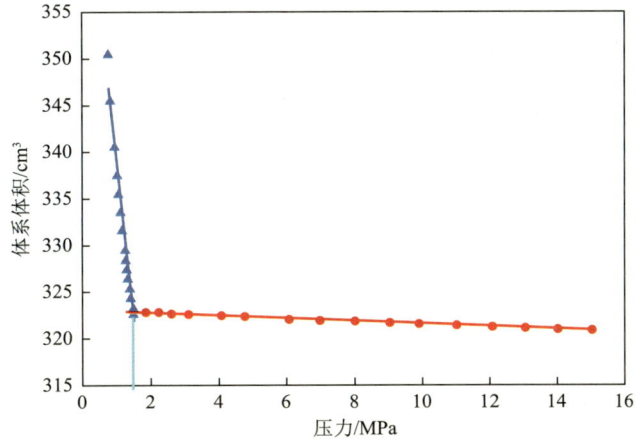

图 7-1-3　气体摩尔分数 10.29% 时压力与体积关系

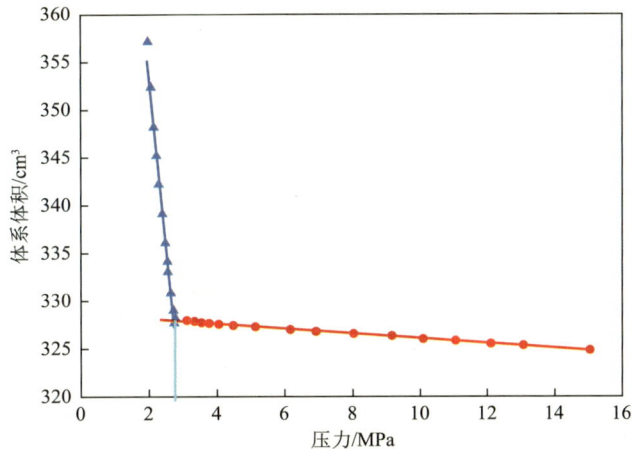

图 7-1-4　气体摩尔分数 18.66% 时压力与体积关系

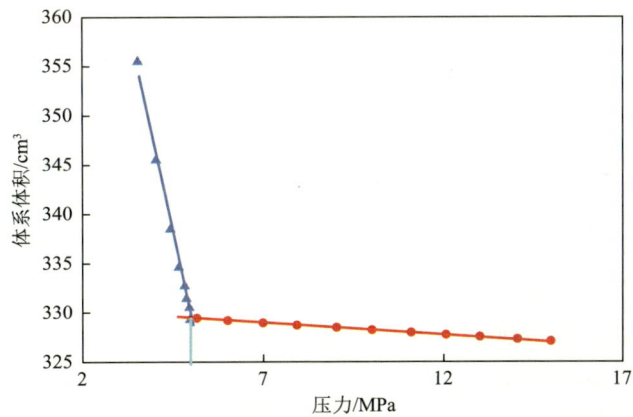

图 7-1-5　气体摩尔分数 26.59% 时压力与体积关系

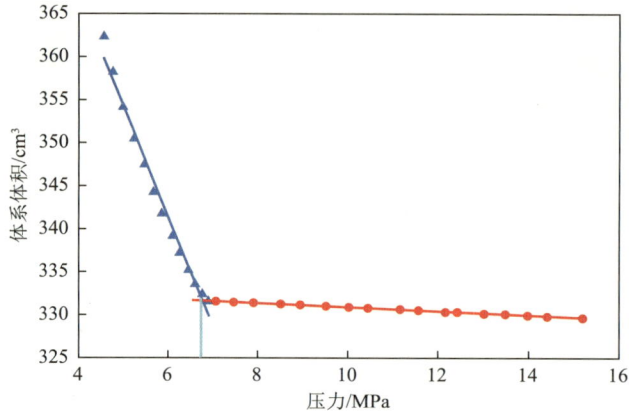

图 7-1-6　气体摩尔分数 31.50% 时压力与体积关系

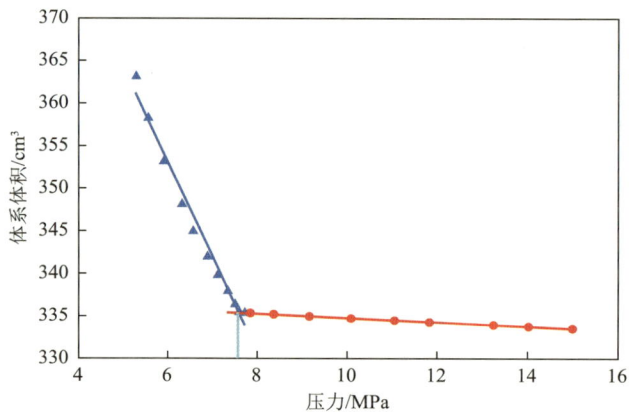

图 7-1-7　气体摩尔分数 33.54% 时压力与体积关系

的压力和体积即稠油-CO_2/CH_4/C_3H_8 体系泡点压力和泡点压力下的体系体积。根据泡点压力下稠油-CO_2/CH_4/C_3H_8 体系的体积和脱气稠油体积,可计算稠油-CO_2/CH_4/C_3H_8 体系膨胀系数。

不同气体摩尔分数下,稠油-CO_2/CH_4/C_3H_8 体系的泡点压力和膨胀系数如图 7-1-8 所示。由图 7-1-8 可知,泡点压力随着气体摩尔分数的增加而增大。因此,若油藏需要溶解比较多的气体,则需提高油藏压力。另外,当油藏泡点压力较高时,在开采过程中,油相中可释放较多的气体,为溶解气驱提供充足的能量。随着气体摩尔分数的增加,泡点压力下稠油-CO_2/CH_4/C_3H_8 体系的膨胀系数增大,即气体的溶解会导致稠油体积膨胀,而且气体摩尔分数与膨胀系数近似为线性关系。当气体摩尔分数为 33.54% 时,稠油-CO_2/CH_4/C_3H_8 体系膨胀系数为 1.034,而在相同气体摩尔分数下,轻质油的膨胀系数大约为 1.10,所以稠油的注气膨胀能力要弱于轻质油。

降低稠油密度和黏度可有效增加稠油的相对渗透率,提高稠油的流动能力,是稠油油藏注气提高采收率的重要机理。不同气体摩尔分数(10.29%~33.54%)下,稠油-CO_2/CH_4/C_3H_8 体系的密度和黏度如图 7-1-9 所示。由图 7-1-9 可知,稠油-CO_2/CH_4/C_3H_8 体系的密度和黏度随着气体摩尔分数的增加而降低,但是随着气体摩尔分数的增加,体系的密度和黏度变化幅度越来越小。因此,利用人工泡沫油强化混合气体吞吐开采稠油油藏时,注入混合气体可有效降低稠油密度和黏度,提高稠油流动能力。但是,随着注气量的增加,稠油密度和黏度的降低幅度减小,提高采收率效果变差。

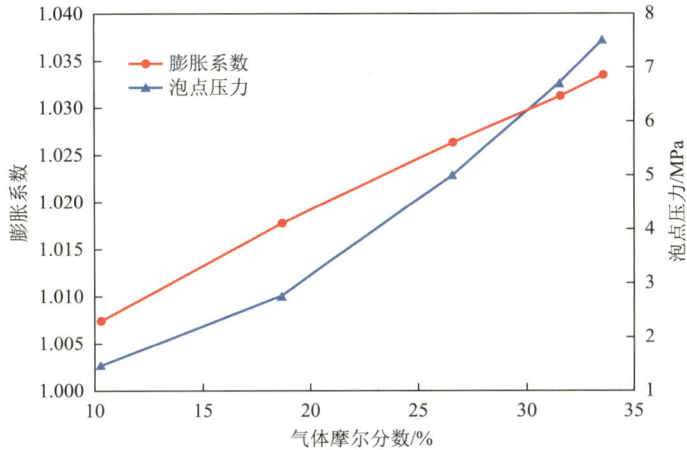

图 7-1-8　稠油-CO_2/CH_4/C_3H_8体系的泡点压力和膨胀系数与气体摩尔分数的关系曲线

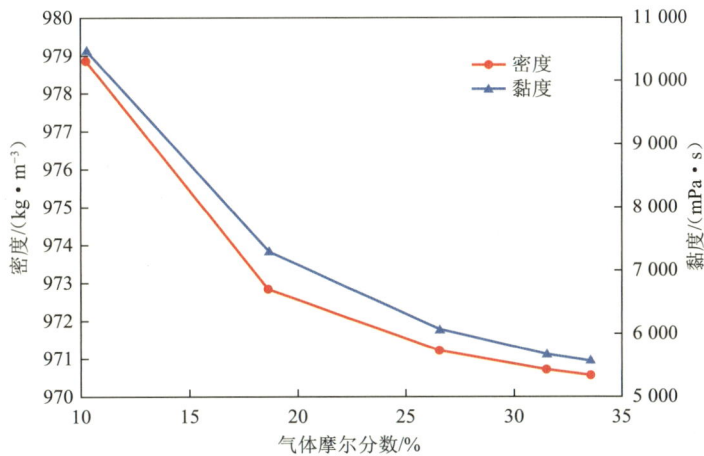

图 7-1-9　泡点压力下稠油-CO_2/CH_4/C_3H_8体系的密度和黏度与气体摩尔分数的关系曲线

　　在实验温度(54.2 ℃)和泡点压力下,稠油-CO_2/CH_4/C_3H_8体系静置 45 d 后,体系各部分的密度如图 7-1-10 所示,各部分的黏度如图 7-1-11 所示。由图 7-1-10 和图 7-1-11 可知,在同一气体摩尔分数下,体系各部分的物理性质存在差异,随着测量点位置的降低,稠油-CO_2/CH_4/C_3H_8体系的密度和黏度增加。这是因为在静置过程中,气体萃取稠油中的轻质组分并聚集于容器上部,同时造成稠油中沥青质沉淀且在重力作用下富集于容器底部。另外,随着气体摩尔分数的增加,容器上部的密度和黏度降低,而中部及下部的密度和黏度先降低,然后有轻微增加。这是因为随着气体摩尔分数的增加,更多的气体和稠油轻质组分富集于上部,使上部的密度和黏度降低。随着气体摩尔分数的增加,中部和下部所含气体量增加,同时稠油重质组分和沥青质沉淀也不断增加,当气体量增加对密度和黏度的影响小于稠油重质组分聚集和沥青质沉淀的影响时,中部及下部的密度和黏度增加。综上所述,注混合气体可有效降低稠油黏度和密度,膨胀稠油体积,为后续溶解气驱提供能量。

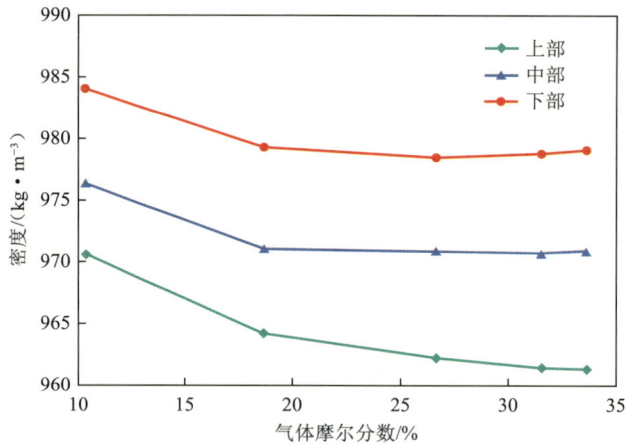

图 7-1-10　静置 45 d 后稠油-CO_2/CH_4/C_3H_8 体系各部分的密度与气体摩尔分数的关系曲线

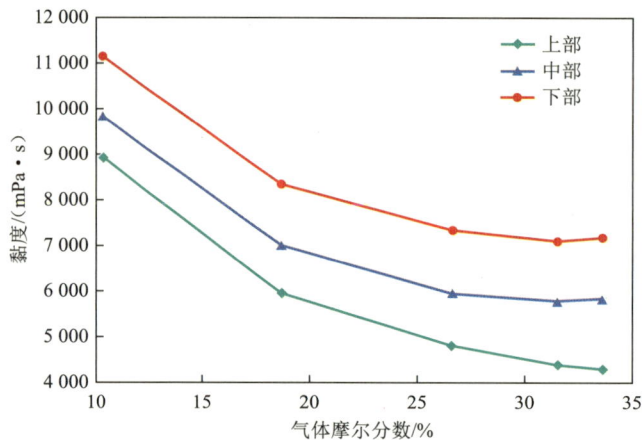

图 7-1-11　静置 45 d 后稠油-CO_2/CH_4/C_3H_8 体系各部分的黏度与气体摩尔分数的关系曲线

7.1.2　稠油注混合气体膨胀理论研究

1) 泡点压力和膨胀系数预测模型的建立

(1) PR-EOS 模型。

PR-EOS 模型是预测泡点压力和膨胀系数最常用的状态方程之一。采用 PR-EOS 模型预测稠油-CO_2/CH_4/C_3H_8 体系泡点压力和膨胀系数,其表达式为:

$$p = \frac{RT}{V-b} - \frac{a}{V(V+b)+b(V-b)}$$

$$(7\text{-}1\text{-}2)$$

$$a = a_c \alpha(T_r, \omega) \tag{7-1-3}$$

$$a_c = 0.457\ 235 \frac{R^2 T_c^2}{p_c} \tag{7-1-4}$$

$$b = \frac{0.077\ 796\ 9RT_c}{p_c} \tag{7-1-5}$$

式中　p——稠油-CO_2/CH_4/C_3H_8 体系的泡点压力，kPa；

$\quad\quad R$——通用气体常数，8.314 kPa·m³/(K·kmol)；

$\quad\quad T$——油藏温度，K；

$\quad\quad V$——稠油-CO_2/CH_4/C_3H_8 体系的摩尔体积，m³/kmol；

$\quad\quad a$——吸引力系数；

$\quad\quad b$——范德华摩尔体积，m³/kmol；

$\quad\quad p_c$——稠油-CO_2/CH_4/C_3H_8 体系中每一组分的临界压力，kPa；

$\quad\quad T_c$——稠油-CO_2/CH_4/C_3H_8 体系中每一组分的临界温度，K；

$\quad\quad \alpha$——无因次系数；

$\quad\quad T_r, \omega$——稠油-CO_2/CH_4/C_3H_8 体系中每一组分的折算温度、偏心因子。

系数 α 的表达式为：

$$\alpha = \left[1 + (0.374\ 64 + 1.542\ 26\omega - 0.269\ 92\omega^2)(1 - T_r^{0.5})\right]^2 \tag{7-1-6}$$

折算温度 T_r 的表达式为：

$$T_r = T/T_c \tag{7-1-7}$$

研究发现，以公式(7-1-6)计算 α 得到的泡点压力的误差较大，因此对上述 α 的表达式进行改进得到：

$$\alpha = \exp\Big\{(0.132\ 80 - 0.050\ 52\omega + 0.259\ 48\omega^2)(1 - T_r) +$$

$$0.817\ 69\ln\left[1 + (0.313\ 55 + 1.867\ 45\omega - 0.526\ 04\omega^2)(1 - \sqrt{T_r})\right]^2\Big\} \tag{7-1-8}$$

由于稠油-CO_2/CH_4/C_3H_8 体系是混合物，所以方程(7-1-2)中的 a 和 b 用范德华混合规则计算，表达式为：

$$a = \sum_{i=1}^{n}\sum_{j=1}^{n} x_i x_j \left(1 - \delta_{ij}\sqrt{a_i a_j}\right) \quad (i, j = 1, 2, 3, 4) \tag{7-1-9}$$

$$b = \sum_{i=1}^{n} x_i b_i \tag{7-1-10}$$

式中　n——稠油-CO_2/CH_4/C_3H_8 体系组成成分的数量；

$\quad\quad x_i, x_j$——i 组分和 j 组分在稠油-CO_2/CH_4/C_3H_8 体系中所占的摩尔分数；

$\quad\quad \delta_{ij}$——i 组分与 j 组分的二元相互作用系数；

$\quad\quad a_i, a_j$——i 组分和 j 组分的吸引力系数；

$\quad\quad b_i$——i 组分的范德华摩尔体积。

其中，i 组分的吸引力系数 a_i 和范德华摩尔体积 b_i 可由式(7-1-3)～式(7-1-5)计算。

由式(7-1-2)可知，为计算稠油-CO_2/CH_4/C_3H_8 体系泡点压力和膨胀系数，需已知体系的吸引力系数 a 和范德华摩尔体积 b。由式(7-1-9)和式(7-1-10)可知，已知体系中每一组分的吸引力系数 a_i、范德华摩尔体积 b_i 和二元相互作用系数 δ_{ij}，可计算体系的吸引力系

数 a 和范德华摩尔体积 b。

（2）稠油和气体的临界参数。

为求取稠油-CO_2/CH_4/C_3H_8 体系中每一组分的吸引力系数 a_i 和范德华摩尔体积 b_i，需知道稠油和气体的临界参数。气体的临界性质可以查表得到。研究发现，稠油的临界性质是稠油相对分子质量 M 和相对密度 γ 的函数。

稠油标准沸点计算公式：

$$T_{bR} = 1\,928.3 - (1.695 \times 10^5) M^{-0.035\,22} \gamma^{3.266} \times$$
$$\exp[-(4.922 \times 10^{-3}) M - 4.768\,5\gamma + (3.462 \times 10^{-3}) M\gamma] \quad (7\text{-}1\text{-}11)$$
$$T_b = T_{bR}/1.8 \quad (7\text{-}1\text{-}12)$$

式中　T_{bR}——稠油标准沸点，°R；

　　　T_b——稠油标准沸点，K。

稠油临界温度计算公式：

$$T_{cR} = 341.7 + 811\gamma + (0.424\,4 + 0.117\,4\gamma) T_{bR} + (0.466\,9 - 3.262\,3\gamma) \times 10^5 T_{bR}^{-1}$$
$$(7\text{-}1\text{-}13)$$
$$T_c = T_{cR}/1.8 \quad (7\text{-}1\text{-}14)$$

式中　T_{cR}——稠油临界温度，°R；

　　　T_c——稠油临界温度，K。

稠油临界压力计算公式：

$$p_{cR} = \exp\{8.363\,4 - 0.056\,6\gamma^{-1} - [(0.242\,44 + 2.289\,8\gamma^{-1} + 0.118\,57\gamma^{-2}) \times 10^{-3}] T_{bR} +$$
$$[(1.468\,5 + 3.648\gamma^{-1} + 0.472\,27\gamma^{-2}) \times 10^{-7}] T_{bR}^2 -$$
$$[(0.420\,19 + 1.697\,7\gamma^{-2}) \times 10^{-10}] T_{bR}^3\} \quad (7\text{-}1\text{-}15)$$
$$p_c = 6.895 p_{cR} \quad (7\text{-}1\text{-}16)$$

式中　p_{cR}——稠油临界压力，psi；

　　　p_c——稠油临界压力，kPa。

设 T_{br} 为稠油的折算沸点，则稠油偏心因子 ω 的计算公式为：

当 $T_{br} = T_{bR}/T_{cR} < 0.8$ 时，有：

$$\omega = \frac{-\ln(p_{cR}/14.7) - 5.927\,14 + 6.096\,48 T_{br}^{-1} + 1.288\,62\ln T_{br} - 0.169\,347 T_{br}^6}{15.251\,8 - 15.687\,5 T_{br}^{-1} - 13.472\,1\ln T_{br} + 0.435\,77 T_{br}^6}$$
$$(7\text{-}1\text{-}17)$$

当 $T_{br} = T_{bR}/T_{cR} > 0.8$ 时，有：

$$\omega = -7.904 + 0.135\,2\,\frac{T_b^{1/3}}{\gamma} - 0.007\,465\left(\frac{T_b^{1/3}}{\gamma}\right)^2 +$$
$$8.359 T_{br} + \left(1.408 - 0.010\,63\,\frac{T_b^{1/3}}{\gamma}\right) T_{br}^{-1} \quad (7\text{-}1\text{-}18)$$

（3）二元相互作用系数。

C_3H_8-CO_2（δ_{12}），C_3H_8-CH_4（δ_{13}）和 CO_2-CH_4（δ_{23}）的二元相互作用系数可通过下式计算：

$$\delta_{ij} = 1 - \left(\frac{2\sqrt{V_{ci}^{1/3} V_{cj}^{1/3}}}{V_{ci}^{1/3} + V_{cj}^{1/3}}\right)^{1.2} \quad (i, j = 1, 2, 3, 4) \quad (7\text{-}1\text{-}19)$$

式中　V_c——稠油-CO_2/CH_4/C_3H_8体系中每一组分的临界摩尔体积,m^3/kmol。

公式(7-1-19)只适用于单一组分物质之间二元相互作用系数的计算,而稠油属于混合物,所以 C_3H_8-稠油(δ_{14})、CO_2-稠油(δ_{24})和 CH_4-稠油(δ_{34})的二元相互作用系数不能通过公式(7-1-19)计算。通过调研文献得到了适用于上述三者的二元相互作用公式。

C_3H_8-稠油(δ_{14})的二元相互作用系数公式:

$$\delta_{14} = -0.456\,0\,\frac{T}{T_c} + 0.181\,7 \tag{7-1-20}$$

CO_2-稠油(δ_{24})的二元相互作用系数公式:

$$\delta_{24} = -0.546\,2\,\frac{T}{T_c} - 0.459\,6\gamma - 0.023\,8\omega + 0.752\,3 \tag{7-1-21}$$

CH_4-稠油(δ_{34})的二元相互作用系数公式:

$$\delta_{34} = -0.806\,0\,\frac{T}{T_c} - 0.855\,0\gamma - 0.080\,9\omega + 1.188\,0 \tag{7-1-22}$$

(4)膨胀系数。

膨胀系数是评价稠油注气技术有效性的一个重要参数。通常情况下,随着气体的溶解,稠油体积膨胀,从而增加稠油饱和度和流动能力,所以膨胀系数越大,稠油注气提高采收率能力越强。稠油-CO_2/CH_4/C_3H_8体系的膨胀系数可用下列公式计算:

$$SF = \frac{V_2}{V_1(1-S)} \tag{7-1-23}$$

式中　SF——膨胀系数;

V_1——脱气稠油在油藏温度与大气压力下的摩尔体积,m^3/kmol;

V_2——饱和气体的稠油在油藏温度和泡点压力下的摩尔体积,m^3/kmol;

S——稠油-CO_2/CH_4/C_3H_8体系中气体的摩尔分数。

Jhaveri 和 Youngren 研究发现,以 PR-EOS 方程求得的摩尔体积 V 计算得到的膨胀系数与膨胀系数实验值之间存在较大误差。因此,需用体积转换方法修正由 PR-EOS 方程求得的摩尔体积 V,而体积转换方法不影响泡点压力预测值的准确性。饱和气体的稠油在油藏温度和泡点压力下的摩尔体积 V_2 可用以下公式计算:

$$V_2 = V - \sum_{i=1}^{n} x_i C_i \tag{7-1-24}$$

经调研发现,目前提高膨胀系数预测准确性的体积转换方法有三种方法,分别是 Jhaveri 方法、Peneloux 方法和 Twu 方法。Jhaveri 等引入无因次参数 s,建立了修正系数 C 与范德华摩尔体积 b 之间的关系方程:

$$C = sb \tag{7-1-25}$$

式中　C——修正系数,m^3/kmol。

无因次参数 s 可以用下列方程计算:

$$s = 1 - \frac{d}{M^e} \tag{7-1-26}$$

式中　e,d——常数,其值分别为 0.182 3 和 2.258。

Peneloux 等与 Twu 等研究得到的修正系数 C 的公式分别为：

$$C = 0.407\,68\left(\frac{RT_c}{p_c}\right)(0.294\,41 - Z_{RA}) \tag{7-1-27}$$

$$C = 0.406\,501\left(\frac{RT_c}{p_c}\right)(0.260\,484 - Z_{RA}) \tag{7-1-28}$$

式中 Z_{RA}——Rackett 压缩系数。

Z_{RA} 的计算公式为：

$$Z_{RA} = \left(\frac{Mp_c}{RT_c\gamma}\right)^{1/\left[1+(1-T_r)^{2/7}\right]} \tag{7-1-29}$$

2）泡点压力和膨胀系数预测模型的求解过程

首先，以公式（7-1-11）至（7-1-18）计算稠油的临界参数，结合调研得到的气体临界参数，即可利用公式（7-1-3）至（7-1-5）计算得到稠油-CO_2/CH_4/C_3H_8 体系中每一组分的吸引力系数 a_i 和范德华摩尔体积 b_i。其次，以公式（7-1-19）至（7-1-22）计算稠油、C_3H_8、CO_2 和 CH_4 两两之间的二元相互作用系数。再次，利用公式（7-1-9）和（7-1-10），结合每一组分的吸引力系数 a_i、范德华摩尔体积 b_i 和二元相互作用系数，计算得到稠油-CO_2/CH_4/C_3H_8 体系的吸引力系数 a 和范德华摩尔体积 b。最后，利用公式（7-1-2）、公式（7-1-23）至（7-1-29），在 Matlab 软件中编写求解程序，即可求得稠油-CO_2/CH_4/C_3H_8 体系的泡点压力和膨胀系数。程序流程图如图 7-1-12 所示。

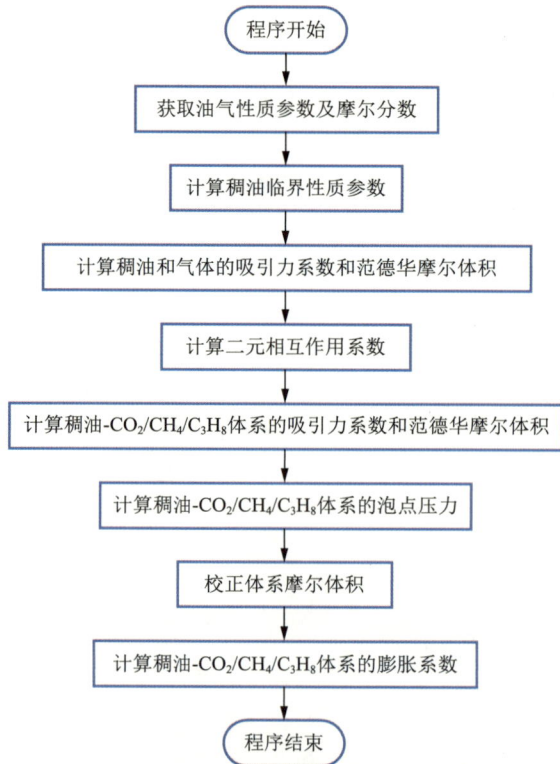

图 7-1-12 稠油-CO_2/CH_4/C_3H_8 体系泡点压力及膨胀系数求解程序流程图

3) 泡点压力和膨胀系数预测模型计算结果分析

通过调研和计算得到了稠油与气体的临界参数，稠油-CO_2/CH_4/C_3H_8 体系中稠油、C_3H_8、CO_2 和 CH_4 的临界性质（表 7-1-3），任意两组分之间的二元相互作用系数（表 7-1-4）。

表 7-1-3　稠油-CO_2/CH_4/C_3H_8 体系中各组分的临界性质表

组　分	临界温度 T_c /K	临界压力 p_c /kPa	Rackett 压缩系数 Z_{RA}	偏心因子 ω	临界摩尔体积 V_c /($m^3 \cdot kmol^{-1}$)
C_3H_8	369.80	4 246	0.276 3	0.152 0	0.203 0
CO_2	304.14	7 378	0.273 6	0.223 8	0.094 0
CH_4	190.55	4 600	0.287 6	0.008 0	0.099 0
稠　油	951.53	1 010	0.230 1	1.155 6	—

表 7-1-4　稠油-CO_2/CH_4/C_3H_8 体系中任意两组分之间的二元相互作用系数表

组　分	C_3H_8	CO_2	CH_4	稠　油
C_3H_8	0	0.135 0	0.008 5	0.024 8
CO_2	0.135 0	0	4.5×10^{-5}	0.085 9
CH_4	0.008 5	4.5×10^{-5}	0	0.021 7
稠　油	0.024 8	0.085 9	0.021 7	0

在不同气体摩尔分数下，稠油-CO_2/CH_4/C_3H_8 体系的泡点压力和膨胀系数预测值与实验值对比图如图 7-1-13 所示。由图 7-1-13 可知，泡点压力和膨胀系数的预测值与实验值相差很小。

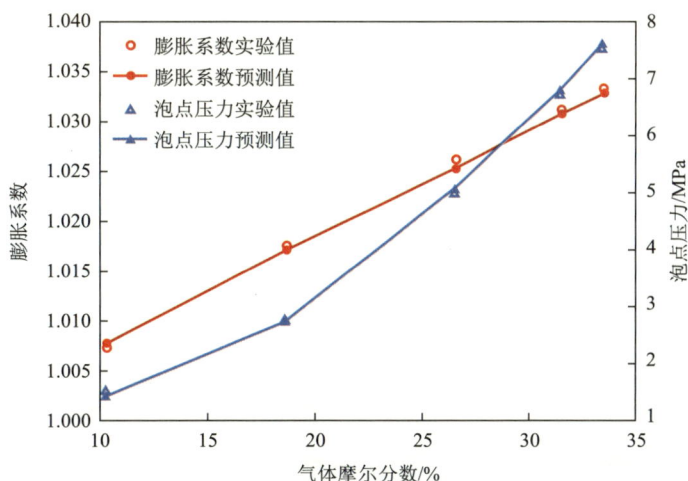

图 7-1-13　不同气体摩尔分数下稠油-CO_2/CH_4/C_3H_8 体系泡点压力
和膨胀系数预测值与实验值对比图

用三种统计学方法定量评价稠油-CO_2/CH_4/C_3H_8体系泡点压力和膨胀系数预测模型的准确性。三种方法分别为线性回归分析、平均误差和方差分析。在不同气体摩尔分数下,泡点压力预测值和实验值的回归分析与平均误差表见表 7-1-5,回归分析图如图 7-1-14所示。由表 7-1-5 和图 7-1-14 可知,泡点压力预测值和实验值回归得到的线性关系式($y = Ax + B$)的斜率(A)近似等于1,泡点压力预测值的平均误差为 1.77%。泡点压力的预测值和实验值的方差分析表见表 7-1-6。由表 7-1-6 可知,F 值为 64 619.311 2,其远大于临界值 F_c(7.71)。因此,该预测模型可准确预测泡点压力。

表 7-1-5　泡点压力预测值和实验值的回归分析与平均误差表

系　数	系数值	95%置信区间		标准偏差	R^2	平均误差 /%
		上　限	下　限			
A	1.026 5	1.039 4	1.013 7	0.004 0	0.999 9	1.77
B	−0.096 1	−0.028 8	−0.163 4	0.021 1		

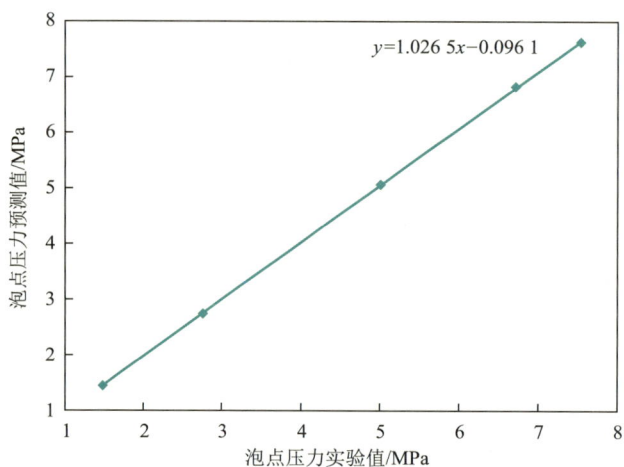

图 7-1-14　泡点压力预测值和实验值回归分析图

表 7-1-6　泡点压力预测值和实验值方差分析表

差异源	自由度	离差平方和	均方差	F 值
组　间	1	27.780 1	5.556 0	64 619.311 2
组　内	3	0.001 3	0.000 4	
总　计	4	27.781 4		

为确定最适用的稠油-CO_2/CH_4/C_3H_8体系的体积转换方法,分别用 Jhaveri 方法、Peneloux 方法、Twu 方法和 Jhaveri-Twu 方法计算稠油-CO_2/CH_4/C_3H_8体系的膨胀系数。Jhaveri-Twu 方法是一种结合 Jhaveri 方法和 Twu 方法的新方法。该方法以 Jhaveri 方法计算体系中轻质组分(CH_4,CO_2 和 C_3H_8)的修正系数,以 Twu 方法计算稠油的修正

系数。

以不同体积转换方法计算得到的膨胀系数预测值和实验值对比图如图 7-1-15 所示。由图可知,Jhaveri-Twu 方法计算得到的膨胀系数误差最小,说明该方法最适用于稠油-$CO_2/CH_4/C_3H_8$ 体系。此外,三种方法计算所得的膨胀系数均小于实验值,且 Twu 方法计算得到的膨胀系数误差小于 Jhaveri 方法和 Peneloux 方法。

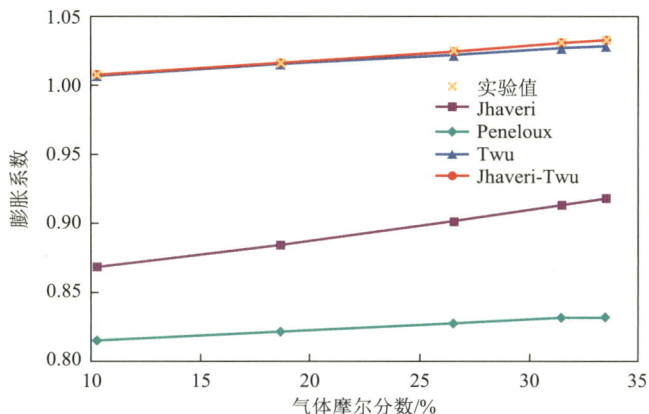

图 7-1-15　不同体积转换方法计算的膨胀系数预测值和实验值对比图

稠油-$CO_2/CH_4/C_3H_8$ 体系膨胀系数预测值和实验值的回归分析图如图 7-1-16 所示,回归分析与平均误差表见表 7-1-7。由图 7-1-16 和表 7-1-7 可知,Jhaveri-Twu 方法计算得到的膨胀系数预测值和实验值回归得到的线性关系式($y=Ax+B$)的斜率(A)为 0.966 7,误差为 0.07%,Jhaveri 方法、Peneloux 方法和 Twu 方法计算得到的斜率分别为 1.950 4,0.679 2 和 0.846 2,误差分别为 12.33%,19.36% 和 0.32%。因此,Jhaveri-Twu 方法计算得到的斜率最接近 1,且误差最小,表明 Jhaveri-Twu 方法预测的膨胀系数与实验值最接近,预测效果最好。

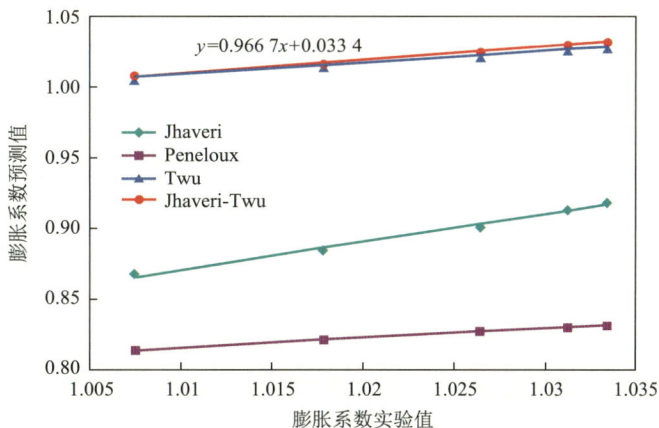

图 7-1-16　不同体积转换方法计算的膨胀系数预测值和实验值回归分析图

表 7-1-7　不同体积转换方法计算的膨胀系数预测值和实验值回归分析与平均误差表

体积转换方法	系数	系数值	95%置信区间		标准偏差	R^2	平均误差/%
			上限	下限			
Jhaveri	A	1.950 4	2.269 4	1.631 3	0.100 3	0.992 1	12.33
	B	−1.098 7	−0.772 1	−1.425 2	0.102 6		
Peneloux	A	0.679 2	0.704 1	0.654 3	0.007 8	0.999 6	19.36
	B	0.130 1	0.155 6	0.104 7	0.008 0		
Twu	A	0.846 2	0.894 4	0.798 0	0.015 1	0.999 0	0.32
	B	0.154 1	0.203 4	0.104 8	0.015 5		
Jhaveri-Twu	A	0.966 7	1.039 7	0.893 8	0.022 9	0.998 3	0.07
	B	0.033 4	0.108 1	−0.041 2	0.023 5		

　　稠油-CO_2/CH_4/C_3H_8体系膨胀系数预测值和实验值的方差分析表见表 7-1-8。由表可知,Jhaveri-Twu 方法的 F 值为 1 780,远大于临界值 F_c(7.71)。因此,该预测模型可准确预测膨胀系数。

表 7-1-8　不同体积转换方法计算的膨胀系数预测值和实验值方差分析表

体积转换方法	差异源	自由度	离差平方和	均方差	F 值
Jhaveri	组间	1	1.75×10^{-3}	3.49×10^{-4}	3.78×10^{2}
	组内	3	1.38×10^{-5}	4.61×10^{-6}	
	总计	4	1.76×10^{-3}		
Peneloux	组间	1	2.12×10^{-4}	4.24×10^{-5}	7.56×10^{3}
	组内	3	8.41×10^{-8}	2.80×10^{-8}	
	总计	4	2.12×10^{-4}		
Twu	组间	1	3.29×10^{-4}	6.57×10^{-5}	3.12×10^{3}
	组内	3	3.16×10^{-7}	1.05×10^{-7}	
	总计	4	3.29×10^{-4}		
Jhaveri-Twu	组间	1	4.29×10^{-4}	8.58×10^{-5}	1.78×10^{3}
	组内	3	7.24×10^{-7}	2.41×10^{-7}	
	总计	4	4.30×10^{-4}		

7.2　油气表面张力参数影响规律研究

　　冷采后期稠油油藏人工泡沫油强化混合气体吞吐方法试图利用油溶性表面活性剂降低油气表面张力,保持油气表面稳定性,从而在吞吐生产阶段形成人工泡沫油,达到提高稠油采收率的目的。为此,需系统评价油溶性表面活性剂浓度、温度和压力等参数对油气表面张力的影响规律。

7.2.1　实验材料

实验用油气样品详见 7.1 节。实验用油溶性表面活性剂为 FlourN 20158M,产自 Cytonix 公司,为非离子型表面活性剂,主要成分为全氟代脂族共聚物和氟化物。

7.2.2　实验设备

实验设备包括高温高压界面张力仪(含光源、针管、注射活塞、加热系统和摄像机等)、计算机和气瓶等,如图 7-2-1 所示。

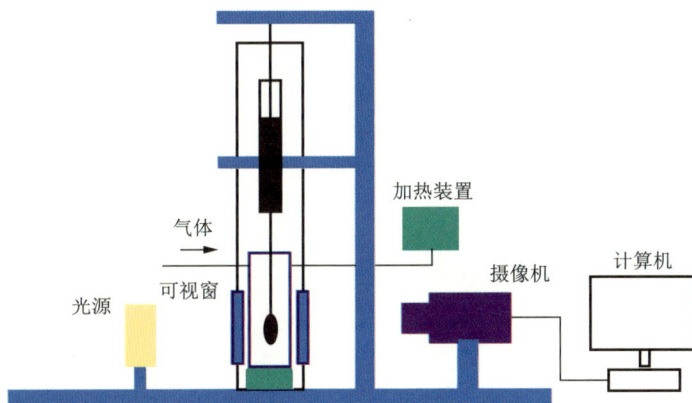

图 7-2-1　高温高压界面张力仪

7.2.3　实验步骤

实验步骤如下:

(1) 每次测量之前,利用乙醇和混合气体冲洗高温高压界面张力仪内部,之后从界面张力仪上取下针管,将其吸入一定量的待测稠油后用活塞夹固定在界面张力仪上,上下移动或旋转调整针头位置,使实验中所形成的液滴可以位于显示屏的中央。

(2) 安装固定好密闭空腔后,通过管线接入气瓶,将空腔内充入气体至实验压力,并加热到实验温度,保持 5 h。

(3) 待温压稳定且达到所需的条件后,通过计算机控制注射活塞,使针管尖端形成悬滴。一旦形成合适的悬滴,计算机便会针对不同时刻悬滴的形态进行记录和计算,最终基于悬滴压头和 Laplace 力学平衡来求解油气表面张力。

(4) 重复步骤(1)～(3) 3 次,取 3 次所测油气表面张力的平均值作为该实验条件下的最终值。

（5）改变实验温度（25 ℃，54 ℃和 80 ℃）、压力（大气压至 4 MPa）和油溶性表面活性剂质量分数（0.1％～1％），重复步骤（1）～（4），从而研究上述参数对油气表面张力的影响规律。

7.2.4 实验结果及分析

1）温度和压力的影响

不同油溶性表面活性剂质量分数和温度下油气表面张力 IFT 随压力的变化规律如图7-2-2 所示。

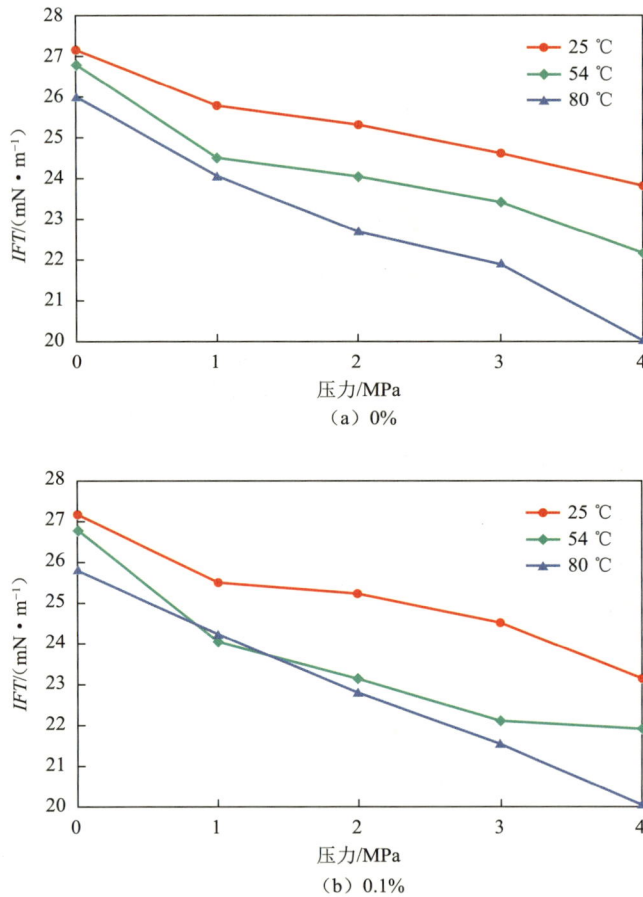

图 7-2-2　不同油溶性表面活性剂质量分数和温度下油气表面张力
随压力的变化规律

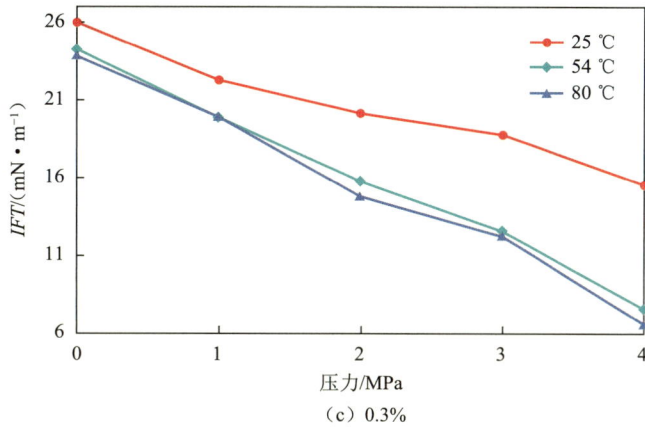
（c）0.3%

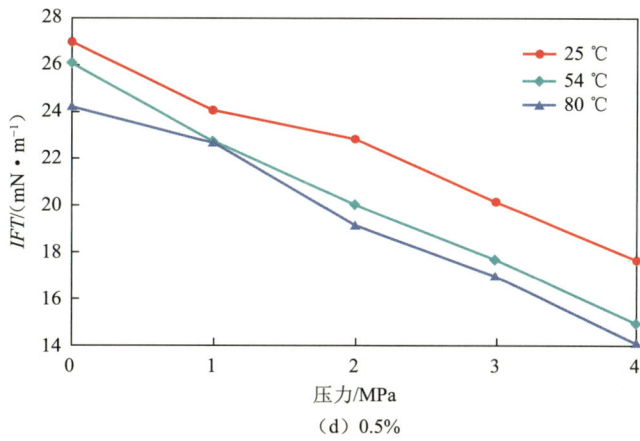
（d）0.5%

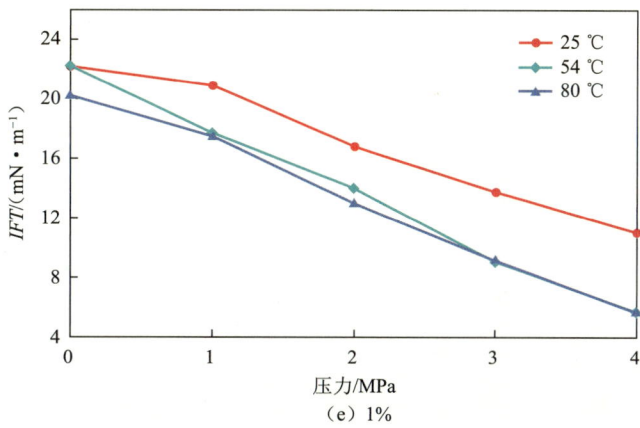
（e）1%

图 7-2-2(续)　不同油溶性表面活性剂质量分数和温度下油气表面张力
随压力的变化规律

由图 7-2-2 可知,无论在何种油溶性表面活性剂质量分数和温度下,随着实验压力的增加,油气表面张力均不断下降。以油溶性表面活性剂质量分数为 0.3% 和温度为 54 ℃为例,当实验压力由大气压提高至 4 MPa 时,油气表面张力由 24.17 mN/m 降低至 7.61 mN/m。其原因在于,随着实验压力的增加,气相密度增加,表面分子受力不均匀性略有好转,油气两相间密度差减少。另外,随着实验压力的增加,气体在液体中的溶解度增大,表面上的吸附使表面能降低(吸附放热)。因此,在实施人工泡沫油强化混合气体吞吐过程中,应尽可能大地提高油藏压力,从而降低油气表面张力,有利于形成人工泡沫油,提高稠油采收率。

此外,由图 7-2-2 可知,无论在何种油溶性表面活性剂质量分数下,随着实验温度的增加,油气表面张力均不断下降。以油溶性表面活性剂质量分数为 0.3% 和压力为 4 MPa 为例,当实验温度由 25 ℃ 提高至 80 ℃ 时,油气表面张力由 15.54 mN/m 降低至 6.61 mN/m。其原因在于,随着实验温度的升高,气相中分子密度增加,油气两相间密度差减少,此外稠油中分子距离增加,导致稠油表面分子的作用力减小。

2)表面活性剂质量分数的影响

不同表面活性剂质量分数、原油黏度和温度下油气表面张力随压力的变化规律如图 7-2-3 所示。

由图 7-2-3 可知,无论何种原油黏度和温度下,随着表面活性剂质量分数的增加,油气表面张力呈下降趋势。以黏度为 540.9 mPa·s 的原油在实验温度和压力分别为 54 ℃,4 MPa 下测得的油气表面张力为例,当表面活性剂质量分数为 0.3% 时,油气表面张力下降到 15.94 mN/m;当表面活性剂质量分数增加到 0.5% 时,油气表面张力下降到 7.61 mN/m;当表面活性剂质量分数为 1% 时,油气表面张力最低,达到 5.67 mN/m。其原因在于表面活性剂通过分子中不同部分分别对油气两相的亲和,使油气两相均将其看作本相的成分,分子排列在两相之间,使两相的表面相当于转入分子内部,从而降低表面张力。因此,提高表面活性剂质量分数有利于人工泡沫油强化混合气体吞吐过程。

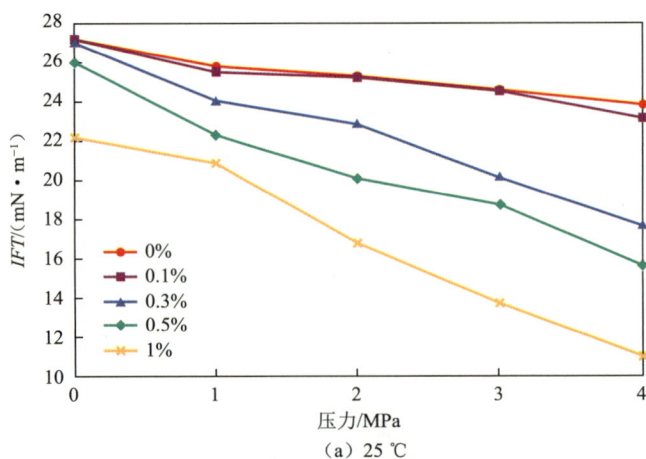

图 7-2-3　不同表面活性剂质量分数、原油黏度和温度下油气表面张力
随压力的变化规律

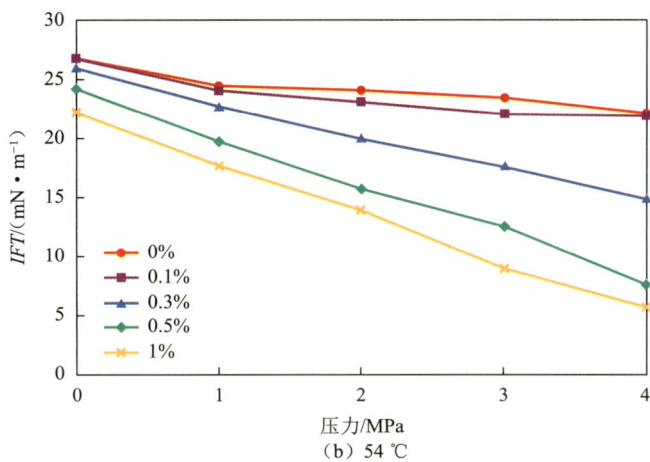

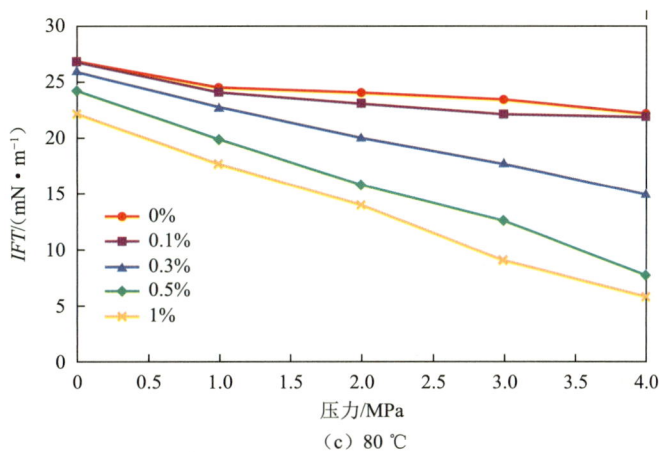

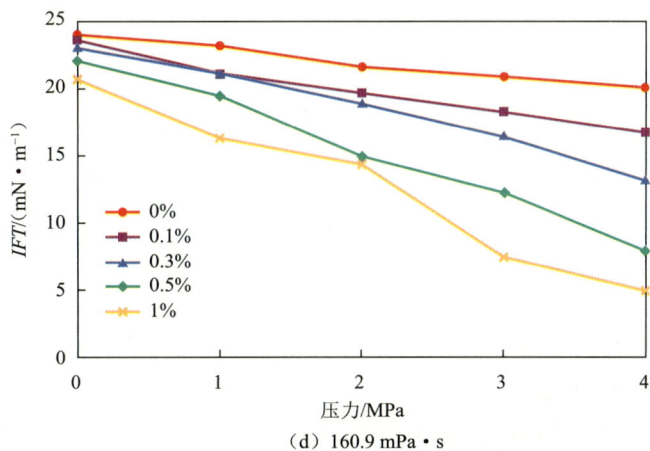

图 7-2-3(续)　不同表面活性剂质量分数、原油黏度和温度下油气表面张力
随压力的变化规律

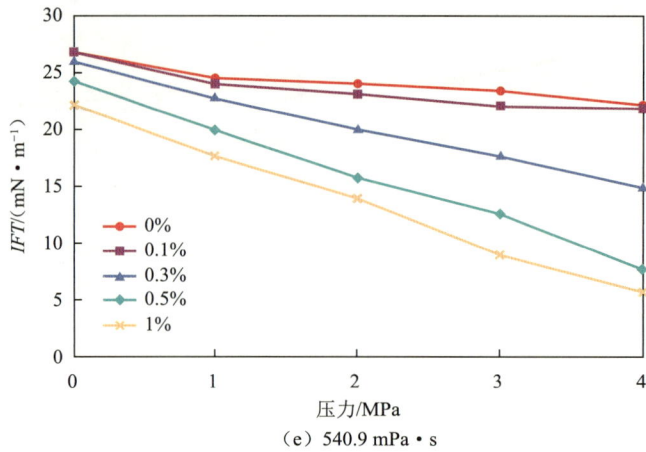

（e）540.9 mPa·s

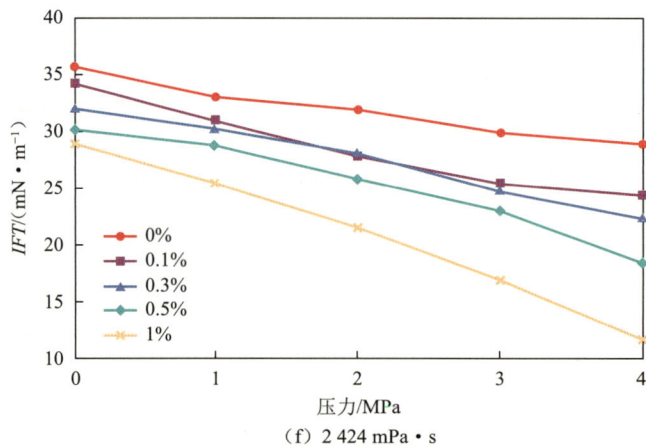

（f）2 424 mPa·s

图 7-2-3(续)　不同表面活性剂质量分数、原油黏度和温度下油气表面张力
随压力的变化规律

3）原油黏度的影响

不同表面活性剂质量分数和原油黏度下油气表面张力随压力的变化规律如图 7-2-4 所示。

由图 7-2-4 可知，无论何种表面活性剂浓度下，随着原油黏度的降低，油气表面张力呈下降趋势，且前期下降幅度较大，后期变缓。以表面活性剂质量分数和压力分别为 0.5% 和 2 MPa 为例，当原油黏度由 2 424 mPa·s 降低至 540.9 mPa·s 时，油气表面张力降低 10.06 mN/m，而当原油黏度从 540.9 mPa·s 降低至 160.9 mPa·s 时，油气表面张力只降低 0.76 mN/m。其原因在于，随着原油黏度的降低，原油中分子间力减弱，表面分子受力不均匀性得到改善，从而降低油气表面张力。由此可知，在原油黏度较低的稠油油藏中实施人工泡沫油强化混合气体吞吐过程会具有较低的油气表面张力。但是较低的原油黏度不利于生成有效的人工泡沫油，因此原油黏度对人工泡沫油强化混合气体吞吐过程的实际影响还需要通过岩芯实验等手段进一步确定。

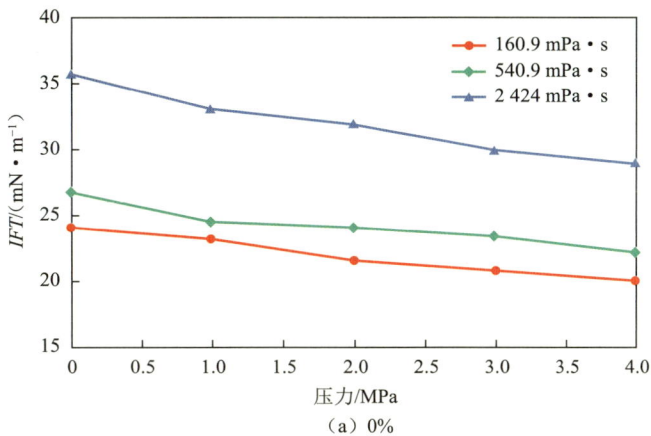

（a）0%

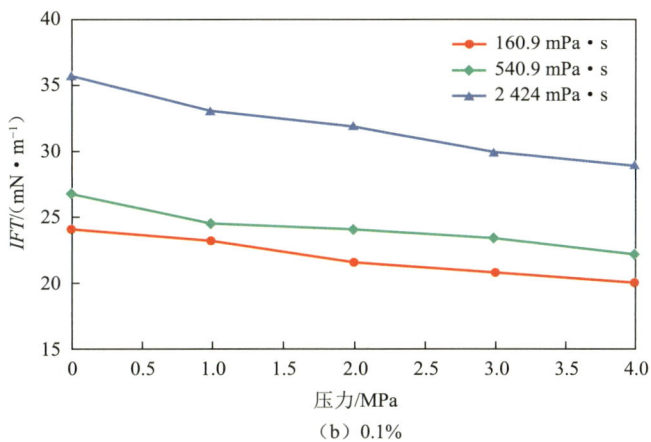

（b）0.1%

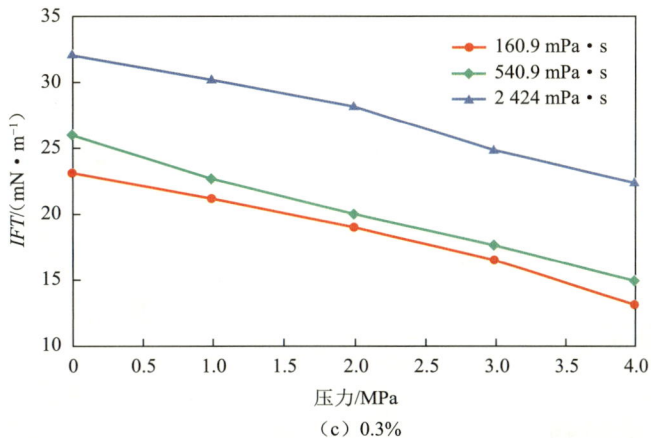

（c）0.3%

图 7-2-4　不同表面活性剂质量分数和原油黏度下油气表面张力
随压力的变化规律

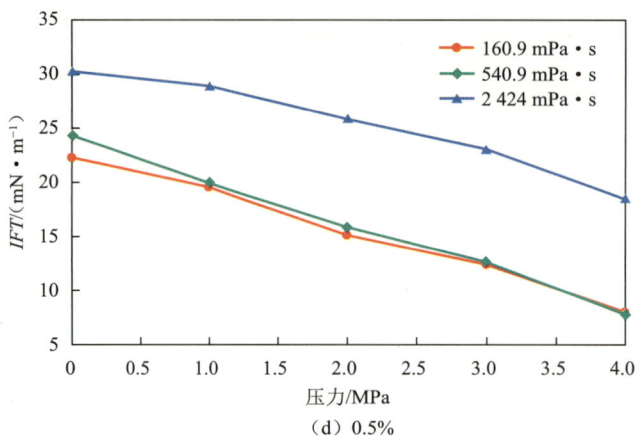

（d）0.5%

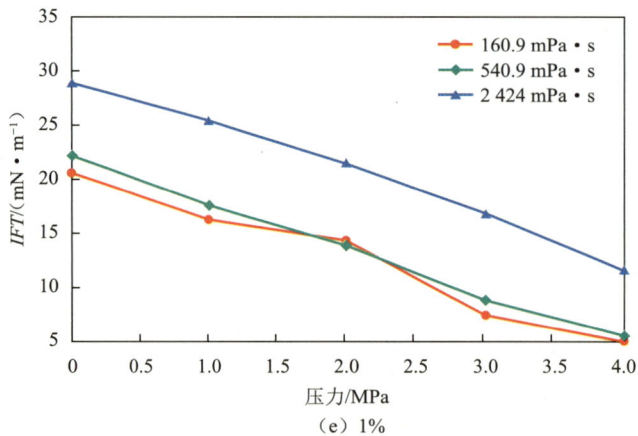

（e）1%

图 7-2-4(续)　不同表面活性剂质量分数和原油黏度下油气表面张力
随压力的变化规律

7.3　人工泡沫油强化混合气体吞吐方法可行性实验

通过研制的长岩芯驱替实验装置，评价人工泡沫油强化混合气体吞吐方法的可行性，阐明丙烷和油溶性表面活性剂在人工泡沫油强化混合气体吞吐过程中的作用机制，明确混合气体组成、压降速度、蚯蚓洞和围压的影响规律。

7.3.1　实验材料

实验用的活油是通过产出气和委内瑞拉 Orinoco 稠油在 54.2 ℃ 和 8.65 MPa 的条件下复配而成的，气油比与实际油田生产的相同，均是 15 m³/m³。实验用的地层水是质量分数为 0.5% 的 NaCl 溶液。实验用的石英砂由登封市卢店镇豫和环保材料厂提供，石英砂平均粒径为 150~250 μm；环氧树脂 AB 胶由深圳市固黏电子科技有限公司生产，型号为 GN-830。利用石英砂和环氧树脂 AB 胶制作人造砂岩岩芯，岩芯平均直径为 2.42 cm，平均长度为 94.81 cm，具有渗透率大、质地疏松等特点，能较好地模拟委内瑞拉 Orinoco 稠油油藏的储层特点。

7.3.2　实验装置及步骤

1）实验装置

图 7-3-1 所示为人工泡沫油强化混合气体吞吐实验装置示意图。实验装置主要包括五个系统：流体注入系统、稠油油藏模拟系统、可视化观察系统、油气分离计量系统和压力数据采集及控制系统。

（1）流体注入系统：主要包括恒速恒压泵、4 个中间容器和加热套。其中 4 个中间容器分别装有盐水（0.5% 的 NaCl 溶液）、活油、混合气体和油溶性表面活性剂溶液。4 个中间容器与两个恒速恒压泵（FY-HSHY-80，中国飞宇石油技术有限公司）相连，用来饱和盐水和活油，注入混合气体和油溶性表面活性剂溶液。泵的注入压力和流量控制范围分别是 0.01~80 MPa 和 0.001~50 cm³/min。

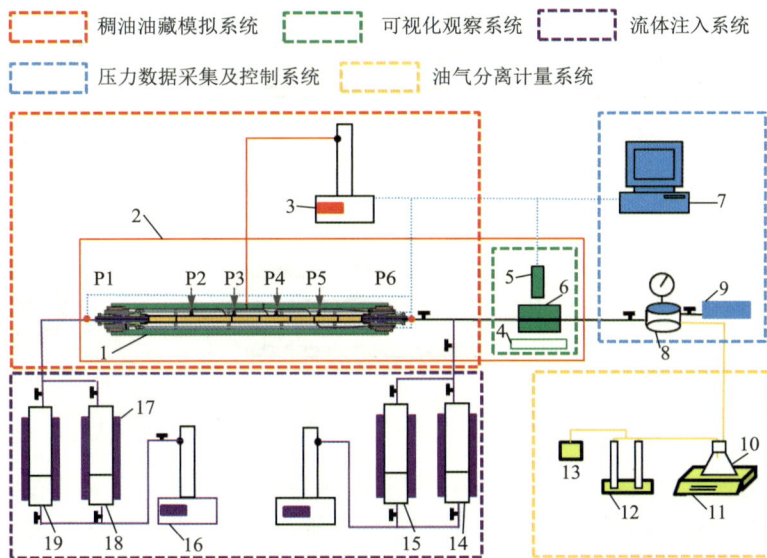

图 7-3-1　人工泡沫油强化混合气体吞吐实验装置示意图
1—长岩芯夹持器；2—恒温箱；3,16—恒速恒压泵；4—光源；5—摄像机；6—观察窗；7—计算机；8—回压阀；9—氮气瓶；10—油气分离瓶；11—电子天平；12—量气筒；13—真空泵；14—混合气体；15—油溶性表面活性剂；17—加热套；18—盐水；19—活油；P1~P6—测压点 1~6

（2）稠油油藏模拟系统：主要包括长岩芯夹持器、恒速恒压泵和恒温箱，核心部分是专门设计的长岩芯夹持器。长岩芯夹持器由岩芯胶套、外壳、外壳堵头和 4 个测压管线组成（图 7-3-2），可以使用长度为 100 cm、直径为 2.5 cm 的岩芯。岩芯胶套和外壳之间有腔体。将腔体和高精度的泵连接,通过调节泵的注水量控制围压。泵由计算机自动控制。长岩芯夹持器具有 6 个测压点,能够详细测量实验过程中不同部位的岩芯压力变化;岩芯夹持器可以加围压,能够准确地模拟油藏开采过程中上下地层覆盖压力。整套实验装置放置在恒温箱中,温度可调节到真实地层温度。因此,使用的长岩芯吞吐实验装置可以较好地模拟真实油藏的高压、高温、地质疏松和覆盖压力等环境,准确模拟真实油藏开采过程。

为了测量入口压力、出口压力和岩芯管上的压力,在长岩芯夹持器上共安装 6 个压力传感器(DG2113-B-20,广州森纳士仪器有限公司,准确度 0.25 级,量程 0～20 MPa)。6 个压力传感器从入口到出口沿着长岩芯夹持器分别命名为测压点 1、测压点 2、测压点 3、测压点 4、测压点 5 和测压点 6。压力数据由配备数据采集系统的计算机每 1 min 记录一次。

连接压力传感器和长岩芯夹持器的管线都从长岩芯夹持器堵头一端通过,而不是从传统岩芯夹持器外壳通过(图 7-3-2)。通过这种连接方式可以将测压管线、胶套和岩芯一起从腔内安装或拆卸下来,提高设备的安装和拆卸速度。与传统岩芯夹持器相比,该连接方式可以更好地避免水从高危险区域(图 7-3-2)泄漏的风险,更方便地从胶套上安装或拆卸岩芯。

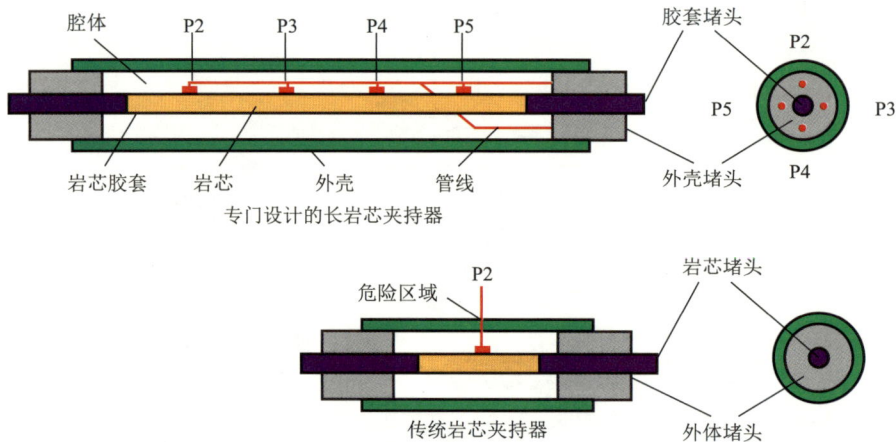

图 7-3-2　专门设计的长岩芯夹持器和传统岩芯夹持器对比

(3)可视化观察系统:主要包括高压观察窗、摄像机和光源。为验证在油藏条件下油溶性表面活性剂溶液是否可以诱导产生泡沫油现象,在长岩芯夹持器的出口处安装一个特别设计的观察窗(可视窗口宽度×长度×厚度为 10 mm×50 mm×1 mm)。与文献中的观察窗相比,该观察窗能够承受较高的工作压力和温度(分别为 15 MPa 和 150 ℃),足够模拟吞吐实验的稠油油藏环境。

在降压冷采和人工泡沫油强化混合气体吞吐过程中,通过摄像机实时记录观察窗中气泡的大小和形状来验证泡沫油现象。通过恒温箱将长岩芯夹持器和观察窗温度控制在油藏温度(54.2 ℃)。

(4)压力数据采集及控制系统:主要包括计算机、回压阀和氮气瓶。通过连接有氮气瓶的回压阀(HYF-Ⅲ,拓创科学仪器有限公司)控制长岩芯夹持器出口端压力。当出口端压力高于回压阀压力时,流体通过回压阀进入油气分离器,否则回压阀关闭,保持长岩芯夹持器为封闭状态。此外,利用氮气瓶和回压阀可控制长岩芯夹持器内的压力及注气吞吐生产阶段的压降速度。

计算机与摄像机和恒速恒压泵相连接。计算机通过编制的软件系统可以:每隔 1 min 自动记录长岩芯夹持器 6 个测压点压力值;根据岩芯压力自动控制恒速恒压泵调节围压压力,使得上覆地层压力与岩芯压力差稳定;控制摄像机连续记录观察窗内油气流动现象。

(5) 油气分离计量系统:主要包括油气分离瓶、电子天平、量气筒和真空泵。岩芯产出的油和气通过分离瓶分开。用电子天平测量原油产量,用量气筒测量气体产量。实验开始前利用真空泵产生负压,使水槽中的水进入量筒。记录量筒初始体积。实验开始前通过真空泵产生负压将水吸入量气筒,从油气分离器流出的产出气进入其中一个量筒排水,量筒中的液面降低。当液面到达量筒底部时,通过控制阀关闭进气口,记录结束时量筒体积,同时打开第二个量筒进口。通过同样方式测量产气体积。两个量筒交替进行测量,可以实现产出气体体积的连续测量,避免间歇测量而产生的人为测量误差。

2) 实验步骤

(1) 配置混合气体。首先将丙烷注入中间容器,丙烷压力为 p_1。结合实验室温度 t 和丙烷的注入压力 p_1,查出该状态下的压缩系数 Z_1;结合气体状态方程以及混合气体中产出气和丙烷的物质的量比,计算出所需产出气的压力值 p_2 和 Z_2 的关系式;结合压缩系数图版求出 p_2,并向另一中间容器中注该压力的产出气。然后将分别装有产出气和丙烷的中间容器连通,将产出气注入丙烷中间容器并放置一段时间,使气体充分混合均匀,达到平衡状态。

(2) 密封性检测。将氮气瓶连接到长岩芯夹持器入口端,然后将氮气打入长岩芯夹持器中,逐渐增加注入压力,同时保持围压高于岩芯压力 3 MPa,直至岩芯压力为 10 MPa,关闭氮气瓶阀门。打开压力记录软件,测量岩芯压力变化,确保实验装置的密封性。

(3) 抽真空。将真空泵连接到长岩芯夹持器入口端,同时将回压阀压力(简称 BP)加至 3 MPa,打开真空泵,对实验设备抽真空。

(4) 饱和地层水。打开长岩芯夹持器的入口端阀门,利用自吸将岩芯饱和地层水,同时计算岩芯孔隙体积。

(5) 测渗透率。利用恒速恒压泵调整注入速度,向岩芯中注入地层水,记录岩芯两端的压差,根据达西公式计算岩芯渗透率。

(6) 饱和活油。以 0.1 cm^3/min 的速度向长岩芯夹持器中注入活油,直至岩芯中形成稳定的束缚水。饱和结束后,计算含油饱和度。

(7) 降压冷采阶段。从原始油层压力(约 8.65 MPa)开始,以 3 MPa/h 的速度降低长岩芯夹持器内压力直至 2 MPa。降压冷采过程中注意观察观察窗中油气的状态,并记录产油量和产气量。

(8) 人工泡沫油强化混合气体吞吐。先后注入油溶性表面活性剂和混合气体(10 cm^3/min),直到测压点 1 的压力为 6 MPa 时停止注气。注气期间记录各测压点的压力变化。注气结束后焖井,当压力变化不大时焖井结束。降低回压阀压力开始生产,记录产油量、产气量和高压观察窗现象。当回压阀压力调节到 1 MPa 时生产结束。重复上述过程,进行多个轮次的吞吐,直至周期采出程度小于 2.5% 时实验结束。

(9) 测剩余油饱和度。实验结束后,将岩芯从岩芯胶套筒中取出。利用式(7-3-1)和式(7-3-2)计算每块岩芯剩余油饱和度和平均剩余油饱和度。

$$S_{\mathrm{ro}i} = \frac{M_{\mathrm{dry}i} - M_{\mathrm{ini}}}{\rho_{\mathrm{o}} V_i \phi} \times 100\% \quad (i=1,2,\cdots,n) \tag{7-3-1}$$

$$S_{\mathrm{ave}} = \frac{\sum\limits_{i=1}^{n} S_{\mathrm{ro}i}}{n} \tag{7-3-2}$$

式中　$S_{\mathrm{ro}i}$——第 i 块岩芯剩余油饱和度,%;

　　　$M_{\mathrm{dry}i}$——第 i 块岩芯烘干后质量,g;

　　　M_{ini}——第 i 块岩芯实验前质量,g;

　　　ρ_{o}——活油的密度,g/cm³;

　　　V_i——第 i 块岩芯体积,cm³;

　　　ϕ——岩芯孔隙度,%;

　　　n——岩芯夹持器中的岩芯数;

　　　S_{ave}——岩芯平均剩余油饱和度,%。

(10) 计算气体利用率(SUF)。利用式(7-3-3)计算各吞吐周期的气体利用率。

$$SUF = \frac{V_{\mathrm{oil}}}{V_{\mathrm{gas}}} \tag{7-3-3}$$

式中　SUF——吞吐周期气体利用率;

　　　V_{oil}——某吞吐周期产油体积,cm³;

　　　V_{gas}——某吞吐周期注入气体体积,cm³。

为了评价冷采后期稠油油藏人工泡沫油强化混合气体吞吐提高采收率的可行性,揭示混合气体组成、压降速度、蚯蚓洞和围压对开发效果的影响规律,按照上述实验步骤,共进行 9 组注气吞吐实验,总共 56 个吞吐周期。9 组实验包括 1 组注产出气吞吐实验(实验2)、2 组注混合气体吞吐实验(实验 3 和实验 4)和 6 组人工泡沫油强化混合气体吞吐实验(实验 1、实验 5、实验 6、实验 7、实验 8 和实验 9)。表 7-3-1 为 9 组注气吞吐实验岩芯参数。

表 7-3-1　注气吞吐实验岩芯参数

实验序号	岩芯数目	长度/cm	直径/cm	孔隙度/%	渗透率/μm²	初始含油饱和度/%
实验 1	8	97.50	2.42	40.55	33.70	87.44
实验 2	8	92.40	2.42	41.79	33.48	86.49
实验 3	9	94.90	2.42	40.21	30.70	88.89
实验 4	8	93.00	2.42	41.38	33.70	87.66
实验 5	8	96.00	2.40	40.16	29.19	86.61

实验序号	岩芯数目	长度 /cm	直径 /cm	孔隙度 /%	渗透率 /μm²	初始含油饱和度 /%
实验 6	8	92.50	2.42	41.13	33.69	88.00
实验 7	8	95.57	2.40	40.94	29.79	86.57
实验 8	8	96.40	2.42	41.80	34.96	88.10
实验 9	8	95.00	2.40	40.70	30.21	86.79

7.3.3　实验结果及分析

1) 人工泡沫油强化混合气体吞吐渗流特征

以实验 1 为例,深入分析人工泡沫油强化混合气体吞吐渗流特征。如图 7-3-3 所示,在冷采前期阶段(98 min 之前),随着回压阀压力的下降,测压点 1 至测压点 6 的压力成线性下降。由于岩芯压力高于活油泡点压力、岩芯渗透率较高,使得岩芯内为单相油流。该阶段产出油主要依靠压力下降导致岩芯和原油体积膨胀,因此采出程度较低,仅为 1% 左右。

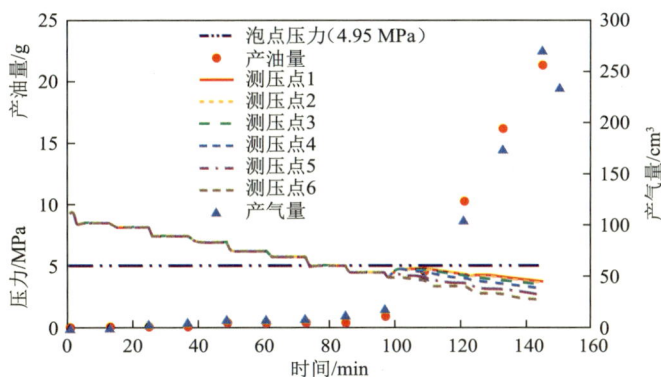

图 7-3-3　实验 1 衰竭生产岩芯压力、产油量和产气量随时间的变化

在冷采后期阶段(98 min 之后),当测压点 6 的压力达到 3.97 MPa 时,测压点 1 至测压点 6 的压力开始偏离先前的线性趋势,表明在岩芯内气泡正在成核。稠油泡点压力为 4.95 MPa,表明存在 0.98 MPa 的过饱和度。由于过饱和度的存在,原油中析出的溶解气体分散在油相中形成泡沫油流(图 7-3-4),导致累积产油量和原油采收率大幅增加,而气油比则保持低值。表面压力低于泡点压力后,析出的溶解气以微气泡形态分散于稠油中形成泡沫油,没有形成连续气相。当回压阀的压力低于 2 MPa 时,冷采阶段结束,采出程度为 13.42%(表 7-3-2)。

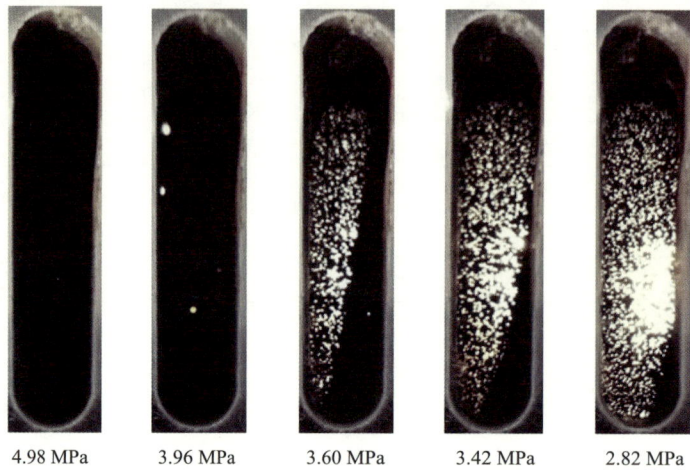

| 4.98 MPa | 3.96 MPa | 3.60 MPa | 3.42 MPa | 2.82 MPa |

图 7-3-4　实验 1 衰竭采油过程中观察窗中气泡流动特征

表 7-3-2　9 组长岩芯吞吐实验衰竭采出程度以及各吞吐周期采出程度

实验序号	采出程度/%										采收率/%
	衰竭采油	吞吐周期数									
		1	2	3	4	5	6	7	8	9	
1	13.42	11.18	7.72	4.89	3.78	2.33	—	—	—	—	43.32
2	13.16	3.00	2.83	2.33	—	—	—	—	—	—	21.26
3	13.02	6.41	3.79	2.22	—	—	—	—	—	—	25.44
4	13.55	10.91	5.16	2.59	2.61	2.05	—	—	—	—	36.87
5	13.59	12.64	8.89	7.33	5.42	4.33	4.13	4.00	2.49	—	62.70
6	12.71	14.87	8.69	7.01	4.90	4.24	4.07	3.95	2.47	—	62.91
7	13.19	10.46	6.48	5.80	4.72	4.48	4.42	4.02	2.49	—	56.06
8	12.84	11.32	8.72	6.47	5.98	5.04	4.90	4.86	3.91	2.46	66.50
9	12.63	15.89	9.88	8.07	5.63	4.32	3.33	2.42	—	—	62.17

冷采过程之后,为实验 1 第 1 吞吐周期。第 1 吞吐周期包括注入、焖井和生产三个阶段。注入阶段首先注入 0.5% 油溶性表面活性剂溶液(从出口端注入岩芯中),之后注入混合气体段塞(72% 产出气+28% C_3H_8,摩尔分数),直到测压点 6 的压力达到 6 MPa。在此过程中,随着混合气体的注入,压力从测压点 6 到测压点 1(出口到进口)缓慢上升(图 7-3-5)。注入阶段开始时,测压点 6 的压力很快达到 3.0 MPa。随着混合气体的不断注入,测压点 1 到测压点 5 的压力也随着上升。在 31 min 时,所有测压点的压力非常接近,达到注入压力 6 MPa,注气结束。从图 7-3-5 中可以看出压力曲线波动,这是由于在混合气体注入过程中,岩芯中的原油重新分布。

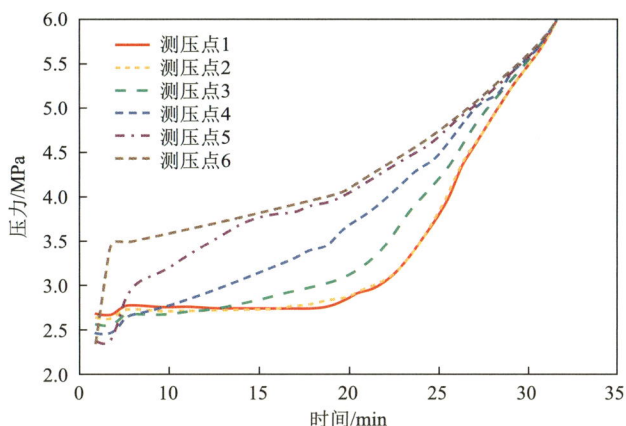

图 7-3-5　实验 1 第 1 周期注气阶段岩芯压力随时间的变化

　　如图 7-3-6 所示，焖井阶段各测压点的压力逐渐降低，表明部分注入混合气体溶解于稠油中。传统注气吞吐过程中也存在上述现象。焖井阶段前 200 min，岩芯内的压力快速下降，表明大量混合气体溶解于原油中。随着时间的延长，混合气体溶解量减少，使得后期压力曲线下降缓慢。

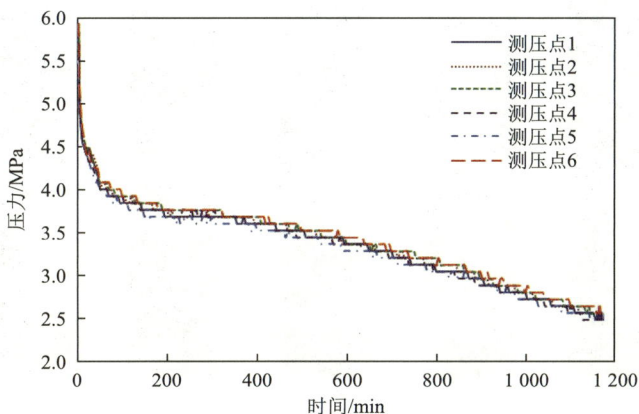

图 7-3-6　实验 1 第 1 周期焖井阶段岩芯压力随时间的变化

　　如图 7-3-7 所示，在第 1 吞吐周期生产阶段，压力以 3 MPa/h 的速度下降，直到回压阀压力达到 1 MPa。从图 7-3-7 中可以看出，生产阶段长岩芯夹持器从出口到入口的所有压力都随着回压阀压力的下降而下降，且距离出口端越近，压力下降速度越快。测压点 1 至测压点 6 的压力曲线逐渐分离，表明焖井阶段注入气体大量溶解到油相中，在生产阶段从油相中析出。

　　图 7-3-7 所示的压力波动是由于气泡成核/生长或自由气体形成引起的。小的压力波动（如测压点 1）代表小气泡的成核和生长，这意味着泡沫油流动；大的压力波动（如测压点 6）与大气泡以及自由气的形成有关。观察窗中可以证实上述现象（图 7-3-8）。因此，气泡核/生长和自由气体的形成可以通过长岩芯夹持器不同测压点的压力波动来反映。从图

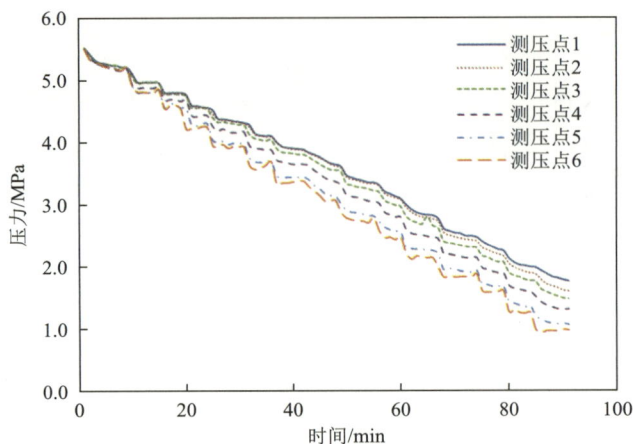

图 7-3-7　实验 1 第 1 周期采油阶段岩芯压力随时间的变化

7-3-8 中可以看出,在油溶性表面活性剂溶液作用下产生明显的泡沫油现象,这说明油溶性表面活性剂可将气体分散在油中。

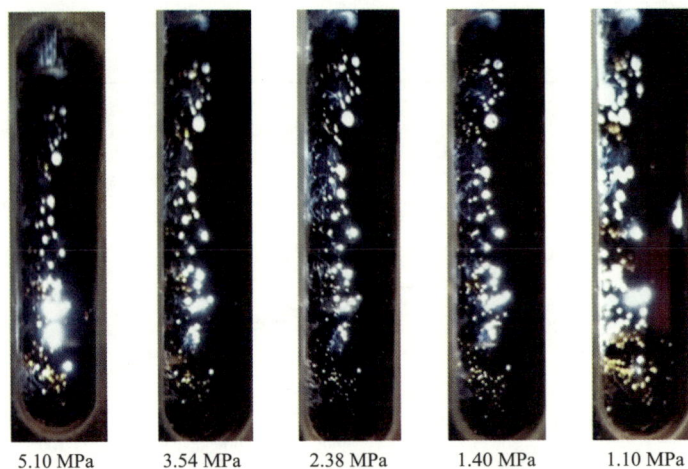

| 5.10 MPa | 3.54 MPa | 2.38 MPa | 1.40 MPa | 1.10 MPa |

图 7-3-8　实验 1 第 1 周期采油过程中观察窗中气泡流动特征

在实验 1 第 1 周期吞吐结束之后,下一个吞吐周期按照相同的步骤继续进行,直到第 5 周期的采出程度(2.33%)降至低于 2.5%(表 7-3-2)。实验 1 的最终采收率和剩余油饱和度分别为 43.32% 和 55.75%,这表明人工泡沫油强化混合气体吞吐方法可以有效提高冷采后期稠油油藏采收率。

从表 7-3-2 和图 7-3-9、图 7-3-10、图 7-3-11 中可以看出,实验 1 第 1 吞吐周期的人工泡沫油强化混合气体吞吐过程采出程度最大,为 11.18%,并且气体利用率最高、生产气油比最低。

实验 1 第 1 吞吐周期的人工泡沫油强化混合气体吞吐效果是最好的。这是由于冷采结束以后岩芯中的剩余油含量较高,岩芯中大量原油可以和油溶性表面活性剂溶液、混合

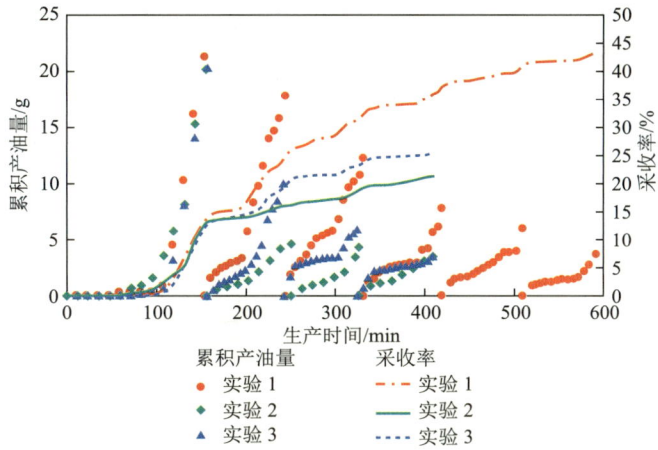

图 7-3-9　实验 1~3 产油量和采收率的比较

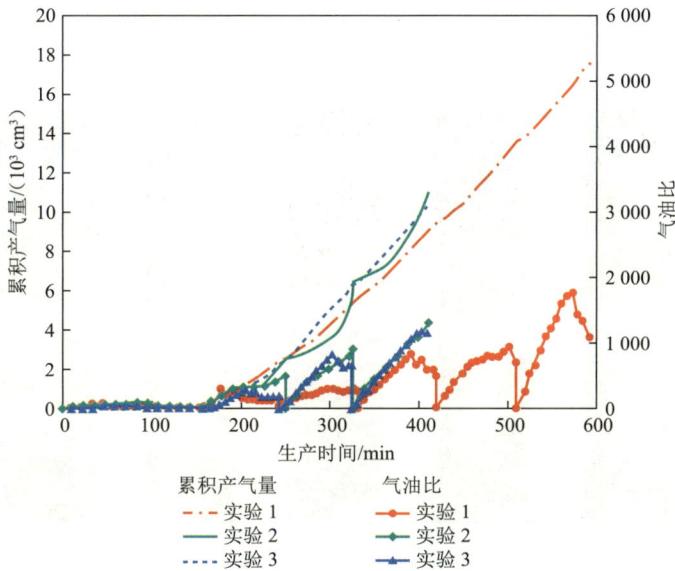

图 7-3-10　实验 1~3 累积产气量和气油比的比较

气体接触,因此溶解在油中的气体会降低原油黏度,膨胀原油体积,并提供更多的溶解气驱动能量(图 7-3-8)。

在实验 1 的后 4 个吞吐周期中,剩余油饱和度显著减少,降低原油和油溶性表面活性剂、混合气体的接触程度,使得原油降黏、原油体积膨胀和泡沫油溶解气驱机制效果变弱(图 7-3-12)。同时,由于吞吐周期的增加,产油量也增加,岩芯中排空的孔隙体积越来越大,使得每个吞吐周期需要注入更多的混合气体来占据这些孔隙,导致注气量变大,而产油量和气体利用率却持续减少。这表明人工泡沫油强化混合气体吞吐效果在后面几个吞吐周期变差。

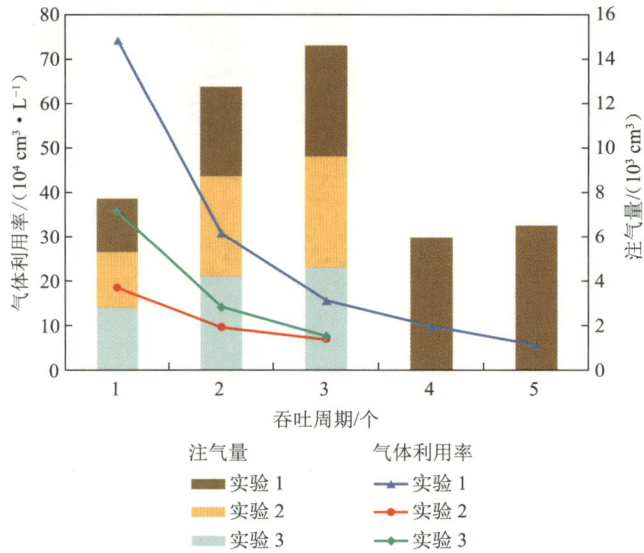

图 7-3-11 实验 1~3 气体利用率和注气量的比较

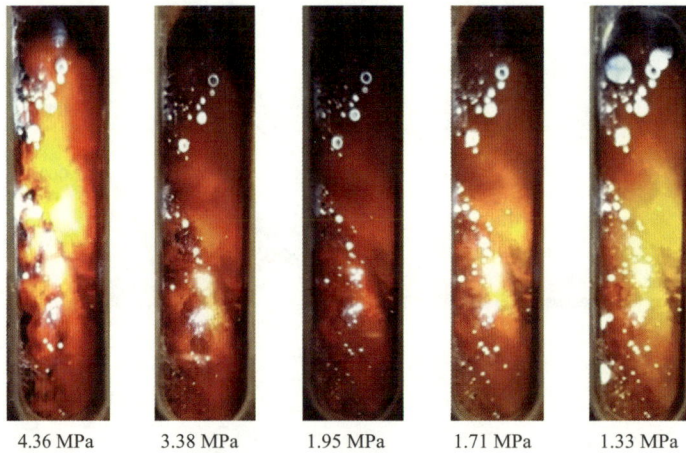

4.36 MPa　3.38 MPa　1.95 MPa　1.71 MPa　1.33 MPa

图 7-3-12 实验 1 第 5 周期采油过程中观察窗中气泡流动特征

2) 人工泡沫油强化混合气体吞吐可行性

实验 1~5 用于评价人工泡沫油强化混合气体吞吐的可行性,揭示混合气体和油溶性表面活性剂溶液各自的作用机制。实验 2 是产出气吞吐实验。在这个过程中,产出气作为注入气体。实验 3 和 4 使用不同的混合气体,分别为 72%PG+28%C_3H_8 和 36%PG+64%C_3H_8(均为摩尔分数)。实验 1 和实验 5 是人工泡沫油强化混合气体吞吐实验,分别使用与实验 3 和实验 4 相同的混合气体,但是在每个吞吐周期注入混合气体之前先注入 0.5%(质量分数)的油溶性表面活性剂溶液(表 7-3-3)。

表 7-3-3　实验 1~5 的参数

实验参数	实验序号				
	实验 1	实验 2	实验 3	实验 4	实验 5
衰竭式开发截止压力/MPa	2	2	2	2	2
油溶性表面活性剂质量分数/%	0.5	0	0	0	0.5
油溶性表面活性剂注入压力/MPa	3.5				3.5
注气压力/MPa	6	6	6	6	6
混合气体组成（PG 与 C_3H_8 的摩尔分数比）	72:28	100%PG	72:28	36:64	36:64
生产阶段截止压力/MPa	1	1	1	1	1
吞吐周期/个	5	3	3	5	8
围压/MPa	BP+3	BP+3	BP+3	BP+3	BP+3
压降速度/(MPa·h^{-1})	3	3	3	3	3
蚯蚓洞	无	无	无	无	无

　　从图 7-3-9 可以看出，由于实验 2 的注入气为产出气，在生产阶段气体快速产出，原油黏度上升，没有泡沫油生成，导致气油比快速升高和采收率较低（21.26%），只有 3 个吞吐周期。实验 3 注入气体中加入了 28%（摩尔分数）的丙烷。从图 7-3-9 可以看出，实验 3 的产油量高于实验 2，产油速度快，产油量大。由表 7-3-2 可以看出，实验 3 第 1~3 吞吐周期的采出程度分别为 6.41%，3.79% 和 2.22%，实验 2 第 1~3 吞吐周期的采出程度分别为 3.00%，2.83% 和 2.33%。实验 3 的采收率为 25.44%，明显高于实验 2 的 21.26%，说明注入气中加入丙烷可以有效提高采收率。

　　此外，由图 7-3-9～图 7-3-13 可知，与实验 2 相比，实验 3 的气油比和剩余油饱和度更低，气体利用率和采收率更高。这是因为丙烷在稠油中的溶解度和扩散系数比产出气高，说明在产出气中加入丙烷具有更好的降黏和膨胀效果。因此，丙烷在人工泡沫油强化混合气体吞吐过程中有着非常重要的作用。

　　实验 1（人工泡沫油强化混合气体吞吐）和实验 3（注混合气体吞吐）注入相同的混合气体，但实验 1 在注入混合气体之前先注入 0.5%（质量分数）的油溶性表面活性剂溶液。通过对比实验 1 和实验 3 的实验结果可知，与注混合气体吞吐过程相比，人工泡沫油强化混合气体吞吐能够有效提高采收率（表 7-3-2）。

　　通过图 7-3-9 和表 7-3-2 可以看出，实验 1 的吞吐周期增加至 5 个，采收率提高到43.32%。实验 1 的前 3 个吞吐周期的采收率比实验 3 分别提高 4.77%，3.93% 和 2.67%，并且实验 1 比实验 3 多生产 2 个吞吐周期（图 7-3-11），而且气油比低，累积产气量更低（图7-3-10）。这是因为注入油溶性表面活性剂有利于人工泡沫油的形成，可有效克服传统注气吞吐的缺点。

　　此外，观察窗照片证实了人工泡沫油强化混合气体吞吐过程中可以产生泡沫油流。以实验 1 第 1 吞吐周期生产阶段为例，在油溶性表面活性剂溶液的作用下，未溶解的注入气和析出的溶解气可以分散在油中形成泡沫油流（图 7-3-8）。即使压力下降到 1.10 MPa，观

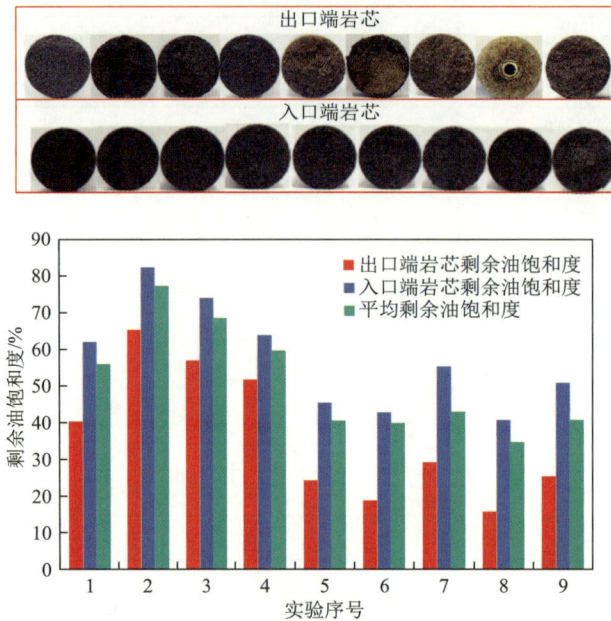

图 7-3-13　9组实验岩芯剩余油饱和度

察窗中可以发现自由气流动,但泡沫油流仍然存在。这说明在焖井结束后,未溶解的混合气体和原油中的析出气部分或完全地分散在原油中形成泡沫油流。

如图 7-3-14 所示,实验 3 第 1 吞吐周期中析出气体间歇流动,而不是分散在原油中形成泡沫油流。这是因为生产阶段压力降低导致大量溶解气从原油中析出,难以产生有效的溶解气驱。当压力降到 0.96 MPa 时,由于气体流速下降,在油相中分散有少量气泡,但与实验 1 相比气泡直径大。

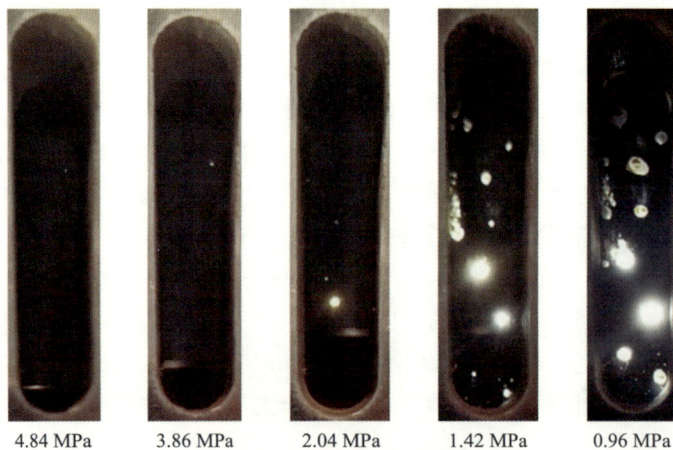

| 4.84 MPa | 3.86 MPa | 2.04 MPa | 1.42 MPa | 0.96 MPa |

图 7-3-14　实验 3 第 1 周期采油过程中观察窗中气泡流动特征

实验 4 和实验 5 在注气过程中使用同样的混合气体,但实验 5 的每个吞吐周期注入混合气体前都先注入油溶性表面活性剂溶液。比较实验 4 和实验 5 的结果表明（图 7-3-15～图 7-3-19），与实验 4 相比，实验 5 的累积产油量、采收率和气体利用率更高，气油比和剩余饱和度更低（图 7-3-14～图 7-3-17）。这是由于实验 5 吞吐生产过程中形成了较强的泡沫油现象（图 7-3-18 和图 7-3-19）。因此，实验 4 和实验 5 的对比结果与实验 1 和实验 3 的对比结果一致。通过以上分析可知，人工泡沫油强化混合气体吞吐能产生更有效的泡沫油现象，在相同的操作条件下比注混合气体吞吐的开发效果更好。

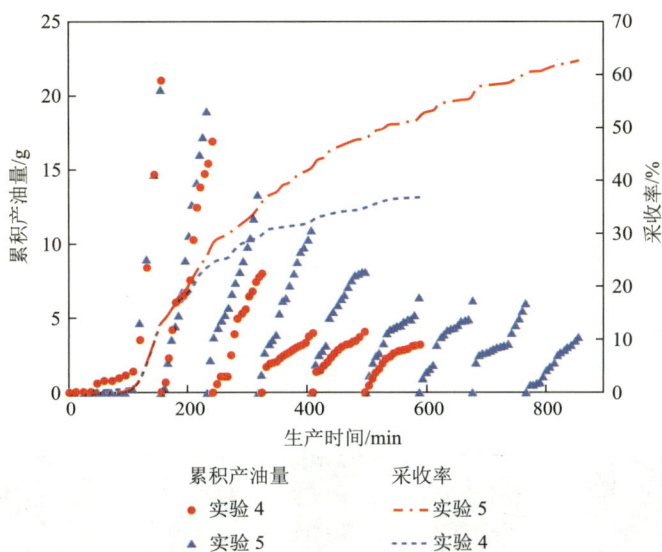

图 7-3-15　实验 4 和实验 5 产油量和采收率的比较

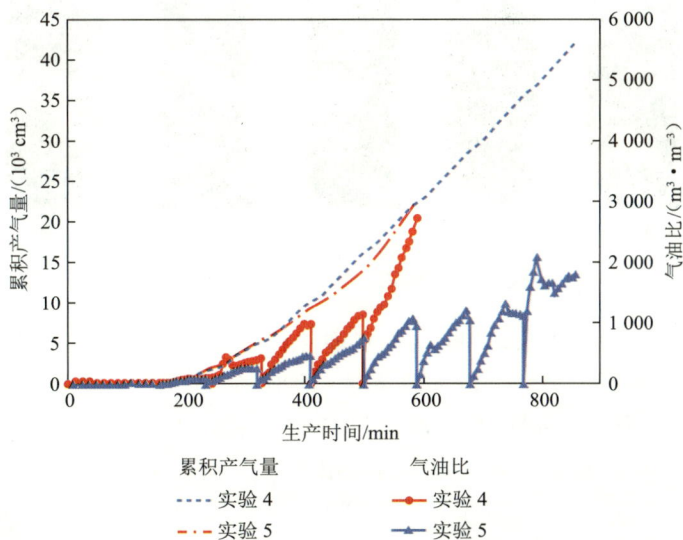

图 7-3-16　实验 4 和实验 5 累积产气量和气油比的比较

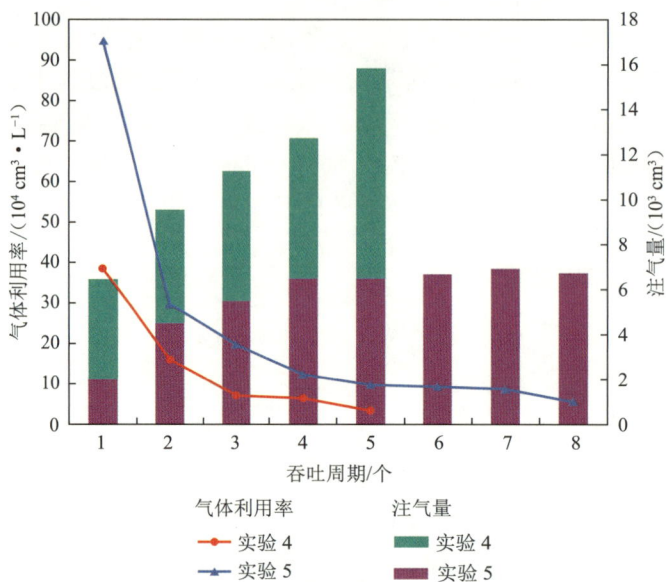

图 7-3-17　实验 4 和实验 5 气体利用率和注气量的比较

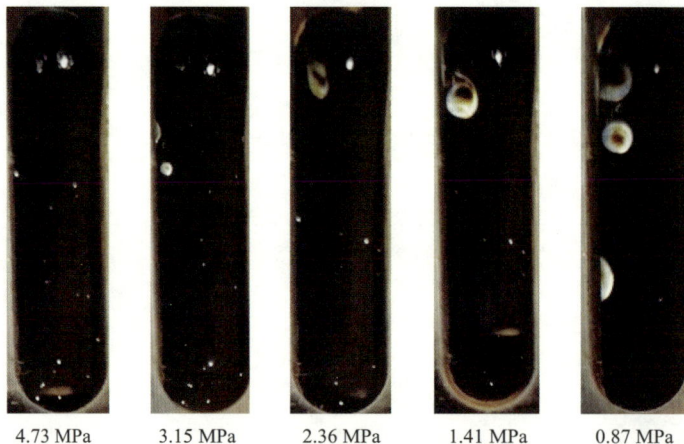

| 4.73 MPa | 3.15 MPa | 2.36 MPa | 1.41 MPa | 0.87 MPa |

图 7-3-18　实验 4 第 1 周期采油过程中观察窗中气泡流动特征

如图 7-3-9 和表 7-3-2 所示,实验 1(人工泡沫油强化混合气体吞吐)比实验 2(注产出气吞吐)的开发效果更好。实验 1 的采收率是 43.32%,几乎是实验 2(采收率 21.26%)的 2 倍。实验 1 共有 5 个吞吐周期,而实验 2 只有 3 个吞吐周期。

实验 1、实验 2 和实验 3 的第 1 周期的采出程度分别是 11.18%,3%,6.41%;产气量分别为 2 202 cm^3,2 305 cm^3,2 100 cm^3;气油比最高值分别为 233 m^3/m^3,500 m^3/m^3,338 m^3/m^3。可以看出,在产气量相差不多的情况下,实验 1 的第 1 周期采出程度比实验 2 和实验 3 的明显提高,生产气油比明显低于实验 2 和实验 3。

通过实验 1~3 的采收率增量(两组实验相比增加采收率的百分比),进一步比较人工

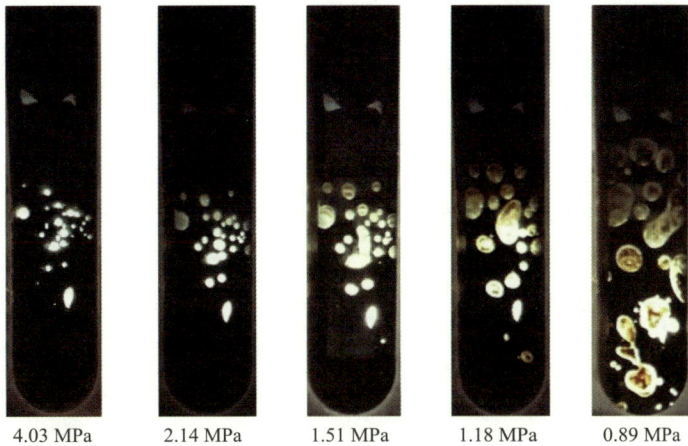

| 4.03 MPa | 2.14 MPa | 1.51 MPa | 1.18 MPa | 0.89 MPa |

图 7-3-19　实验 5 第 1 周期采油过程中观察窗中气泡流动特征

泡沫油强化混合气体吞吐过程中油溶性表面活性剂溶液和丙烷的重要性。根据实验 1～3 的最终采收率(表 7-3-2),实验 3 和实验 2、实验 1 和实验 3 以及实验 1 和实验 2 之间的采收率增量分别是 4.18%,17.87% 和 22.05%,其原因分别在于丙烷、油溶性表面活性剂溶液以及丙烷和油溶性表面活性剂溶液的共同作用。因此,与实验 2 相比,丙烷和油溶性表面活性剂溶液对实验 1 最终采收率的贡献分别为 19%(4.18%/22.05%)和 81%(17.87%/22.05%),表明油溶性表面活性剂溶液对提高采收率的影响大于丙烷。因此,在人工泡沫油强化混合气体吞吐过程中,表面活性剂溶液的作用比丙烷更重要。根据上述泡沫油溶解气驱和丙烷溶解性作用机制,人工泡沫油强化混合气体吞吐是一种有效的冷采后期稠油油藏提高采收率方法。

7.4　人工泡沫油强化混合气体吞吐参数影响规律研究

在人工泡沫油强化混合气体吞吐可行性评价的基础上,本节深入研究混合气体组成、压降速度、蚯蚓洞和围压对人工泡沫油强化混合气体吞吐开发效果的影响规律,这对人工泡沫油强化混合气体吞吐现场应用具有重要意义。

7.4.1　混合气体组成的影响

在人工泡沫油强化混合气体吞吐过程中,混合气体组成的选择至关重要。若混合气体中的丙烷含量过低,则降黏效果不足,不能有效膨胀原油;若丙烷含量过高,则混合气体的露点压力变小,在注气过程中容易液化,使得丙烷消耗量剧增,增加经济成本。因此,有必要优选混合气体组成,确保人工泡沫油强化混合气体吞吐经济可行。实验 1、实验 5 和实验 6 的混合气体组成不同,选取它们研究混合气体组成对人工泡沫油强化混合气体吞吐效果的影响。

如表 7-4-1 所示,实验 1、实验 5 和实验 6 的实验条件相同,但注入混合气体组成不同(实验 1 为 72%PG+28%C_3H_8,实验 5 为 36%PG+64%C_3H_8,实验 6 为 54%PG+46%C_3H_8,均为摩尔分数)。

表 7-4-1 实验 1 和实验 5~9 的参数

实验参数	实验序号					
	实验 1	实验 5	实验 6	实验 7	实验 8	实验 9
衰竭式开发截止压力/MPa	2	2	2	2	2	2
油溶性表面活性剂质量分数/%	0.5	0.5	0.5	0.5	0.5	0.5
油溶性表面活性剂注入压力/MPa	3.5	3.5	3.5	3.5	3.5	3.5
注气压力/MPa	6	6	6	6	6	6
混合气体组成(PG 与 C_3H_8 的摩尔分数比)	72:28	36:64	54:46	54:46	54:46	54:46
生产阶段截止压力/MPa	1	1	1	1	1	1
吞吐周期/个	5	8	8	8	9	7
围压/MPa	BP+3	BP+3	BP+3	BP+3	BP+3	8.65
压降速度/(MPa·h^{-1})	3	3	3	6	6	3
蚯蚓洞	无	无	无	无	有	无

为了更加明确混合气体组成对人工泡沫油强化混合气体吞吐效果的影响,进而选择具有代表性的混合气体组成,首先利用 CMG 的 WinProp 绘制不同组分混合气体的压力-温度(p-T)相态图(图 7-4-1)。

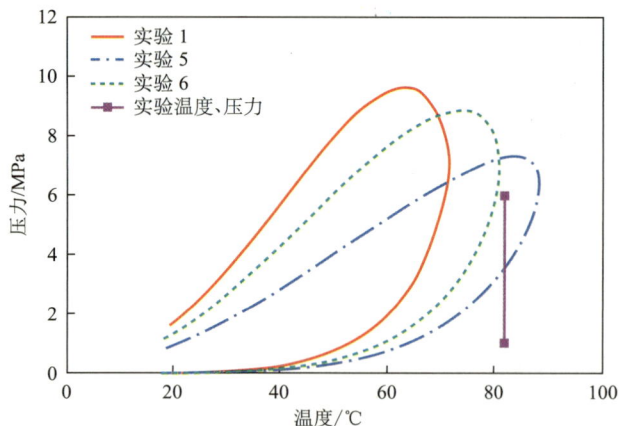

图 7-4-1 不同组分混合气体相态图和实验条件

从图 7-4-1 可以看出,增加混合气体中丙烷含量对相态图有很大影响。实验 1 和实验 6 中使用的混合气体在实验条件下仍处于气相,实验 5 中使用的混合气体在实验条件下存在气液两相。因此,在丙烷中添加产出气作为载体气体有利于混合气体在实验条件下保持气相,从而大大减少丙烷的使用量,增加实验的经济可行性。

如图 7-4-2～图 7-4-4 所示，混合气体组成对人工泡沫油强化混合气体吞吐效果有明显的影响。实验 1 和实验 6 在实验条件下的混合气体为气态，但实验 6 的每个吞吐周期的产油量和产油速度明显高于实验 1。这是由于实验 6 混合气体中丙烷含量从 28%增加到 46%（摩尔分数），使得实验 6 比实验 1 多生产 3 个周期，采收率从 43.32%提高到 62.91%。实验 6 的 8 个吞吐周期中气油比最大值分别是 41，252，397，613，753，947，1 287 和 2 033；实验 1 的 5 个吞吐周期中气油比最大值分别是 233，288，826，923 和 1 753。通过对比可知，在相同吞吐周期的条件下，实验 6 的气油比低于实验 1 的。

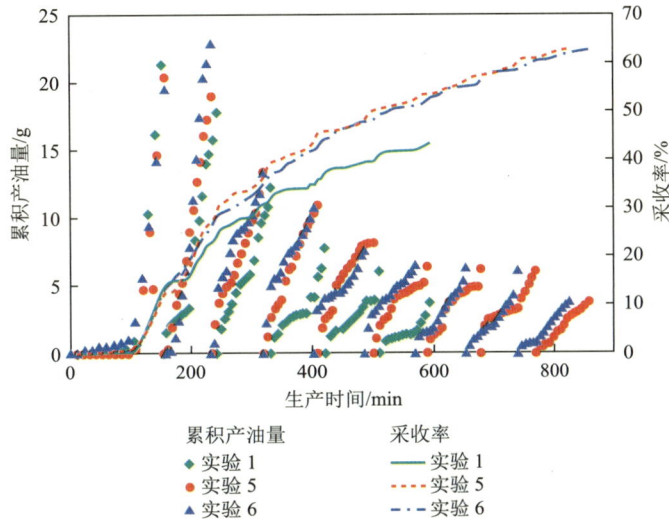

图 7-4-2　实验 1、实验 5、实验 6 产油量和采收率的比较

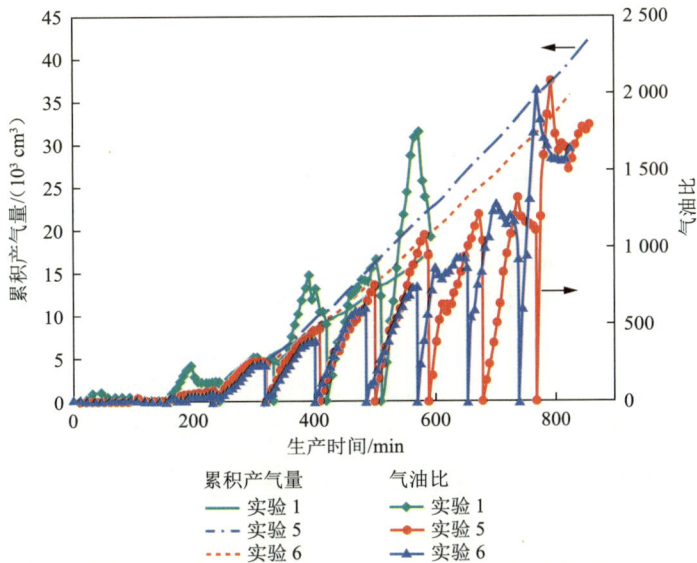

图 7-4-3　实验 1、实验 5、实验 6 累积产气量和气油比的比较

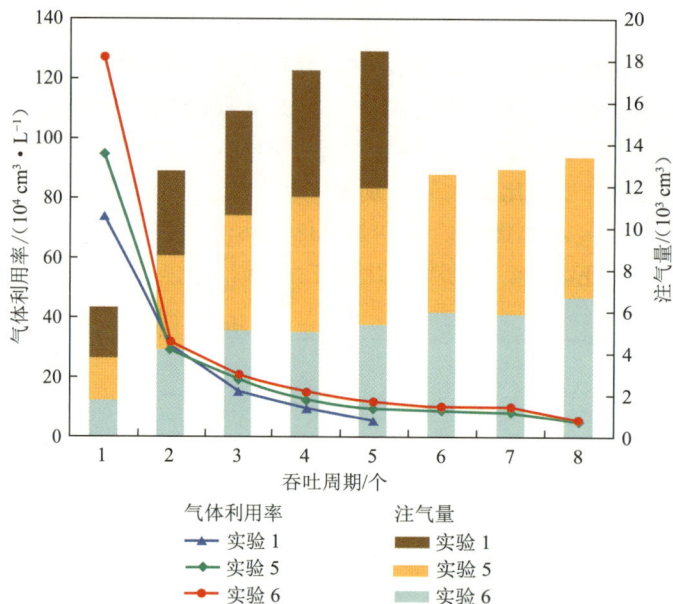

图 7-4-4　实验 1、实验 5、实验 6 气体利用率和注气体积的比较

此外,增加丙烷含量可以提高气体利用率。当混合气体为气态时,混合气体的丙烷含量越高,产油量、采收率和气体利用率越高(图 7-4-2 和图 7-4-4),气油比和剩余油饱和度越低(图 7-3-14)。这是由于实验 6 中混合气体(54%PG$+46\%$C$_3$H$_8$,摩尔分数)露点曲线更接近于实验压力。因此,在相同的实验条件下,与实验 1 使用的混合气体(72%PG$+28\%$C$_3$H$_8$,摩尔分数)相比,实验 6 使用的混合气体组成在原油中具有较高的溶解度。较高的气体溶解度有利于降低原油黏度和界面张力,膨胀原油体积,提高原油流动性和采收率。

比较实验 5 和实验 6 的结果可知,实验 5 使用的混合气体在实验条件下部分液化,而实验 6 的混合气体为气态。从图 7-4-2 中可以看出,虽然实验 5 的丙烷含量比实验 6 的增加 18%(摩尔分数),但实验 5 的采收率(62.70%)比实验 6 的(62.91%)低 0.21%,而且气油比和剩余油饱和度升高(图 7-3-13 和图 7-4-3)。从图 7-4-3 可以看出,实验 5 的混合气体部分液化使得其累积产气量比实验 6 的高。因此,混合气体中丙烷含量存在最优值(在本研究中接近 46%,摩尔分数),丙烷含量过高会导致人工泡沫油强化混合气体吞吐效果变差。其原因在于混合气体中丙烷含量过高时,混合气体在原油中的溶解度增加,有利于降低原油黏度,膨胀原油体积。但是原油黏度过低会降低泡沫油的稳定性,从而降低泡沫油溶解气驱的有效性,尤其是在人工泡沫油强化混合气体吞吐前几个周期。对比图 7-3-19 和图 7-4-5 知,与实验 5 第 1 吞吐周期相比,实验 6 第 1 吞吐周期形成的泡沫油中气泡数量多、直径小,泡沫油现象更为明显。

实验 6 第 1 吞吐周期的采出程度(14.87%)比实验 5 的(12.64%)高 2.23%。这一现象表明,对于人工泡沫油强化混合气体吞吐过程,泡沫油溶解气驱机理对原油生产起主要作用。因此,即使提高丙烷含量有利于降低原油黏度,但混合气体中丙烷比例过高将不利

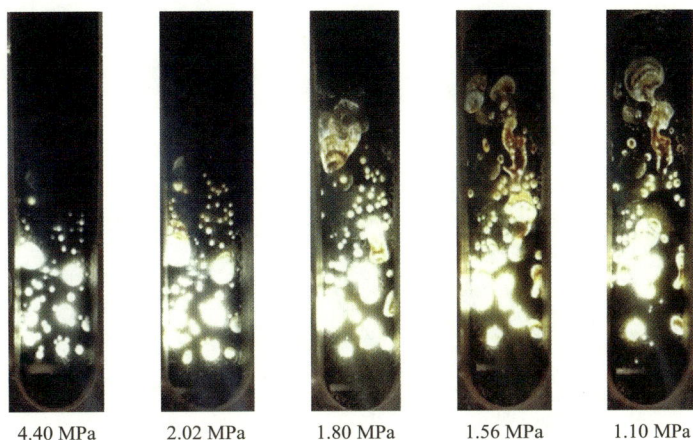

| 4.40 MPa | 2.02 MPa | 1.80 MPa | 1.56 MPa | 1.10 MPa |

图 7-4-5　实验 6 第 1 吞吐周期采油阶段观察窗气泡流动特征

于原油生产。在实验 6 的后几个吞吐周期中,由于剩余油饱和度降低,泡沫油现象变得不明显。因此,在后几个吞吐周期丙烷逐渐起主要作用,使得实验 6 的周期采出程度低于实验 5。

此外,由图 7-4-4 可知,实验 6 每个吞吐周期的气体利用率均高于实验 5。这是由于实验 5 中混合气体在实验条件下部分液化,大大增加了填充孔隙空间所需的气体量。与实验 6 相比,实验 5 的每个吞吐周期产油量减少、注入气体增加,导致气体利用率较低。这表明了人工泡沫油强化混合气体吞吐过程中选择最优混合气体组成的重要性。

综上所述,混合气体中加入适量丙烷可以大幅度提高采收率,而且不会过度浪费昂贵的丙烷。人工泡沫油强化混合气体吞吐过程中选择混合气体组成的标准是在油藏温度下混合气体注入压力应当接近或者低于其露点压力,这样可以在混合气体没有任何液化的情况下使混合气体在稠油中的溶解度达到最大,并产生有效的泡沫油溶解气驱。

7.4.2　压降速度的影响

油田现场实施人工泡沫油强化混合气体吞吐设计时,确定压降速度至关重要。为研究压降速度的影响,选择实验 6 和实验 7 进行研究。它们的实验条件相同,只是每个吞吐周期的压降速度不同(表 7-4-1),分别为 3 MPa/h 和 6 MPa/h。

通过图 7-4-6 可以看出,在相同的生产时间内,实验 7 的采收率高于实验 6。这说明实验 7 在更短的时间内达到与实验 6 相同的采收率。因此,增大压降速度可以提高人工泡沫油强化混合气体吞吐开发效果。这是因为实验 7 的压降速度更大,使得最初几个吞吐周期中在油溶性表面活性剂溶液的作用下大量未溶解的气体和析出的气体分散在原油中,形成了更有效的泡沫油溶解气驱。上述结论可由观察窗的结果证实。

在图 7-4-7 中,实验 7 的 8 个吞吐周期的气油比最大值分别是 80,165,260,391,815,1 359,2 521 和 2 962,实验 6 的 8 个吞吐周期的气油比最大值分别是 41,252,397,613,753,947,1 287 和 2 027。可以看出,实验 7 前几个吞吐周期的气油比低于实验 6,后几个吞吐周期的气油比高于实验 6。

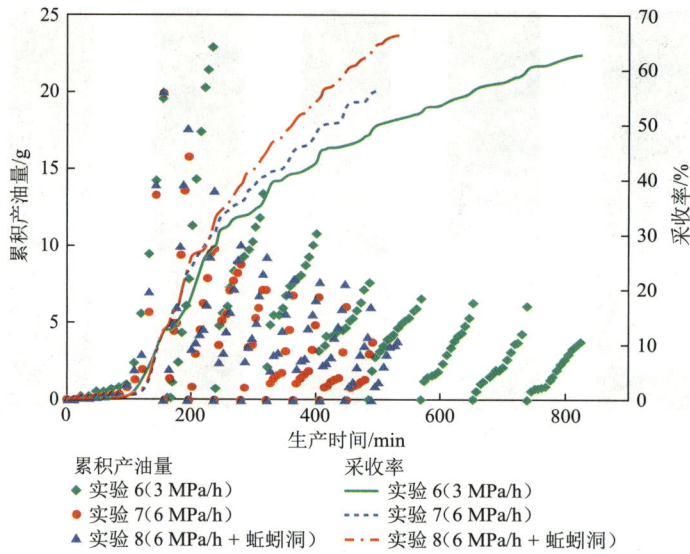

图 7-4-6 实验 6~8 产油量和采收率的比较

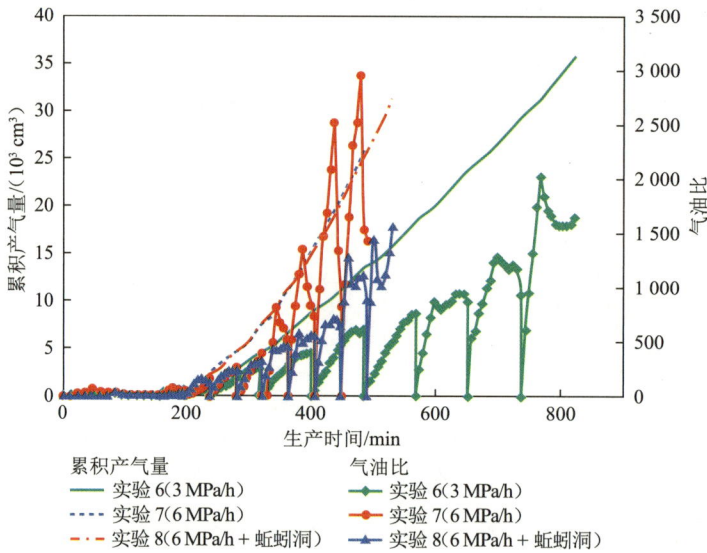

图 7-4-7 实验 6~8 累积产气量和气油比的比较

由图 7-4-8 可知,除第 1 吞吐周期外,实验 7 的每个吞吐周期的气体利用率都高于实验 6,这表明增加压降速度可以提高混合气体利用率。

通过图 7-4-5 和图 7-4-9 可以看出,由于实验 7 的压降速度更大,未溶解的气体和析出的气体分散在稠油中,在人工泡沫油强化混合气体吞吐生产过程中形成更有效的泡沫油流。实验 7 第 1 吞吐周期观察窗中的泡沫油现象比实验 6 第 1 吞吐周期的更加明显,气泡数量更多、直径较小(图 7-4-9),气泡在油相中分布更加均匀。即使在生产结束时(1.01 MPa),微气泡也没有演化为自由气体。

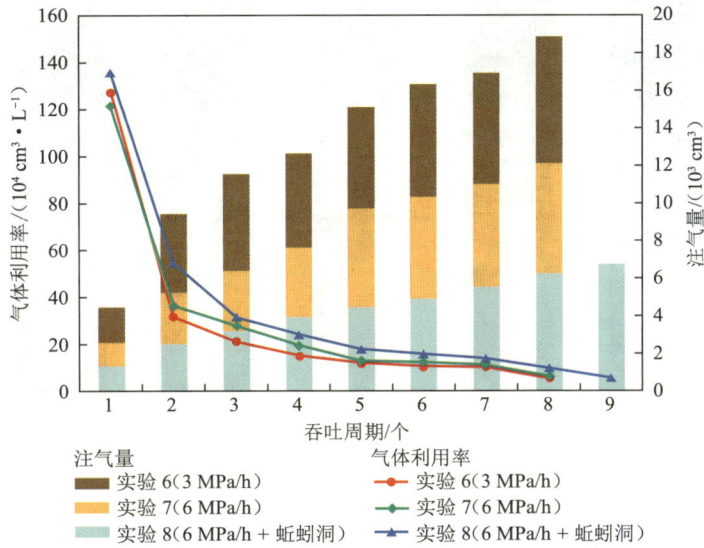

图 7-4-8　实验 6~8 气体利用率和注气量的比较

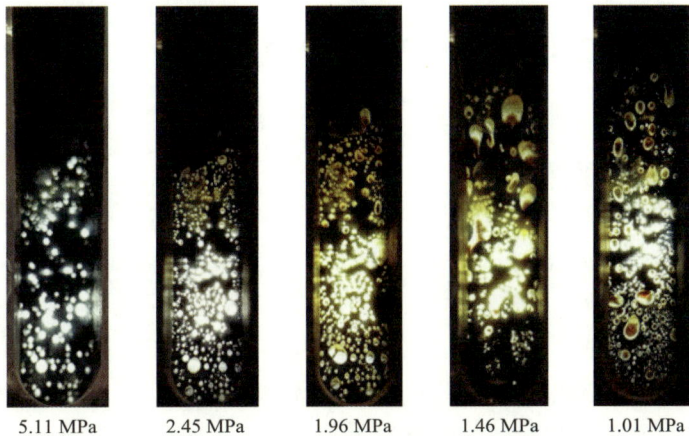

5.11 MPa　　2.45 MPa　　1.96 MPa　　1.46 MPa　　1.01 MPa

图 7-4-9　实验 7 第 1 吞吐周期采油阶段观察窗气泡流动特征

在实验 7 的最后几个吞吐周期,由于剩余油含量降低,泡沫油溶解气驱的影响减弱。通过图 7-4-10 可以看出,实验 7 第 7 吞吐周期观察窗内有少量的气泡,但气泡直径比第 1 吞吐周期的大,而且存在连续气相。

以上实验结果与 Maini 和 Kumar 得出的结果一致,即压降速度越大,采收率越高,并且产生的自由气体越少。需要注意的是,由于实验 7 的生产时间比实验 6 的短,同时意味着溶解气驱的时间短,使得实验 7 的采收率(56.06%)低于实验 6 的采收率(62.91%)。这是由于在相同的生产时间内,实验 7 的压降速度更大,使得实验 7 获得了更大的采收率,但降低了第 5~8 吞吐周期的含油饱和度,使得原油、油溶性表面活性剂溶液和混合气体的接触面积降低,从而导致泡沫油溶解气驱不太有效(图 7-4-10)。在实验 7 的第 5~8 周期的生产阶段,分散的气泡结合在一起,形成具有更大流动性的自由气相,会增加气油比和

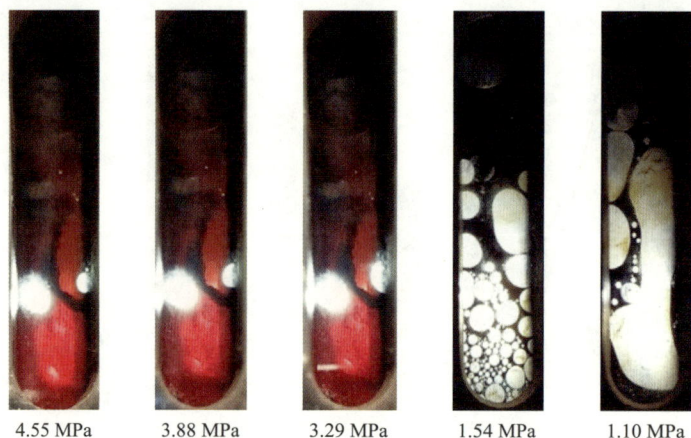

4.55 MPa   3.88 MPa   3.29 MPa   1.54 MPa   1.10 MPa

图 7-4-10　实验 7 第 7 吞吐周期采油阶段观察窗气泡流动特征

累积产气量,并减少周期采出程度。

　　Du 等的研究成果表明,在不同的油样和岩芯条件下,注气吞吐开发后期具有类似现象。

　　总之,在人工泡沫油强化混合气体吞吐生产阶段,增加压降速度有利于在较短时间内提高原油产量。然而,随着压降速度的增加,泡沫油溶解气驱过程的持续时间缩短,从而降低采收率。

7.4.3　蚯蚓洞的影响

　　加拿大 Alberta 和 Saskatchewan 的一些稠油油藏衰竭开发时将地层砂和稠油一起产出,不进行防砂作业,这种生产技术称为稠油出砂冷采技术。

　　在稠油出砂冷采过程中,除形成泡沫油流外,储层出砂会产生高渗流通道,称为蚯蚓洞。蚯蚓洞的存在使得稠油出砂冷采后的储层无法再使用传统的驱替工艺来提高采收率,因为蚯蚓洞将导致注入的流体快速穿过储层。和普通稠油油藏衰竭开发相比,蚯蚓洞可以提高稠油出砂冷采井的原油产量,被认为是提高采收率最重要的机制之一。这是因为蚯蚓洞可以增加注入流体和原油之间的接触面积,并且可以提供油流到井筒的渗流通道。

　　实验 8 研究了蚯蚓洞对人工泡沫油强化混合气体吞吐的影响,并对人工泡沫油强化混合气体吞吐作为一种稠油衰竭开发后期提高油藏采收率方法的可行性进行了评价。

　　实验 7 和实验 8 的实验操作参数是相同的(表 7-4-1),但在实验 8 的长岩芯夹持器出口附近第一个岩芯的中心处放置了一个长度为 10 cm、直径为 0.6 cm 的模拟蚯蚓洞。实验 8 使用的岩芯有模拟蚯蚓洞,并且孔隙度大、渗透率高,能够较好地模拟具有蚯蚓洞的松散地层。

　　如图 7-4-6 所示,实验 8 各吞吐周期的产油量都比实验 7 的高,并且比实验 7 多 1 个吞吐周期。在相同的生产时间内,实验 8 的采收率比实验 7 的高。实验 8 的采收率是 66.50%,与实验 7 的相比增加了 10.44%。

由图 7-4-7 可知,实验 8 的各吞吐周期的气油比低于实验 7 的,但实验 7 和实验 8 的累积产气量曲线基本重合。通过累积产气量曲线可以看出,实验 7 和实验 8 的曲线基本重合,这说明在产气量相同的情况下,实验 8 的泡沫油溶解气驱效果更好,可采出更多的油,有效降低了气油比。

通过图 7-4-8 可以看出,实验 8 各吞吐周期的气体利用率都比实验 7 的高。这是因为实验 8 岩芯内的模拟蚯蚓洞可以在注气、焖井阶段增加混合气体、油溶性表面活性剂溶液和原油的接触面积,在生产阶段产生更有效的泡沫油流,提高气体利用率。模拟蚯蚓洞的存在使得第一根岩芯的剩余油饱和度特别低。

上述结果表明,与传统的稠油油藏相比,人工泡沫油强化混合气体吞吐过程更适合于稠油出砂冷采后期的油藏。这是因为蚯蚓洞的存在可以增加混合气体、油溶性表面活性剂溶液和稠油的接触面积,从而使得更多的气体溶解到原油中,并在生产阶段产生更有效的泡沫油溶解气驱(图 7-4-11)。另外,蚯蚓洞还提供了渗流通道,便于油流到长岩芯夹持器的出口。

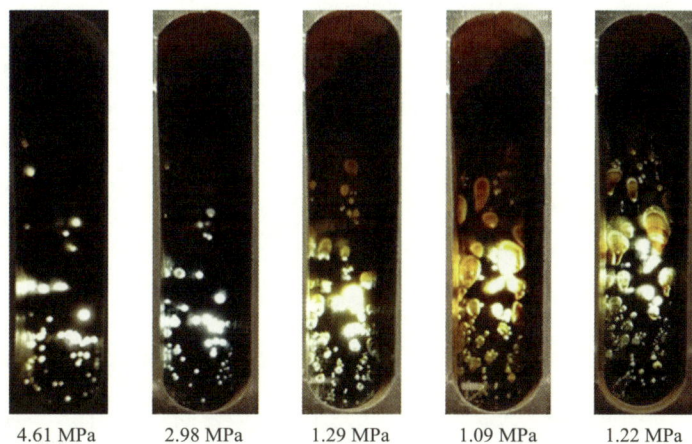

| 4.61 MPa | 2.98 MPa | 1.29 MPa | 1.09 MPa | 1.22 MPa |

图 7-4-11   实验 8 第 1 吞吐周期采油阶段观察窗气泡流动特征

7.4.4   围压的影响

在研究稠油油藏注气吞吐的实验中,广泛使用的是填砂管。然而,使用填砂管做的多数实验忽略了围压对实验结果的影响。

本小节介绍两组对比实验(实验 6 和实验 9),分别对 100 cm 长的岩芯施加不同的围压,研究围压对人工泡沫油强化混合气体吞吐过程的影响。实验 6 和实验 9 的实验参数是相同的,但实验 6 的整个实验过程中净围压维持在 3 MPa(围压压力比岩芯压力大 3 MPa)。对于实验 9,整个吞吐周期中围压恒定在 8.65 MPa(表 7-4-1)。

如图 7-4-12 所示,实验 9 共有 7 个吞吐周期,各个吞吐周期的采出程度分别是 15.89%,9.88%,8.07%,5.63%,4.32%,3.33%,2.42%;实验 6 的 8 个吞吐周期的采出程度分别是 14.87%,8.69%,7.01%,4.90%,4.24%,4.07%,3.95%,2.47%。在相同的生产时间内,实验 9 的采收率比实验 6 的高。这表明当油藏存在较高的围压时,可以在较短的时间内产生更多的原油。较高的围压在提高采收率和缩短生产时间方面具有很大的优势,因此增加围压在实验前期对人工泡沫油强化混合气体吞吐起着积极的作用。

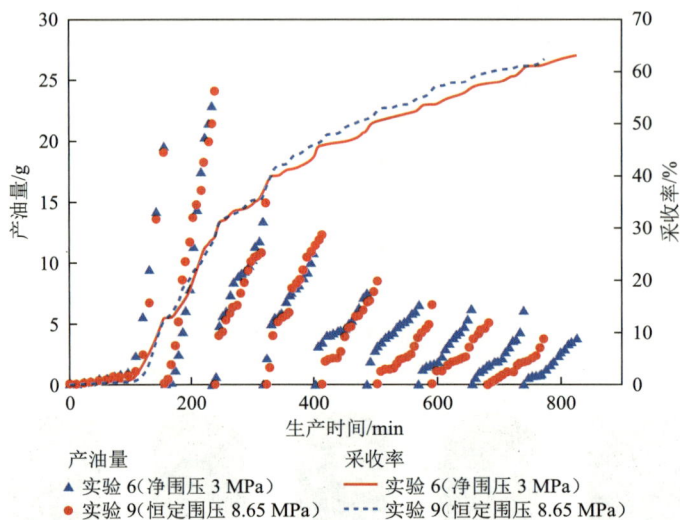

产油量
▲ 实验 6(净围压 3 MPa)
● 实验 9(恒定围压 8.65 MPa)

采收率
—— 实验 6(净围压 3 MPa)
---- 实验 9(恒定围压 8.65 MPa)

图 7-4-12　实验 6 和实验 9 产油量和采收率的比较

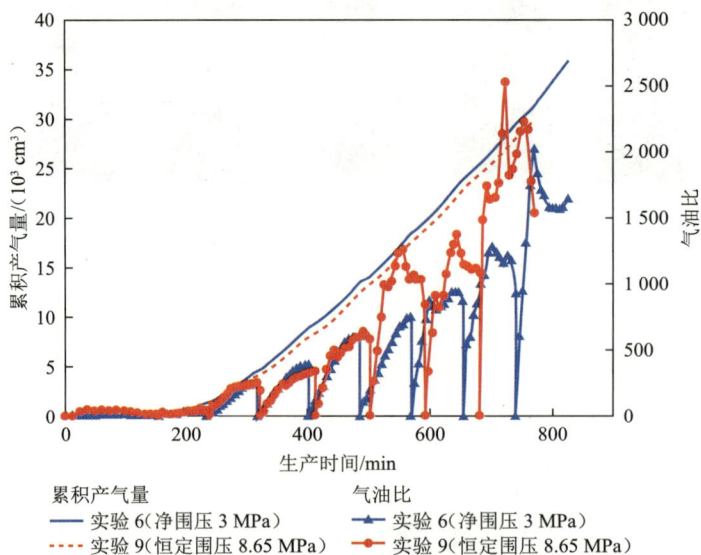

累积产气量
—— 实验 6(净围压 3 MPa)
---- 实验 9(恒定围压 8.65 MPa)

气油比
▲ 实验 6(净围压 3 MPa)
● 实验 9(恒定围压 8.65 MPa)

图 7-4-13　实验 6 和实验 9 累积产气量和气油比的比较

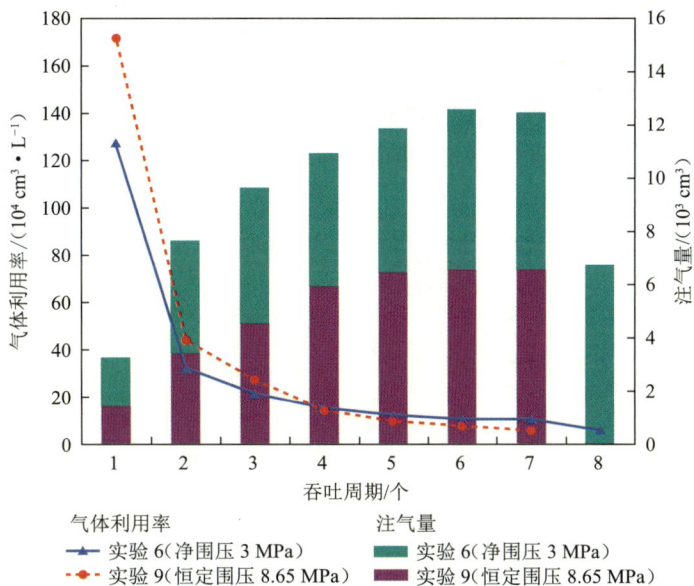

图 7-4-14　实验 6 和实验 9 气体利用率和注气体积的比较

由图 7-4-12～图 7-4-14 可知,与实验 6 相比,实验 9 前几个吞吐周期的周期产油量和气体利用率更高,气油比更低。这是由于实验 9 的围压较高,岩芯两端产生更大的压差,从而产生更大驱动力,使得原油流向生产端而被采出。上述结论可由图 7-4-15 和图 7-4-16 所示平均压力和压差结果证实。

由图 7-4-15 可知,焖井阶段实验 9 的压力曲线高于实验 6 的,这是因为实验 9 的围压恒定在 8.65 MPa,当注入的混合气体溶解进入原油中后,岩芯压力下降,围压对岩芯的有效应力增大,岩芯孔隙体积减小,补偿了由于混合气体溶解引起的压力下降,因此岩芯内的压力较大。实验 6 的围压比岩芯压力高 3 MPa,在焖井过程中,当岩芯压力因混合气体溶解而下降时,围压跟着下降,岩芯受到的有效应力减小,岩芯内孔隙体积增大,岩芯压力相比实验 9 的低。

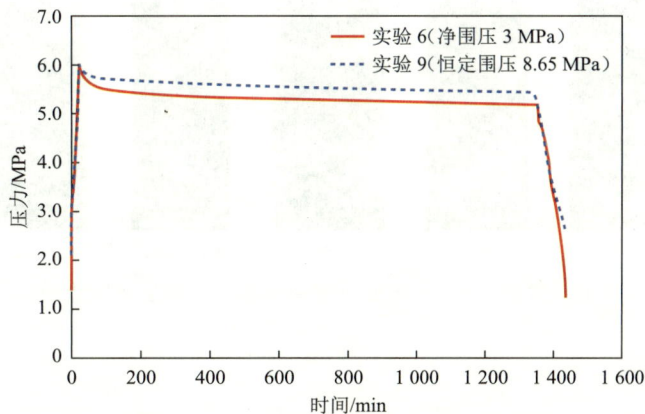

图 7-4-15　实验 6 和实验 9 第 1 个吞吐周期平均压力对比

由图 7-4-16 可知,第 1 吞吐周期,实验 9 的压差比实验 6 的高,随着吞吐周期次数的增加,实验 9 和实验 6 的岩芯两端压差逐渐减小。以第 3 吞吐周期为例,前 40 min,实验 9 和实验 6 的岩芯两端压差近乎为 0;40 min 后,岩芯两端压差逐渐增大。但实验 9 的压差始终比实验 6 的高,高压差有利于入口端的原油运移向出口端,提高产油量。

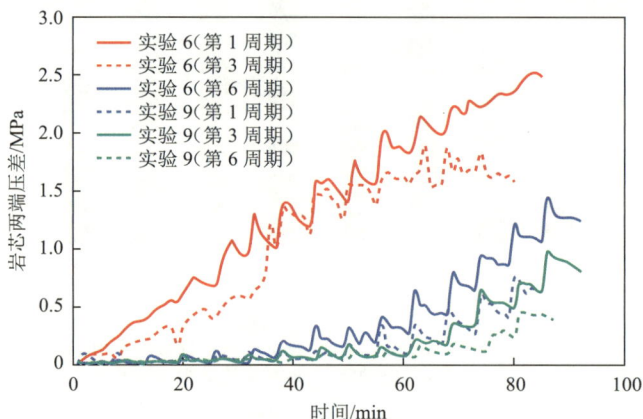

图 7-4-16　实验 6 和实验 9 第 1,3,6 个吞吐周期岩芯两端压差对比

此外,更大的压差产生更为有效的泡沫油现象(图 7-4-17)。然而,由于实验 9 前几个吞吐周期中产出了大量的原油,后几个周期中剩余油饱和度低于实验 6 的,使得泡沫油现象弱化(图 7-4-18)。在这种情况下,与实验 6 相比,实验 9 注入的混合气体在高压差下流动性增加,导致后面几个周期的表现下降,即较低的周期采出程度(图 7-4-12)、高气油比(图 7-4-13)、低气体利用率(减少吞吐周期次数和采收率)。

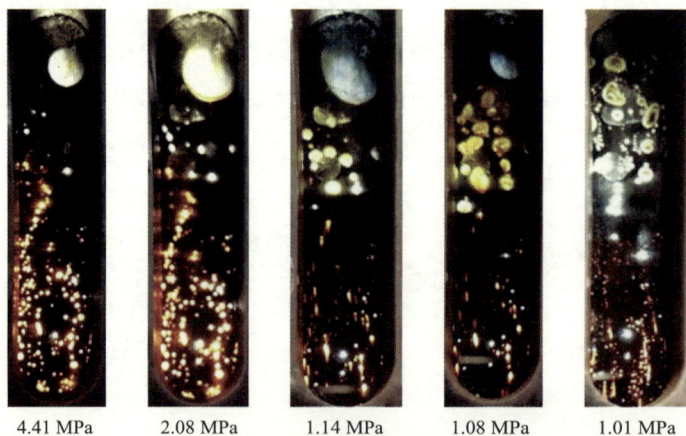

| 4.41 MPa | 2.08 MPa | 1.14 MPa | 1.08 MPa | 1.01 MPa |

图 7-4-17　实验 9 第 1 个吞吐周期采油阶段观察窗气泡流动特征

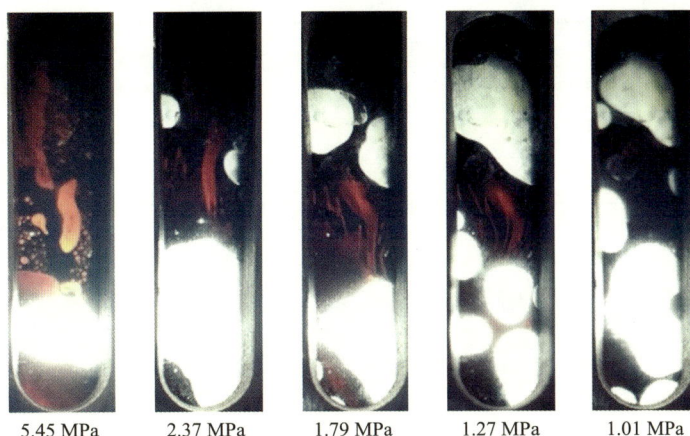

| 5.45 MPa | 2.37 MPa | 1.79 MPa | 1.27 MPa | 1.01 MPa |

图 7-4-18　实验 9 第 6 个吞吐周期采油阶段观察窗气泡流动特征

综上所述,与实验 6 相比,实验 9 的岩芯上围压更大,岩芯两端压差更大,泡沫油现象更明显,使得实验 9 前几个吞吐周期采出程度和气体利用率更高,气油比更低,开发效果更好。

7.5　人工泡沫油强化混合气体吞吐微观渗流实验研究

上述研究表明,在冷采后期稠油油藏分别注入油溶性表面活性剂溶液段塞和混合气体段塞可以产生人工泡沫油,提高采收率。本节使用微观模型装置揭示人工泡沫油强化混合气体吞吐提高采收率的微观机理,从微观角度分析产出气、丙烷以及油溶性表面活性剂对人工泡沫油的影响。

7.5.1　实验材料

微观实验使用的稠油、气体、盐水与长岩芯吞吐实验相同,使用的甲苯等药品信息见表 7-5-1。所用玻璃模型的孔隙是按照真实油藏的孔隙结构刻蚀的。通过图像采集系统记录实验过程中玻璃模型的图片。玻璃模型的参数如下:孔隙体积 1.6 mL,孔隙度 33.56%,渗透率 0.2 μm^2,外部尺寸 7.6 cm×7.6 cm,刻蚀部分尺寸 4.9 cm×4.9 cm。

表 7-5-1　微观实验使用药品

药品名称	纯 度	生产厂家
甲 苯	分析纯	国药集团化学试剂有限公司
酒 精	分析纯	国药集团化学试剂有限公司
石油醚	分析纯	国药集团化学试剂有限公司

药品名称	纯 度	生产厂家
煤 油	—	油田提供
氯化钠	分析纯	上海 Titan 科技有限公司
蒸馏水	—	实验室自制

7.5.2 实验装置及步骤

1）实验装置

微观实验装置如图 7-5-1 所示,主要包括微观模型系统、图片采集及压力记录系统、压力控制系统和流体注入系统。微观实验装置可以模拟真实的油藏高温、高压地层条件,能够反映真实油藏的开采过程。

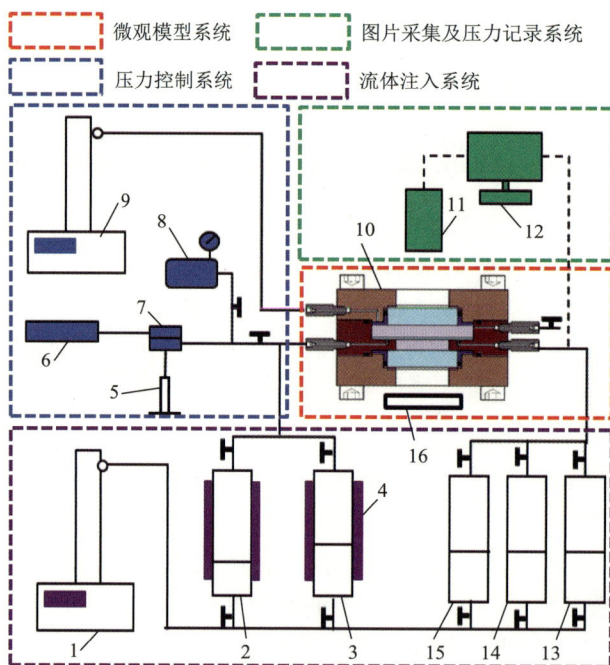

图 7-5-1　实验装置示意图

1,9—恒速恒压泵;2—油溶性表面活性剂;3—混合气体;4—加热套;5—量筒;
6—氮气瓶;7—回压阀;8—真空泵;10—可视模型;11—高倍显微镜;
12—计算机;13—盐水;14—清洗剂;15—活油;16—光源

微观实验装置的核心是微观模型系统。微观模型通过高倍显微镜(Nikon SMZ1270)和可视模型,可直观地观察到油、气在玻璃模型中的渗流情况,以及通过衰竭采油、吞吐采油后剩余油的分布情况;同时连接显微镜的计算机,可通过软件实时采集吞吐时流体的流动情况,定量描述微观孔隙结构吞吐过程中的油、气分布及气泡的大小、数量等。

2）实验步骤

微观实验步骤主要包括测漏、抽真空、饱和盐水、饱和活油、衰竭降压采油、周期吞吐〔注入油溶性表面活性剂段塞（混合气体）、焖井、降压采油〕、清洗仪器。

（1）测漏。关闭回压阀阀门,将压力加至 7 MPa。将氮气缓慢注入玻璃模型中,当玻璃模型内压力为 6 MPa 时,停止注氮气。同时加围压,使围压比玻璃模型内压力高 3 MPa。打开计算机上的压力数据采集及图像处理软件,实时记录微观模型的入口压力、出口压力、温度、围压等数据,查看设备密封性是否良好。

（2）抽真空。测漏结束后,关闭其他阀门,使用真空泵对实验装置抽真空 8 h。当真空度达到实验要求时,关闭真空泵及阀门。

（3）饱和盐水。① 配置适量的 0.5% 的盐水,放入中间容器,排空中间容器内的空气,连接中间容器到玻璃模型。② 抽真空结束后,打开装有盐水的中间容器阀门,使用恒速恒压泵向模型中缓慢注入盐水。当玻璃模型压力加至 0.1 MPa 时,将回压阀压力降至 0 MPa,流出一定体积的盐水。然后将回压阀压力加至 7 MPa,将玻璃模型内压力加至 6 MPa。饱和盐水结束后,将模型放置 24 h。

（4）饱和活油。从地层稠油配样仪以 8 MPa 的压力向玻璃模型注入活油。当出口端开始产油时,结束饱和活油过程,将模型放置 24 h。

（5）衰竭降压采油。① 打开计算机、显微镜开关和光源开关,调节光源的强弱;② 打开出口端阀门,通过调节氮气压力控制出口端压力,开始衰竭降压采油;③ 实验准备工作就绪后,点击软件开始实时采集实验压力数据及图像。

（6）周期吞吐。① 通过恒速恒压泵把油溶性表面活性剂溶液注入玻璃模型,采集压力数据和图像,关闭出口端阀门;② 通过恒速恒压泵把中间容器内的气体注入玻璃模型中,逐渐加压至 6 MPa;③ 注气结束后,焖井 24 h;④ 焖井结束后,开始采油。吞吐采油过程和衰竭采油过程相同。

（7）清洗仪器。依次将甲苯、石油醚、酒精和蒸馏水放置在中间容器中冲洗管线。每次冲洗时打开入口阀门和出口阀门,将恒速恒压泵调至恒压状态,驱动清洗液,清洗管线和玻璃模型。当产出液颜色变至无色或者玻璃模型孔隙内没有任何杂质时,清洗结束。

7.5.3　实验方案

为揭示人工泡沫油强化混合气体吞吐微观机理,设计 3 组微观实验,参数见表 7-5-2。

表 7-5-2　微观实验参数

实验参数	实验序号		
	微观实验 1	微观实验 2	微观实验 3
衰竭采油截止压力/MPa	0	0	0
混合气体组成（摩尔分数）	100%PG	54%PG＋46%C_3H_8	54%PG＋46%C_3H_8

实验参数	实验序号		
	微观实验 1	微观实验 2	微观实验 3
油溶性表面活性剂	无	无	有
围压/MPa	BP+3	BP+3	BP+3
吞吐周期采油截止压力/MPa	0	0	0

微观实验 1～3 分别为注产出气吞吐、混合气体吞吐、人工泡沫油强化混合气体吞吐微观实验。

7.5.4　实验结果及分析

1）注产出气吞吐微观实验

（1）注气过程。

图 7-5-2 所示为注产出气吞吐微观实验注气过程。由于衰竭开发效果较差,注气前玻璃模型剩余油饱和度较高。虽然注气压力高达 2.0 MPa,但是由于注入气体难以溶于稠油,衰竭后脱气原油流动性差,气体难以注入玻璃模型。当两端达到一定压差时,气体进入玻璃模型(图 7-5-2b),之后两端压力迅速升高。由于注入气在原油中溶解性较差,原油颜色未见明显变化,注入气在模型中间形成窜流通道。

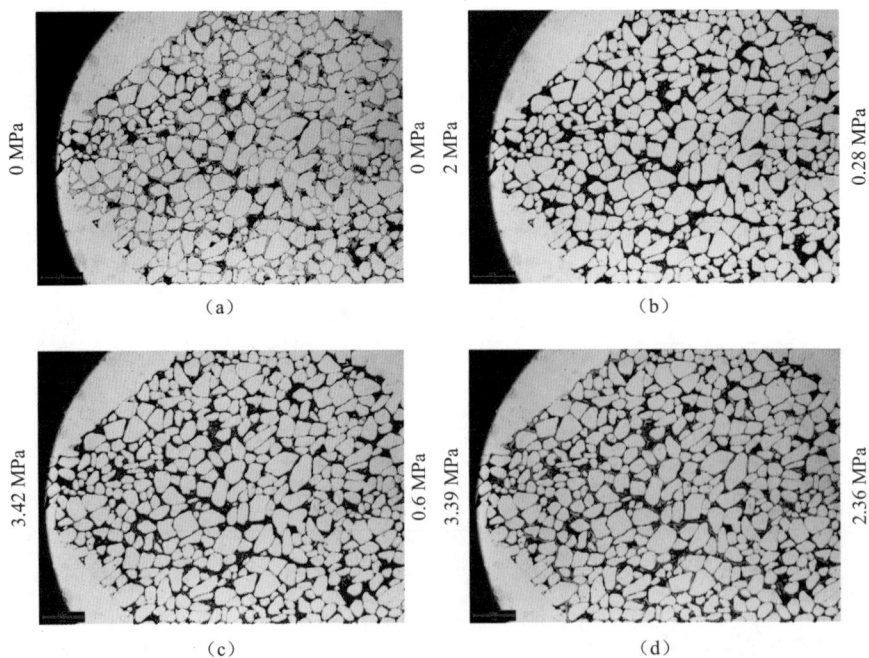

图 7-5-2　微观实验 1 注气过程

（2）焖井过程。

图 7-5-3 所示为注产出气吞吐微观实验焖井过程。在 24 h 时间内,玻璃模型压力不断降低,原油颜色变浅,表明部分注入气在稠油中溶解,起到一定膨胀降黏作用。

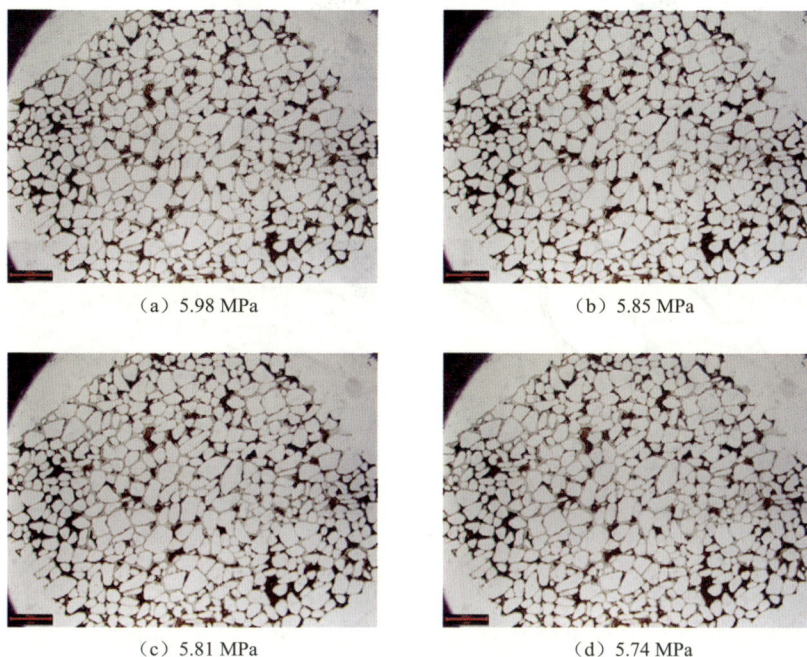

（a）5.98 MPa

（b）5.85 MPa

（c）5.81 MPa

（d）5.74 MPa

图 7-5-3　微观实验 1 焖井过程

（3）生产过程。

图 7-5-4 所示为注产出气吞吐微观实验生产过程。如图可知,随着玻璃模型压力降低,玻璃模型内的自由气体沿注气过程形成的高渗通道快速产出,玻璃模型两端压力接近。生产结束时玻璃模型内仍有大量剩余油分布(图 7-5-4f)。

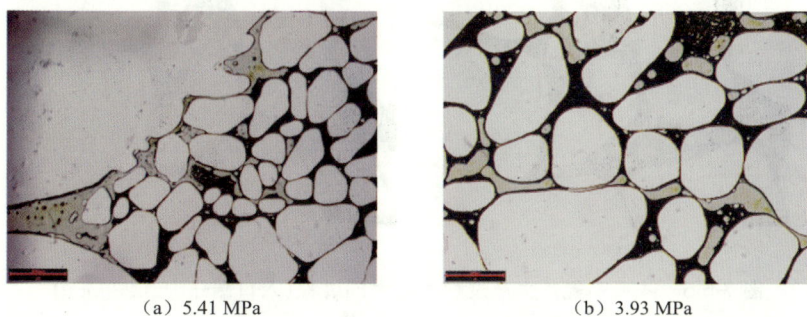

（a）5.41 MPa

（b）3.93 MPa

图 7-5-4　微观实验 1 生产过程

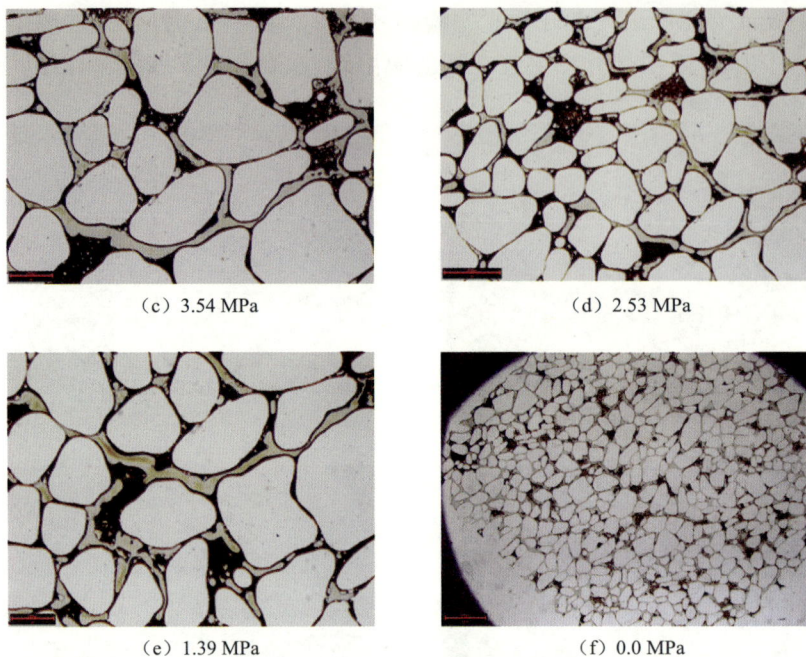

(c) 3.54 MPa

(d) 2.53 MPa

(e) 1.39 MPa

(f) 0.0 MPa

图 7-5-4(续)　微观实验 1 生产过程

在降压生产前期主要为自由气流动，无气泡从油中析出，当入口端压力降至 1.22 MPa 时，靠近入口端位置处观察到气泡生成(图 7-5-5)，并逐渐长大，直到分裂成两个气泡。

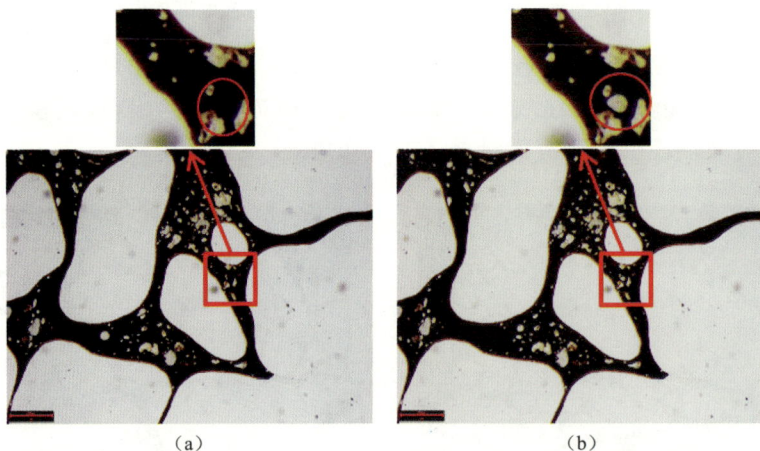

(a)

(b)

图 7-5-5　微观实验 1 生产过程气泡生成过程(入口端压力 1.22 MPa)

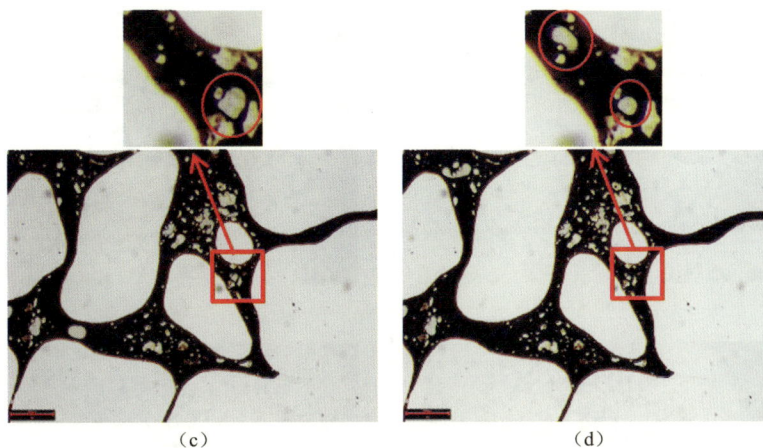

（c）　　　　　　　　　　　　（d）

图 7-5-5（续）　微观实验 1 生产过程气泡生成过程（入口端压力 1.22 MPa）

此外，由图 7-5-6 可知，压力降到 0.69 MPa 时，模型两端出现压差，观察到不明显的泡沫油现象，孔隙内存在气泡在流动，但气泡尺寸较大，形状大多为细条状，而非椭圆形。

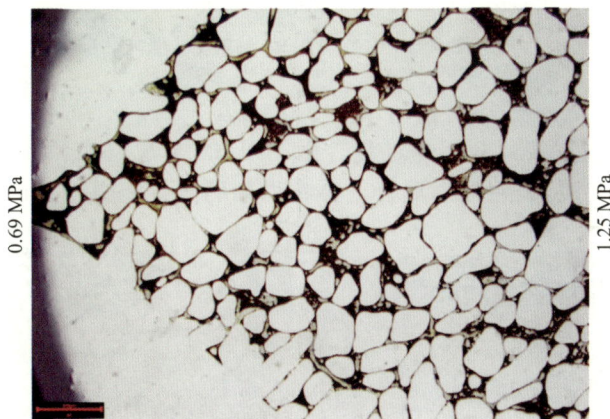

图 7-5-6　微观实验 1 生产过程中的泡沫油现象

2）注混合气体吞吐微观实验

（1）注气过程。

图 7-5-7 所示为微观实验 2 注混合气体吞吐注气过程。如图 7-5-7（a）所示，注气前玻璃模型内同样分布有大量剩余油。注入混合气体后，由于丙烷溶解性好，可以起到较好降黏效果，使得原油在孔隙中流动能力增强，因此注气过程较微观实验 1 更为容易。随着混合气体的注入，两端压力逐渐增加，混合气体在模型中突破，形成高渗通道，与混合气体接触的原油颜色明显变浅。注气结束时，玻璃模型内剩余油降低（图 7-5-7d）。

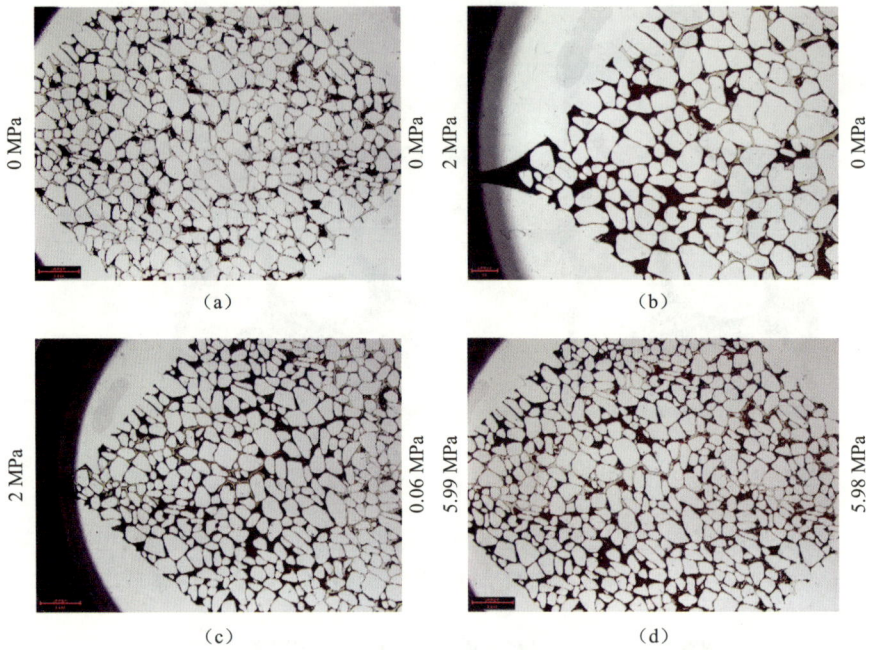

图 7-5-7　微观实验 2 注气过程

（2）焖井过程。

图 7-5-8 所示为微观实验 2 焖井过程。由图可知，与微观实验 1 相比，模型压力大幅降低，原油颜色明显变浅，表明注入混合气体在稠油的溶解能力强于产出气。

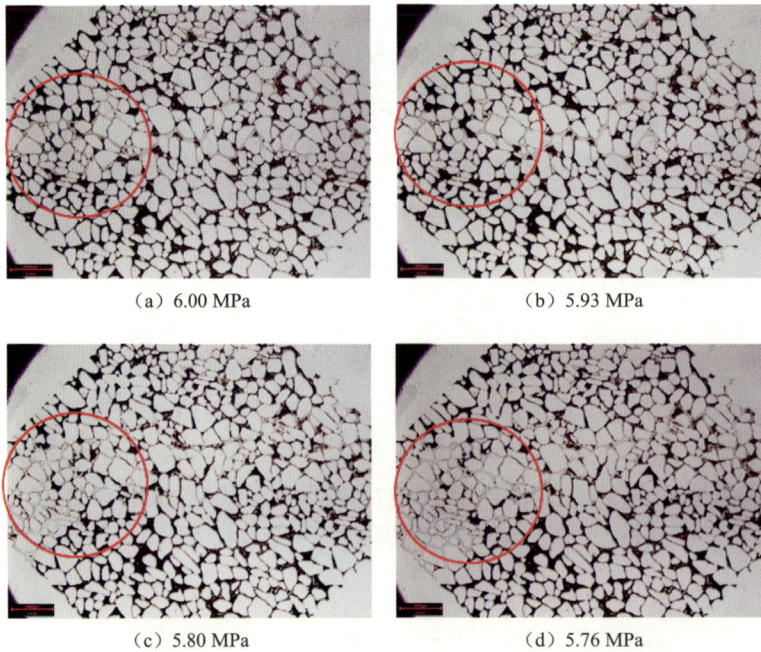

图 7-5-8　微观实验 2 焖井过程

（3）生产过程。

图 7-5-9 所示为微观实验 2 生产过程。由图可知，焖井结束后玻璃模型内仍有未溶解的混合气体，在降压生产初期快速产出，同时有少量原油产出。当压力降至 2.58 MPa 时，玻璃模型内有微气泡的产生，形成泡沫油现象。泡沫油现象持续 7 h 30 min，之后消失，孔隙内气体均为连续气相（图 7-5-9d）。

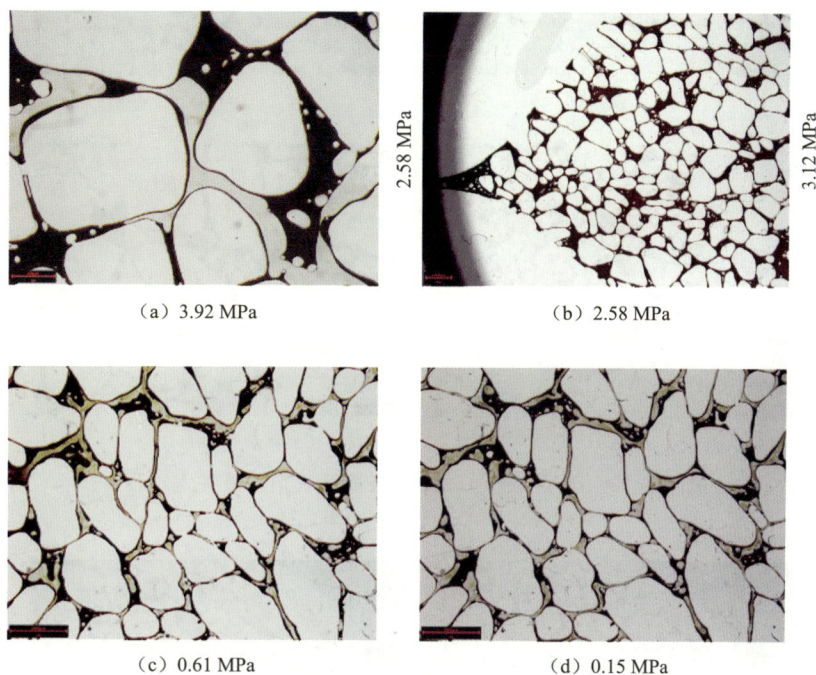

（a）3.92 MPa

（b）2.58 MPa

（c）0.61 MPa

（d）0.15 MPa

图 7-5-9　微观实验 2 生产过程

通过与衰竭开发出现的泡沫油现象对比，微观实验 2 生产过程中泡沫油现象不够明显，但与微观实验 1 相比则更为明显。由此可知，与注产出气吞吐过程相比，注混合气体吞吐产生泡沫油现象更为明显。

3）人工泡沫油强化混合气体吞吐微观实验

（1）油溶性表面活性剂溶液注入过程。

图 7-5-10 所示为油溶性表面活性剂溶液注入过程。由图可知，油溶性表面活性剂溶液进入玻璃模型时，会将剩余油推向另一端，并与剩余油充分接触混合，使得原油颜色变成黄色，原油黏度大幅降低。

（2）注气过程。

图 7-5-11 所示为微观实验 3 注气过程。注气压力为 2 MPa 时，气体沿高渗通道进入玻璃模型。由于油溶性表面活性剂溶液和原油混合，原油颜色变浅，流动性增强，注入气很容易推动原油流动，使得油溶性表面活性剂和混合气体波及范围增大，有利于油溶性表面活性剂溶液进入模型更深处，增大与原油的接触面积和混合程度。

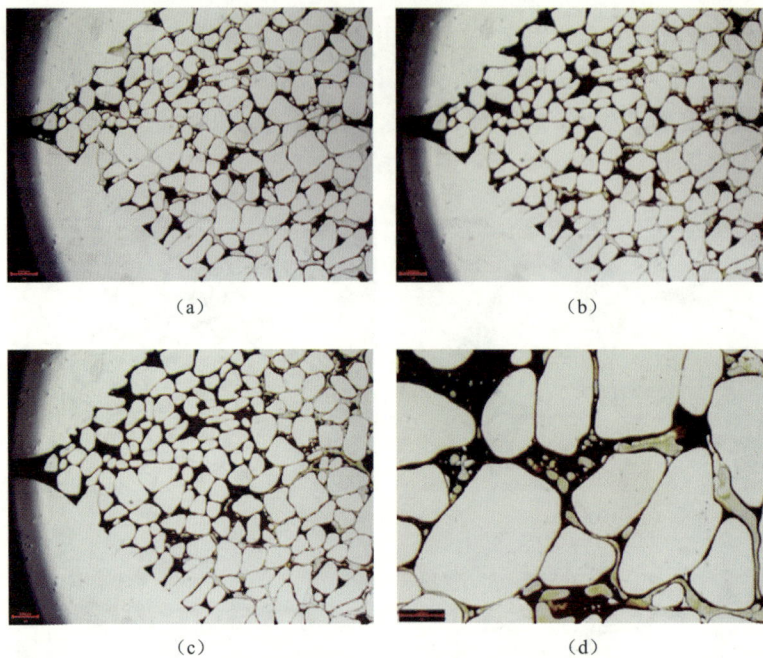

（a）　　　　　　　　　　　（b）

（c）　　　　　　　　　　　（d）

图 7-5-10　微观实验 3 油溶性表面活性剂溶液注入过程

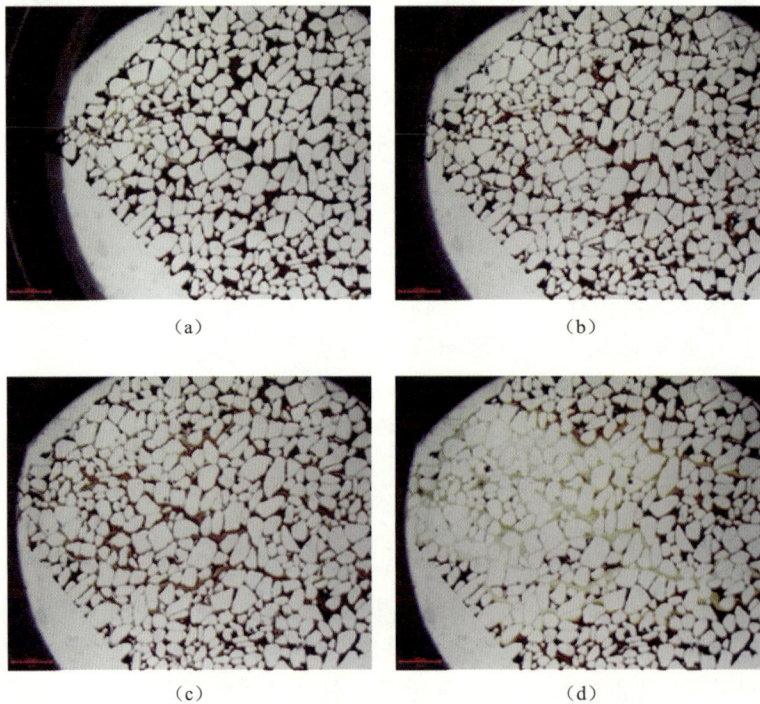

（a）　　　　　　　　　　　（b）

（c）　　　　　　　　　　　（d）

图 7-5-11　微观实验 3 注气过程

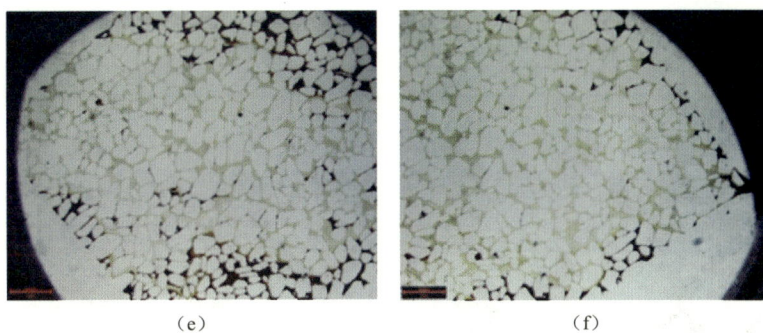

(e)　　　　　　　　　　　　　　(f)

图 7-5-11(续)　微观实验 3 注气过程

（3）焖井过程。

图 7-5-12 所示为微观实验 3 焖井过程。由图可知,油溶性表面活性剂通过扩散作用逐渐溶解于稠油中,稠油颜色逐渐变淡,扩大了油溶性表面活性剂波及范围。

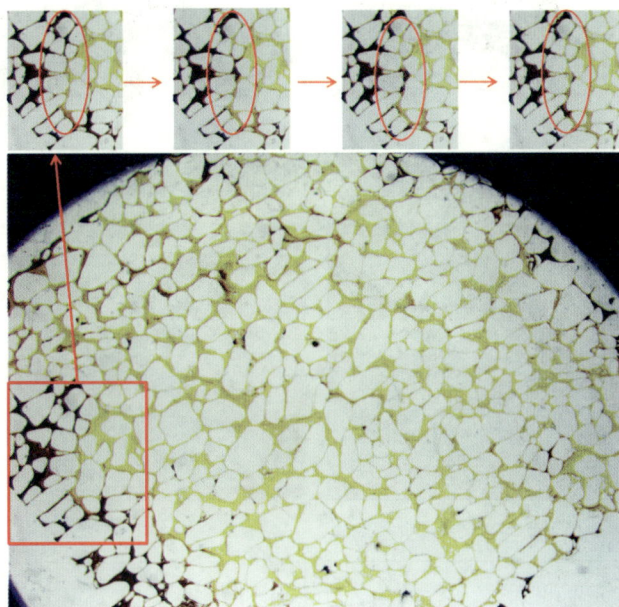

图 7-5-12　微观实验 3 焖井过程

（4）生产过程。

图 7-5-13 所示为微观实验 3 生产过程。由图 7-5-13(a)可知,生产初期没有泡沫油现象,只是原油流动。当压力降到 5.33 MPa 时(图 7-5-13b),油中突然形成大量的微气泡,气泡直径最小约 10 μm,大部分约 30 μm,人工泡沫油现象非常明显。这是由于油溶性表面活性剂可以降低气泡液膜的表面张力、增加液膜强度,具有很高的起泡性能。

随着压力的降低,泡沫油现象仍然十分明显。与衰竭开发泡沫油相比可知,人工泡沫油中的气泡直径小,更为稳定(图 7-5-13c 和图 7-5-13d)。但是随着压力进一步降低,气泡直径逐渐变大(图 7-5-13e 和图 7-5-13f)。生产末期,微观模型内存在连续气相,但仍存在泡沫现象(图 7-5-13h)。与微观实验 1 和微观实验 2 相比,微观实验 3 人工泡沫油气泡直径更小,大小更均匀,稳定性更强,泡沫油现象更明显。

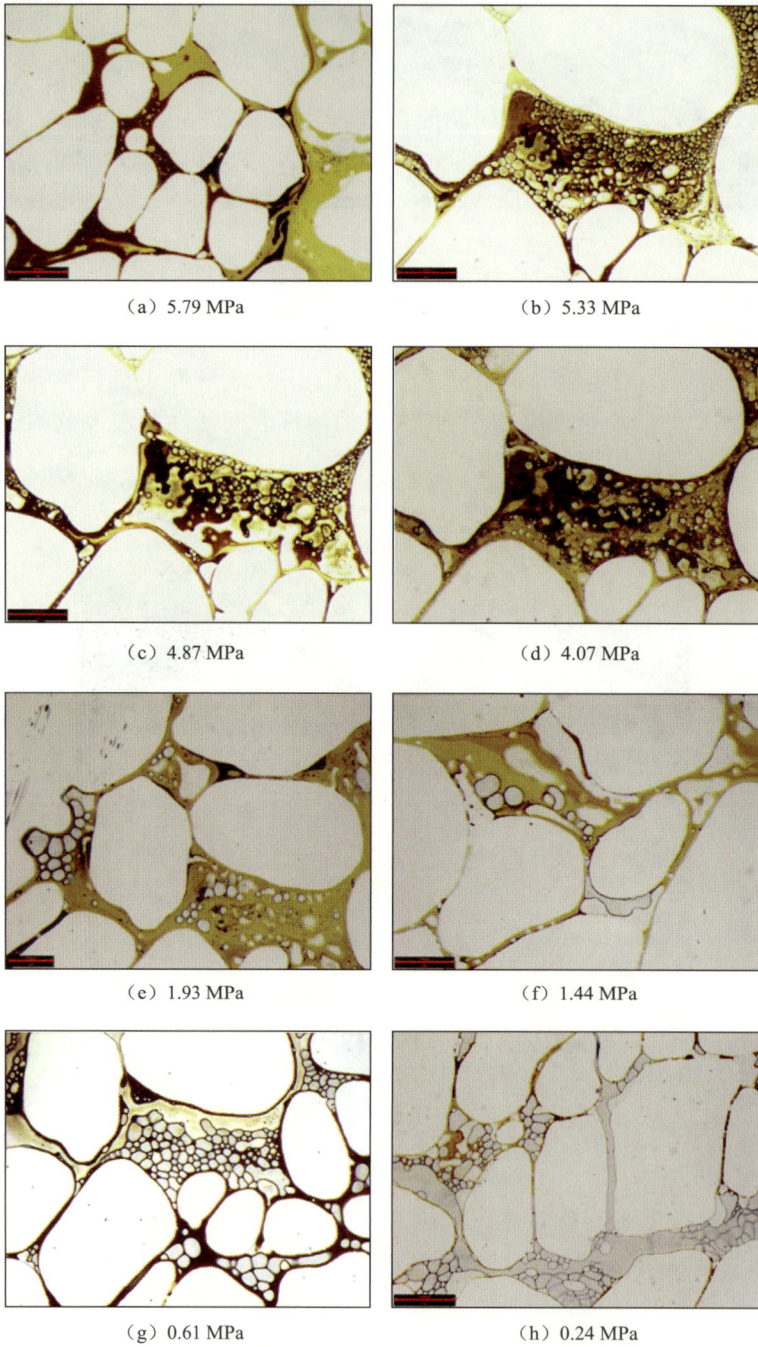

(a) 5.79 MPa

(b) 5.33 MPa

(c) 4.87 MPa

(d) 4.07 MPa

(e) 1.93 MPa

(f) 1.44 MPa

(g) 0.61 MPa

(h) 0.24 MPa

图 7-5-13 微观实验 3 第 1 周期生产过程

7.6　本章小结

（1）稠油-CO_2/CH_4/C_3H_8体系在泡点压力和油藏温度下静置 45 d 后，不同位置稠油的物理性质出现差异，稠油的密度和黏度随着深度的增加而增大。随着气体摩尔分数的增加，体系上部的密度和黏度逐渐降低，中部及下部的密度和黏度先降低后轻微增加。因此，在稠油注气提高采收率过程中，上部富集溶剂和稠油轻质组分，易于开采，而地层聚集稠油重质组分和沥青质沉淀。

（2）建立的泡点压力和膨胀系数预测模型可以精确预测稠油-CO_2/CH_4/C_3H_8体系的泡点压力和膨胀系数，误差分别为 1.77% 和 0.07%。Jhaveri-Twu 体积转换方法更适合稠油-CO_2/CH_4/C_3H_8体系膨胀系数的预测，其预测的膨胀系数误差小于 Jhaveri 方法、Peneloux 方法和 Twu 方法。

（3）在油溶性表面活性剂和丙烷的协同作用下，人工泡沫油强化混合气体吞吐是一种有效的冷采后期稠油油藏提高采收率方法。其中，油溶性表面活性剂的作用大于丙烷。

（4）油溶性表面活性剂可将气体分散在稠油中，延缓自由气体的形成，从而在稠油中形成稳定的泡沫油现象。这是冷采后期稠油油藏人工泡沫油强化混合气体吞吐方法的主要机理。

（5）混合气体中丙烷含量存在最优值。丙烷含量过高会弱化人工泡沫油强化混合气体吞吐效果。混合气体注气压力应接近或者低于混合气体露点压力，这样混合气体不会液化并具有最大溶解度，可产生有效的泡沫油流。

（6）在人工泡沫油强化混合气体吞吐过程中，提高压降速度有利于改善开发效果。然而随着压降速度的提高，人工泡沫油强化混合气体吞吐采油过程的时间缩短，采收率降低。蚯蚓洞可以增加混合气体、油溶性表面活性剂和稠油的接触面积，产生有效的泡沫油流，并提供高渗流通道。因此，该方法更适用于出砂冷采后期稠油油藏。增加围压可在岩芯内产生更大的有效应力，压实岩芯，补偿由于生产引起的孔隙压力下降，从而提高采收率。

（7）对于人工泡沫油强化混合气体吞吐微观过程，油溶性表面活性剂溶液可与剩余油充分接触混合，大幅降低原油黏度。注入气易推动原油流动，使得油溶性表面活性剂波及范围增大，增大原油的接触面积和混合程度。焖井过程油溶性表面活性剂通过扩散作用逐渐溶解于稠油中，扩大波及范围。与注产出气吞吐和注混合气体吞吐相比，人工泡沫油强化混合气体吞吐生产过程中气泡直径最小，稳定性最高，泡沫油现象更为明显。

参 考 文 献

[1] 刘文章,唐养吾.国际重质原油开采会议论文选集(上册)[M].北京:石油工业出版社,1985.

[2] 李秀娟.国内外稠油资源的分类评价方法[J].内蒙古石油化工,2008(21):61-62.

[3] 刘文章.稠油注蒸汽热采工程[M].北京:石油工业出版社,1997.

[4] 刘文章.中国稠油热采技术发展历程回顾与展望[M].北京:石油工业出版社,2014.

[5] BRIGGS P J,BARON P R,FULLEYLOVE R J,et al. Development of heavy-oil reservoirs[J]. Journal of Petroleum Technology,1988,40(2):206-214.

[6] 蒋琪,游红娟,潘竟军,等.稠油开采技术现状与发展方向初步探讨[J].特种油气藏,2020,27(6):30-39.

[7] 于连东.世界稠油资源的分布及其开采技术的现状与展望[J].特种油气藏,2001(2):98-103,110.

[8] VISHNUMOLAKALA N,ZHANG J,ISMAIL N B. A comprehensive review of enhanced oil recovery projects in Canada and recommendations for planning successful future EOR projects[C]. SPE Heavy Oil Conference,2020.

[9] JAMES L A,REZAEI N,CHATZIS I. VAPEX,warm VAPEX and hybrid VAPEX——The state of enhanced oil recovery for in situ heavy oils in Canada[J]. Journal of Canadian Petroleum Technology,2008,47(4):12-18.

[10] 穆龙新,韩国庆,徐宝军.委内瑞拉奥里诺科重油带地质与油气资源储量[J].石油勘探与开发,2009,36(6):784-789.

[11] 穆龙新.委内瑞拉奥里诺科重油带开发现状与特点[J].石油勘探与开发,2010,37(3):338-343.

[12] EDWARDS J D. Crude oil and alternate energy production forecasts for the twenty-first century:The end of the hydrocarbon era[J]. AAPG Bulletin,1997,81(8):1292-1305.

[13] DE ROJAS I. Geological evaluation of San Diego,Norte Pilot Project,Zuata area,Orinoco oil belt,Venezuela[J]. AAPG Bulletin,1987,71(10):1294-1303.

[14] ACASIO Y,REGARDIZ K. Opportunity for a SAGD pilot test implementation in a zone in initial phase of operation,Ayacucho area,Orinoco oil belt[C]. World Oil Conference,2006.

[15] LÜ A,JUN Y A O. Rational perforating level and well spacing for fractured massive reservoirs with bottom water[J]. Petroleum Exploration and Development,2008,35(1):97-100.

[16] 凌宗发,王丽娟,胡永乐,等.水平井注采井网合理井距及注入量优化[J].石油勘探与开发,2008,35(1):85-91.

[17] 易发新,喻晨,李松滨,等.鱼刺分支水平井在稠油油藏中的应用[J].石油勘探与开发,2008(4):487-491.

[18] AUDEMARD F,SERRANO I. Future petroliferous provinces of Venezuela[J]. AAPG Bulletin,1999,83(12):353-372.

[19] RIVEROS G L V,BARRIOS H. Steam injection experiences in heavy and extra-heavy oil fields,Venezuela[R]. Society of Petroleum Engineers,2011.

[20] VEGA RIVEROS G,BARRIOS H. Steam injection experiences in heavy and extra-heavy oil fields,Venezuela[C]. SPE Heavy Oil Conference and Exhibition,2011.

[21] COLMENARES C,MÉNDEZ J. A new approach on analytical solution for heavy oil recovery by huff & puff CO_2 injection[C]. SPE Latin American & Caribbean Petroleum Engineering Conference,2015.

[22] DUSSEAULT M B. Comparing Venezuelan and Canadian heavy oil and tar sands [C]. Canadian International Petroleum Conference,2001.

[23] BOWMAN C H,GILBERT S. Successful cyclic steam injection project in the Santa Barbara field,Eastern Venezuela[J]. Journal of Petroleum Technology,1968,21(12):1531-1539.

[24] SHOULIANG Z,YITANG Z,WU S,et al. Status of heavy oil development in China[C]. SPE International Thermal Operations and Heavy Oil Symposium,2005.

[25] 张庆茹.中国陆上稠油资源潜力及分布特征[J].中外科技情报,2007(1):2.

[26] 王诗.氮气辅助 SAGD 在曙一区超稠油油藏的应用[J].中国石油和化工标准与质量,2017,37(13):102-103.

[27] 刘振宇,张明波,周大胜,等.曙光油田杜 84 块馆陶超稠油油藏 SAGP 开发研究[J].特种油气藏,2013,20(6):96-98.

[28] WENLONG G,CHANGFENG X,JUNSHI T. Fire-flooding technologies in post-steam-injected heavy oil reservoir:A successful example of CNPC[C]. SPE Heavy Oil Conference,2013.

[29] TENG L,ZHANG S,LU D,et al. Investigation on in-situ combustion in D66,a multilayered heavy oil reservoir,Liaohe Oilfield[C]. SPE/IATMI Asia Pacific Oil & Gas Conference and Exhibition,2017.

[30] MINISH T,YULE D. Low cost production gains from CHOPS wells with extremely viscous oils[C]. SPE Heavy Oil Conference,2012.

[31] LI B,ZHANG J,KANG X,et al. Review and prospect of the development and field application of China offshore chemical EOR technology[C]. Abu Dhabi International Petroleum Exhibition & Conference,2019.

[32] 路言秋.稠油热采过程中粘土矿物变化特征研究——以金家油田沙一段为例[J].矿物学报,2016,36(3):359-364.

[33] 朱海滨,王跃刚,王莉莉,等.王庄油田郑408块强水敏性稠油油藏注防膨水试验[J].油气地质与采收率,2005,12(5):39-40.

[34] 徐丕东.水敏性稠油油藏开发技术在八面河油田的应用[J].石油勘探与开发,2007(3):374-377.

[35] 马骁.蒸汽吞吐伴注防膨剂技术在敏感性稠油油藏中应用试验[J].内蒙古石油化工,2012,38(9):137-139.

[36] 柳兴邦,李伟忠,李洪毅.强水敏稠油油藏火烧驱油开发试验效果评价——以王庄油田郑408块沙三段油藏为例[J].油气地质与采收率,2010,17(4):59-62.

[37] 蔡文斌,谢志勤,李友平,等.胜利王庄油田火烧驱油试验研究[J].石油天然气学报(江汉石油学院学报),2005(S2):135-136,9.

[38] 鹿腾,李兆敏,刘伟,等.强水敏稠油油藏 CO_2 吞吐技术研究[J].西南石油大学学报(自然科学版),2013,35(1):122-128.

[39] 张娟,周立发,张晓辉,等.浅薄层稠油油藏水平井 CO_2 吞吐效果[J].新疆石油地质,2018(4):485-491.

[40] 杨元亮,宋文芳,杨胜利,等.单六东深层超稠油油藏蒸汽驱先导试验[J].石油地质与工程,2007(4):43-45.

[41] 安洁.胜利稠油开发技术及未来发展[J].中国石油和化工标准与质量,2020,40(17):202-203.

[42] 王可君.深层特稠油油藏 HDCS 开发技术政策界限[J].特种油气藏,2013,20(6):93-95.

[43] 李宾飞,张继国,陶磊,等.超稠油 HDCS 高效开采技术研究[J].钻采工艺,2009,32(6):52-55,142.

[44] 段志刚,杜勇,龚雪峰,等.深层稠油油藏 DCS 技术研究及应用[J].特种油气藏,2011,18(6):113-116.

[45] 梁金中,王伯军,关文龙,等.稠油油藏火烧油层吞吐技术与矿场试验[J].石油学报,2017,38(3):324-332.

[46] 谢建勇,石彦,梁成钢,等.昌吉油田吉7井区稠油油藏注水开发原油黏度界限[J].新疆石油地质,2015,36(6):724-728.

[47] 王惠清,李斌,谢建勇,等.二氧化碳吞吐技术在准东复杂油藏开发中的应用探索[J].新疆石油天然气,2014,10(1):83-87.

[48] 罗瑞兰,程林松.深层稠油油藏注 CO₂ 开采可行性研究——以辽河油田冷 42 块稠油油藏为例[J].中国海上油气(地质),2003(5):22-26.

[49] 礼博.深层稠油油藏天然气吞吐开采技术研究[J].中国石油和化工标准与质量,2013,34(3):125.

[50] 巩小雄,王爱华,李军,等.深层稠油天然气吞吐注采一体化技术研究与应用[J].石油天然气学报,2008(1):303-305.

[51] 李松林,张云辉,关文龙,等.超深层稠油油藏天然气吞吐试验改善效果措施研究[J].特种油气藏,2011(1):73-75.

[52] 郭小哲,田凯,庞占喜,等.深层稠油油藏减氧空气吞吐增油机理及地质因素影响分析[J].特种油气藏,2019,26(6):58-62.

[53] 高能,赵健,何嘉.减氧空气吞吐技术在鲁克沁深层稠油油藏的应用[J].新疆石油地质,2020,41(6):748-752.

[54] 张永,裴玉彬,杜华君.吐哈油田鲁克沁地区稠油氮气泡沫驱认识与实践[J].辽宁化工,2020,49(8):1008-1011.

[55] 李伟忠.胜利油田稠油未动用储量评价及动用对策[J].特种油气藏,2021,28(2):63-71.

[56] 贾承造.中国石油工业上游发展面临的挑战与未来科技攻关方向[J].石油学报,2020,41(12):1445-1464.

[57] 杜殿发,付金刚,张婧,等.超稠油蒸汽驱地层热损失计算方法研究[J].特种油气藏,2016,23(2):73-76,154.

[58] 邵先杰,樊中海.水平压裂辅助蒸汽驱技术在河南浅薄层超稠油油藏中的应用[J].河南石油,2000,14(B8):32-35.

[59] 邵先杰,汤达祯,樊中海,等.河南油田浅薄层稠油开发技术试验研究[J].石油学报,2004,25(2):74-79.

[60] 徐岩光.东胜公司薄层稠油难动用储量开采技术研究[J].化工管理,2017(9):113.

[61] 陈景军.陈 25 块薄层稠油油藏化学驱技术研究与应用[J].中国石油大学胜利学院学报,2011,25(2):14-16.

[62] 周英杰.胜利油区水驱普通稠油油藏注蒸汽提高采收率研究与实践[J].石油勘探与开发,2006,33(4):479-483.

[63] 张保卫.稠油油藏水驱转热采开发经济技术界限[J].油气地质与采收率,2010,17(3):80-82.

[64] 马爱青,张紫军,陈连喜,等.改善薄层稠油油藏开发效果研究[J].内蒙古石油化工,2012,38(9):133-134.

[65] SINGHAL A. Preliminary review of IETP projects using polymers[R]. Engineering Report, Calgary, Alberta, Canada: Premier Reservoir Engineering Services LTD,2011.

[66] DELAMAIDE E, ZAITOUN A, RENARD, G et al. Pelican lake field: First suc-

cessful application of polymer flooding in a heavy-oil reservoir[J]. SPE Reservoir Evaluation & Engineering,2014,17(3):340-354.

[67] 曹绪龙,李振泉,宫厚健,等.加拿大稠油聚合物驱研究进展及应用[J].油田化学, 2015,32(3):461-467.

[68] CHANG H G. Scientific research and field applications of polymer flooding in heavy oil recovery[J]. Journal of Petroleum Exploration & Production Technologies,2011,1(2-4):65-70.

[69] DONG M,HUANG S S S,HUTCHENCE K. Methane pressure-cycling process with horizontal wells for thin heavy-oil reservoirs[J]. SPE Reservoir Evaluation and Engineering,2006,9(2):154-164.

[70] PENG L,ZHANG Y,HUANG S. A promising chemical-augmented WAG process for enhanced heavy oil recovery[J]. Fuel,2013,104:333-341.

[71] SAYEGH S G,MAINI B B. Laboratory evaluation of the CO huff-n-puff process for heavy oil reservoirs[J]. Journal of Canadian Petroleum Technology,1984,23 (3):29-36.

[72] CHUNG F T H,JONES R A,NGUYEN H T. Measurements and correlations of the physical properties of CO_2-heavy crude oil mixtures[J]. SPE Reservoir Engineering,1988,3(3):822-828.

[73] RATHMELL J J,STALKUP F I,HASSINGER R C. A laboratory investigation of miscible displacement by carbon dioxide[C]. Fall Meeting of the Society of Petroleum Engineers of AIME,1971.

[74] MONGER T G,RAMOS J C,THOMAS J. Light oil recovery from cyclic CO_2 injection:Influence of low pressures impure CO_2,and reservoir Gas[J]. SPE Reservoir Engineering,1991,6(1):25-32.

[75] SHAYEGI S,JIN Z,SCHENEWERK P,et al. Improved cyclic stimulation using gas mixtures[C]. SPE Annual Technical Conference and Exhibition,1996.

[76] IVORY J,CHANG J,COATES R,et al. Investigation of cyclic solvent injection process for heavy oil recovery[J]. Journal of Canadian Petroleum Technology, 2010,49(9):22-33.

[77] PENG L,ZHANG Y,WANG X,et al. Propane-enriched CO_2 immiscible flooding for improved heavy oil recovery[J]. Energy & Fuels,2012,26(4):2124-2135.

[78] LI H,YANG D. Phase behaviour of $C_3H_8/n\text{-}C_4H_{10}$/heavy-oil systems at high pressures and elevated temperatures[J]. Journal of Canadian Petroleum Technology, 2013,52(1):30-40.

[79] FIROUA Q,TORABI F. Feasibility study of solvent-based huff-n-puff method (cyclic solvent injection) to enhance heavy oil recovery[C]. SPE heavy oil conference,2012.

[80] JIA X,F ZENG,GU Y. Gas flooding-assisted cyclic solvent injection (GA-CSI) for enhancing heavy oil recovery[J]. Fuel,2015,140(15):344-353.

[81] 李士伦,张正卿,冉新权,等.注气提高石油采收率技术[M].成都:四川科学技术出版社,2001:53-126.

[82] 李士伦,周守信,杜建芬,等.国内外注气提高石油采收率技术回顾与展望[J].油气地质与采收率,2002,9(2):1-5.

[83] 孙文静.深层稠油油藏天然气吞吐开采技术研究[D].东营:中国石油大学(华东),2008.

[84] ROGERS J D,GRIGG R B. A literature analysis of the WAG injectivity abnormalities in the CO_2 process[J]. Society of Petroleum Engineer,2000,4(5):375-386.

[85] 韩大匡,杨普华.发展三次采油为主的提高采收率新技术[J].油气采收率技术,1994,1(1):12-18.

[86] 莱克 L W.提高石油采收率的科学基础[M].李宗田,候高文,赵百万,译.北京:石油工业出版社,1992:12-90.

[87] 塔雷克·艾哈迈德.油藏工程手册[M].冉新权,何江川,译.北京:石油工业出版社,2002:26-45.

[88] 莫增敏,石家雄.用CO_2、产出气及烟道气提高重油采收率的效果对比[J].国外油田工程,2000,16(2):1-6.

[89] 鞠斌山,栾志安,郝永卯,等.CO_2吞吐效果的影响因素分析[J].石油大学学报(自然科学版),2002,26(1):43-45.

[90] 黄建东,孙守港,陈宗义.低渗透油田注空气提高采收率技术[J].油气地质与采收率,2001,8(3):79-81.

[91] 徐艳梅,郭平,张茂林,等.温五区块注烃气效果影响因素研究[J].西南石油大学学报,2007,29(2):31-33.

[92] HEIN F J. Heavy oil and oil (tar) sands in North America:An overview & summary of contributions[J]. Natural Resources Research,2006,15(2):67-84.

[93] ANNUAL R. Saskatchewan energy and mines[J]. Miscellaneous Report,2002,9(3):1.

[94] SHOULIANG Z,YITANG Z,WU S,et al. Status of heavy oil development in China[C]. SPE International Thermal Operations and Heavy Oil Symposium,2005.

[95] ZHAO D W,WANG J,GATES I D. Thermal recovery strategies for thin heavy oil reservoirs[J]. Fuel,2014,117:431-41.

[96] STALDER J L. Unlocking bitumen in thin and/or lower pressure pay using cross SAGD (XSAGD)[C]. Technical Meeting of the Petroleum-Society,2009.

[97] GATES I D. Solvent-aided steam-assisted gravity drainage in thin oil sand reservoirs[J]. Journal of Petroleum Science and Engineering,2010,74(3-4):138-146.

[98] ZHANG J,KANTZSA A. Gas recharging process study in heavy oil reservoirs

[C]. SPE Heavy Oil Conference, 2014.

[99] SUN X, ZHANG Y. A laboratory evaluation of the natural gas huff-n-puff method for heavy oil reservoirs in the orinoco belt, venezuela[J]. Petroleum Science and Technology, 2014, 32(18): 2168-2174.

[100] ALSHMAKHY A, MAINI B. A follow-up recovery method after cold heavy oil production cyclic CO_2 injection[C]. SPE Heavy Oil Conference, 2012.

[101] QAZVINI, FIROUZ A. Utilization of carbon dioxide and methane in huff-and-puff injection scheme to improve heavy oil recovery[J]. Fuel Guildford, 2014, 117: 966-973.

[102] MAINI B B. Foamy-oil flow[J]. Journal of Petroleum Technology, 2001, 53(10): 54-64.

[103] TANG G Q, SAHNI A, GADELLE F, et al. Heavy-oil solution gas drive in consolidated and unconsolidated rock[J]. SPE Journal, 2006, 11(2): 259-268.

[104] MAINI B B, SARMA H K, GEORGE A E. Significance of foamy-oil behaviour in primary production of heavy oils[J]. Journal of Canadian Petroleum Technology, 1993, 32(9): 50-54.

[105] BENNION D B, MOUSTAKIS M L, MASTMANN M. A case study of foamy oil recovery in the Patos-Marinza reservoir, Driza sand, Albania[J]. Journal of Canadian Petroleum Technology, 2003, 42(3): 21-28.

[106] SARMA H, MAINI B. Role of solution gas in primary production of heavy oils[C]. SPE Latin America Petroleum Engineering Conference, 1992.

[107] BRADY A P, ROSS S. The measurement of foam stability[J]. Journal of the American Chemical Society, 2002, 66(8): 1348-1356.

[108] KUMAR R, POOLADI-DARVISH M, OKAZAWA T. Effect of depletion rate on gas mobility and solution gas drive in heavy oil[J]. SPE Journal, 2002, 7(2): 213-220.

[109] SHENG J J, HAYES R E, MAINI B B, et al. A proposed dynamic model for foamy oil properties[C]. SPE International Heavy Oil Symposium, 1995.

[110] MAINI B B. Foamy oil flow in primary production of heavy oil under solution gas drive[C]. SPE Annual Technical Conference and Exhibition. Society of Petroleum Engineers, 1999.

[111] POOLADI-DARVISH M, FIROOZABADI A. Solution-gas drive in heavy oil reservoirs[J]. Journal of Canadian Petroleum Technology, 1999, 38(4): 54-61.

[112] LI S, LI Z, LU T, et al. Experimental study on foamy oil flow in porous media with Orinoco belt heavy oil[J]. Energy & Fuels, 2012, 26(10), 6332-6342.

[113] MAINI B B, SARMA H K, GEORGE A E. Significance of foamy-oil behavior in primary production of heavy oils[J]. Journal of Canadian Petroleum Technology,

1993,32(9):50-54.

[114] LIU Y,WAN R,JIAN Z. Effects of foamy oil and geomechanics on cold production[J]. Journal of Canadian Petroleum Technology,2008,47(4):1-7.

[115] 穆龙新. 委内瑞拉奥里诺科重油带开发现状与特点[J]. 石油勘探与开发,2010,37(3):338-343.

[116] HLEMI K H,TERESA G M. A laboratory study of natural gas huff "n" puff[C]. CIM/SPE International Technical Meeting,1990.

[117] GARCIA F M. A successful gas-injection project in a heavy oil reservoir[C]. SPE Annual Technical Conference and Exhibition,1983.

[118] JAKOBSSON,N M,CHRISTIAN T M. Historical performance of gas injection of Ekofisk[C]. SPE Annual Technical Conference and Exhibition,1994.

[119] JAMALOEI B Y,DONG M Z,MAHINPEY N,et al. Enhanced cyclic solvent process (ECSP) for heavy oil and bitumen recovery in thin reservoir[J]. Energy & Fuels,2012,26(5):2865-2874.

[120] FARÍASA M,AYALA L F,WATSONA R W. Experimental and zero-dimensional analysis of CO_2-N_2 gas cyclic injection processes[J]. Petroleum Science And Technology,2009,27(12):1360-1379.

[121] MELEAN Y,BUREAU N,BROSETA D. Interfacial effects in gas-condensate recovery and gas-injection processes[J]. SPE Reservoir Evaluation & Engineering,2003,6(4):244-254.

[122] SHAYEGL S,JIN Z,SCHENEWERK P A.,et al. Improved cyclic stimulation using gas mixtures[C]. Proceedings of the Society of Petroleum Engineers (SPE)/Annual Technical Conference and Exhibition,1996.

[123] WENLONG G,SHUHONG W,JIAN Z,et al. Utilizing natural gas huff and puff to enhance production in heavy oil reservoir[C]. International Thermal Operations and Heavy Oil Symposium,2008.

[124] SRIVASTAVA R K,HUANG S S. A laboratory evaluation of suitable operating strategies for enhanced heavy oil recovery by gas injection[J]. Journal of Canadian Petroleum Technology,1997,36(2):33-41.

[125] EBTISAM F G,MISFERA A Q,ABEER A R. Effect of inhibitors on precipitation for Marrat Kuwaiti reservoir[J]. Journal of Petroleum Science and Engineering,2010,70(1-2):99-106.

[126] GONZALEZ D L,GARCIA M E,DIAZ O. Unusual asphaltene phase behavior of fluids from Lake Maracaibo,Venezuela[C]. SPE Latin American and Caribbean Petroleum Engineering Conference,2012.

[127] JAMALUDDIN A K M,CREEK J,KABIR C S,et al. Laboratory techniques to measure thermodynamic asphaltene instability[J]. Journal of Canadian Petroleum

Technology,2002,41(7):44-51.

[128] DE BOER R B,LEERIOOYER K,EIGNER M R P,et al. Screening of crude oils for asphalt precipitation: Theory, practice, and the selection of inhibitors[J]. SPE Production & Facilities,1995,10(1):55-61.

[129] STANKIEWICZ A B,FLANNERY M D,FUEX N A,et al. Prediction of asphaltene deposition risk in E&P operations[C]. International Conference on Petroleum Phase Behavior and Fouling/AIChE Spring National Meeting,2002.

[130] MA H Z,GU Y A. CO_2-cyclic solvent injection (CO_2-CSI) and gas/waterflooding in the thin post-CHOPS reservoirs[J]. Fuel,2018,231:507-514.

[131] SIGMUND P M. Prediction of molecular diffusion at reservoir conditions. Part 1. Measurement and prediction of binary dense gas diffusion coefficients[J]. Journal of Canadian Petroleum Technology,1976,15(2):48-57.

[132] RENNER T A. Measurement and correlation of diffusion coefficients for oil and rich gas applications[J]. SPE Reservoir Engineering,1988,3(2):517-523.

[133] DU Z,ZENG F,CHAN C. Effects of pressure decline rate on the post-CHOPS cyclic solvent injection process[C]. SPE Heavy Oil Conference,2014.

[134] HILL E S,LACEY W N. Rate of solution of propane in quiescent liquid hydrocarbons[J]. Industrial and Engineering Chemistry,1934,26(2):1324-1327.

[135] REAMER H H,DUFFY C H,SAGE B H. Diffusion coefficients in hydrocarbon systems: Methane-pentane in liquid phase[J]. Journal of Petroleum Technology,1956,48(2):275-282.

[136] WOESSNER E,SNOWDEN B S,GEORGE R A,et al. Dense gas diffusion coefficients for the methane-propane system[J]. Industrial and Engineering Chemistry,1969,5(4):780-787.

[137] MCKAY W N. Experiments concerning diffusion of multicomponent systems at reservoir conditions[J]. Journal of Canadian Petroleum Technology,1971,10(2):25-32.

[138] SLATTERY J C,BIRD R B. Calculation of the diffusion coefficients of dilute gases and of the self-diffusion coefficients of dense gases[J]. AIChE Journal,1958,4(2):137-142.

[139] RIAZI M R,WHITSON C H. Estimating diffusion coefficients of dense fluids [J]. Industrial & Engineering Chemistry Research,1993,32(12):3081-3088.

[140] RIAZI M R. A new method for experimental measurement of diffusion coefficients in reservoir fluids[J]. Journal of Petroleum Science and Engineering,1996,14(3-4):235-250.

[141] ZHANG Y P,HYNDMAN C L,MAINI B B. Measurement of gas diffusivity in heavy oils[J]. Journal of Petroleum Science and Engineering,2000,25(1-2):

37-47.

[142] UPRITĬ S R,MEHROTRA A K. Diffusivity of CO_2,CH_4,C_2H_6 and N_2 in Athabasca bitumen[J]. The Canadian Journal of Chemical Engineering,2002,80(1): 116-125.

[143] YANG C,GU Y. New experimental method for measuring gas diffusivity in heavy oil by the dynamic pendant drop volume analysis (DPDVA)[J]. Industrial & Engineering Chemistry Research,2005,44(12):4474-4483.

[144] JAMIALAHMADI M,EMADI M,MÜLLER S H. Diffusion coefficients of methane in liquid hydrocarbons at high pressure and temperature[J]. Journal of Petroleum Science and Engineering,2006,53(1-2):47-60.

[145] WEN Y,BRYAN J,KANTZAS A. Estimation of diffusion coefficients in bitumen solvent mixtures as derived from low field NMR spectra[C]. Canadian International Petroleum Conference,2003.

[146] WEN Y,KANTZAS A,WANG G J. Estimation of diffusion coefficients in bitumen solvent mixtures using X-ray CAT scanning and low filed NMR[C]. Canadian International Petroleum Conference,2004.

[147] WHITMAN W G. The two-film theory of gas absorption[J]. International Journal of Heat and Mass Transfer,1962,5(5):429-433.

[148] RENNER T A. Measurement and correlation of diffusion coefficients for CO_2 and rich-gas applications[J]. SPE Reservoir Engineering,1988,5(1):517-523.

[149] CROGAN A T,PINCZEWSKI W V,RUSKAUFF C J,et al. Diffusion of CO_2 at reservoir conditions:Models and measurements[J]. SPE Reservoir Engineering, 1988,3(1):93-102.

[150] UPRETI S R,MEHROTRA A K. Experimental measurement of gas diffusivity in bitumen:Results for carbon dioxide[J]. Industrial & Engineering Chemistry Research. 2000,39(4):1080-1087.

[151] THARANIVASAN A K,YANG C,GU Y. Comparison of three different interface mass transfer models used in the experimental measurement of solvent diffusivity in heavy oil[J]. Journal of Petroleum Science and Engineering,2004,44(3-4):269-282.

[152] MAINI B B. Effect of depletion rate on performance of solution gas drive in heavy oil systems[C]. SPE Latin American and Caribbean Petroleum Engineering Conference,2003.

[153] KASHCHIEV D,FIROOZABADI A. Kinetics of the initial stage of isothermal gas phase formation[J]. Journal of Chemical Physics,1993,98(6):4690-4699.

[154] FIROOZABADI A,KASHCHIEV D. Pressure and volume evolution during gas phase formation in solution gas drive process[J]. SPE Journal,1996,1(3):219-228.

[155] SUN X,ZHANG Y,FANG X,et al. A novel methodology for investigating foamy oil stability by an oil-based analogue model[J]. Journal of Dispersion Science and Technology,2018,39(2):275-286.

[156] 赵江玉,蒲万芬,李一波,等.耐高温高盐泡沫体系筛选与性能评价[J].天然气与石油,2014,32(4):65-69.

[157] 张博,林珊珊,李科研,等.海上深层稠油热采吞吐高效隔热措施研究[J].海洋石油,2019,39(2):35-39.

[158] 李菊花,吴波,徐君.深层稠油油藏注天然气吞吐泡沫油流特征数值模拟研究[J].科学技术与工程,2013,13(28):8263-8267.

[159] 姜涛,肖林鹏,杨明强,等.超深层稠油油藏注天然气吞吐开发矿场试验[J].大庆石油地质与开发,2008(5):101-104.

[160] 师良.加拿大油砂开发技术对中国油砂开发技术的启示[J].延安大学学报(自然科学版),2018,37(2):63-68.

[161] 袁士义,王强,李军诗,等.注气提高采收率技术进展及前景展望[J].石油学报,2020,41(12):1623-1632.

[162] LI C,JIA W,XIA W. Application of Lee-Kesler equation of state to calculating compressibility factors of high pressure condensate gas[J]. Energy Procedia,2012,14:115-120.

[163] PENG L,ZHANG Y,WANG X,et al. Propane-enriched CO_2 immiscible flooding for improved heavy oil recovery[J]. Energy & Fuels,2012,26(4):2124-2135.

[164] PENG D Y,ROBINSON D B. A new two-constant equation of state[J]. Industrial & Engineering Chemistry Fundamentals,1976,15(1):59-64.

[165] LI H,YANG D. Modified α function for the Peng-Robinson equation of state to improve the vapor pressure prediction of non-hydrocarbon and hydrocarbon compounds[J]. Energy & Fuels,2011,25:1-4.

[166] LEE B I,KESLER M G. A generalized thermodynamic correlation based on three-parameter corresponding states[J]. AIChE Journal,2010,21(3):510-527.

[167] CHUEH P L,PRAUSNITZ J M. Vapor-liquid equilibria at high pressures:Calculation of partial molar volume in non-polar liquid mixtures[J]. AIChE Journal,1967,13(6):1099-1107.

[168] LI H,ZHENG S,YANG D. Enhanced swelling effect and viscosity reduction of solvents-CO_2-heavy oil systems[J]. SPE Journal,2013,18(4):695-707.

[169] PENG J,TANG G Q,KOVSCEK A R. Oil chemistry and its impact on heavy oil solution gas drive[J]. Petrol Sci Eng,2009,66(1-2):47-59.

[170] LI X,LI H,YANG D. Determination of multiphase boundaries and swelling factors of solvent(s)-CO_2-heavy oil systems at high pressures and elevated temperatures[J]. Energy & Fuels,2013,27(3):1293-1306.

[171] YANG P, LI H, YANG D. Determination of saturation pressures and swelling factors of solvent(s)-heavy oil systems under reservoir conditions[J]. Industrial & Engineering Chemistry Research, 2014, 53(5): 1965-1972.

[172] JHAVERI B S, YOUNGREN G K. Three-parameter modification of the Peng-Robinson equation of state to improve volumetric predictions[J]. SPE Reservoir Engineering, 1988, 3(3): 831-834.

[173] PÉNELOUX A, RAUZY E, FRÉZE R. A consistent correction for Redlich-Kwong-Soave volumes[J]. Fluid Phase Equilibria, 1982, 8(1): 7-23.

[174] TWU C H, CHAN H S. Rigorously universal methodology of volume translation for cubic equations of state[J]. Industrial & Engineering Chemistry Research, 2009, 48(12): 5901-5906.

[175] MA J H, WANG X Z, GAO R M, et al. Study of cyclic CO_2 injection for low-pressure light oil recovery under reservoir conditions[J]. Fuel, 2016, 174: 296-306.

[176] KUMAR R, POOLADI-DARVISH M, OKAZAWA T. Effect of depletion rate on gas mobility and solution gas drive in heavy oil[J]. SPE Journal, 2002, 7(2): 213-220.